计算机“十三五”规划教材

中文版 Excel 2016
电子表格制作实例教程

主　编　孙　勇　刘建中　罗　春
副主编　湛剑佳　李　佳　雷　颖　李京静

北京希望电子出版社
Beijing Hope Electronic Press
www.bhp.com.cn

内容简介

本书主要内容包括 Excel 2016 基础，Excel 数据的录入与编辑，工作表格式设置与美化，Excel 数据处理与分析，公式的使用，函数的使用，创建数据透视表与数据透视图，使用图表实现数据可视化，创建链接与引用，以及电子表格页面设置与打印等。本书注重理论知识与实际应用相结合，以实例操作为主线，深入浅出地讲解了使用 Excel 2016 进行电子表格制作的各种知识与技巧。

本书既可作为应用型本科院校、职业院校的教材，也适合希望尽快掌握 Excel 2016 电子表格制作技能的电脑初、中级用户阅读。

图书在版编目（CIP）数据

中文版 Excel2016 电子表格制作实例教程 / 孙勇，刘建中，罗春主编. -- 北京 : 北京希望电子出版社，2019.7（2023.8 重印）

ISBN 978-7-83002-707-0

Ⅰ. ①中… Ⅱ. ①孙… ②刘… ③罗… Ⅲ. ①表处理软件－职业教育－教材 Ⅳ. ①TP391.13

中国版本图书馆 CIP 数据核字（2019）第 145419 号

出版：北京希望电子出版社
地址：北京市海淀区中关村大街 22 号
中科大厦 A 座 10 层
邮编：100190
网址：www. bhp. com. cn
电话：010-82626270
传真：010-62543892
经销：各地新华书店

封面：赵俊红
编辑：龙景楠
校对：薛海霞
开本：787mm×1092mm 1/16
印张：16.5
字数：422 千字
印刷：廊坊市广阳区九洲印刷厂
版次：2023 年 8 月 1 版 2 次印刷

定价：48.00 元

前 言

Excel 2016 是微软公司推出的 Office 2016 套装办公软件的重要组件之一，它能高效地完成各种报表/图表制作、数据运算、分析与处理等工作，被广泛应用于行政与文秘、会计与财务、人力资源管理、市场营销分析与决策等办公领域。其丰富的功能、便捷的操作让各行各业的数据资料统计、分析、归纳与处理工作都离不开它，成为职场人士必知必会的重要办公软件之一。

本书针对 Excel 电子表格制作初学者的学习需求，系统地介绍了 Excel 2016 的软件功能及其应用方法，帮助读者全面掌握 Excel 电子表格制作技能。

本书共分为 10 章，主要内容包括以下内容。

☑ Excel 2016 基础	☑ Excel 数据的录入与编辑
☑ 工作表格式设置与美化	☑ Excel 数据处理与分析
☑ 公式的使用	☑ 函数的使用
☑ 创建数据透视表与数据透视图	☑ 使用图表实现数据可视化
☑ 创建链接与引用	☑ 电子表格页面设置与打印

本书采用通俗简洁的语言、典型丰富的实例，系统地讲解了初学者需要掌握的 Excel 基本知识。本书主要具有以下特色。

- **内容全面，注重实用**

本书结合初学者的学习特点，立足实用，全面讲解了 Excel 电子表格制作知识，力求让读者全面掌握实操技能，在学习上不做无用功，让学习效率事半功倍。

- **精选实例，即学即会**

为了便于读者即学即用，本书摒弃了传统、枯燥的知识讲解方式，而是将大量的实操实例始终贯穿于全书，让读者在学会电子表格制作方法的同时，熟练掌握软件操作技能。

- **图解教学，直观易懂**

本书采用图解教学的体例形式，一步一图，以图析文，便于读者在学习过程中直观、清晰地了解操作过程，更易于理解和掌握，从而提升学习效果。

- **资源丰富，下载方便**

本书配套资源非常丰富，其中包括所有实例的素材文件，以及由专业人员精心录制的所有实例视频等。本书的相关资料和售后服务可扫本书封底的微信二维码或登录 www.bjzzwh.com 下载获得。

本书由毕节幼儿师范高等专科学校的孙勇、北京市通州区青少年活动中心的刘建中和民办四川天一学院的罗春担任主编，由湖南网络工程职业学院的湛剑佳、西安职业技术学院的李佳、江西技师学院的雷颖和武威职业技术学院的李京静担任副主编。

本书既可作为应用型本科院校、职业院校的教材，也适合希望尽快掌握 Excel 2016 电子表格制作技能的电脑初、中级用户阅读。

因编者经验有限，本书难免有疏漏和不当之处，敬请各位专家及读者不吝赐教。

编 者

目 录

第 1 章 Excel 2016 基础

1.1 工作簿的基本操作 ··· 1
1.1.1 新建工作簿 ··· 1
1.1.2 保存工作簿 ··· 2
1.1.3 打开工作簿 ··· 3
1.1.4 关闭工作簿 ··· 4
1.1.5 隐藏工作簿 ··· 5
1.2 工作表的基本操作 ··· 5
1.2.1 插入工作表 ··· 6
1.2.2 移动和复制工作表 ··· 7
1.2.3 删除工作表 ··· 9
1.2.4 重命名工作表 ··· 10
1.2.5 显示和隐藏工作表 ··· 11
1.2.6 保护工作表 ··· 12
1.2.7 拆分工作表 ··· 13
1.2.8 冻结工作表 ··· 14
1.3 单元格的基本操作 ··· 16
1.3.1 插入单元格 ··· 16
1.3.2 删除单元格 ··· 18
1.3.3 清除单元格 ··· 19
1.3.4 命名单元格 ··· 20
1.4 Excel 2016 工作环境的设置 ··· 21
1.4.1 显示与隐藏网格线 ··· 21
1.4.2 显示与隐藏标尺 ··· 22
1.4.3 显示与隐藏功能区 ··· 23
1.4.4 设置自动保存信息时间间隔 ··· 23
1.5 综合实例——成绩单的设置和保护 ··· 24
本章小结 ··· 25
课后习题 ··· 25

第 2 章 Excel 数据的录入与编辑

2.1 录入与选择数据 ··· 27
2.1.1 手动输入数据 ··· 27
2.1.2 选择单元格 ··· 30
2.2 快速填充数据 ··· 31
2.2.1 使用填充柄快速填充数据 ··· 31
2.2.2 使用快捷键填充相同数据 ··· 32
2.2.3 使用“填充序列”功能 ··· 34
2.2.4 使用“快速填充”功能 ··· 35
2.3 添加与管理批注 ··· 37
2.3.1 为单元格添加批注 ··· 37
2.3.2 编辑批注 ··· 38
2.3.3 隐藏或显示批注 ··· 39
2.3.4 更改批注的位置和显示方式 ··· 39
2.3.5 复制批注 ··· 41
2.3.6 删除批注 ··· 41
2.4 设置数据验证 ··· 42
2.4.1 限制用户输入 ··· 42
2.4.2 创建下拉菜单 ··· 43
2.4.3 校验无效数据 ··· 45
2.5 综合实例——制作员工信息表 ··· 47
本章小结 ··· 49
课后习题 ··· 49

第 3 章 工作表格式设置与美化

3.1 设置单元格数字格式……52
3.1.1 应用预设数字格式……52
3.1.2 自定义日期格式……54
3.1.3 使用千位分隔符……55
3.1.4 更改数值大小……56
3.1.5 对齐小数点……57
3.1.6 添加单位……57
3.1.7 添加前导或后缀符号……58
3.1.8 自定义数字显示方式……59
3.1.9 自定义数字格式的准则……60
3.2 设置格式化单元格……62
3.2.1 调整行高和列宽……62
3.2.2 设置单元格边框……64
3.2.3 设置单元格背景色和图案……64
3.2.4 设置工作表的背景图……66
3.3 设置条件格式……66
3.3.1 编辑数据条规则……67
3.3.2 编辑图标集规则……68
3.3.3 编辑最前/最后规则……71
3.3.4 叠加多种条件格式……72
3.3.5 使用公式创建条件格式……73
3.4 套用表格样式……76
3.4.1 应用表样式……76
3.4.2 自定义表格样式……76
3.5 套用单元格样式……79
3.5.1 应用单元格样式……79
3.5.2 创建新样式……79
3.5.3 修改和删除样式……80
3.6 综合实例——美化员工考核表……82
本章小结……83
课后习题……84

第 4 章 Excel 数据处理与分析

4.1 数据排序……85
4.1.1 简单排序……85
4.1.2 按单元格特征排序……86
4.1.3 恢复排序前的状态……87
4.1.4 按自定义序列排序……88
4.1.5 添加排序条件……90
4.2 数据筛选……90
4.2.1 自动筛选……91
4.2.2 同字段多条件筛选……92
4.2.3 不同字段多条件筛选……93
4.2.4 将筛选结果复制到其他工作表中……93
4.2.5 利用排序和筛选功能分隔销售清单……94
4.3 数据分类汇总……97
4.3.1 认识分类汇总……97
4.3.2 分类汇总数据……97
4.3.3 删除分类汇总……98
4.3.4 嵌套分类汇总……99
4.4 数据合并计算……101
4.4.1 按位置合并计算……101
4.4.2 按分类合并计算……103
4.5 综合实例——分析与汇总商品采购情况……104
本章小结……106
课后习题……107

第 5 章 公式的使用

5.1 认识公式……108
5.1.1 公式的结构……108

5.1.2 运算符……108
5.1.3 运算符优先级……110

5.2 公式的基本操作……111

5.2.1 输入公式……111
5.2.2 结合键盘和鼠标输入公式……112
5.2.3 显示公式……113
5.2.4 修改公式……114
5.2.5 复制公式……114

5.3 定义名称简化公式……115

5.3.1 定义名称……115
5.3.2 在公式中引用名称……116
5.3.3 管理名称……116

5.4 单元格的引用……118

5.4.1 相对引用……119
5.4.2 绝对引用……120
5.4.3 混合引用……120

5.5 审核公式……121

5.5.1 公式返回的错误值及其产生原因……121
5.5.2 检查错误……122
5.5.3 追踪引用单元格……123
5.5.4 追踪从属单元格……124

5.6 综合实例——制作销售报表……124

本章小结……126

课后习题……126

第 6 章 函数的使用

6.1 认识函数……128

6.1.1 函数的含义……128
6.1.2 函数的分类……128
6.1.3 输入函数……129

6.2 统计函数……131

6.2.1 常用统计函数……131
6.2.2 AVERAGE 函数……133
6.2.3 MAX 函数……135
6.2.4 COUNTA 函数……136
6.2.5 COUNT 函数……137

6.3 文本函数……138

6.3.1 常用文本函数……138
6.3.2 EXACT 函数……140
6.3.3 LOWER 与 UPPER 函数……141
6.3.4 CONCATENATE 函数……142
6.3.5 REPT 函数……144
6.3.6 SUBSTITUTE 函数……145

6.4 逻辑函数……146

6.4.1 常用逻辑函数……146
6.4.2 AND 函数……147
6.4.3 OR 函数……148
6.4.4 NOT 函数……149
6.4.5 IF 函数……149

6.5 日期与时间函数……150

6.5.1 常用日期与时间函数……150
6.5.2 NOW 函数：返回指定日期·152
6.5.3 HOUR 函数：返回小时数…153
6.5.4 DAYS360 函数：计算两日期之间的天数……154

6.6 查找与引用函数……155

6.6.1 常用查找与引用函数……155
6.6.2 使用 VLOOKUP 函数计算年龄所属分段……158
6.6.3 使用 HLOOKUP 函数模糊查找计算提成……159

6.7 综合实例——商品库存状态分析…160

本章小结……162

课后习题……163

第 7 章 创建数据透视表与数据透视图

7.1 数据透视表的基本操作……164
7.1.1 数据透视表的用途……164
7.1.2 在新工作表中创建数据透视表……164
7.1.3 在当前工作表中创建数据透视表……166
7.1.4 移动数据透视表……167
7.1.5 删除数据透视表……168
7.2 更改数据透视表的布局……168
7.2.1 显示/隐藏分类汇总……168
7.2.2 设置报表布局……169
7.2.3 更改数据透视表样式……170
7.3 设置数据透视表字段……171
7.3.1 更改字段名称……171
7.3.2 更改值的汇总方式……172
7.3.3 以百分比显示数据……173
7.4 使用数据透视表筛选数据……174
7.4.1 创建切片器……174
7.4.2 使用切片器筛选数据……175
7.4.3 删除切片器……175
7.4.4 更改切片器样式……176
7.4.5 添加筛选器……178
7.4.6 显示报表筛选页……178
7.5 使用数据透视图……179
7.5.1 认识数据透视图……179
7.5.2 使用现有数据透视表创建数据透视图……180
7.5.3 创建全新数据透视图……181
7.5.4 使用数据透视图筛选数据……182
7.5.5 转换为标准图表……183
7.6 综合实例——商品标题关键词分析……184
本章小结……187
课后习题……187

第 8 章 使用图表实现数据可视化

8.1 认识图表……189
8.1.1 图表的结构……189
8.1.2 图表的类型……190
8.2 创建图表……193
8.2.1 创建基本图表……193
8.2.2 创建组合图表……194
8.2.3 调整图表的位置和大小……195
8.2.4 更改图表类型……196
8.2.5 创建迷你图……197
8.3 编辑图表数据和元素……200
8.3.1 更改和删除系列值……200
8.3.2 添加系列……202
8.3.3 重新选择图表数据区域……203
8.3.4 添加数据标签和网格线……204
8.3.5 添加坐标轴标题……205
8.3.6 将标题链接到单元格……206
8.4 美化图表……207
8.4.1 应用图表样式……207
8.4.2 通过格式窗格设置图表格式……208
8.4.3 插入形状……210
8.4.4 插入图片……211
8.4.5 设置图片填充……213
8.5 综合实例——使用甘特图制作商品营销策划流程……214
本章小结……217
课后习题……217

第 9 章 创建链接与引用

9.1 创建链接······219

9.1.1 创建指向现有文件的链接······219
9.1.2 创建指向特定网页的链接······220
9.1.3 创建指向工作表的链接······221
9.1.4 创建指向特定单元格的链接······222
9.1.5 删除链接······223

9.2 数据引用······224

9.2.1 引用本工作表内的单元格······224
9.2.2 引用其他工作表的单元格······225
9.2.3 引用其他工作簿的单元格······226
9.2.4 粘贴引用链接······227

9.3 嵌入与链接文件······228

9.3.1 嵌入 Word 文档······228
9.3.2 嵌入 PowerPoint 演示文稿······229
9.3.3 链接 Excel 工作簿······231

9.4 综合实例——在 Word 中调用 Excel 工作表······232

本章小结······233

课后习题······234

第 10 章 电子表格页面设置与打印

10.1 设置页面打印版式······235

10.1.1 设置打印页面······235
10.1.2 设置页边距······236

10.2 设置打印选项······237

10.2.1 设置打印区域······237
10.2.2 设置打印标题······238
10.2.3 设置打印行号和列标······239
10.2.4 设置草稿和单色方式打印······240
10.2.5 设置网格线打印······240
10.2.6 打印不连续的行或列······241
10.2.7 取消图片打印······241
10.2.8 打印设置······242

10.3 使用分页符······243

10.3.1 插入分页符······243
10.3.2 删除分页符······244

10.4 设置页眉和页脚······244

10.4.1 使用内置的页眉和页脚······245
10.4.2 自定义页眉和页脚······245
10.4.3 删除页眉和页脚······247

10.5 添加水印效果······248

10.5.1 使用页眉和页脚添加水印效果······248
10.5.2 通过插入艺术字添加水印效果······250

10.6 综合实例——设置与打印工资表······251

本章小结······253

课后习题······253

第 1 章 Excel 2016 基础

【学习目标】

- 掌握工作簿的基本操作。
- 掌握工作表的基本操作。
- 掌握单元格的基本操作。
- 掌握设置 Excel 2016 工作环境的方法。

Excel 2016 是微软公司推出的 Office 2016 办公系列软件的重要组成部分，主要用于电子表格制作。利用它可以高效地完成各种表格和图表的制作，还可以进行复杂的数据计算和分析等。本章将学习 Excel 2016 的基本操作，主要包括工作簿的基本操作，工作表的基本操作，单元格的基本操作，以及 Excel 2016 工作环境设置等。

1.1 工作簿的基本操作

启动 Excel 2016 后，系统会自动创建一个名为“工作簿 1”的文档，该文档就是工作簿。工作簿的基本操作包括工作簿的新建、保存、关闭、打开和隐藏等，下面将分别对其进行介绍。

1.1.1 新建工作簿

启动 Excel 2016 后，系统会自动新建一个工作簿，默认名称为“工作簿 1”。若要新建一个工作簿，具体操作方法如下。

Step 01 启动 Excel 2016，在右侧模板中选择“空白工作簿”选项，如图 1-1 所示。

Step 02 此时，即可完成空白工作簿的创建操作，查看新建空白工作簿效果，如图 1-2 所示。

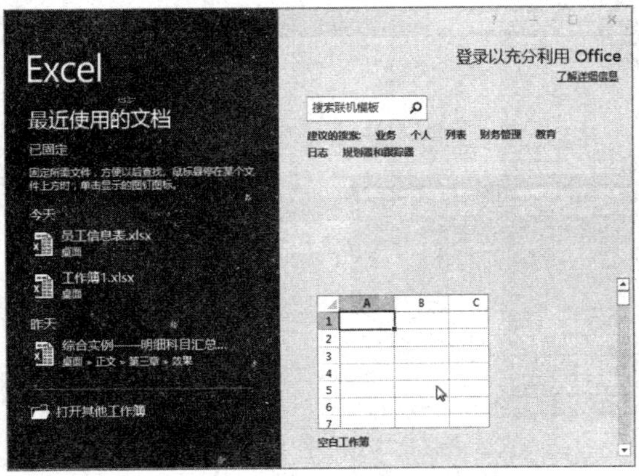

图 1-1 选择“空白工作簿”选项

图 1-2 新建工作簿

1.1.2 保存工作簿

工作簿需要保存以后才能成为磁盘空间的实体文件，用于以后的读取和编辑。下面将对保存工作簿的方法进行详细介绍。

1．直接保存工作簿

方法 1：单击快速工具栏中的“保存”按钮，此时被保存文件的路径和上次保存文件的路径是相同的，如图 1-3 所示。

方法 2：选择“文件”选项卡，在弹出的列表中选择“保存”选项，此时被保存文件的路径和上次保存文件的路径是相同的，如图 1-4 所示。

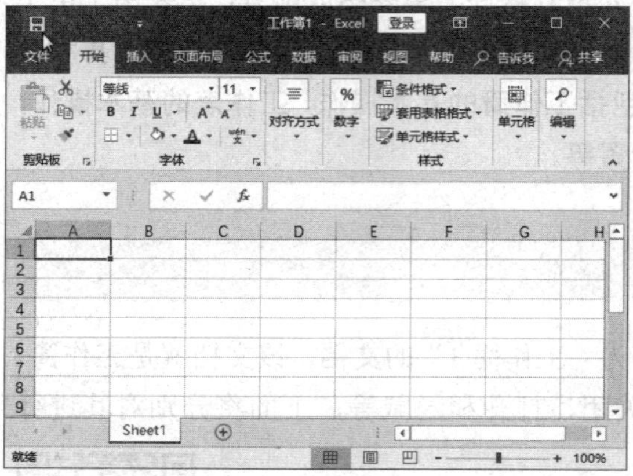

图 1-3 单击“保存”按钮

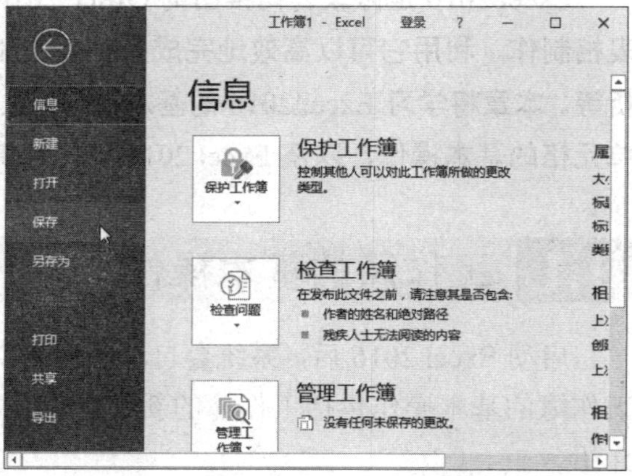

图 1-4 选择“保存”选项

2．使用“另存为”选项保存工作簿

Step 01 新建空白工作簿，选择“文件”选项卡，在弹出的列表中选择“另存为”选项，如图 1-5 所示。

Step 02 在右侧选择“这台电脑”选项，然后单击“浏览”按钮，如图 1-6 所示。

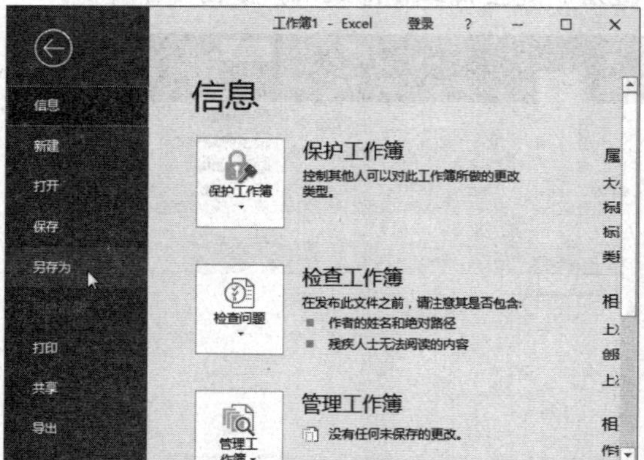

图 1-5 选择“另存为”选项

图 1-6 单击“浏览”按钮

Step 03 弹出“另存为”对话框，选择保存路径，并设置新文件名，然后单击“保存”按钮，如图 1-7 所示。

Step 04 此时即可看到保存的工作簿，并且工作簿标题已经改变，如图 1-8 所示。

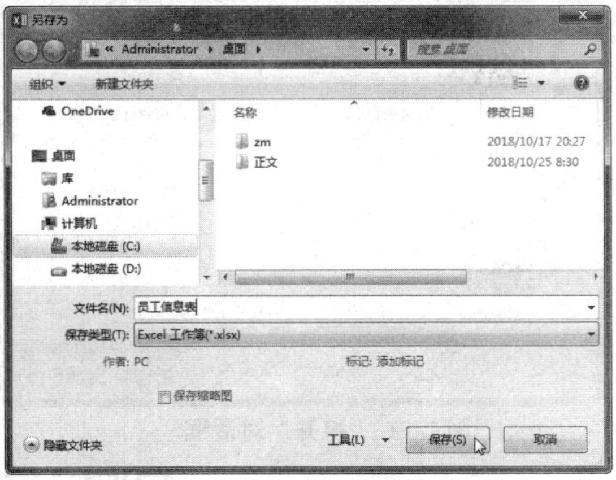

图 1-7　“另存为”对话框

图 1-8　查看保存的工作簿

课堂解疑

要将工作簿另存为其他格式，还可按【F12】键打开“另存为”对话框，在“保存类型”下拉列表框中可以设置将工作簿保存为“Excel 97-2003 工作簿”“Excel 模板”、PDF 等格式。

1.1.3　打开工作簿

启动 Excel 2016 后，系统会自动打开一个工作簿。若要打开已经保存的工作簿，需要先找到所保存的文件，然后将其打开，具体操作方法如下。

Step 01 启动 Excel 2016，在左侧单击“打开其他工作簿”超链接，如图 1-9 所示

Step 02 在右侧选择需要打开的工作簿，如“员工信息表.xlsx”，如图 1-10 所示，即可将其打开。

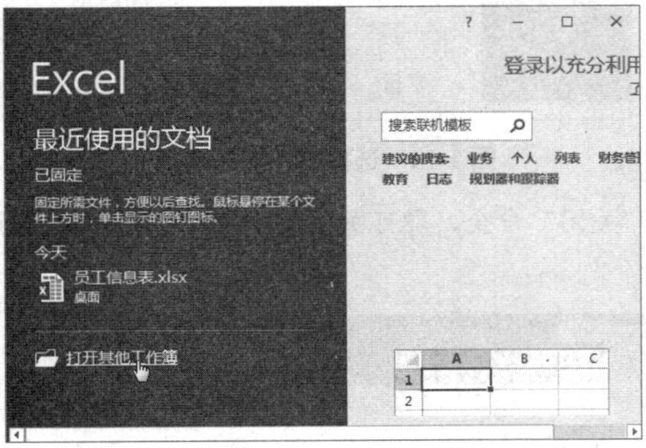

图 1-9　单击“打开其他工作簿”超链接

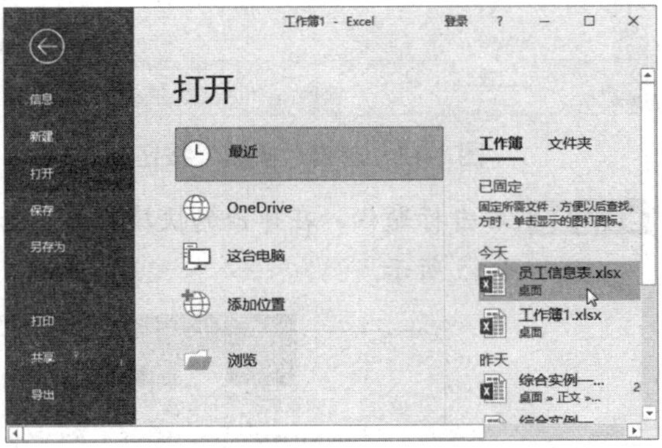

图 1-10　选择工作簿

Step 03 在工作簿中选择“文件”选项卡，在左侧选择“打开”选项卡，在右侧选择“这台电脑”选项，然后单击“浏览”按钮，如图 1-11 所示。

Step 04 弹出“打开”对话框，选择要打开的工作簿，然后单击“打开”按钮，即可打开该工作簿，如图 1-12 所示。

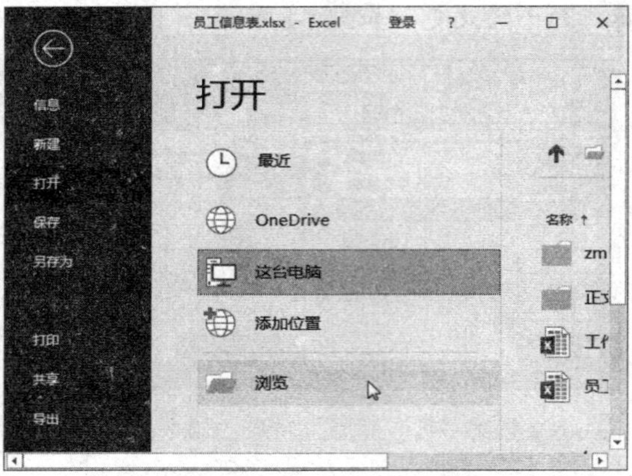

图 1-11　选择“这台电脑”选项

图 1-12　“打开”对话框

1.1.4　关闭工作簿

完成对工作簿的保存操作后，即可退出 Excel 工作簿，具体操作方法如下。

Step 01 单击窗口右上角的“关闭”按钮 ×，可以直接关闭整个 Excel 窗口，如图 1-13 所示。

Step 02 选择“文件”选项卡，在左侧选择“关闭”选项，即可关闭工作簿，如图 1-14 所示

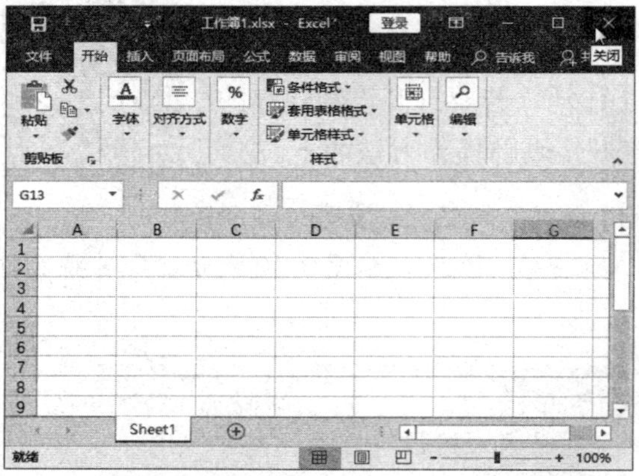

图 1-13　单击“关闭”按钮

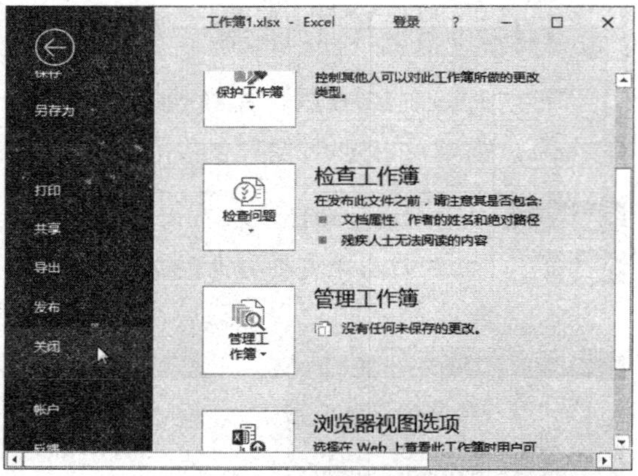

图 1-14　选择“关闭”选项

Step 03 右击标题栏，在弹出的快捷菜单中选择“关闭”命令，即可关闭整个 Excel 窗口，如图 1-15 所示。

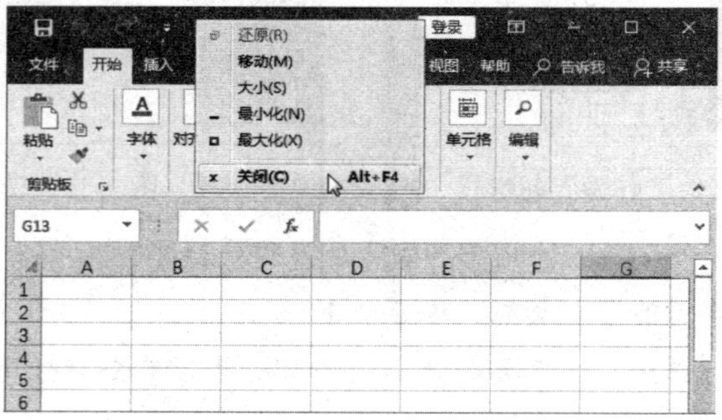

图 1-15　通过快捷菜单关闭窗口

1.1.5 隐藏工作簿

若不想显示工作簿，可以将其隐藏起来，使其从工作区中消失，具体操作方法如下。

Step 01 选择“视图”选项卡，单击“隐藏窗口”按钮▭，如图 1-16 所示。

Step 02 此时，即可查看隐藏工作簿后的效果。单击“取消隐藏窗口”按钮▭，如图 1-17 所示。

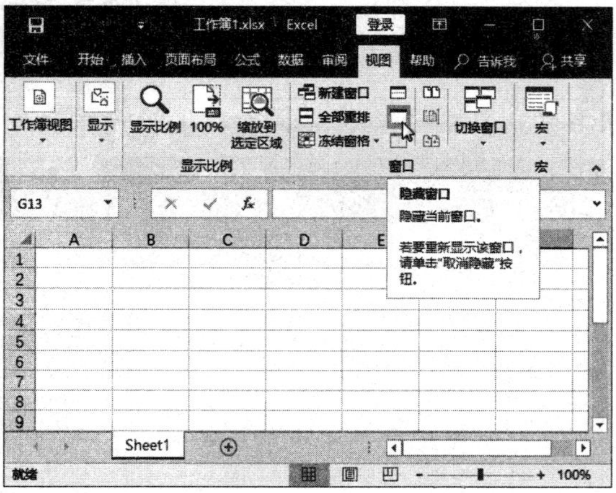

图 1-16 单击“隐藏窗口”按钮

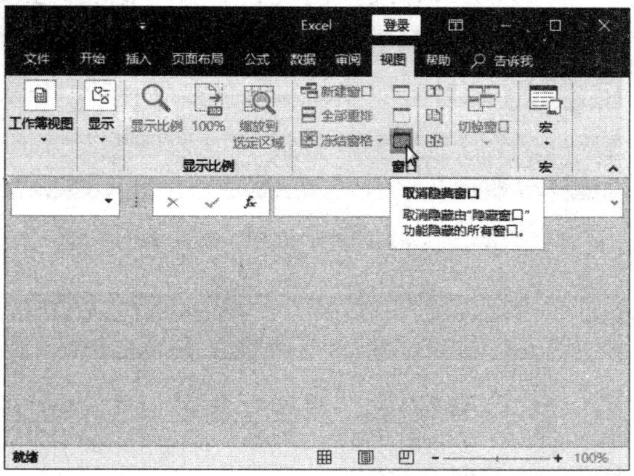

图 1-17 查看隐藏工作簿效果

Step 03 弹出“取消隐藏”对话框，选择隐藏的工作簿，单击“确定”按钮，如图 1-18 所示。

Step 04 此时，可以查看取消隐藏工作簿后的效果，如图 1-19 所示。

图 1-18 “取消隐藏”对话框

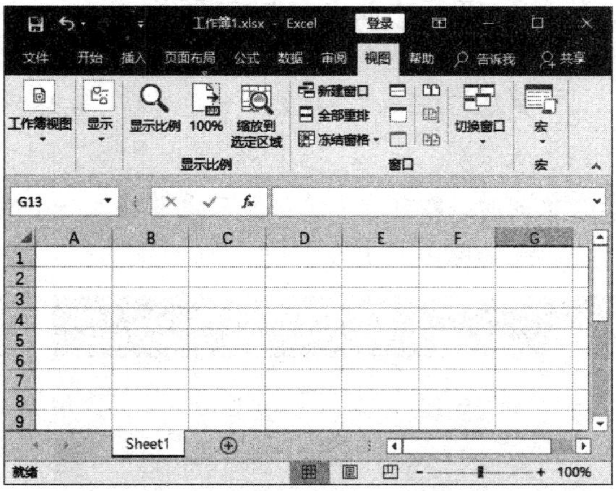

图 1-19 查看取消隐藏工作簿效果

1.2 工作表的基本操作

Excel 工作簿是由多个工作表组成的，每个工作表都是一个由若干行和列组成的二维表格，能够存储包含字符串、数字、公式、图表和声音等丰富的信息或数据。下面将详细介绍工作表的基本操作。

1.2.1 插入工作表

在一般情况下，启动 Excel 后打开的工作簿中默认包含三个工作表，分别为 Sheet1、Sheet2 和 Sheet3。下面将详细介绍如何插入一个空白的工作表。

方法 1：单击“插入工作表”按钮

Step 01 打开“素材文件\第 1 章\每周销量.xlsx”，若要在末尾快速插入一张新工作表，则直接单击工作表标签右侧的“插入工作表”按钮⊕，如图 1-20 所示。

Step 02 此时，即可插入一个空白的新工作表，并自动命名为 Sheet1，效果如图 1-21 所示。

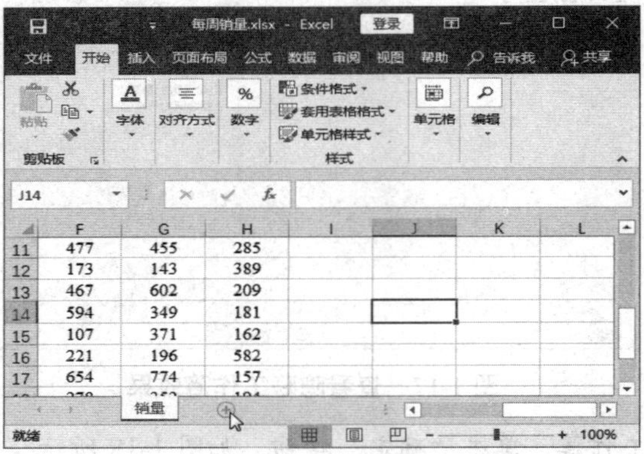

图 1-20 单击“插入工作表”按钮

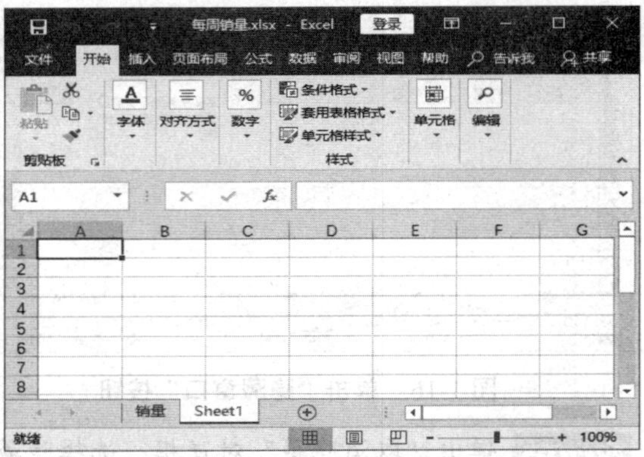

图 1-21 查看新工作表

方法 2：单击“插入”下拉按钮

Step 01 若要在该工作表之前插入一个新工作表，则单击“开始”选项卡下“单元格”组中的“插入”下拉按钮，选择“插入工作表”选项，如图 1-22 所示。

Step 02 此时，即可在当前工作表之前插入一个新工作表，新插入的工作表依然会自动命名，效果如图 1-23 所示。

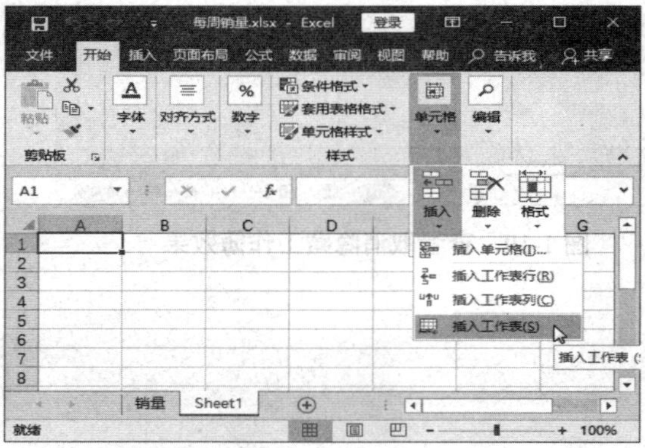

图 1-22 选择“插入工作表”选项

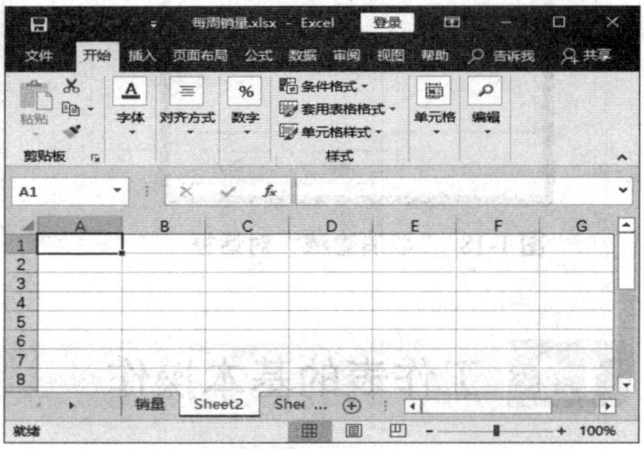

图 1-23 查看新工作表

方法 3：选择右键快捷命令

Step 01 右击任意工作表标签，在弹出的快捷菜单中选择“插入”命令，如图 1-24 所示。

Step 02 弹出“插入”对话框，在“常用”选项卡下选中“工作表”图标，然后单击“确定”按钮，即可插入新工作表，如图 1-25 所示。

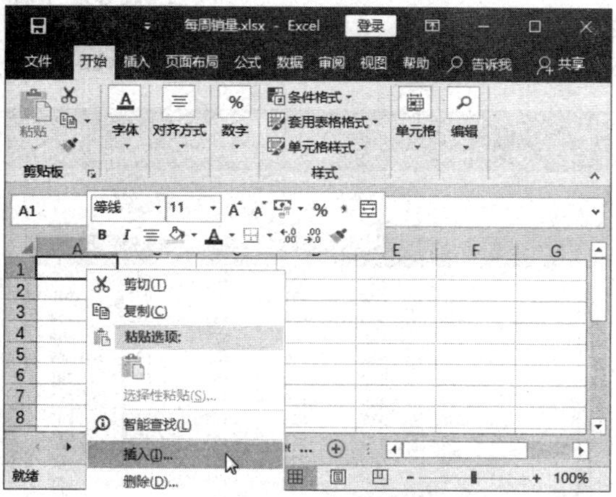

图 1-24 选择“插入”命令

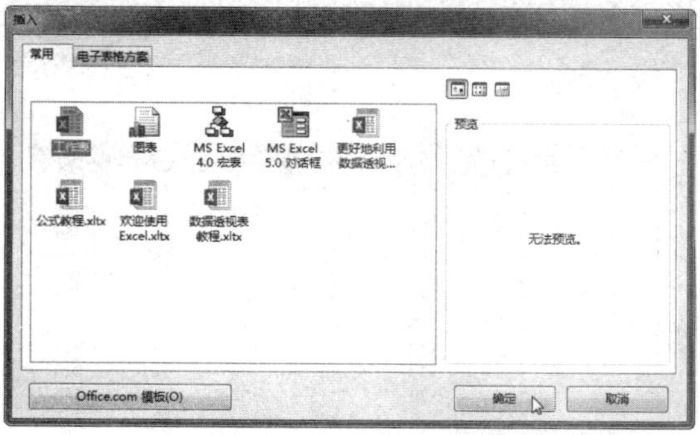

图 1-25 “插入”对话框

1.2.2 移动和复制工作表

用户可以在一个工作簿中移动或复制工作表，具体操作方法如下。

方法 1：选择“移动或复制”选项

Step 01 右击标签，在弹出的快捷菜单中选择“移动或复制”命令，如图 1-26 所示。

Step 02 弹出“移动或复制工作表”对话框，选择“下列选定工作表之前”列表框中的目标工作表选项，然后单击“确定”按钮，如图 1-27 所示。

图 1-26 选择“移动或复制”命令

Step 03 此时工作表的位置已经发生变化，效果如图 1-28 所示。

图 1-27 “移动或复制工作表”对话框

图 1-28 查看移动工作表效果

方法 2：通过拖动鼠标移动工作表

Step 01 拖动要移动的工作表标签，当出现标志时拖至目标位置后松开鼠标，即可完成移动工作表操作，如图 1-29 所示。

Step 02 此时，该工作表的位置已经发生变化，效果如图 1-30 所示。

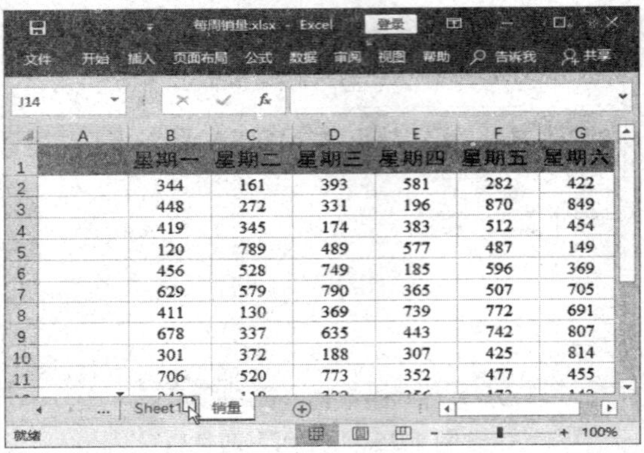

图 1-29 拖动工作表标签

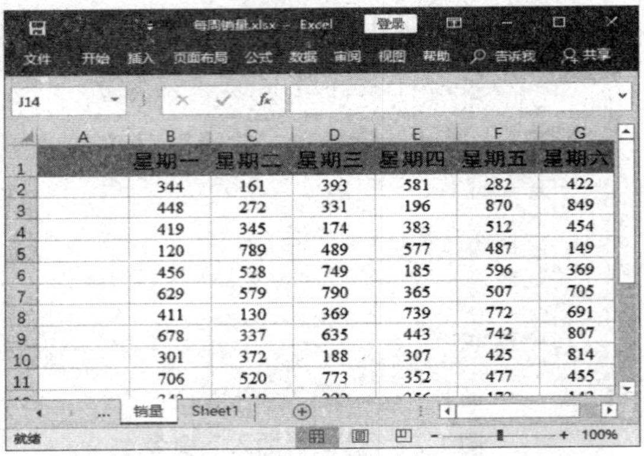

图 1-30 查看移动工作表效果

若想把一个工作表中的所有数据全部复制到另一个工作表中，可以进行复制工作表操作，具体操作方法如下。

方法 1：通过拖动鼠标复制

Step 01 单击“销量”工作表标签，按住【Ctrl】键，然后按住鼠标左键并拖动，同样也会出现标志，拖至目标位置后松开鼠标，即可完成工作表的复制操作，如图 1-31 所示。

Step 02 此时，在目标位置即可出现复制的工作表，效果如图 1-32 所示。

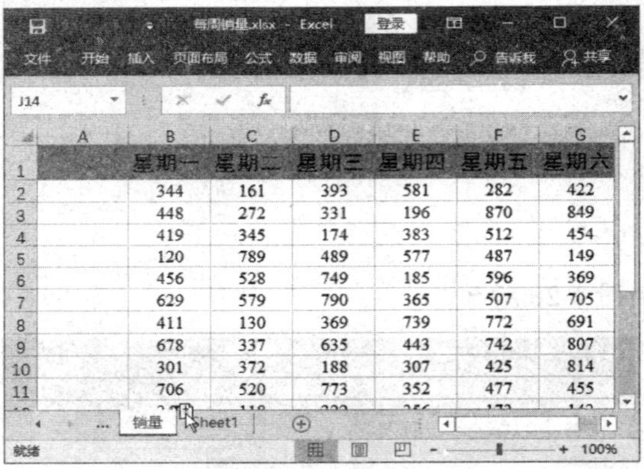

图 1-31 拖动工作表标签

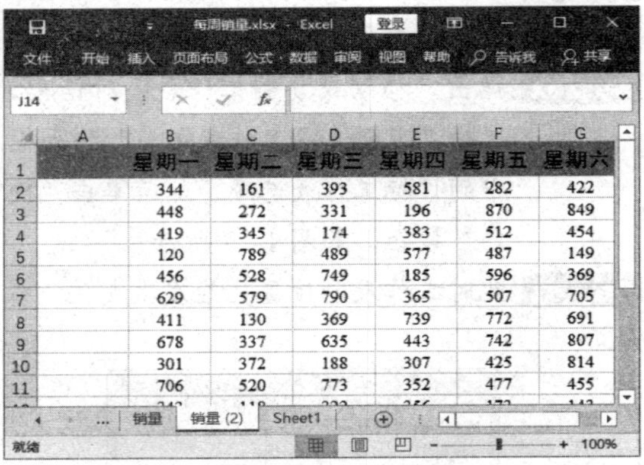

图 1-32 查看复制工作表效果

方法 2：通过功能区按钮复制

Step 01 单击“开始”选项卡下“单元格”组中的“格式”下拉按钮，选择“移动或复制工作表”选项，如图 1-33 所示。

Step 02 弹出“移动或复制工作表”对话框，选择“下列选定工作表之前”列表框中的一个工作表选项，并选中“建立副本”复选框，然后单击“确定”按钮，如图 1-34 所示。

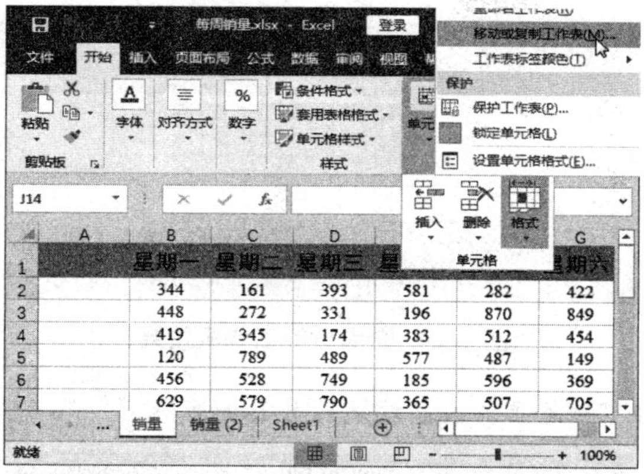

图 1-33　选择“移动或复制工作表”选项

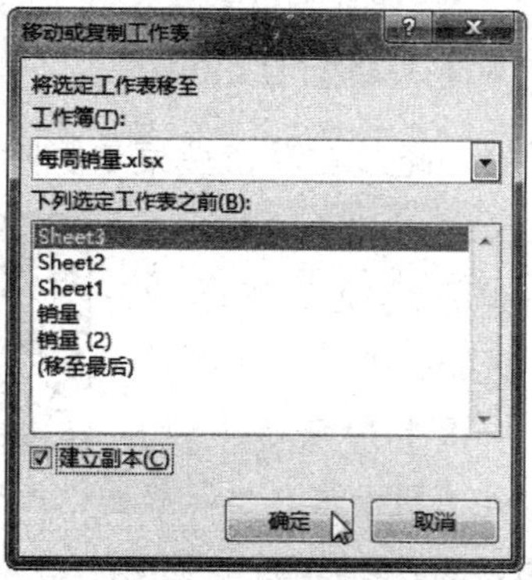

图 1-34　“移动或复制工作表”对话框

Step 03 此时，即可在所选工作表前面创建当前工作表副本，如图 1-35 所示。

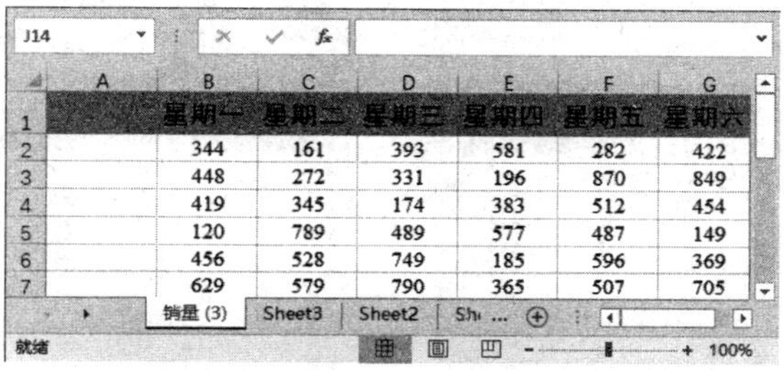

图 1-35　创建工作表副本

1.2.3　删除工作表

若只需要一个工作表，可以将多余的工作表删除。删除工作表主要有以下两种方法。

方法 1：选择“删除工作表”选项

Step 01 单击“开始”选项卡下“单元格”组中的“删除”下拉按钮，选择“删除工作表”选项，如图 1-36 所示。

Step 02 弹出提示信息框，单击“删除”按钮，即可将当前工作表删除，如图 1-37 所示。

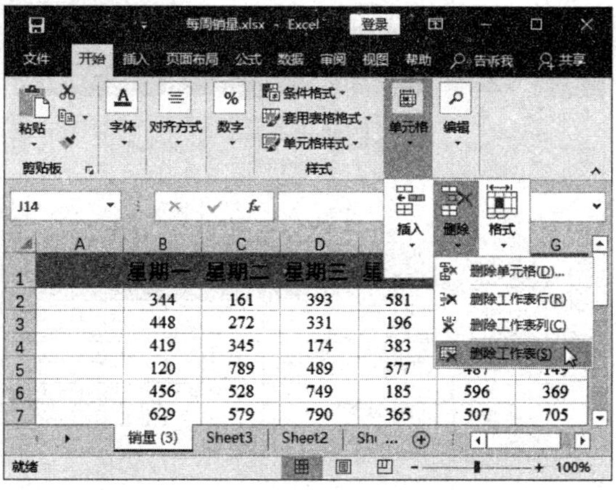

图 1-36　选择“删除工作表”选项

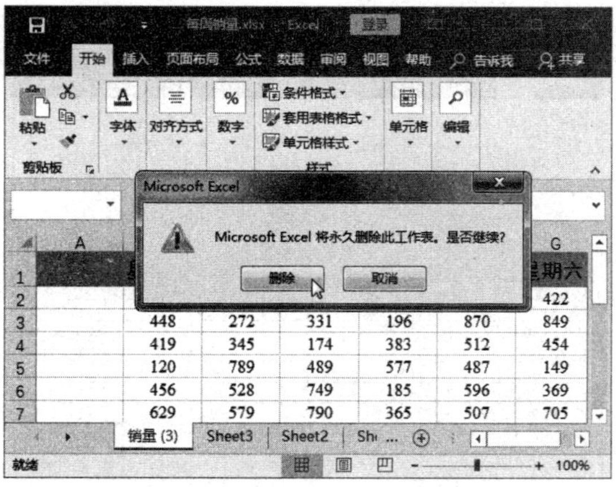

图 1-37　单击“删除”按钮

Step 03 此时，即可查看删除工作表后的效果，如图 1-38 所示。

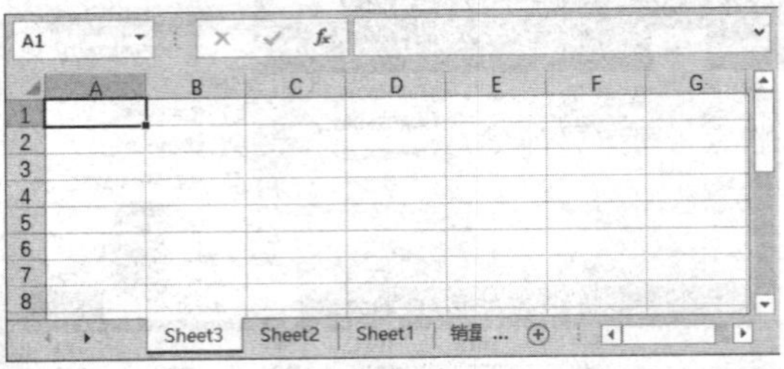

图 1-38 查看删除工作表效果

方法 2：通过右键快捷菜单删除工作表

Step 01 右击工作表标签，在弹出的快捷菜单中选择“删除”命令，如图 1-39 所示。

Step 02 弹出提示信息框，单击“删除”按钮，即可删除工作表，效果如图 1-40 所示。

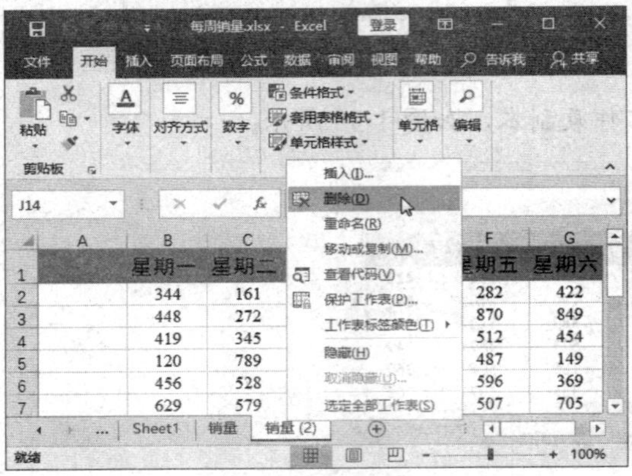

图 1-39 选择“删除”命令

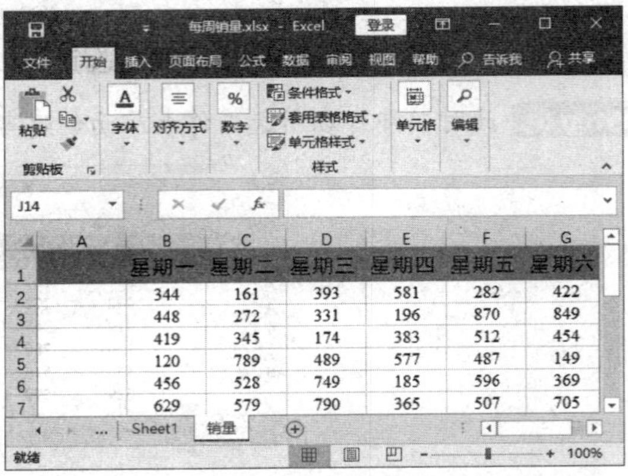

图 1-40 删除工作表

1.2.4 重命名工作表

当一个工作簿中的工作表过多时，使用 Sheet1、Sheet2、Sheet3 这样的工作表名称很难区分不同的工作表，此时可以对工作表重新命名。重命名工作表的方法主要有以下两种。

方法 1：双击工作表标签重命名工作表

Step 01 打开“素材文件\第 1 章\企业员工信息表.xlsx”，双击工作表标签，此时标签名称呈可编辑状态，如图 1-41 所示。

Step 02 直接输入新工作表名称，按【Enter】键确认或单击标签外的任何位置，即可完成重命名操作，如图 1-42 所示。

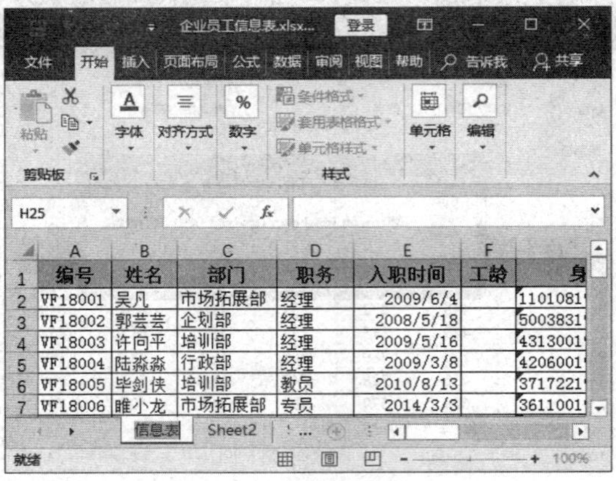

图 1-41 双击工作表标签

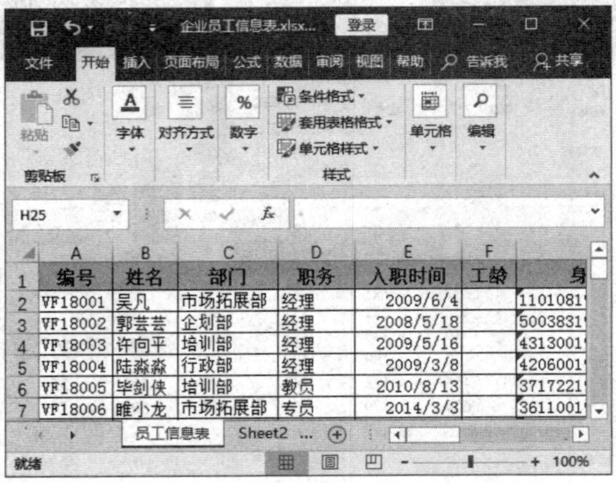

图 1-42 输入新工作表名称

方法 2：通过右键快捷菜单重命名工作表

Step 01 右击 Sheet2 工作表标签，在弹出的快捷菜单中选择“重命名”命令，如图 1-43 所示。

Step 02 此时工作表标签显示为可编辑状态，输入新名称，按【Enter】键确认或单击标签外的任何位置，即可完成重命名操作，如图 1-44 所示。

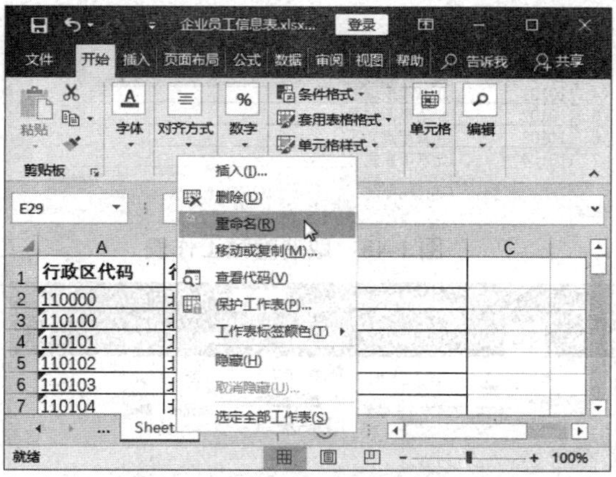

图 1-43　选择“重命名”命令

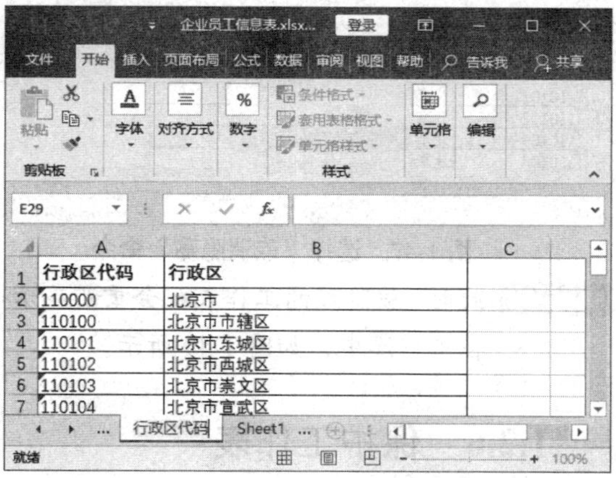

图 1-44　输入新名称

1.2.5　显示和隐藏工作表

若工作表太多，而又不需要其中的一些工作表，或者不想让他人看到数据，可以暂时将工作表隐藏起来，需要查看时再取消隐藏，具体操作方法如下。

Step 01 右击需要隐藏工作表的工作表标签，在弹出的快捷菜单中选择“隐藏”命令，如图 1-45 所示。

Step 02 此时，该工作表已被隐藏，效果如图 1-46 所示。

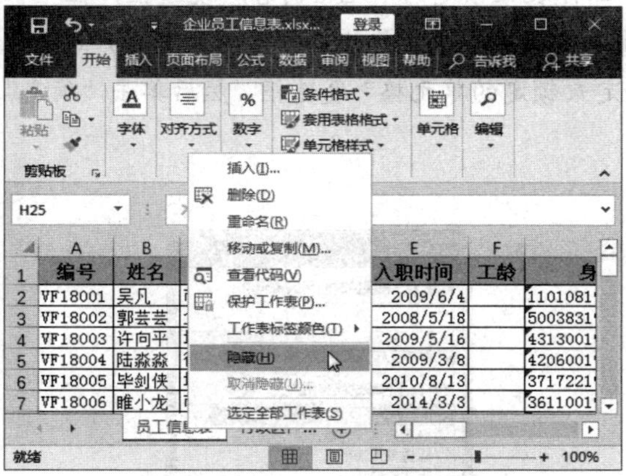

图 1-45　选择“隐藏”命令

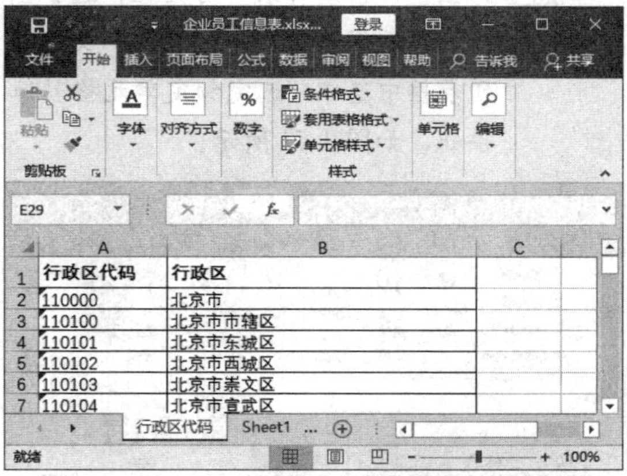

图 1-46　查看隐藏工作表效果

Step 03 要想重新显示，可在其他工作表标签上右击，在弹出的快捷菜单中选择“取消隐藏”命令，如图 1-47 所示。

Step 04 弹出“取消隐藏”对话框，选择“取消隐藏工作表”列表框中的工作表选项，然后单击“确定”按钮，如图 1-48 所示。

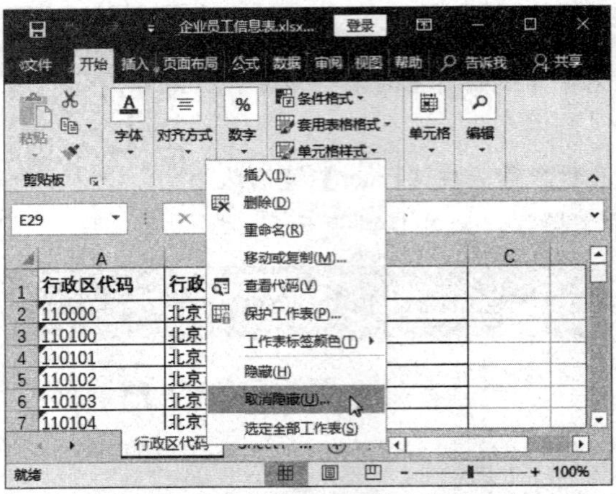

图 1-47 选择“取消隐藏”命令

图 1-48 取消隐藏工作表

Step 05 此时，被隐藏的工作表就会重新显示在工作簿中，如图 1-49 所示。

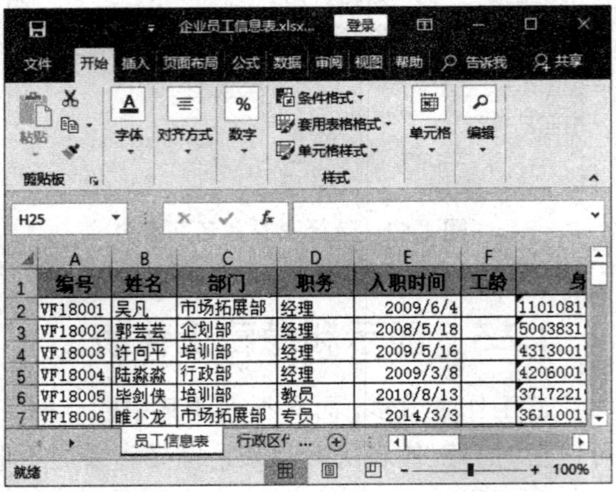

图 1-49 重新显示工作表

1.2.6 保护工作表

通过设置密码来保护工作表，可以防止他人对工作表中的数据、图表等进行修改，从而提高工作表的安全性，具体操作方法如下。

Step 01 选择“审阅”选项卡，单击“保护”组中的“保护工作表”按钮，如图 1-50 所示。

Step 02 弹出“保护工作表”对话框，选中“保护工作表及锁定的单元格内容”复选框，在“取消工作表保护时使用的密码”文本框中输入密码，在“允许此工作表的所有用户进行”列表框中选中“选定锁定单元格”和“选定未锁定的单元格”复选框，然后单击“确定”按钮，如图 1-51 所示。

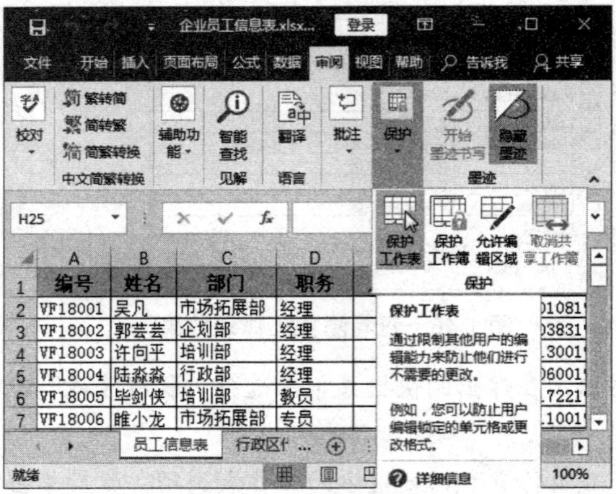

图 1-50 单击“保护工作表”按钮

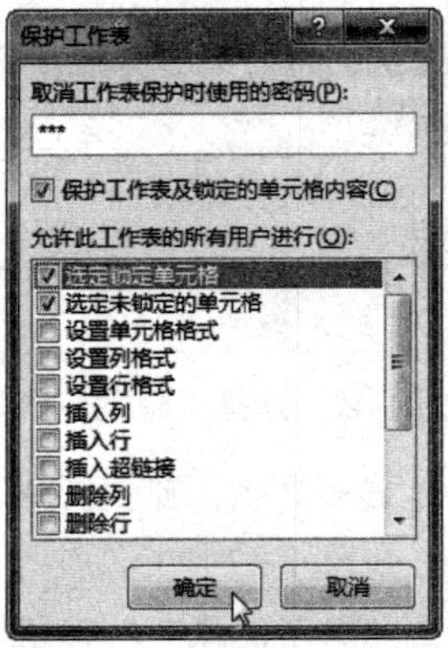

图 1-51 “保护工作表”对话框

Step 03 弹出“确认密码”对话框，在“重新输入密码”文本框中输入密码，然后单击“确定”按钮，即可完成对工作表的保护，如图 1-52 所示。

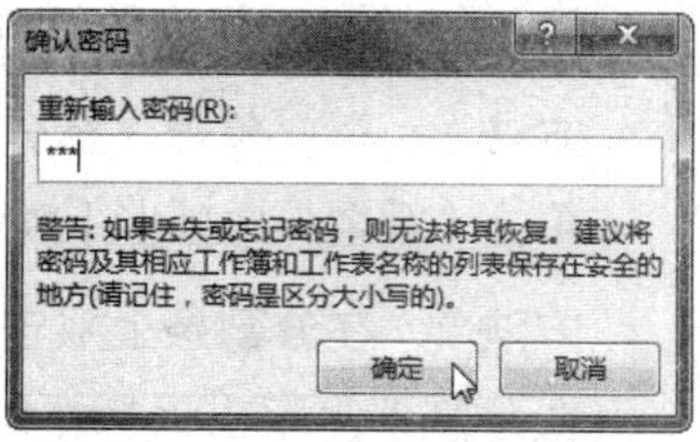

图 1-52 “确认密码”对话框

对于设置了密码保护的工作表，可以取消其密码保护。取消密码保护的具体操作方法如下。

Step 01 选择“审阅”选项卡，单击“保护”组中的“撤销工作表保护”按钮，如图 1-53 所示。

Step 02 弹出“撤销工作表保护”对话框，在“密码”文本框中输入密码，然后单击“确定”按钮，即可撤销工作表保护，如图 1-54 所示。

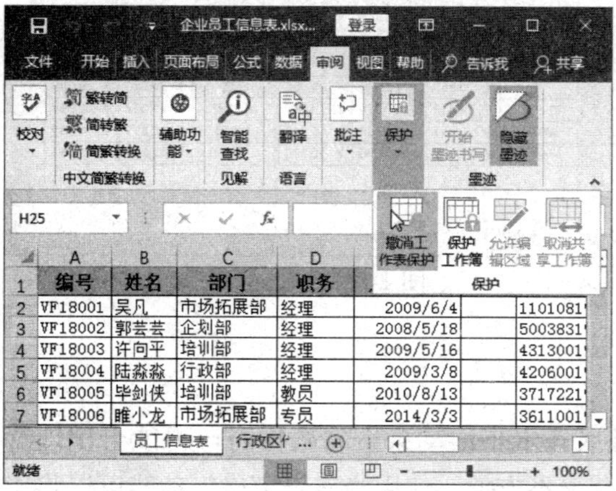

图 1-53 单击“撤销工作表保护”按钮

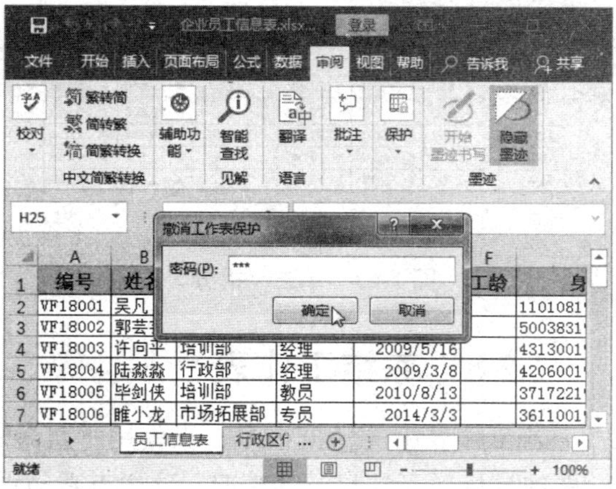

图 1-54 撤销工作表保护

1.2.7 拆分工作表

用户可以对工作表进行水平和垂直拆分，具体操作方法如下。

Step 01 打开“素材文件\第 1 章\店铺销售额统计.xlsx”选择一个单元格，单击“视图”选项卡下“窗口”组中的“拆分”按钮，如图 1-55 所示。

Step 02 此时，在所选单元格处工作表被拆分为 4 个独立的窗格，效果如图 1-56 所示。

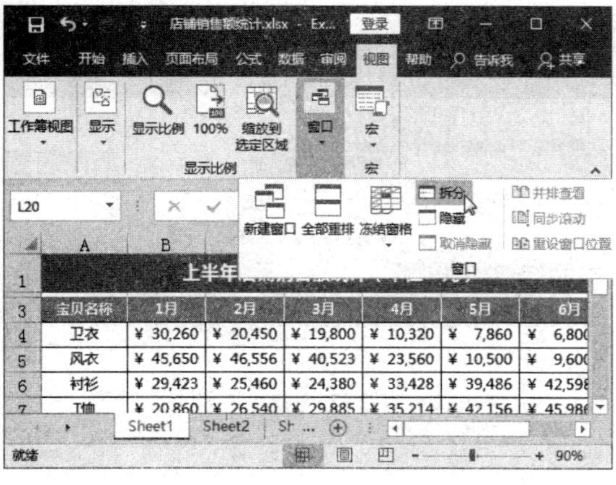

图 1-55 单击“拆分”按钮

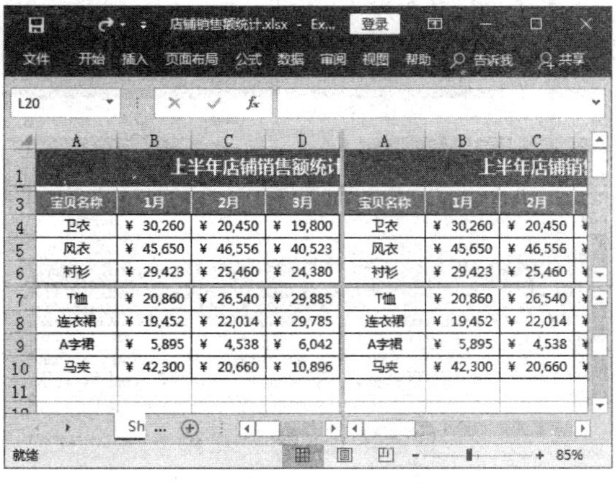

图 1-56 查看拆分工作表效果

要想撤销对工作表的拆分，有以下两种方法。

方法 1：再次单击“拆分”按钮撤销

单击“视图”选项卡下“窗口”组中的“拆分”按钮，即可撤销拆分窗口，如图 1-57 所示。

方法 2：在分割条上双击撤销

在分割条上双击鼠标左键，即可撤销拆分窗口，如图 1-58 所示。

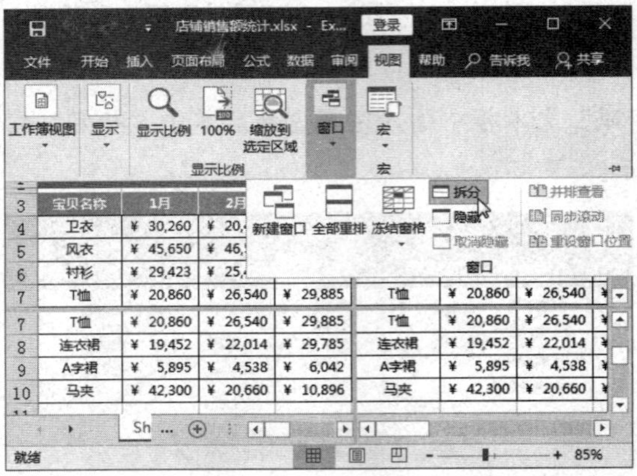

图 1-57 单击“拆分”按钮

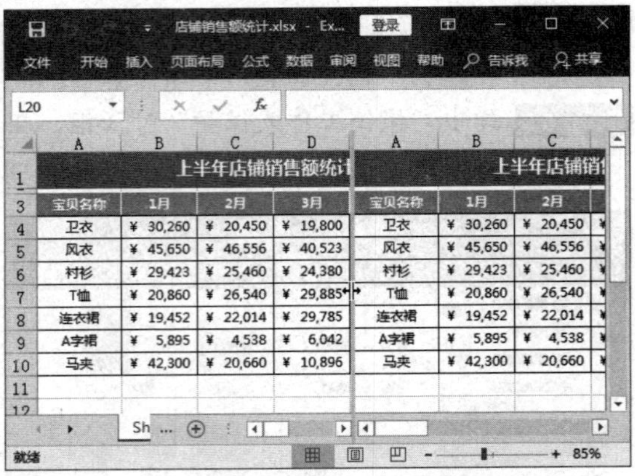

图 1-58 双击分割条

1.2.8 冻结工作表

若工作表中的数据很多，当使用垂直滚动条或者水平滚动条查看数据时，可能会出现行标题或列标题无法显示的情况，这样查看数据时会很不方便。使用“冻结窗格”功能可以将工作表的上窗格和左窗格冻结在屏幕上，在滚动工作表时行标题和列标题会一直显示在屏幕上。

1. 冻结多行或多列

若要冻结工作表中的多行或多列，具体操作方法如下。

Step 01 选中任意单元格，在此选择 B3 单元格，该单元格将成为冻结点，如图 1-59 所示。

Step 02 单击“视图”选项卡下“窗口”组中的“冻结窗格”下拉按钮，选择“冻结窗格”选项，如图 1-60 所示。

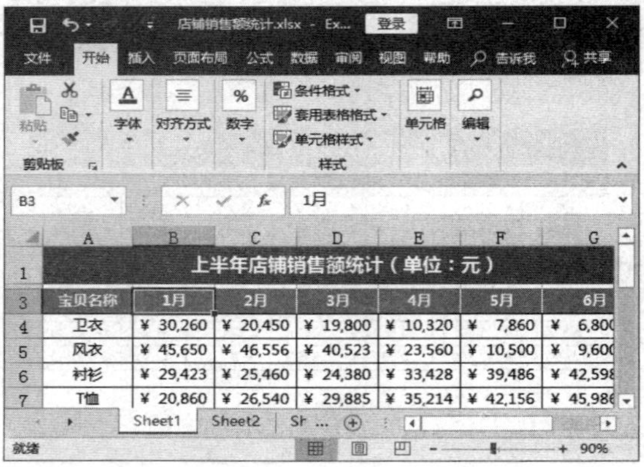

图 1-59 选择冻结点

图 1-60 选择“冻结窗格”选项

Step 03 此时，该点上面的所有行和左侧的所有列都会被冻结，一直显示在屏幕上，如图 1-61 所示。

Step 04 若要撤销冻结，则单击“窗口”组中的“冻结窗格”下拉按钮，选择“取消冻结窗格”选项，如图 1-62 所示。

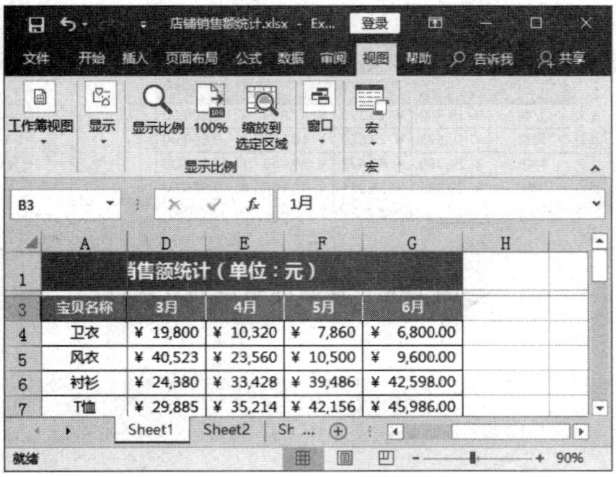

图 1-61 冻结窗格

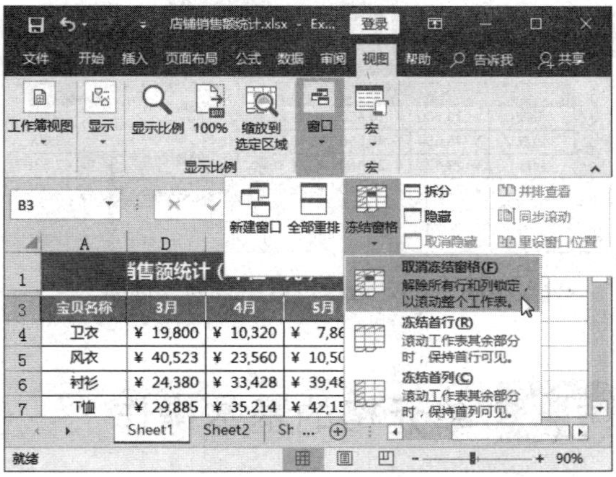

图 1-62 取消冻结窗格

2. 冻结首行

若要冻结工作表中的首行，具体操作方法如下。

Step 01 选择 A1 单元格，单击“视图”选项卡下“窗口”组中的“冻结窗格”下拉按钮，选择“冻结首行”选项，如图 1-63 所示。

Step 02 此时首行即被冻结，拖动垂直滚动条，首行保持不动，效果如图 1-64 所示。

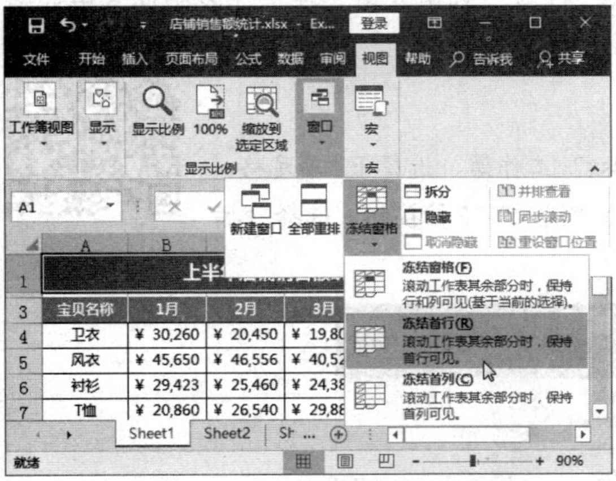

图 1-63 选择“冻结首行”选项

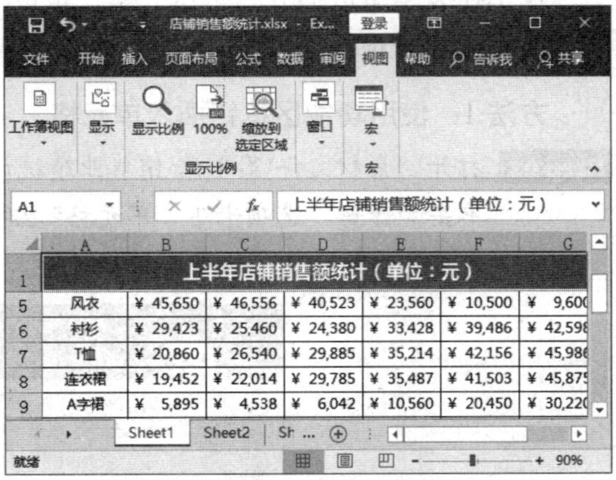

图 1-64 查看冻结首行效果

3. 冻结首列

若要冻结工作表中的首列，具体操作方法如下。

Step 01 单击“视图”选项卡下“窗口”组中的“冻结窗格”下拉按钮，选择“冻结首列”选项，如图 1-65 所示。

Step 02 拖动水平滚动条，首列保持不动，效果如图 1-66 所示。

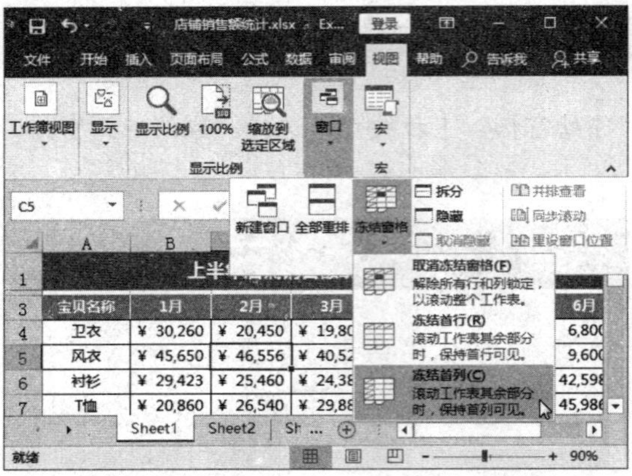

图 1-65 选择“冻结首列”选项

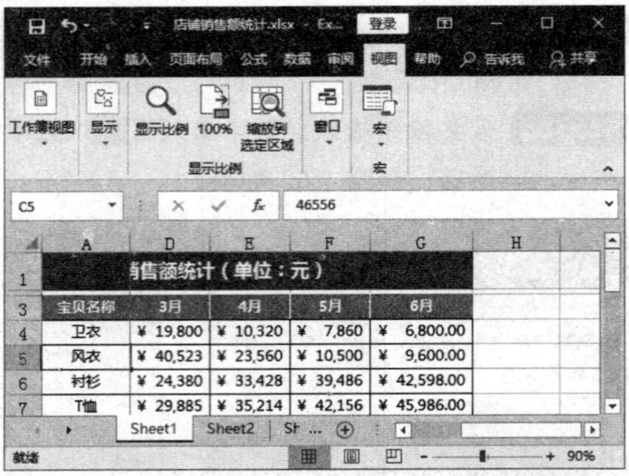

图 1-66 查看冻结首列效果

1.3 单元格的基本操作

在 Excel 中，行与列的交叉即称之为单元格，单元格位于编辑区中。每张工作表都包含许多单元格，它是 Excel 中最基本的存储和处理数据的单位，也就是说所有对表格数据的处理操作均在单元格中进行。单元格的行号以数字表示，列标以字母表示。

单元格的基本操作主要包括单元格的插入、删除、清除、命名和合并等，下面将分别对其进行详细介绍。

1.3.1 插入单元格

在工作表中可以插入一个单元格，也可插入一行或一列单元格。在工作表中插入单元格的方法有以下两种。

方法 1：使用功能区按钮插入单元格

Step 01 打开“素材文件\第 1 章\销售业绩统计.xlsx”工作簿，选择 F2 单元格，单击“开始”选项卡下“单元格”组中的“插入”下拉按钮，选择“插入单元格”选项，如图 1-67 所示。

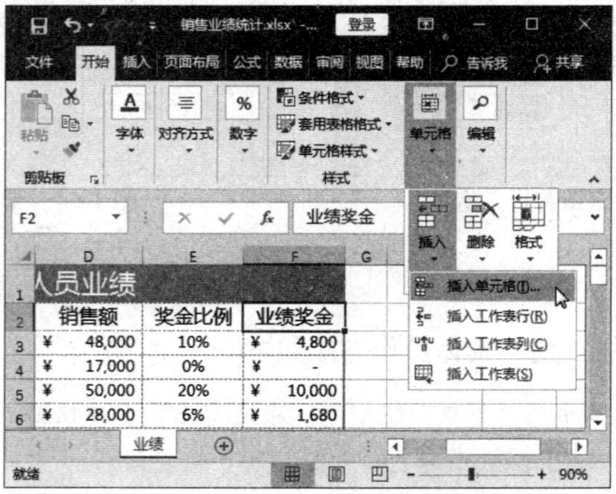

图 1-67 选择“插入单元格”选项

Step 02 弹出“插入”对话框，选中“活动单元格右移”单选按钮，然后单击“确定”按钮，如图 1-68 所示。

Step 03 此时，即可查看插入单元格后的表格效果，如图 1-69 所示。

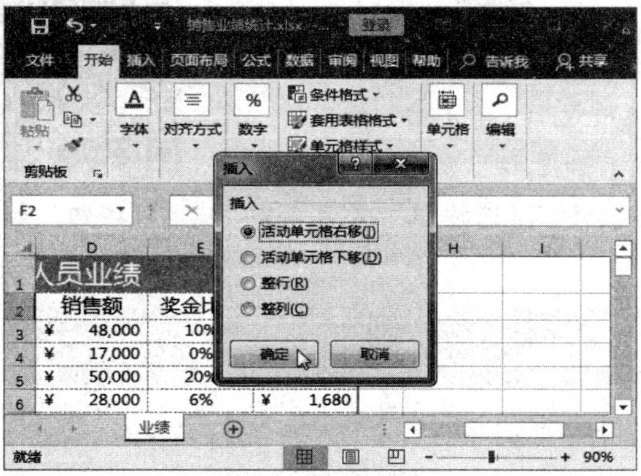

图 1-68　设置活动单元格右移

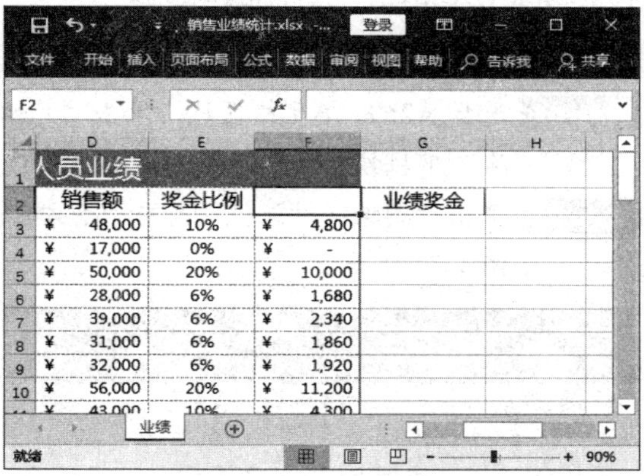

图 1-69　查看插入单元格效果

方法 2：通过右键快捷菜单插入单元格

Step 01 选择 G2 单元格并右击，在弹出的快捷菜单中选择“插入”命令，如图 1-70 所示。

Step 02 弹出“插入”对话框，选中“整行”单选按钮，然后单击“确定”按钮，如图 1-71 所示。

图 1-70　选择“插入”命令

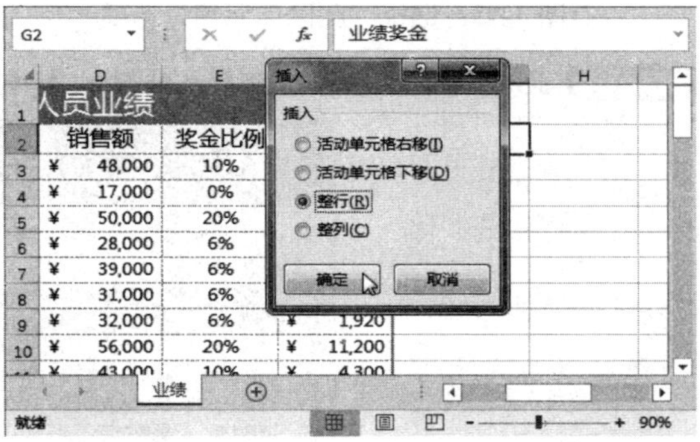

图 1-71　设置插入整行

Step 03 此时，即可查看插入整行后的表格效果，如图 1-72 所示。

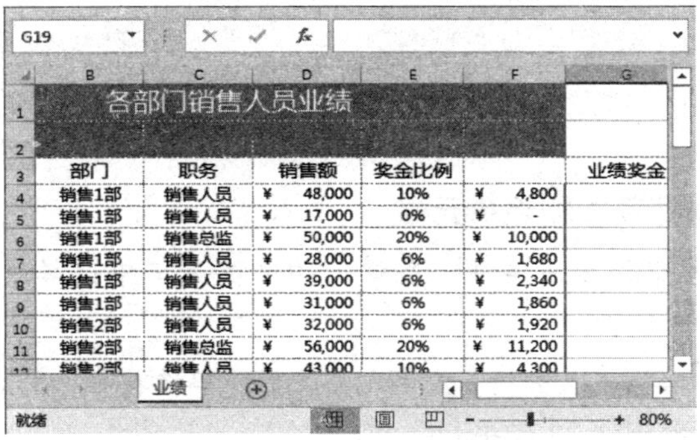

图 1-72　查看插入整行效果

1.3.2 删除单元格

当不再需要工作表中的某些单元格时，即可将其连同单元格中的数据一起删除。在工作表中删除单元格的方法有以下两种。

方法 1：使用功能区按钮删除单元格

Step 01 选择 A2:G2 单元格区域，单击“开始”选项卡下“单元格”组中的“删除”下拉按钮，选择“删除单元格”选项，如图 1-73 所示。

Step 02 弹出“删除”对话框，选中“下方单元格上移”单选按钮，然后单击“确定”按钮，如图 1-74 所示。

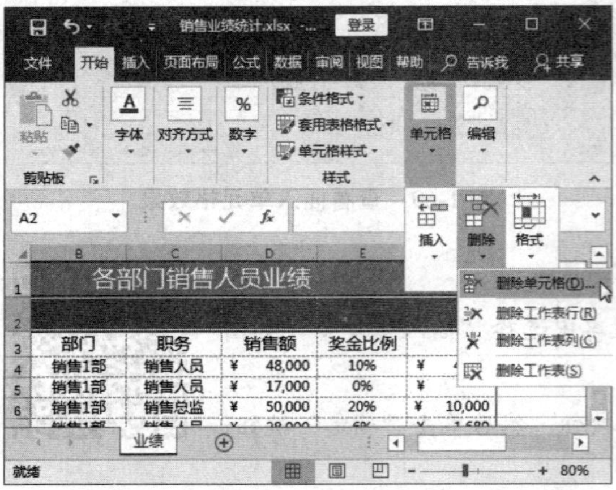

图 1-73 选择“删除单元格”选项

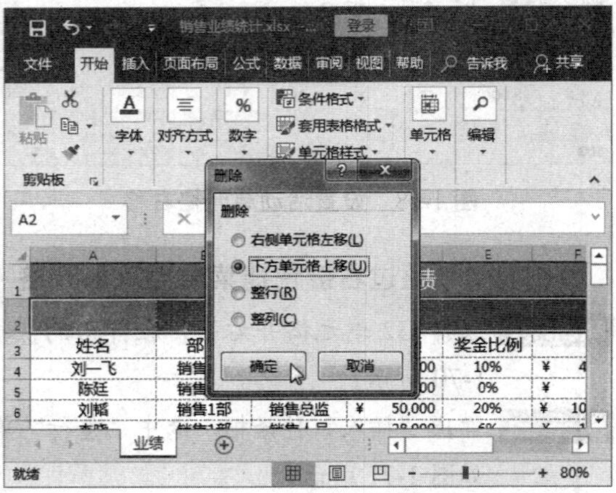

图 1-74 设置下方单元格上移

Step 03 此时，即可查看删除单元格后的表格效果，如图 1-75 所示。

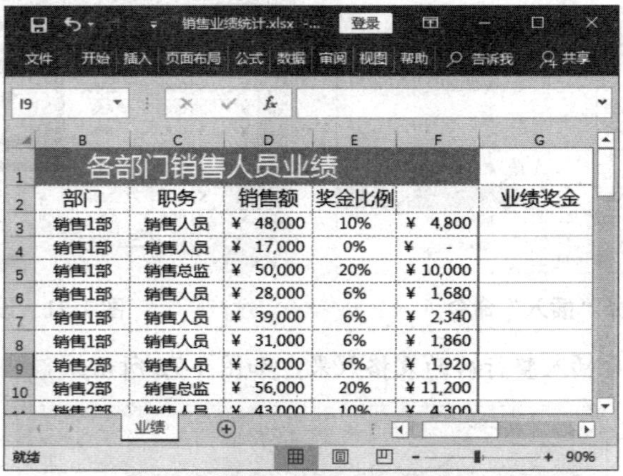

图 1-75 查看删除单元格效果

方法 2：通过右键快捷菜单删除单元格

Step 01 选择 A3:F8 单元格区域并右击，在弹出的快捷菜单中选择“删除”命令，如图 1-76 所示。

Step 02 弹出“删除”对话框，选中“下方单元格上移”单选按钮，然后单击“确定”按钮，如图 1-77 所示。

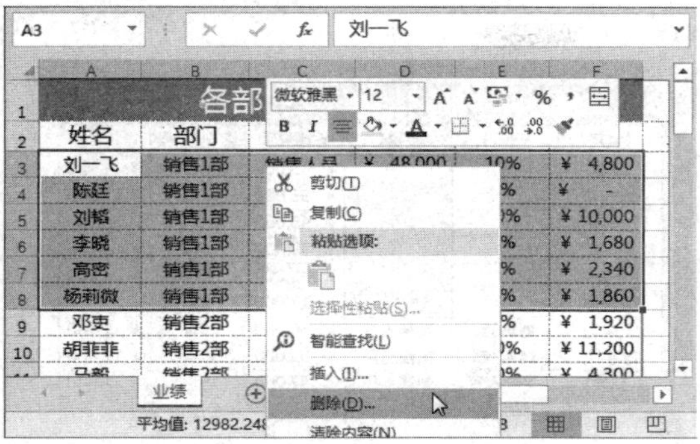

图 1-76　选择“删除”命令

图 1-77　设置下方单元格上移

Step 03 此时，即可查看删除单元格后的表格效果，如图 1-78 所示。

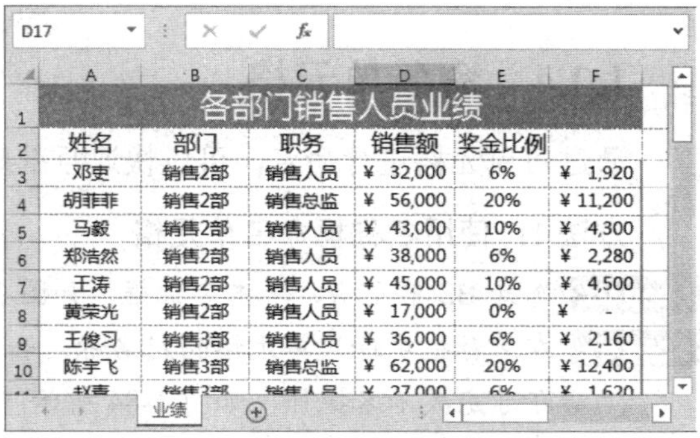

图 1-78　查看删除单元格效果

1.3.3　清除单元格

清除单元格与删除单元格有所不同，清除单元格是只删除单元格中的数据，而不删除单元格。在工作表中清除单元格的方法有以下两种。

方法 1：使用功能区按钮清除单元格

Step 01 选择 B3:B8 单元格区域，单击“开始”选项卡下“编辑”组中的“清除”下拉按钮，选择“清除内容”选项，如图 1-79 所示。

Step 02 此时，即可查看清除单元格内容后的表格效果，如图 1-80 所示。

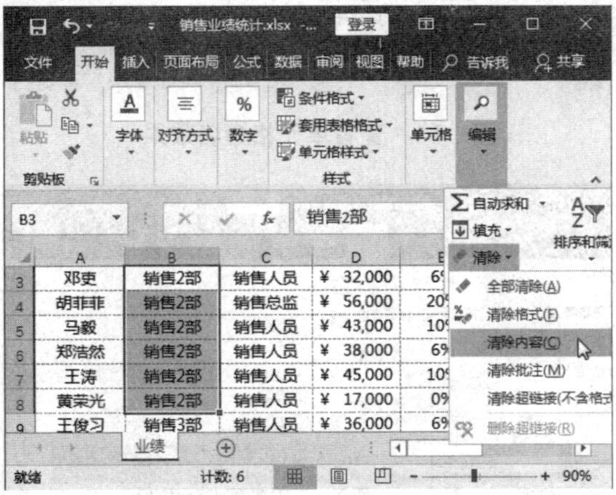

图 1-79　选择“清除内容”选项

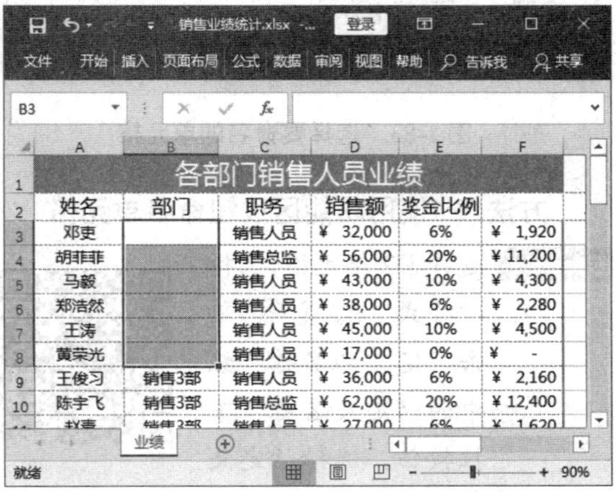

图 1-80　查看清除单元格效果

方法 2：通过右键快捷菜单清除单元格

Step 01 选中 C3:C8 单元格区域并右击，在弹出的快捷菜单中选择“清除内容”命令，如图 1-81 所示。

Step 02 此时，即可查看清除单元格内容后的表格效果，如图 1-82 所示。

图 1-81　选择“清除内容”命令

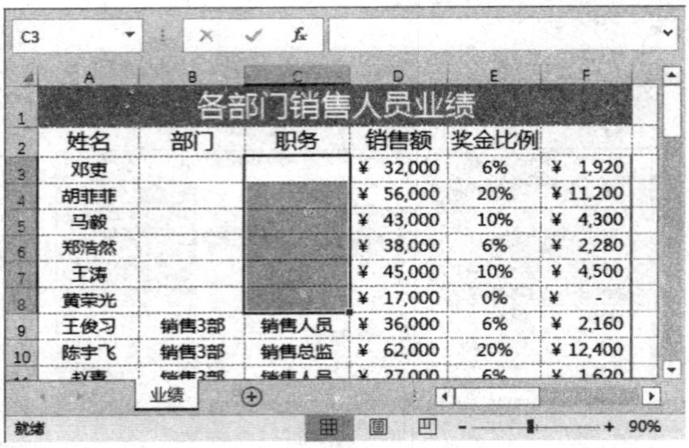

图 1-82　查看清除单元格效果

1.3.4　命名单元格

通过对单元格进行命名，可以快速且准确地定位单元格，主要有以下两种方法。

方法 1：使用名称框命名单元格

Step 01 选择 B2 单元格，单击名称框，如图 1-83 所示。

Step 02 在名称框中输入单元格的新名称，如“部门”，并按【Enter】键确认，即可完成命名操作，如图 1-84 所示。

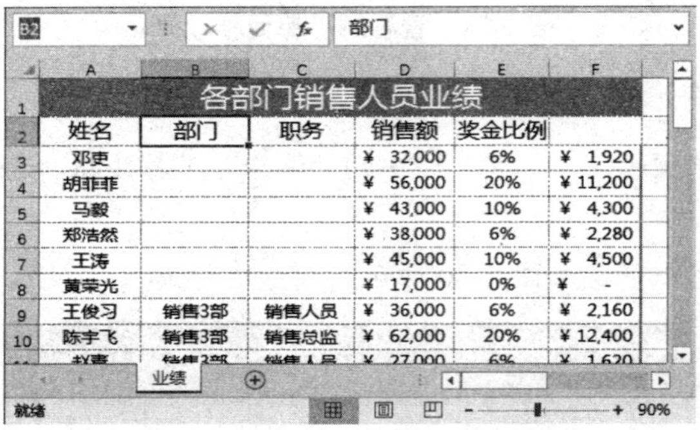

图 1-83　选择要命名的单元格

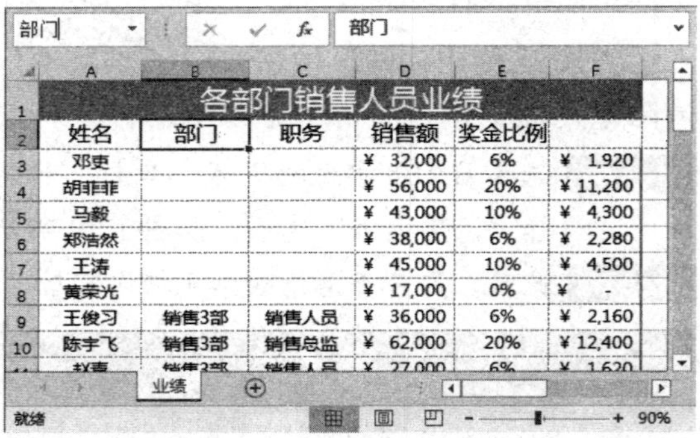

图 1-84　查看单元格命名效果

方法 2：使用功能区按钮命名单元格

Step 01 选择 D2 单元格，选择“公式”选项卡，单击“定义的名称”组中的“定义名称”下拉按钮，选择“定义名称”选项，如图 1-85 所示。

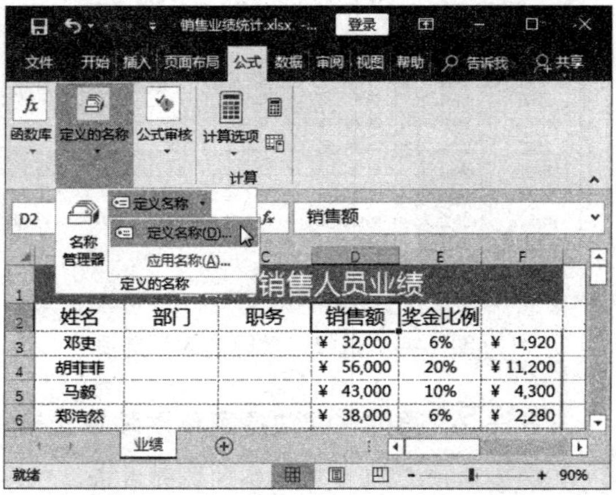

图 1-85　选择“定义名称”选项

Step 02 弹出“新建名称”对话框，在“名称”文本框中输入“销售额”，其他采用默认设置，然后单击“确定”按钮，如图 1-86 所示。

Step 03 此时，即可查看新命名单元格后的表格效果，如图 1-87 所示。

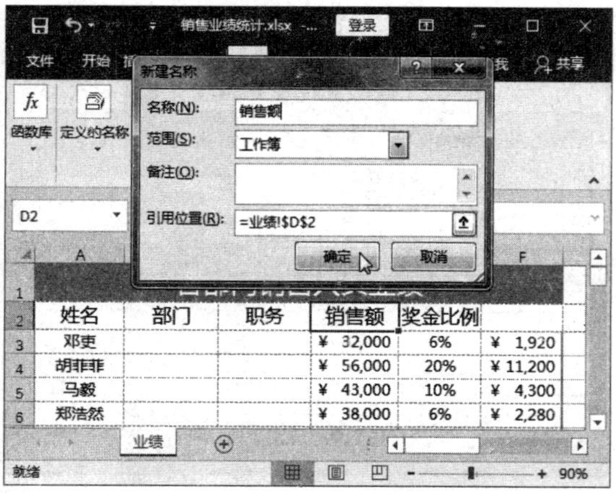

图 1-86 新建名称

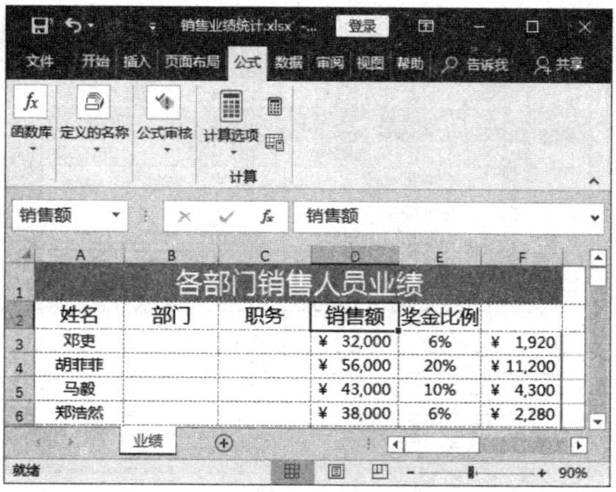

图 1-87 查看命名单元格效果

1.4 Excel 2016 工作环境的设置

用户可以根据需要创建符合自己使用习惯的 Excel 工作环境，如显示或隐藏网格线，显示或隐藏标尺，显示或隐藏功能区，设置 Excel 自动保存编辑文档的时间间隔等。

1.4.1 显示与隐藏网格线

在 Excel 2016 中可以设置显示与隐藏网格线，具体操作方法如下。

Step 01 打开“素材文件\第 1 章\本月费用支出清单.xlsx”工作簿，选择“视图”选项卡，单击“显示”下拉按钮，取消选择“网格线”复选框，如图 1-88 所示。

Step 02 此时，即可查看隐藏网格线后的窗口效果，如图 1-89 所示。

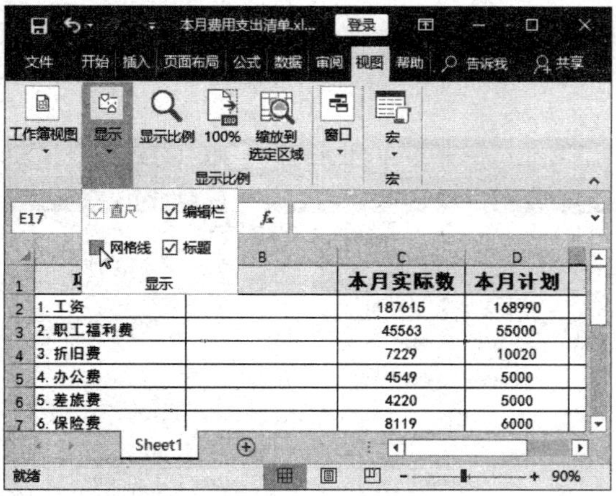

图 1-88 取消选择“网格线”复选框

图 1-89 隐藏网格线

Step 03 若要显示网格线，则选中“显示”组中的“网格线”复选框，如图 1-90 所示。

Step 04 此时，即可查看显示网格线后的窗口效果，如图 1-91 所示。

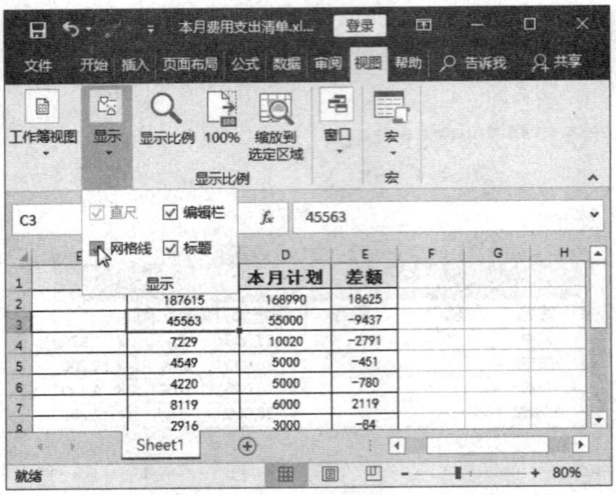

图 1-90 选中“网格线”复选框

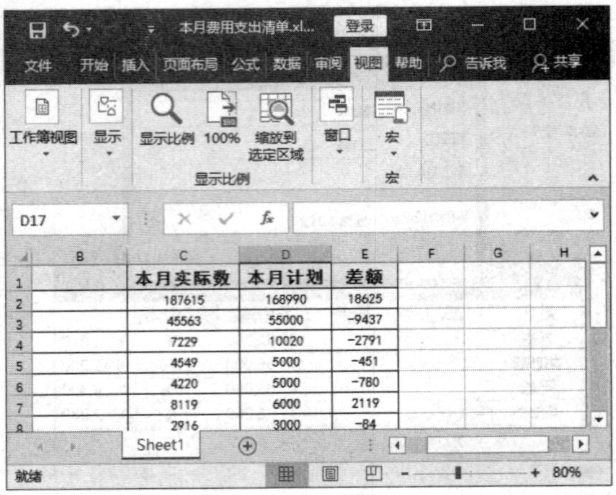

图 1-91 显示网格线

1.4.2 显示与隐藏标尺

在 Excel 2016 的普通视图中并不能显示标尺，只有在“页面布局”视图中才能显示或隐藏标尺，具体操作方法如下。

图 1-92 单击“页面布局”视图按钮

Step 01 在状态栏中单击“页面布局”视图按钮，切换到“页面布局”视图，如图 1-92 所示。

Step 02 此时，在工作区的上方和左侧可以看到标尺，如图 1-93 所示。

Step 03 在“视图”选项卡下的“显示”组中取消选择“直尺”复选框，即可隐藏标尺，如图 1-94 所示。

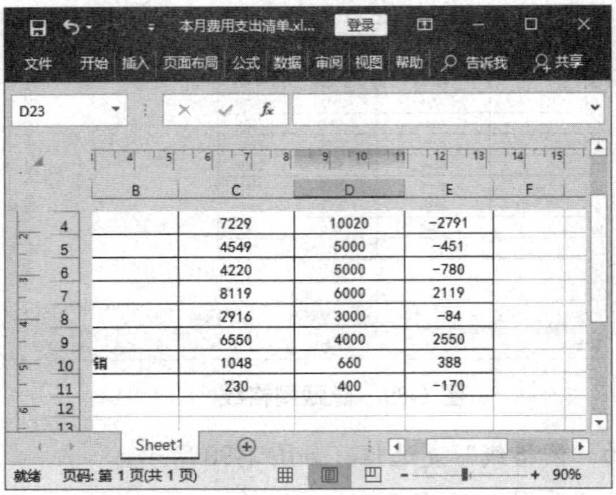

图 1-93 显示标尺

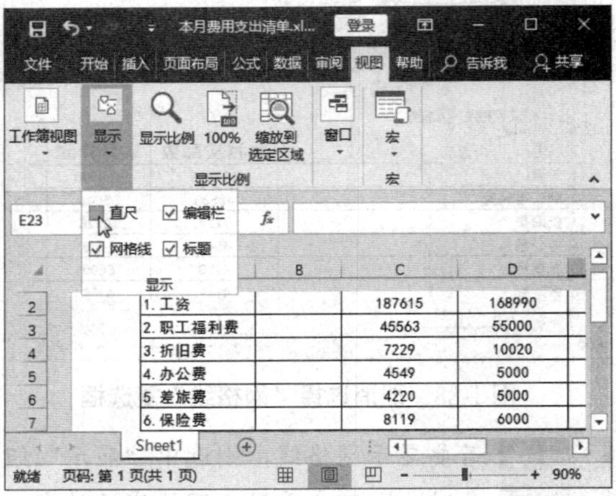

图 1-94 隐藏标尺

1.4.3　显示与隐藏功能区

在编辑 Excel 功能区时，可能需要更大的编辑空间，这时可以将功能区隐藏起来，具体操作方法如下。

Step 01 选择“开始”选项卡并双击，如图 1-95 所示。

Step 02 此时功能区即可隐藏起来，工作界面中会有更大的编辑区域，如图 1-96 所示。

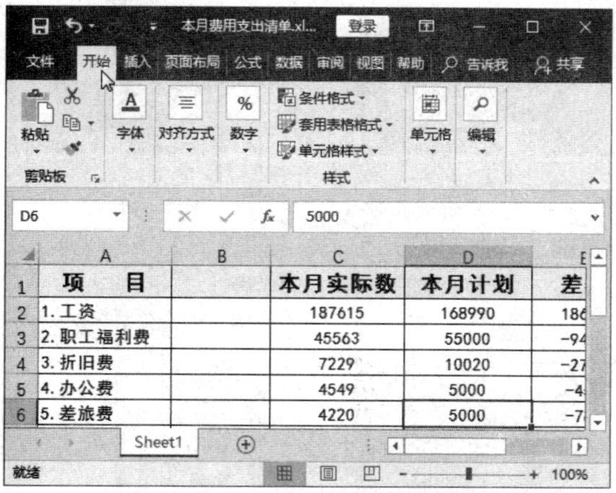

图 1-95　双击当前选项卡

图 1-96　查看设置效果

1.4.4　设置自动保存信息时间间隔

用户可以自己设置工作表自动保存信息的时间间隔，以免突然断电没有及时保存而造成数据丢失。设置自动保存信息时间间隔的具体操作方法如下。

Step 01 选择“文件”选项卡，在左侧列表中选择“选项”命令，如图 1-97 所示。

Step 02 弹出“Excel 选项”对话框，在左窗格中选择“保存”选项，在右窗格中选中“保存自动恢复信息时间间隔”复选框，设置间隔时间，然后单击“确定”按钮，如图 1-98 所示。

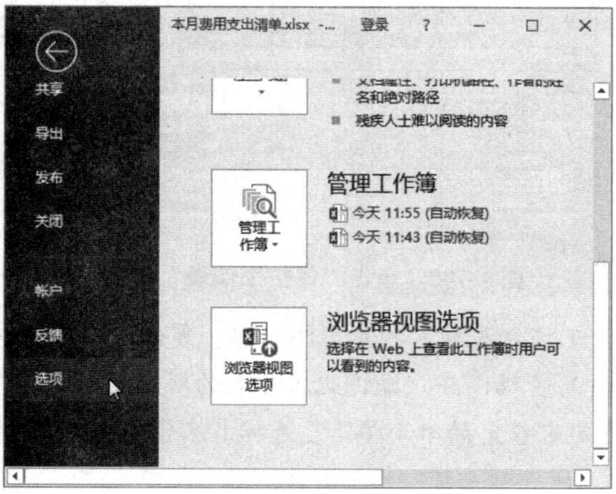

图 1-97　选择“选项”命令

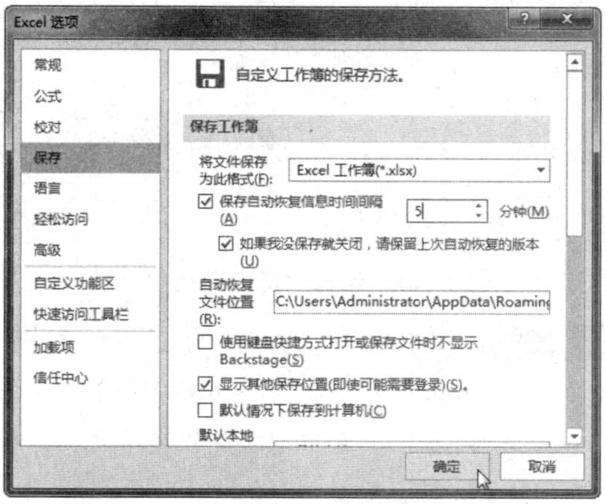

图 1-98　设置自动保存信息时间间隔

1.5 综合实例——成绩单的设置和保护

通过对成绩单进行设置，可以方便用户阅读；通过设置密码保护，可以防止他人对工作表中的数据进行修改，方法如下。

Step 01 打开“素材文件\第 1 章\成绩单.xlsx”，选择 A1:E1 单元格区域，单击“对齐方式”组中的“合并后居中”按钮，如图 1-99 所示。

Step 02 选择 A2:E14 单元格区域，单击“对齐方式”组中的“居中”按钮，如图 1-100 所示。

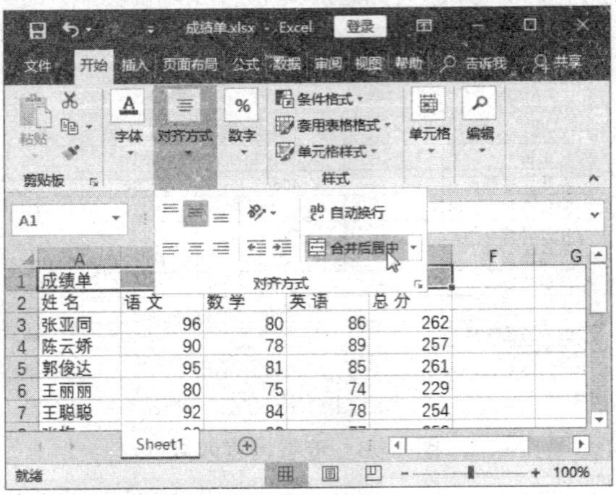

图 1-99 设置标题居中对齐

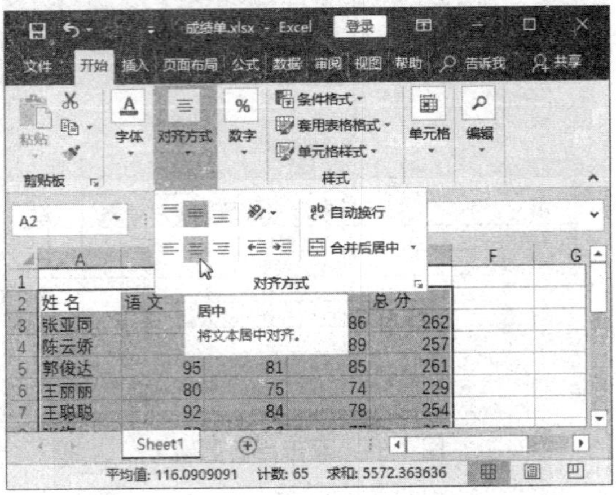

图 1-100 设置内容居中对齐

Step 03 选择“视图”选项卡，单击“窗口”组中的“冻结窗格”下拉按钮，选择“冻结首行”选项，如图 1-101 所示。

Step 04 选择“审阅”选项卡，单击“保护”组中的“保护工作表”按钮，如图 1-102 所示。

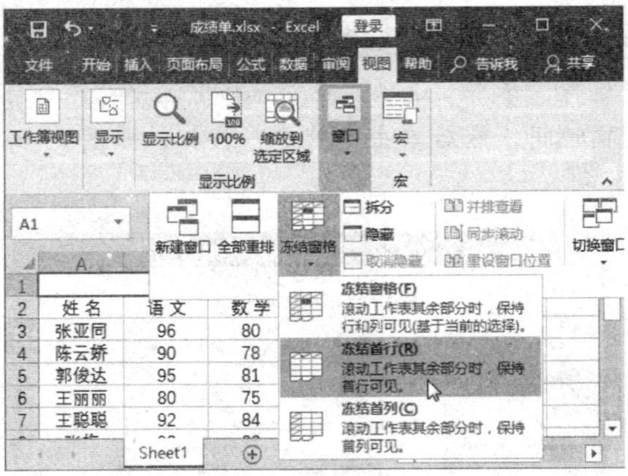

图 1-101 选择“冻结首行”选项

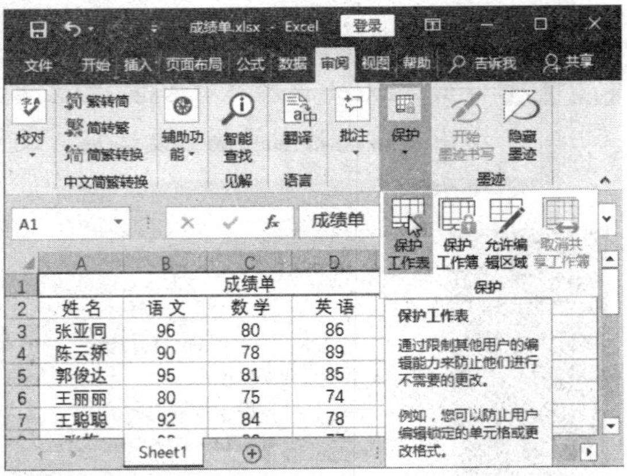

图 1-102 单击“保护工作表”按钮

Step 05 弹出“保护工作表”对话框，选中“保护工作表及锁定的单元格内容”复选框，在“取消工作表保护时使用的密码”文本框中输入密码，在“允许此工作表的所有用户进行”列表框中选中“选定锁定单元格”和“选定未锁定的单元格”复选框，然后单击“确定”按钮，如图 1-103 所示。

Step 06 弹出“确认密码”对话框，在“重新输入密码”文本框中输入密码，然后单击“确定”按钮，如图 1-104 所示。

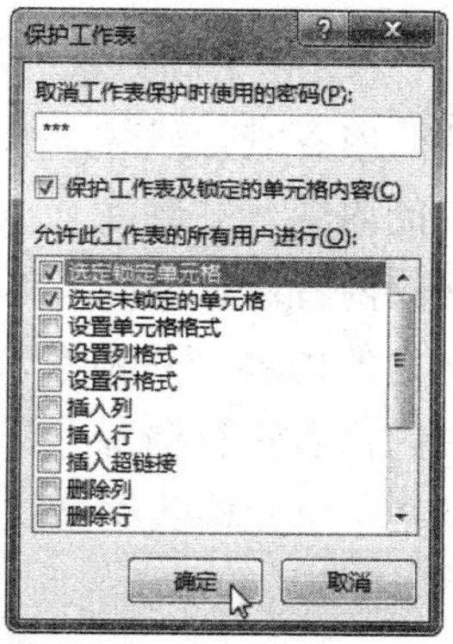

图 1-103　“保护工作表”对话框

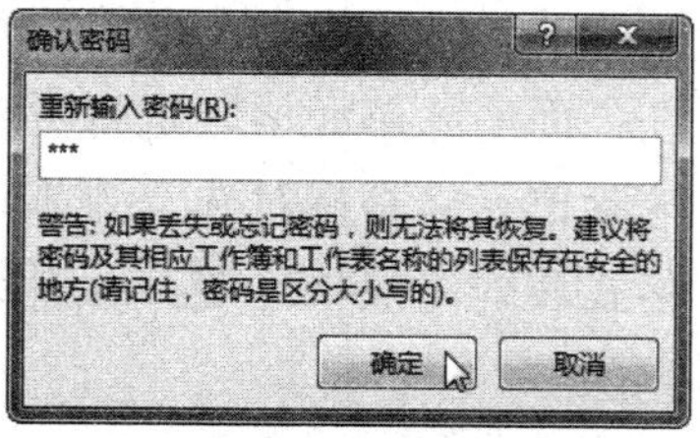

图 1-104　“确认密码”对话框

Step 07 双击工作表标签，输入工作表新名称，并按【Enter】键确认，即可完成重命名操作，如图 1-105 所示。

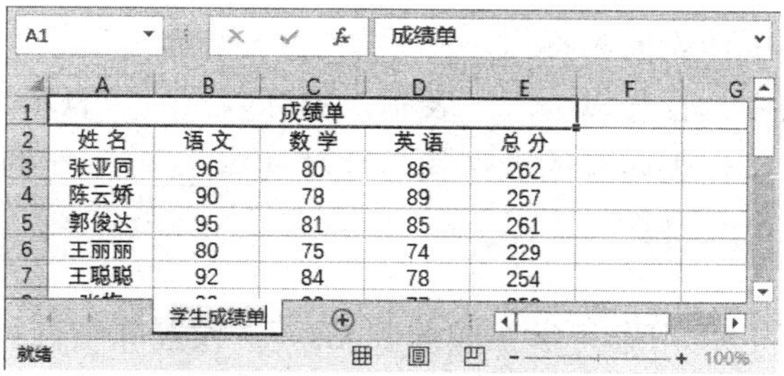

图 1-105　重命名工作表

本章小结

通过对本章的学习，读者应该掌握以下知识。

（1）工作簿的基本操作，其中包括新建工作簿、保存工作簿、打开工作簿、关闭和隐藏工作簿等。

（2）工作表的基本操作，其中包括插入工作表、移动和复制工作表、删除工作表、重命名工作表、显示和隐藏工作表、保护工作表、拆分工作表、冻结工作表等。

（3）单元格的基本操作，其中包括插入单元格、删除单元格、清除单元格、命名单元格等。

（4）设置 Excel 2016 工作环境，如显示与隐藏网格线、显示与隐藏标尺和功能区，设置自动保存信息时间间隔等。

课后习题

一、选择题

1. Excel 中最基本的存储和处理数据的单位是（　）。

　A．单元格　　B．工作簿　　C．工作表　　D．报表

2. 在 Excel 中，清除单元格和删除单元格的意义，下列说法正确的是（　）。

A．完全一样

B．清除单元格是指对选定的单元格和单元格区域内的内容进行清除，单元格依然存在；而删除单元格是将所选的单元格和单元格内的内容一并删除

C．删除单元格是指对选定的单元格和单元格区域内的内容进行清除，单元格依然存在；而清除单元格则是将所选的单元格和单元格内的内容一并删除

D．清除单元格是指对选定的单元格和单元格区域内的内容进行清除，单元格的数据格式和附注保持不变；而删除单元格则是将单元格、单元格数据格式和附注一并删除

3．要采用另一个文件名称来存储 Excel 工作簿时，应在“文件”选项卡下选择（　）选项。

A．新建　　B．保存　　C．另存为　　D．导出

二、填空题

1．在 Excel 中默认工作表的名称为__________。

2．在 Excel 工作表中，行号以______表示，列标以______表示。

3．在 Excel 中，对工作表内容的操作就是针对具体_________的操作。

三、实操题

打开“素材文件\第 1 章\习题：学生成绩表.xlsx”，设置冻结首行，设置密码保护，并对工作表重命名，效果如图 1-106 所示。

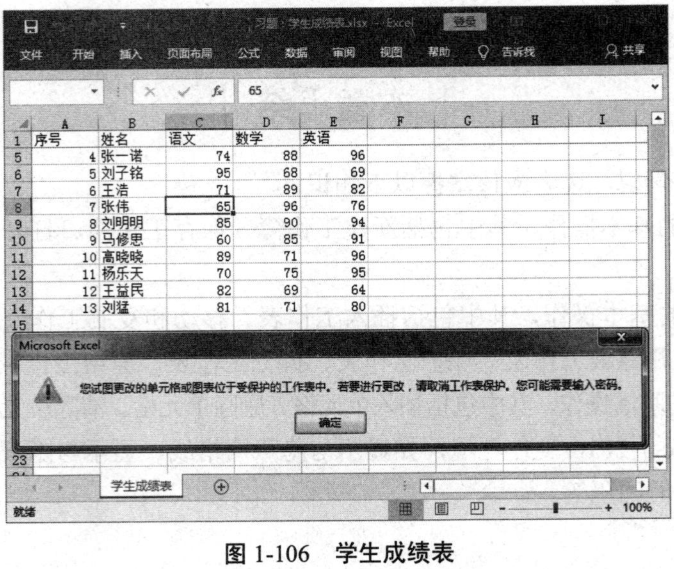

图 1-106　学生成绩表

操作提示：

（1）在“视图”选项卡下的“窗口”组中设置冻结首行。

（2）在“审阅”选项卡下的“保护”组中设置密码保护。

（3）双击工作表标签，重命名工作表。

第 2 章
Excel 数据的录入与编辑

【学习目标】

- 掌握手动录入不同类型数据的方法。
- 掌握快速填充数据的方法。
- 掌握添加与管理批注的方法。
- 掌握设置数据验证的方法。

使用Excel制作电子表格时，数据的录入与编辑是最基本的操作。本章将学习如何在Excel 2016 中录入与编辑数据，主要包括数据的录入与选择，快速填充数据，添加与管理批注，以及设置数据验证等。

2.1 录入与选择数据

在 Excel 工作表中录入与选择数据是使用 Excel 制作电子表格的第一步，在学习 Excel 制作电子表格之前，应先掌握在 Excel 工作表中录入与选择数据的方法。

2.1.1 手动输入数据

在 Excel 2016 中，单元格内容有多种数据格式，不同的数据内容在输入时有不同的要求。下面将介绍如何在 Excel 工作表中手动输入不同类型的数据，如文本内容、文本型数值、日期或时间、货币型数据等。

1. 输入文本内容

在输入文本和数值等文本内容时，选择单元格后直接进行输入即可，数值默认格式为右对齐，具体操作方法如下。

Step 01 新建一个空白工作簿，并将其重命名为“商品信息表”。选择 A1 单元格，在单元格中输入文本内容，如图 2-1 所示。

图 2-1　输入文本内容

Step 02 输入完成后，按【Tab】键可以快速定位到右侧单元格继续进行输入，按【Enter】键确认后可以自动定位到下方的单元格中。采用快捷键定位的方法完成第一行、“商品名称”列和“数量”列的数据输入，如图 2-2 所示。

图 2-2 输入其他数据

2. 输入文本型数值

若在单元格中输入的数字不进行运算，可以将其作为文本进行输入，如邮政编码、证件号码或各种编号等。下面将介绍如何输入文本型数值，具体操作方法如下。

Step 01 选择 A2 单元格，在英文输入法状态下输入单引号“’”，然后在引号后面输入数字并按【Enter】键确认，如图 2-3 所示。

Step 02 采用同样的方法，输入“商品代码”列数据，效果如图 2-4 所示。

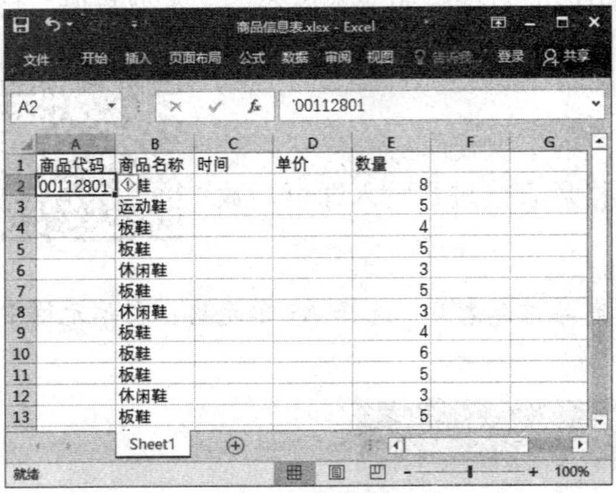

图 2-3 输入文本型数值

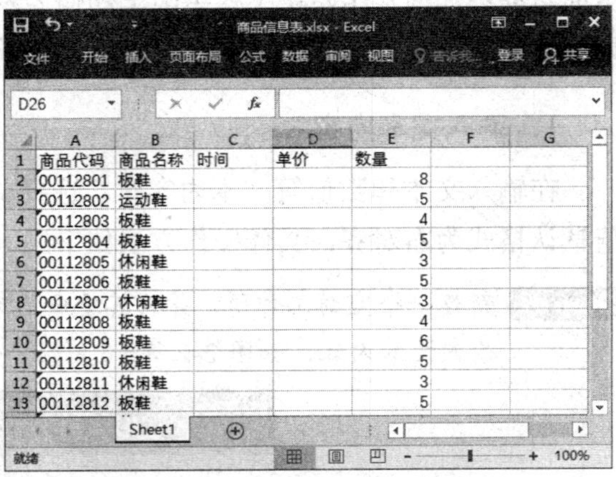

图 2-4 输入“商品代码”列数据

3. 输入日期

在 Excel 工作表中可以手动输入日期，具体操作方法如下。

Step 01 选择 C2 单元格，单击“开始”选项卡下“数字”组中的“数字格式”下拉按钮，选择“其他数字格式”选项，如图 2-5 所示。

Step 02 弹出“设置单元格格式”对话框，在“分类”列表框中选择“日期”选项，在“类型”列表框中选择需要的日期类型，然后单击“确定”按钮，如图 2-6 所示。

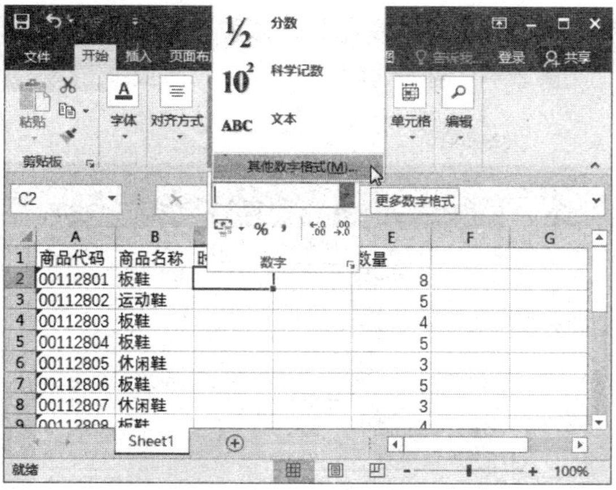

图 2-5 选择“其他数字格式”选项

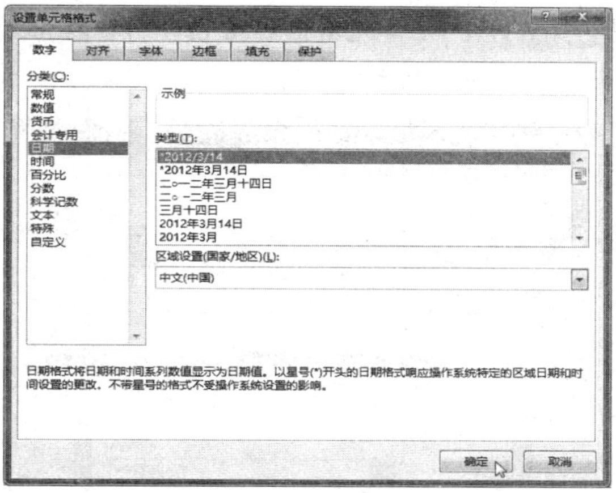

图 2-6 设置日期类型

Step 03 在单元格中输入“2018 年 10 月 1 日”并按【Enter】键确认，将自动转化为设定的日期类型，如图 2-7 所示。

Step 04 采用同样的方法，输入“时间”列其他数据，如图 2-8 所示。

图 2-7 输入日期数据

图 2-8 输入“时间”列其他数据

4. 输入货币型数据

在 Excel 工作表中可以输入货币型数据，具体操作方法如下。

Step 01 选择 D2 单元格，单击“开始”选项卡下“数字”组中的扩展按钮，如图 2-9 所示。

Step 02 弹出“设置单元格格式”对话框，在“分类”列表框中选择“货币”选项，设置“小数位数”为 2，选择货币符号，然后单击“确定”按钮，如图 2-10 所示。

图 2-9 单击扩展按钮

Step 03 在 D2 单元格中输入 129 并按【Enter】键确认，即可看到其自动转换为货币类型，如图 2-11 所示。

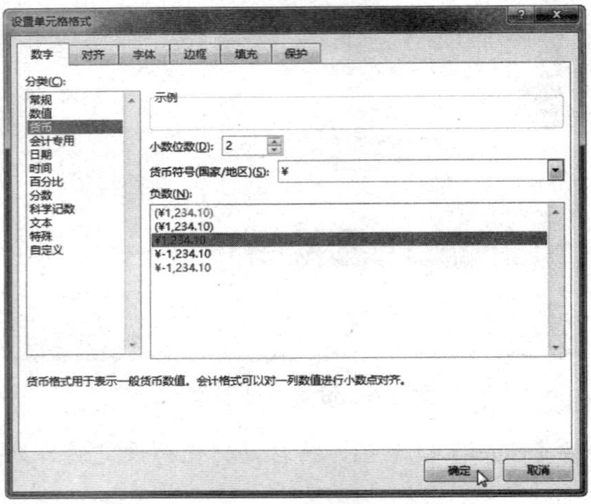

图 2-10　设置货币格式

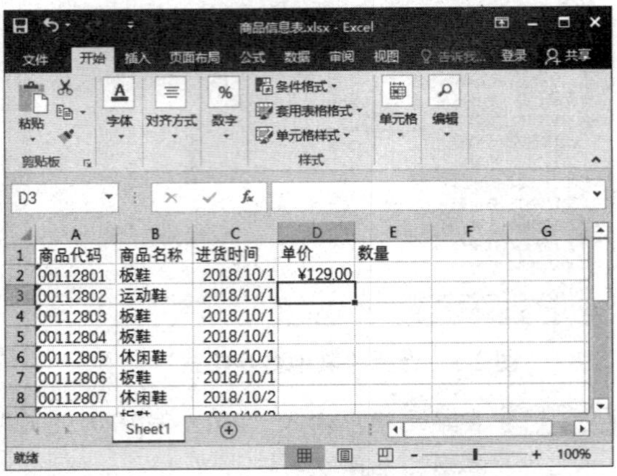

图 2-11　输入单价数据

Step 04 采用同样的方法，输入“单价”列其他数据，如图 2-12 所示。

图 2-12　输入“单价”列其他数据

2.1.2　选择单元格

在对表格数据进行处理前，应先选择单元格，在 Excel 2016 中可以通过多种方法选择单元格，具体操作方法如下。

Step 01 打开“素材文件\第 2 章\商品信息表. xlsx”，单击行号，即可选择整行单元格，如图 2-13 所示。同样，单击列标，即可选择整列单元格。

Step 02 选择 B8 单元格，按【Ctrl+Shift+方向键】组合键，即可选择该方向上相邻的单元格，再次按方向键可以继续进行选择，如图 2-14 所示。

图 2-13　选择整行单元格

图 2-14　选择相邻单元格

Step 03 选择某一数据单元格后，按住【Ctrl】键继续选择其他单元格，即可选择不相邻的单元格，如图 2-15 所示。

Step 04 选择任一数据单元格后，按【Ctrl+A】组合键即可选择整个数据单元格区域，如图 2-16 所示。

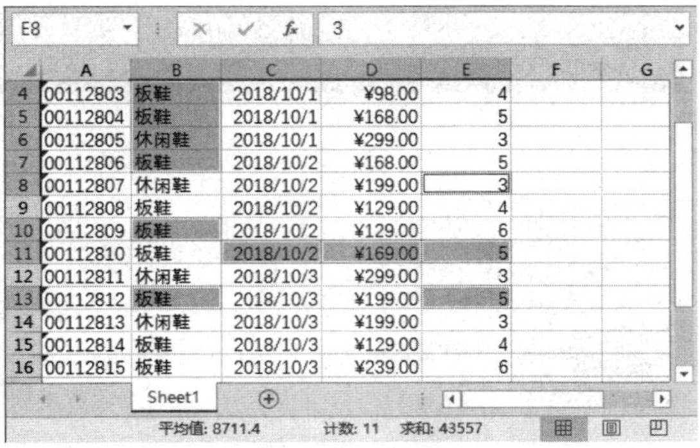

图 2-15 选择不相邻的单元格

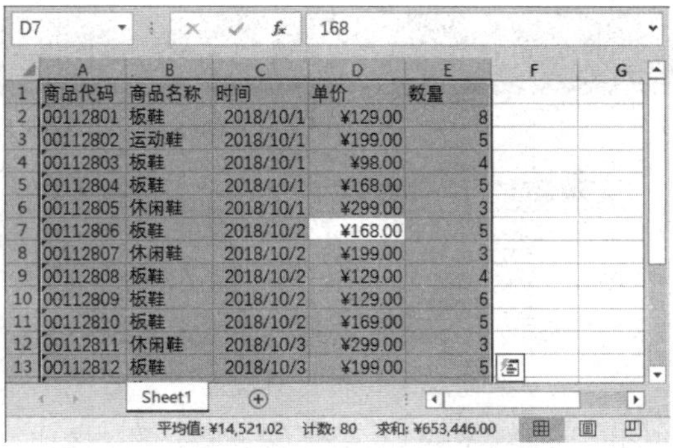

图 2-16 选择整个数据单元格区域

2.2 快速填充数据

填充数据是 Excel 的基本功能，在单元格中不仅可以快速填充相同或有规律的一系列数据，而且可以通过多种方法进行数据的批量填充。下面将详细介绍如何使用填充柄、快捷键、填充序列和快速填充功能等在 Excel 工作表中快速填充数据。

2.2.1 使用填充柄快速填充数据

使用填充柄填充数据是最常用的方法，可以通过拖动填充柄进行填充，也可以通过双击填充柄进行填充。使用填充柄可填充相同数据、数据系列或单元格格式，具体操作方法如下。

Step 01 打开“素材文件\第 2 章\商品进货单.xlsx”，在 A2 单元格中输入序号 1，并选择 A2 单元格。将鼠标指针置于单元格右下角的填充柄上，此时指针变为十字形状，如图 2-17 所示。

Step 02 按住鼠标左键并向下拖动，即可填充数据。单击“自动填充选项”下拉按钮，选择“填充序列”选项，如图 2-18 所示。

图 2-17 将鼠标指针置于填充柄上

图 2-18 选择“填充序列”选项

Step 03 按【Ctrl+Z】组合键撤销操作，在“供货商名称”列中输入相关信息，选择序号所在的A2单元格，将鼠标指针置于单元格右下角的填充柄上，如图2-19所示。

Step 04 双击填充柄，单击“自动填充选项”下拉按钮，选择“填充序列”选项，即可填充相同数据，如图2-20所示。

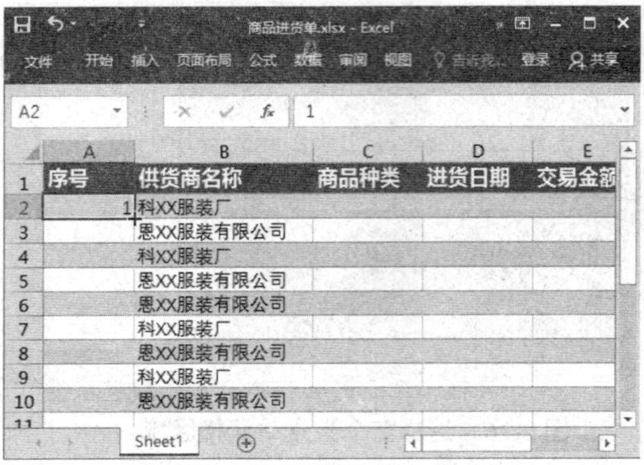

图 2-19 将鼠标指针置于填充柄上

图 2-20 填充序列

Step 05 按【Ctrl+Z】组合键撤销操作，在A3单元格中输入序号2，如图2-21所示。选择A2:A3单元格区域，向下拖动或双击填充柄，即可自动填充序列，如图2-22所示。

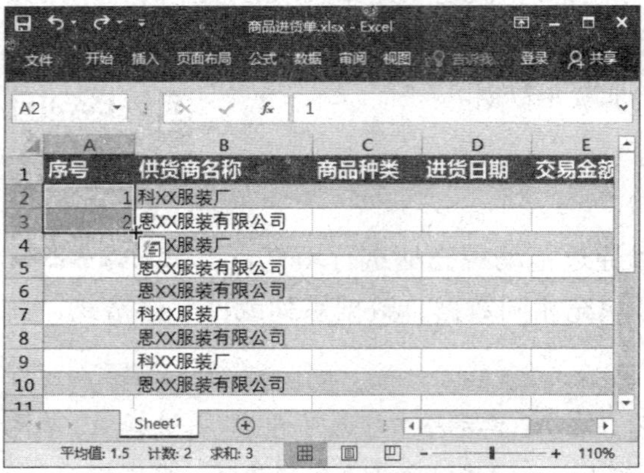

图 2-21 输入序号

图 2-22 自动填充序列

课堂解疑

若Excel 2016的填充柄功能无法使用，可以打开“Excel选项”对话框，在左侧选择“高级”选项，在右侧选中“启用填充柄和单元格拖放功能”复选框即可。若选中“自动快速填充”复选框，则可以开启快速填充功能。

2.2.2 使用快捷键填充相同数据

若要在不相邻的单元格中手动输入相同的数据或填充相同的公式，可以选择单元格后通过快捷键进行快速填充，具体操作方法如下。

Step 01 打开“素材文件\第1章\商品进货单1.xlsx”，在“商品种类”列中按住【Ctrl】键的同时选择要输入数据的单元格，如图2-23所示。

Step 02 输入数据后按【Ctrl+Enter】组合键，即可将数据填充到所选单元格中，如图 2-24 所示。

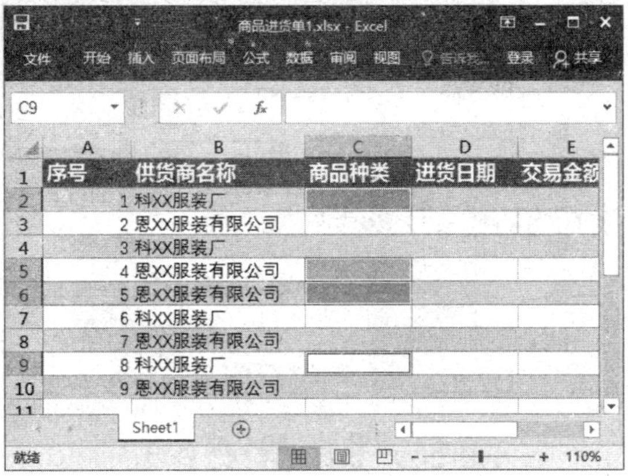

图 2-23　选择单元格

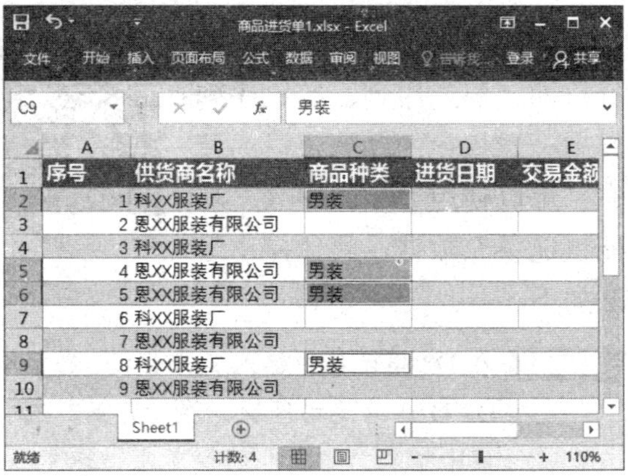

图 2-24　填充数据

Step 03 拖动鼠标，选中 C2:C10 单元格区域。选择“开始”选项卡，在“编辑”组中单击“查找和选择”下拉按钮，选择“定位条件”选项，如图 2-25 所示。

Step 04 弹出“定位条件”对话框，选中“空值”单选按钮，然后单击“确定”按钮，如图 2-26 所示。

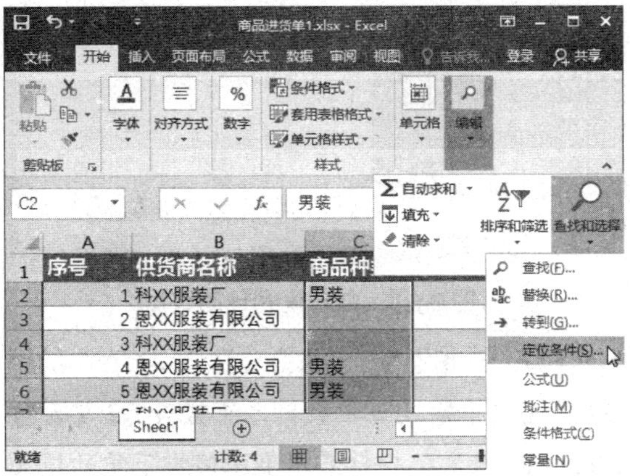

图 2-25　选择“定位条件”选项

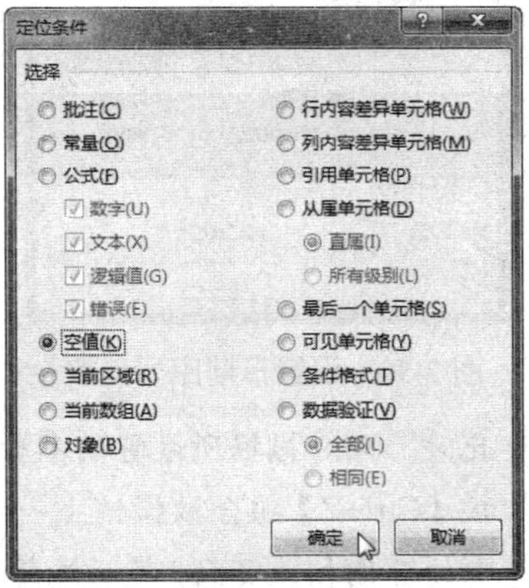

图 2-26　设置定位条件

Step 05 返回工作表，即可选择所需的空值单元格，如图 2-27 所示。

Step 06 输入文本数据“女装”并按【Ctrl+Enter】组合键，即可填充数据，如图 2-28 所示。

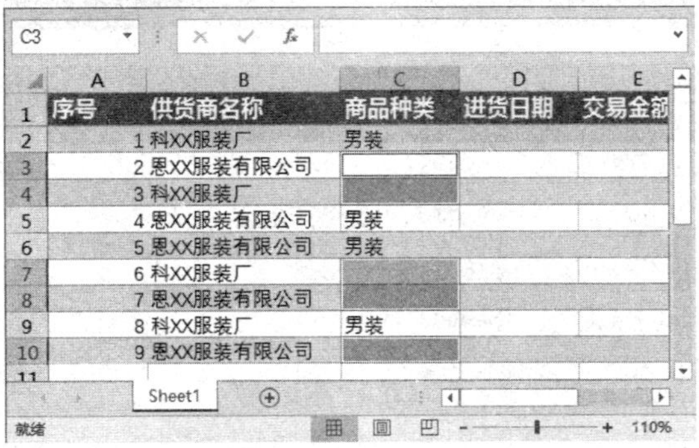

图 2-27　选择空值单元格

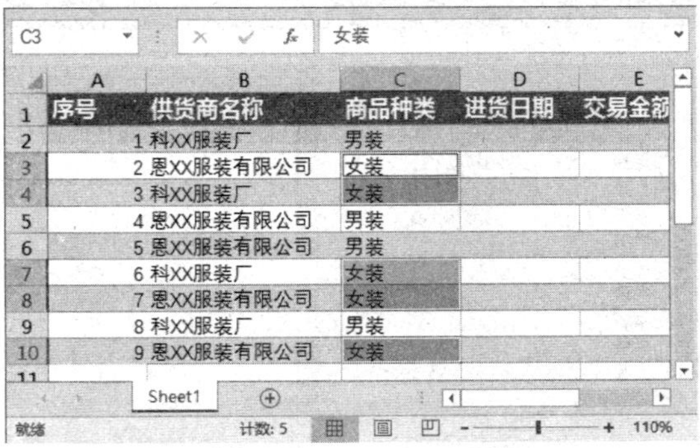

图 2-28　填充数据

2.2.3 使用“填充序列”功能

若要在 Excel 工作表中进行日期、等差序列、等比序列等有一定规律的序列数据的填充，可以使用“填充序列”功能快速填充数据，具体操作方法如下。

Step 01 在 D2 单元格中输入日期数据，选择 D2:D10 单元格区域，在“开始”选项卡下的“编辑”组中单击“填充”下拉按钮，选择“序列”选项，如图 2-29 所示。

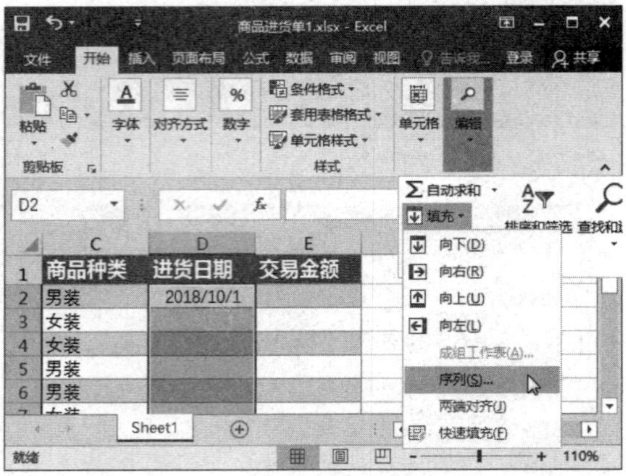

图 2-29 选择“序列”选项

Step 02 弹出“序列”对话框，在类型中选中“日期”单选按钮，在“日期单位”中选择“日”单选按钮，设置“步长值”为 2，然后单击“确定”按钮，如图 2-30 所示。

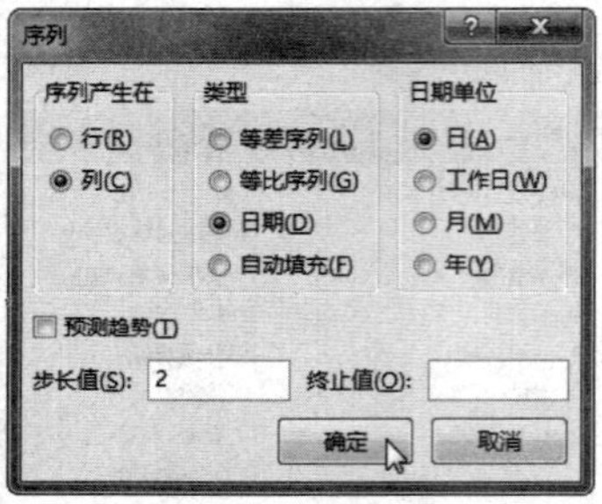

图 2-30 设置日期序列参数

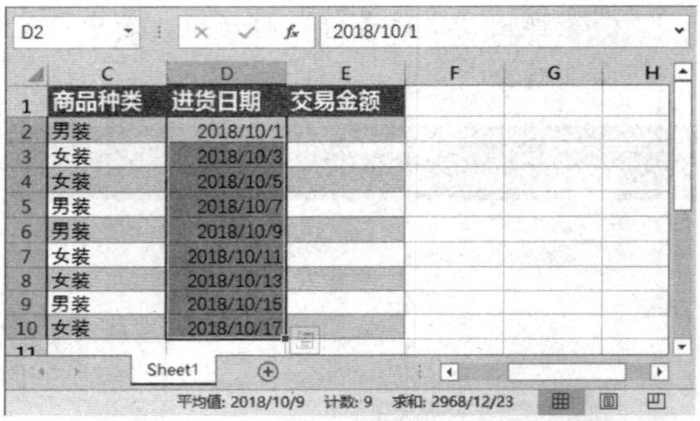

图 2-31 自动填充日期数据

Step 03 此时，即可根据所设置的参数自动填充日期数据，如图 2-31 所示。

Step 04 按【Ctrl+Z】组合键撤销上一步操作，在 D3 单元格中输入日期数据，使其与 D2 单元格中的日期相差 2 天，然后选择 D2:D3 单元格区域，将鼠标指针置于单元格右下角的填充柄上，如图 2-32 所示。

Step 05 双击填充柄，即可自动填充日期，每个日期之间相差 2 天，效果如图 2-33 所示。

图 2-32 输入日期数据

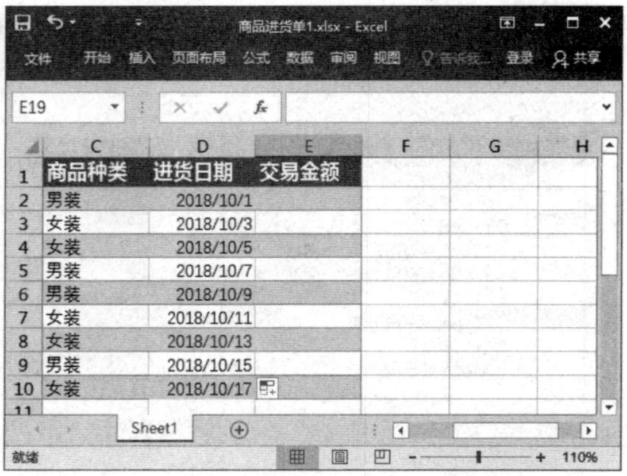

图 2-33 自动填充日期

2.2.4　使用“快速填充”功能

Excel 2016 的快速填充功能可以“感知”要自动填充的数据，可以根据某种模式或基于其他单元格中的数据进行自动填充，而无需手动输入数据。例如，在包含文本或文本和数字组合的条目中，若在单元格中输入的前几个字符与该列中的某个现有条目匹配，则 Excel 2016 会自动输入剩余的字符。下面将详细介绍如何利用“快速填充”功能填充与处理数据。

1．快速提取字符

若要在一系列数据中快速提取其中的某些字符，利用“快速填充”功能即可快速完成操作，具体操作方法如下。

Step 01 打开“素材文件\第 2 章\快速录入数据.xlsx”，在 B2 单元格中输入文本“洁面乳”，并拖动填充柄填充数据。单击“自动填充选项”下拉按钮，选择“快速填充”选项，如图 2-34 所示。

Step 02 此时，即可快速填充数据，效果如图 2-35 所示。

图 2-34　选择“快速填充”选项

图 2-35　快速填充数据

Step 03 按【Ctrl+Z】组合键撤销上一步操作，选择 B2:B7 单元格区域，在“数据”选项卡下单击“快速填充”按钮或直接按【Ctrl+E】组合键，如图 2-36 所示。

Step 04 此时，即可快速填充数据，效果如图 2-37 所示。

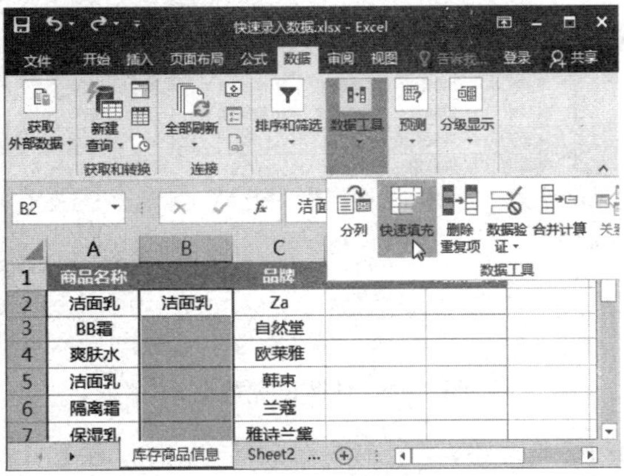

图 2-36　单击“快速填充”按钮

图 2-37　快速填充数据

2. 添加字符

除了提取字符外，使用“快速填充”功能还可向一系列数据中快速添加字符，而不必逐个更改，具体操作方法如下。

Step 01 在 D2 单元格中输入与 C2 单元格相同的数据，并为数据添加所需的符号，如括号、短划线等。在此输入括号，然后选择 D2:D7 单元格区域，如图 2-38 所示。

Step 02 按【Ctrl+E】组合键，即可进行快速填充数据，如图 2-39 所示。

图 2-38 输入数据

图 2-39 快速填充数据

3. 合并多个单元格数据

若要将多个单元格中的数据合并到一起，可以利用“快速填充”功能快速实现，不仅可以将这些单元格中的字符合并到一起，还可设置在合并后的处理方法，如添加新字符、自动换行等，具体操作方法如下。

Step 01 在 E2 单元格中输入商品全名，即把 A2 和 D2 单元格中的文本组合在一起，然后选择 E2:E7 单元格区域，如图 2-40 所示。

Step 02 按【Ctrl+E】组合键，即可进行快速填充，如图 2-41 所示。

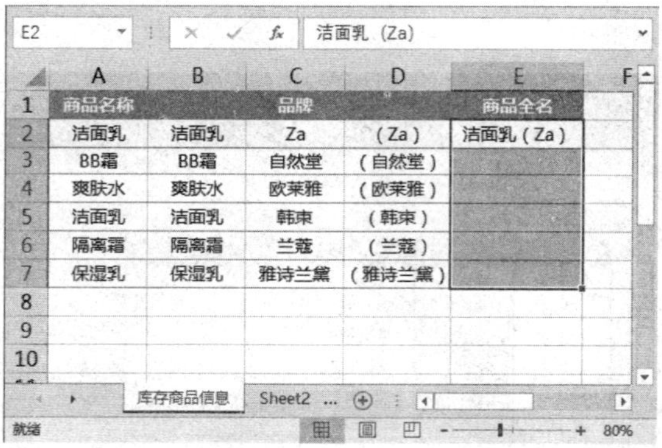

图 2-40 输入数据

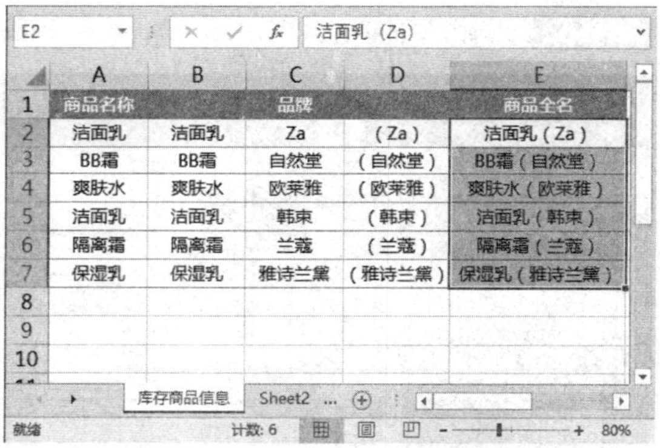

图 2-41 快速填充数据

Step 03 按【Ctrl+Z】组合键撤销上一步操作，双击 E2 单元格，将光标定位到汉字右侧，按【Alt+Enter】组合键进行换行，如图 2-42 所示。

Step 04 选择 E2:E7 单元格区域，按【Ctrl+E】组合键即可快速填充数据，效果如图 2-43 所示。

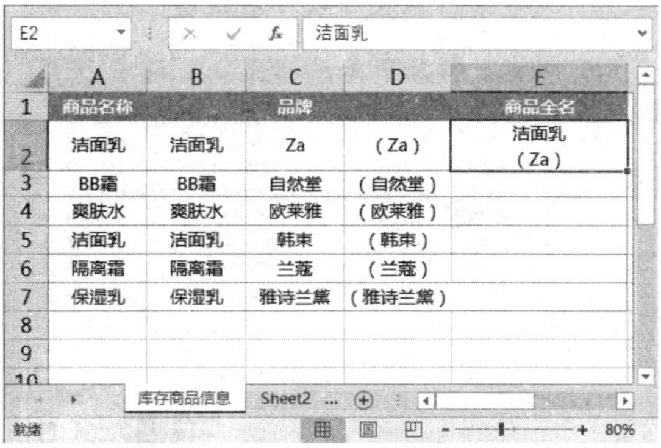

图 2-42 数据换行

图 2-43 快速填充数据

2.3 添加与管理批注

通过为单元格中的内容添加批注，可以使其他用户更好地理解单元格中的内容，从而起到提示、辅助理解的作用。下面将详细介绍如何添加与管理批注。

2.3.1 为单元格添加批注

批注附加在单元格中，用于注释说明，如一些复杂公式，或为其他用户提供反馈信息等，都可以使用批注。为单元格添加批注的方法如下。

方法 1：使用快捷菜单添加批注

Step 01 打开“素材文件\第 2 章\客户信息表.xlsx”，选择 B8 单元格并右击，选择“插入批注”命令，如图 2-44 所示。

Step 02 在弹出的批注框中输入批注内容，并设置字体格式，如图 2-45 所示。

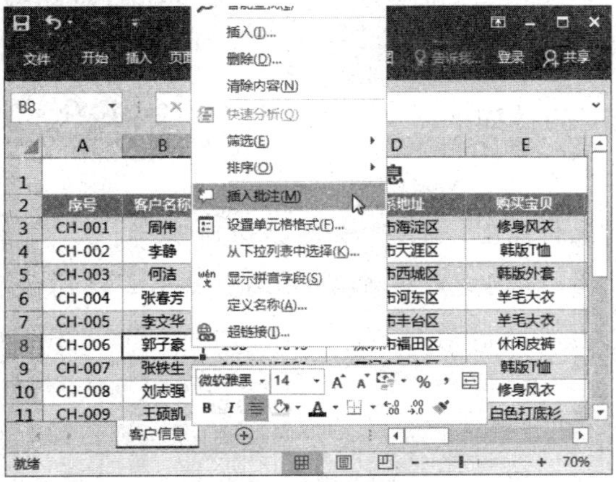

图 2-44 选择“插入批注”命令

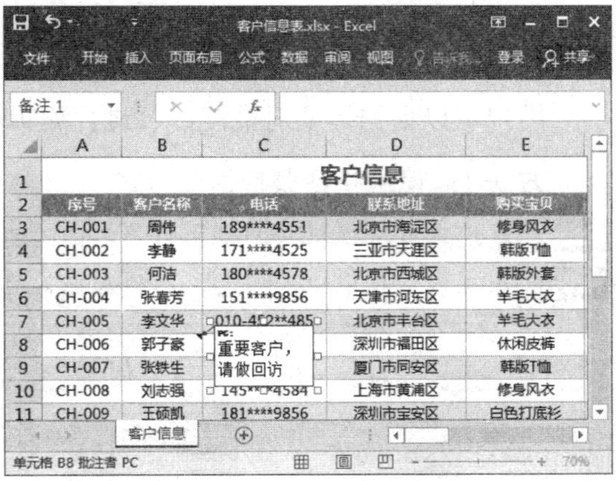

图 2-45 编辑批注内容

Step 03 单击批注框外的工作表区域，此时含有批注的单元格右上角会显示红色三角形的批注标识符，如图 2-46 所示。

Step 04 将鼠标指针置于批注单元格上，即可查看批注内容，如图 2-47 所示。

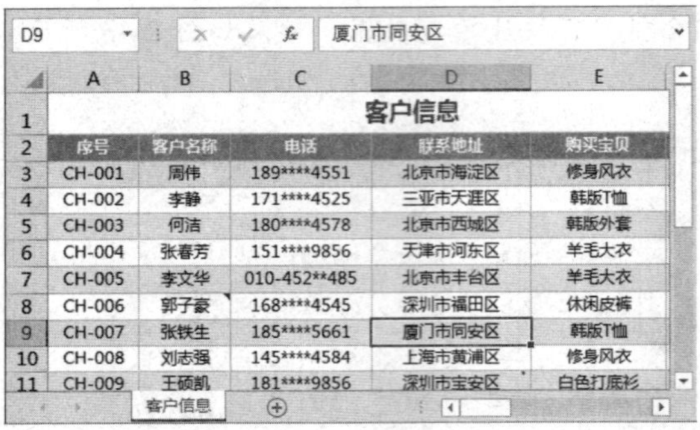

图 2-46　显示批注标识符

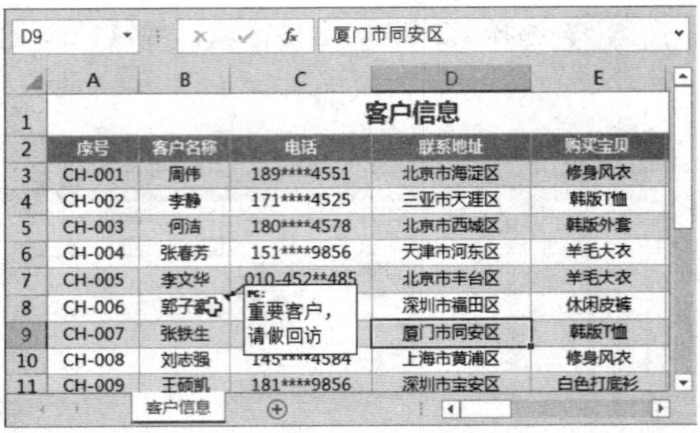

图 2-47　查看批注内容

方法 2：使用功能区按钮添加批注

Step 01 选择 B3 单元格，单击“审阅”选项卡下“批注”组中的“新建批注”按钮，如图 2-48 所示。

Step 02 在弹出的批注框中输入批注内容，并设置字体格式，如图 2-49 所示。

图 2-48　插入批注

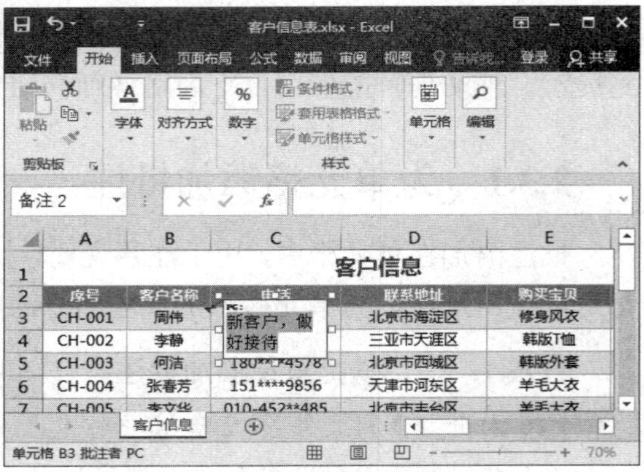

图 2-49　编辑批注内容

2.3.2　编辑批注

用户可以根据需要对批注内容进行编辑操作，方法如下。

方法 1：使用快捷菜单编辑批注

Step 01 选择有批注信息的单元格并右击，选择“编辑批注”命令，如图 2-50 所示。

Step 02 在批注框中输入信息，然后单击其他单元格，即可完成编辑批注操作，如图 2-51 所示。

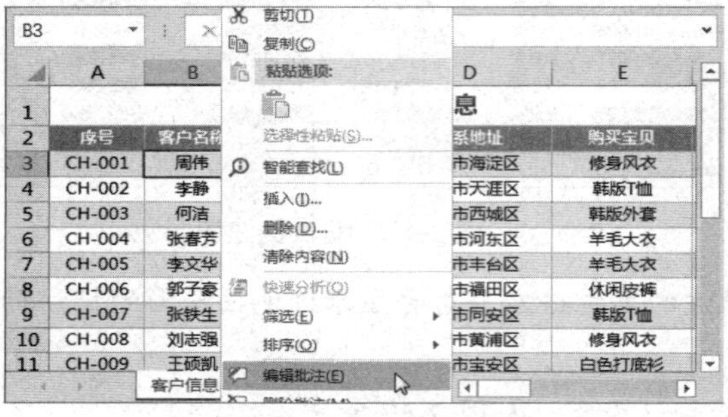

图 2-50　选择“编辑批注”命令

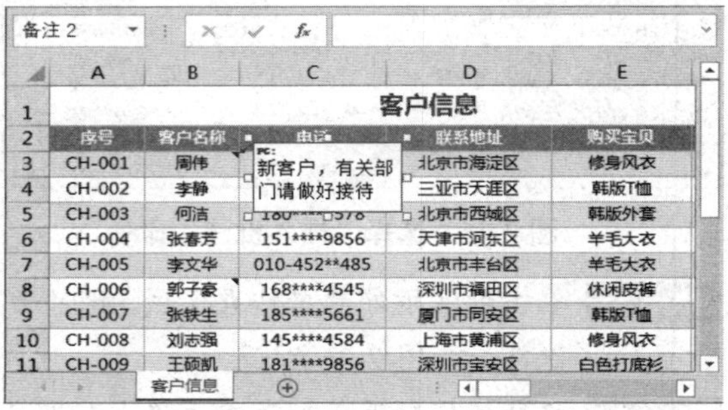

图 2-51　编辑批注

方法 2：使用功能区按钮编辑批注

Step 01 选择有批注信息的单元格，单击“审阅”选项卡下“批注”组中的“编辑批注”按钮，如图 2-52 所示。

Step 02 在批注框中输入信息，然后单击其他单元格，即可完成编辑批注操作，如图 2-53 所示。

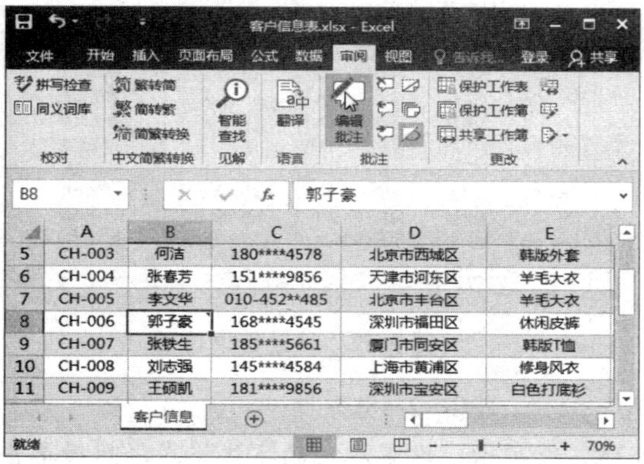

图 2-52 单击“编辑批注”按钮

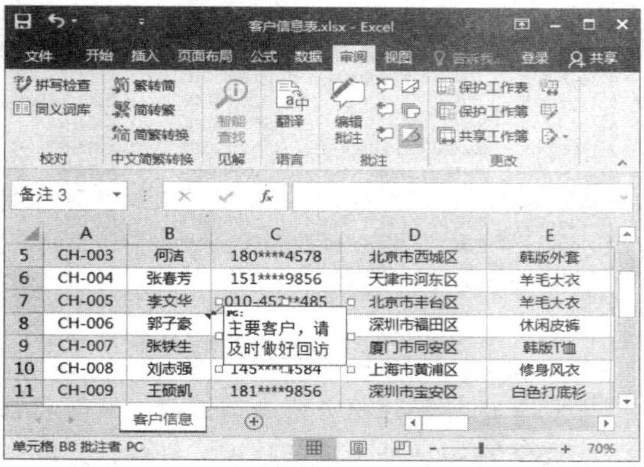

图 2-53 编辑批注

2.3.3 隐藏或显示批注

用户可以根据需要设置隐藏或显示批注，具体操作方法如下。

Step 01 选择有批注信息的单元格，单击“审阅”选项卡下“批注”组中的“显示/隐藏”按钮，如图 2-54 所示。

Step 02 当移开鼠标指针时，仍会显示批注内容，如图 2-55 所示。当再次单击“显示/隐藏”按钮，则会显示红色三角形的批注标识符。

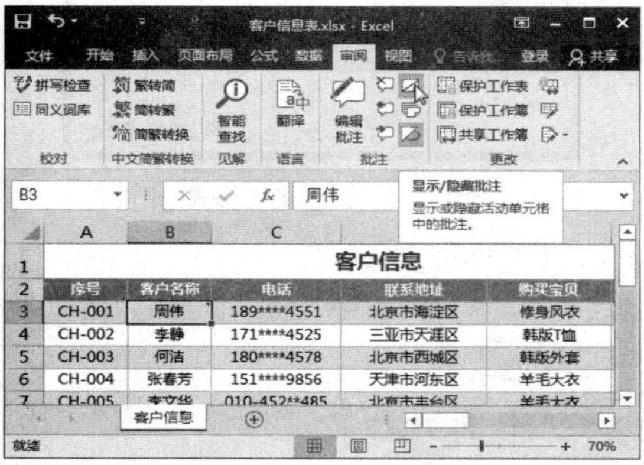

图 2-54 单击“显示/隐藏”按钮

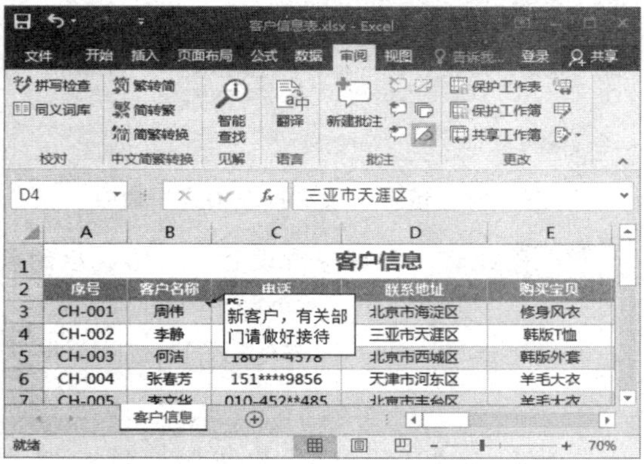

图 2-55 显示批注标识符

2.3.4 更改批注的位置和显示方式

在 Excel 工作表中，可能批注的内容和重要性各不相同，这时可以为它们设置不同的位置和显示方式，具体操作方法如下。

Step 01 选择批注框，拖动批注边框至合适的大小，如图 2-56 所示。

Step 02 将鼠标指针移到批注框边线上，当其变为黑色十字形状时，拖动批注边框至合适位置时松开鼠标，即可移动批注的位置，如图 2-57 所示。

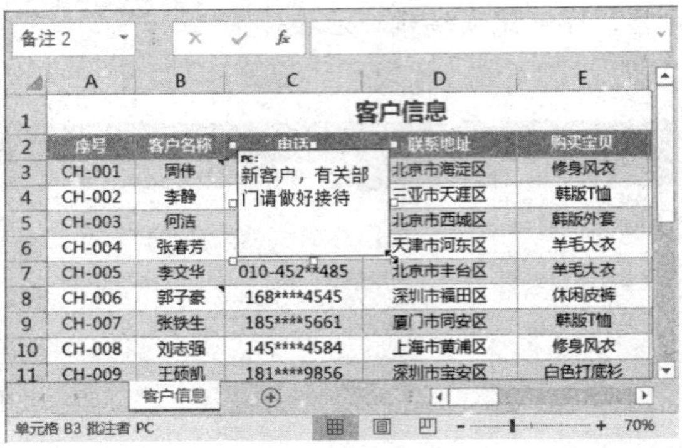

图 2-56 调整批注框大小

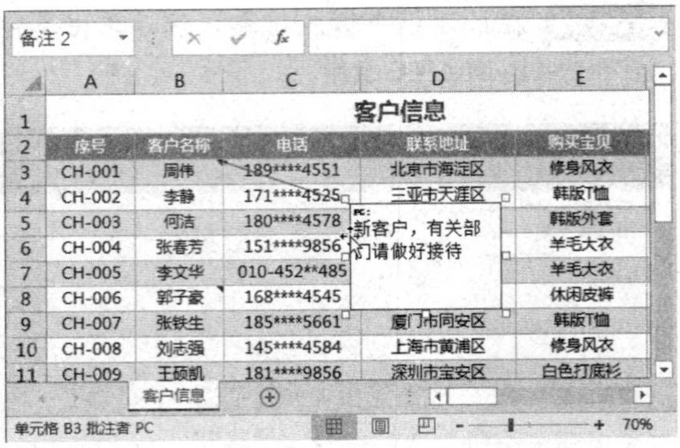

图 2-57 移动批注位置

Step 03 选择批注框并右击，选择“设置批注格式”命令，如图 2-58 所示。

Step 04 弹出“设置批注格式”对话框，选择“字体”选项卡，设置批注的字体格式，然后单击“确定”按钮，如图 2-59 所示。

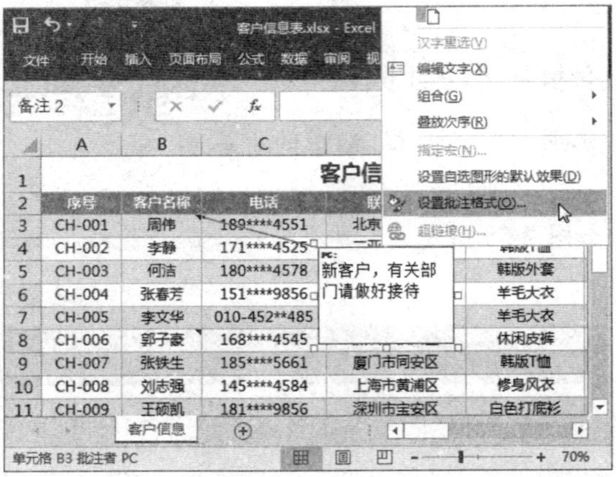

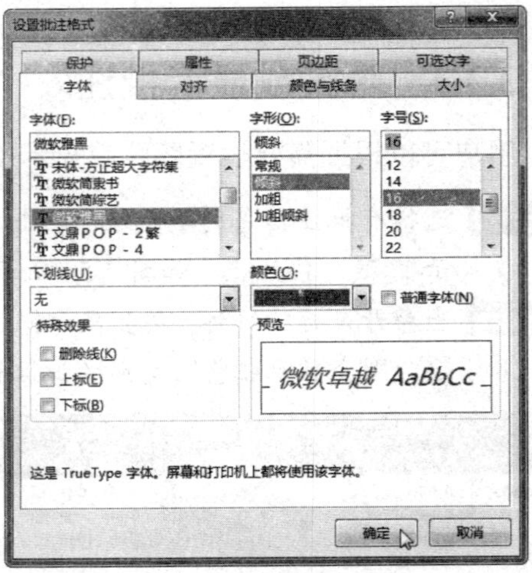

图 2-58 选择“设置批注格式”命令

图 2-59 设置批注格式

Step 05 此时，即可查看设置批注格式后的表格效果，如图 2-60 所示。

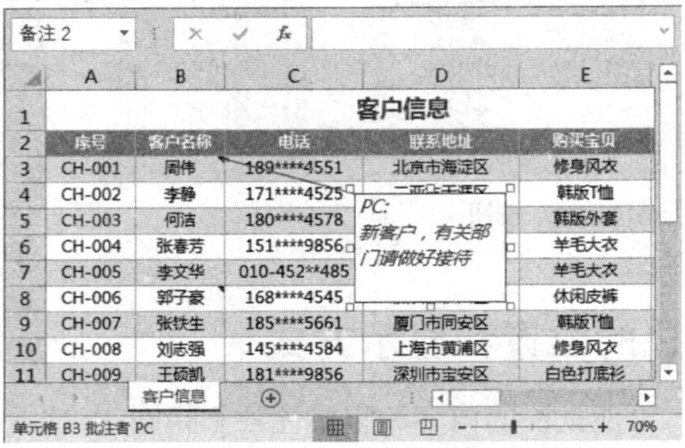

图 2-60 设置批注格式效果

2.3.5 复制批注

在需要添加同样的批注时，可以复制批注，具体操作方法如下。

Step 01 选择 B8 单元格，单击“开始”选项卡下“剪贴板”组中的“复制”按钮，如图 2-61 所示。

Step 02 选择 B13 单元格，单击“开始”选项卡下“剪贴板”组中的“粘贴”下拉按钮，选择“选择性粘贴”选项，如图 2-62 所示。

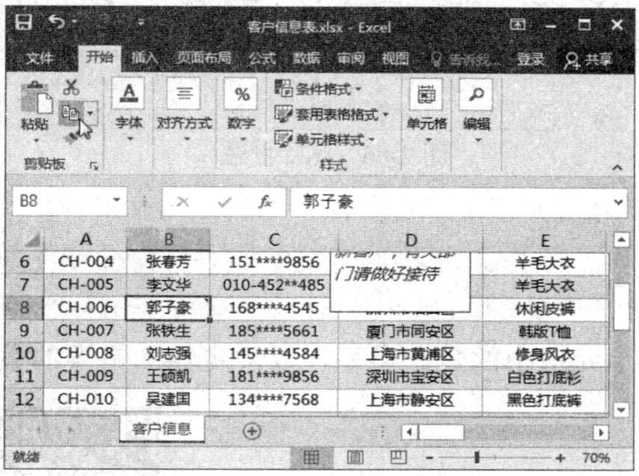

图 2-61 单击“复制”按钮

图 2-62 选择“选择性粘贴”选项

Step 03 弹出“选择性粘贴”对话框，选中“批注”单选按钮，然后单击“确定”按钮，如图 2-63 所示。

Step 04 此时，即可复制批注，效果如图 2-64 所示。

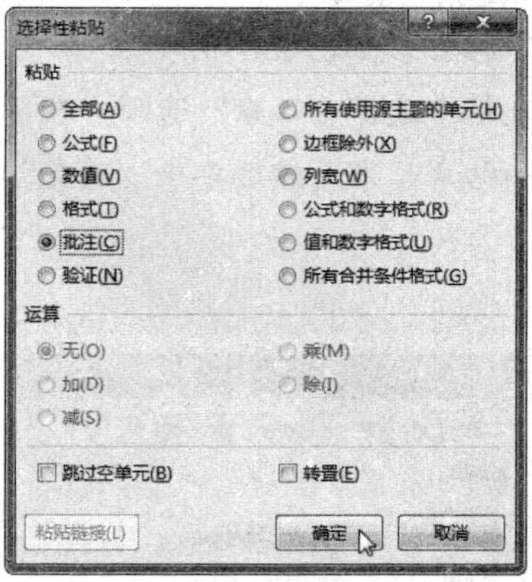

图 2-63 设置粘贴选项

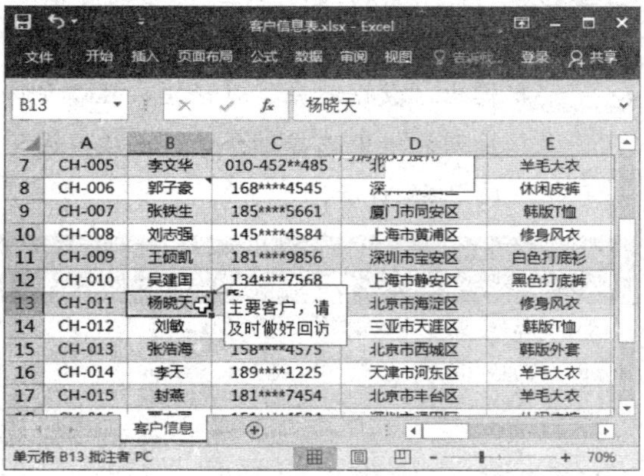

图 2-64 复制批注

2.3.6 删除批注

对于工作表中不需要的某个或某些批注，可以将其删除，具体操作方法如下。

Step 01 选择 B13 单元格，单击“审阅”选项卡下“批注”组中的“删除批注”按钮，如图 2-65 所示。

Step 02 此时即可删除批注，效果如图 2-66 所示。

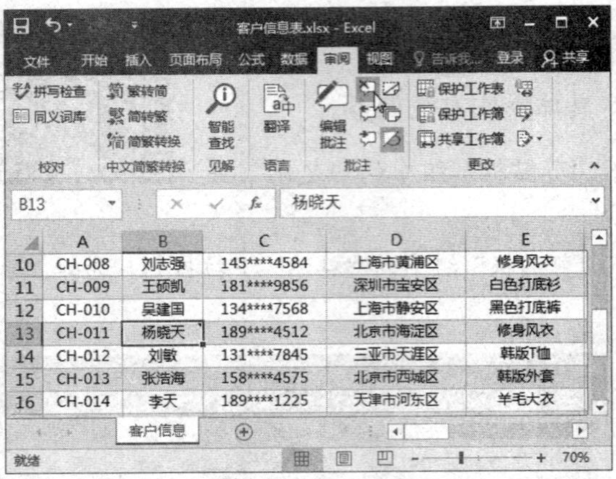

图 2-65 单击“删除批注”按钮

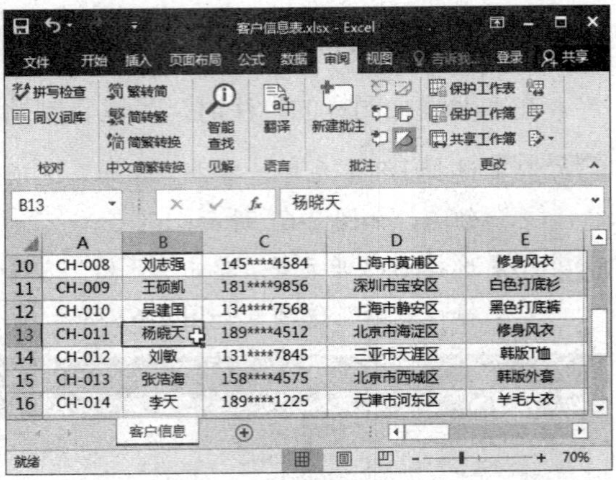

图 2-66 删除批注

2.4 设置数据验证

通过设置数据验证规则可以控制用户输入单元格中的数据类型，以避免输入错误的数据。下面将详细介绍如何设置数据验证。

2.4.1 限制用户输入

在编辑表格数据时，限制用户输入数据的场景非常常见，如只允许输入某个区间的日期和时间，或固定长度的数字等。设置数据验证的具体操作方法如下。

Step 01 打开“素材文件\第 2 章\店铺商品信息.xlsx”，选择“时间”列单元格区域，在“数据”选项卡下的“数据工具”组中单击“数据验证”按钮，如图 2-67 所示。

Step 02 弹出“数据验证”对话框，在“允许”下拉列表框中选择“日期”选项，在“数据”下拉列表框中选择“介于”选项，设置开始日期和结束日期，然后单击“确定”按钮，如图 2-68 所示。

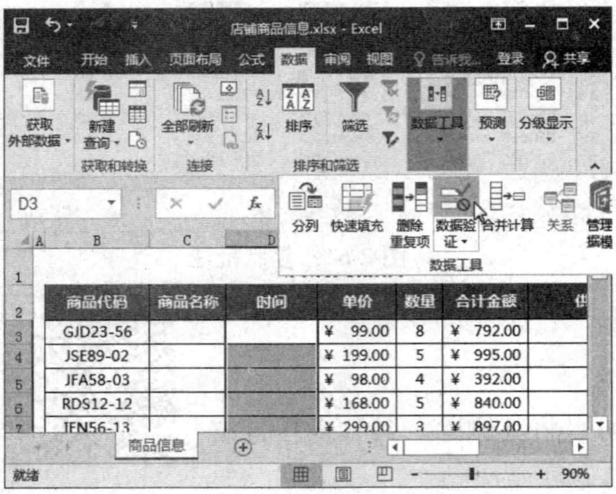

图 2-67 单击“数据验证”按钮

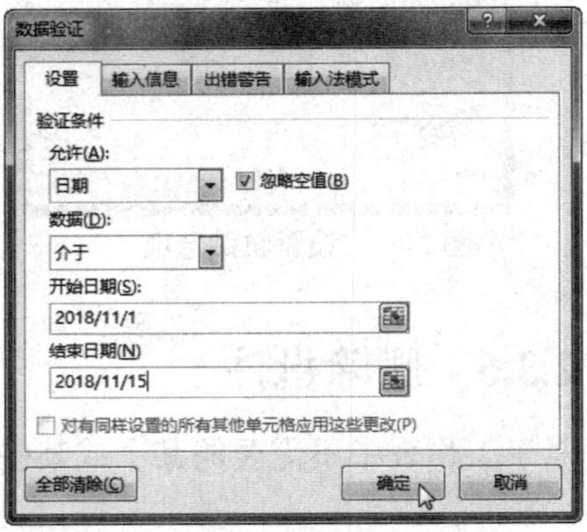

图 2-68 设置验证条件

Step 03 输入日期数据，当输入的数据不符合验证条件时，就会弹出错误提示信息框，如图 2-69 所示。

Step 04 选择“邮政编码”列的单元格区域，单击“开始”选项卡下“数字”组中的“数字格式”下拉按钮，选择“文本”选项，如图 2-70 所示。

图 2-69 查看验证效果

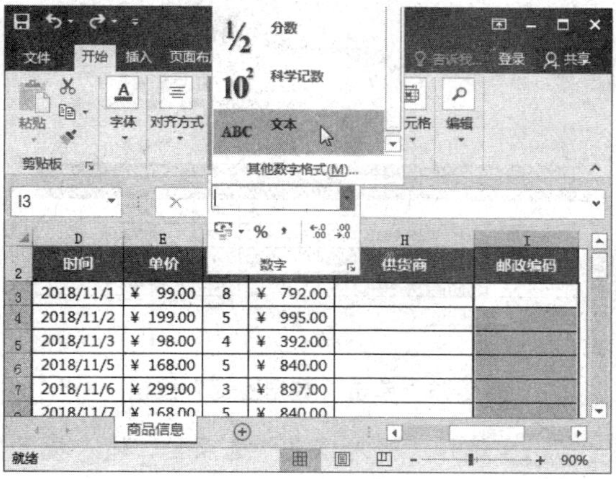

图 2-70 选择“文本”选项

Step 05 打开“数据验证”对话框，在“允许”下拉列表框中选择“文本长度”选项，在“数据”下拉列表框中选择“等于”选项，设置“长度”为 6，单击“确定”按钮，如图 2-71 所示。

Step 06 在工作表中输入邮政编码，当输入的数据不符合验证条件时，就会弹出错误提示信息框，如图 2-72 所示。

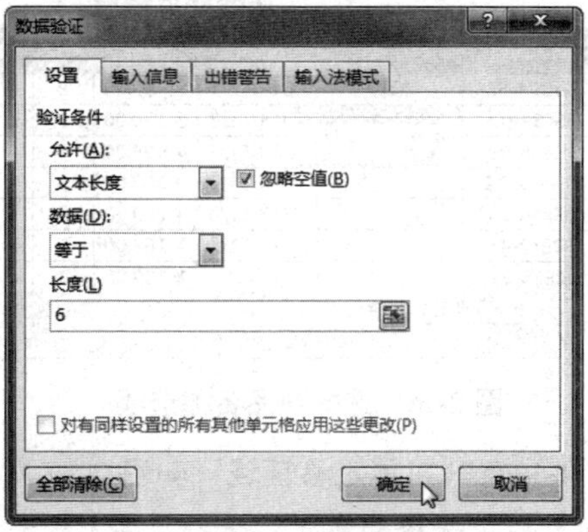

图 2-71 设置验证条件

图 2-72 数据验证结果

2.4.2 创建下拉菜单

下拉菜单是数据验证最常用的一项功能。通过设置下拉菜单，不仅可以避免输入错误的数据，还可变输入为选择，从而减轻输入数据的工作量。利用数据验证创建下拉菜单的具体操作方法如下。

Step 01 选择“商品名称”列单元格区域，在“数据”选项卡下的“数据工具”组中单击“数据验证”按钮，如图 2-73 所示

Step 02 弹出“数据验证”对话框，在“允许”下拉列表框中选择“序列”选项，在“来源”文本框中输入“板鞋,运动鞋,休闲鞋”，如图 2-74 所示。

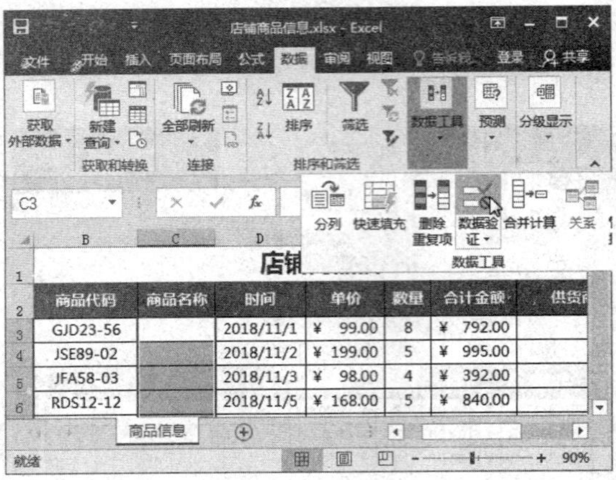

图 2-73 单击“数据验证”按钮

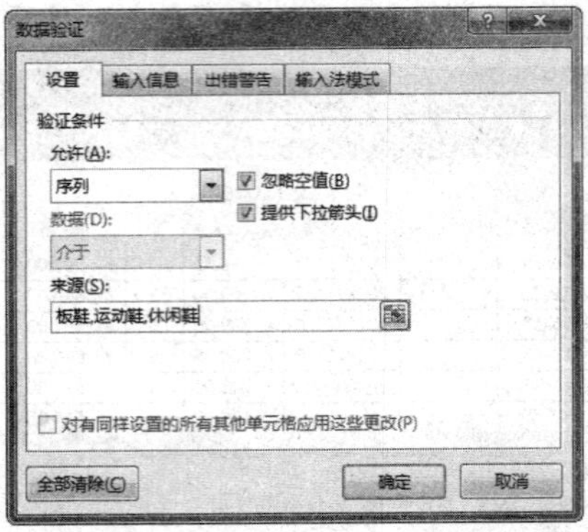

图 2-74 设置验证条件

Step 03 选择“输入信息”选项卡，输入提示信息“单击选择”，然后单击“确定”按钮，如图 2-75 所示。

Step 04 此时，在工作表中选择单元格，即可显示提示信息。单击单元格右侧的下拉按钮，可以选择所需的商品名称选项，如图 2-76 所示。

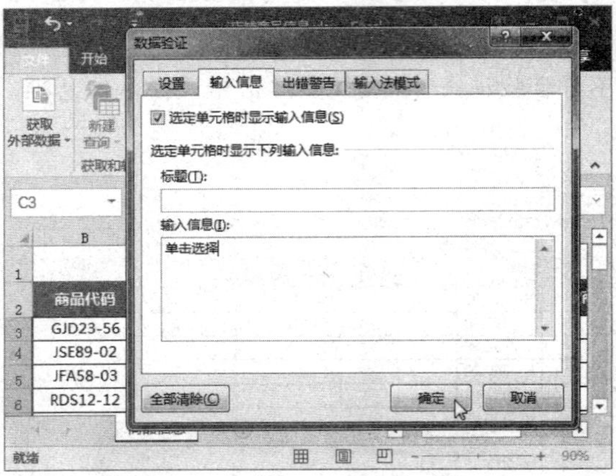

图 2-75 设置输入信息

图 2-76 选择商品名称选项

Step 05 在 J3:J5 单元格区域中输入文本，然后选择“供货商”列单元格区域，如图 2-77 所示。

Step 06 打开“数据验证”对话框，在“允许”下拉列表框中选择“序列”选项，将光标定位到“来源”文本框中，如图 2-78 所示。

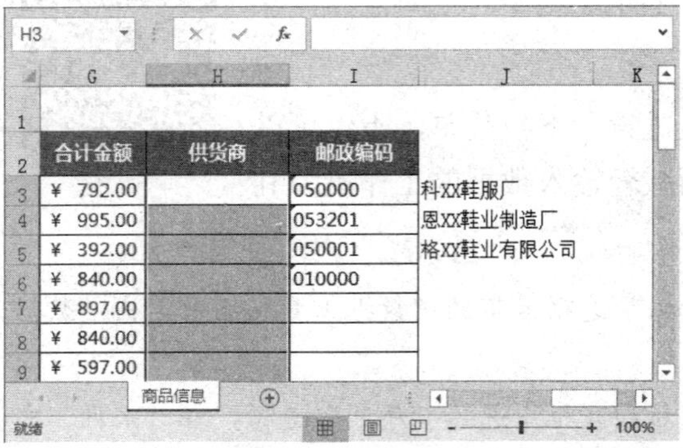

图 2-77 输入文本内容

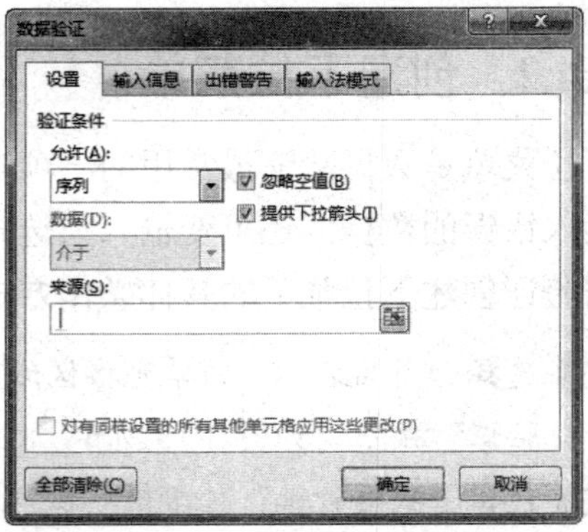

图 2-78 设置验证条件

Step 07 在工作表中选择 J3:J5 单元格区域，然后松开鼠标，如图 2-79 所示。

Step 08 返回“数据验证”对话框，即可看到“来源”文本框中引用的单元格区域，然后单击“确定”按钮，如图 2-80 所示。

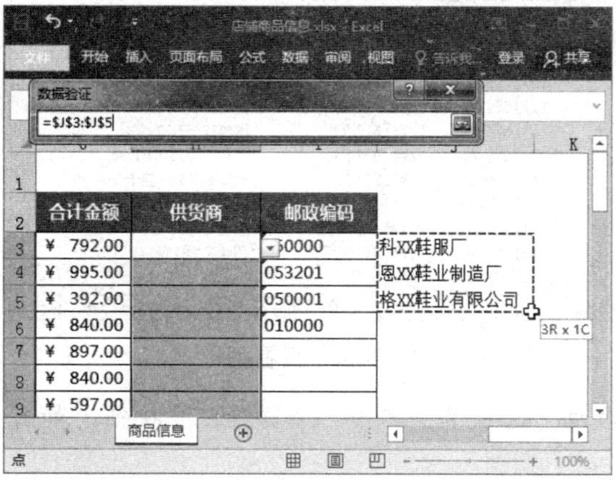

图 2-79　选择单元格区域

图 2-80　设置验证条件

Step 09 此时，即可在单元格下拉列表中选择所需的供货商选项，如图 2-81 所示。

Step 10 更改数据验证所引用的单元格文本及单元格区域的位置，单元格下拉列表中的相关选项将会随之更改，而不必重新设置，如图 2-82 所示。

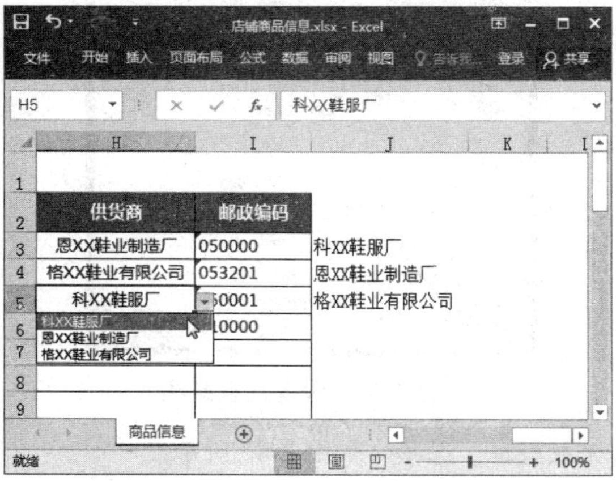

图 2-81　选择供货商选项

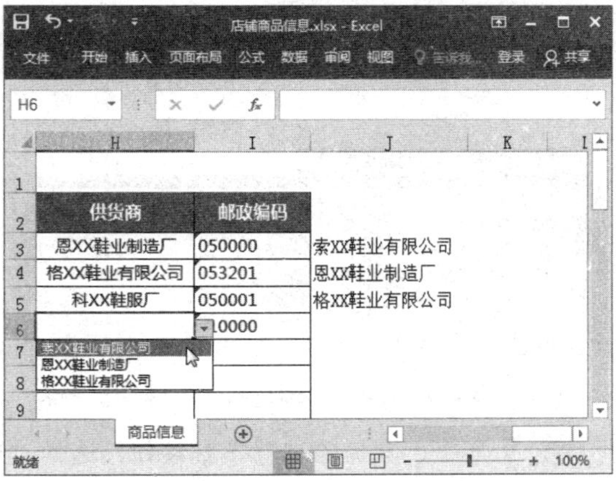

图 2-82　更改引用数据

2.4.3　校验无效数据

只有在设置了数据验证的单元格中输入消息，若输入有误时才会出现出错警告。当向其中复制或填充数据，或利用公式计算出无效数据，将不会弹出出错警告，此时可以通过圈释无效数据来进行检验，具体操作方法如下。

Step 01 打开“素材文件\第 2 章\产品订单.xlsx”，选择 K5:K18 单元格区域，在名称框中输入名称 mch，并按【Enter】键确认创建名称，如图 2-83 所示。

Step 02 创建名称后，单击名称框右侧的 ▾ 按钮，即可查看名称，如图 2-84 所示。

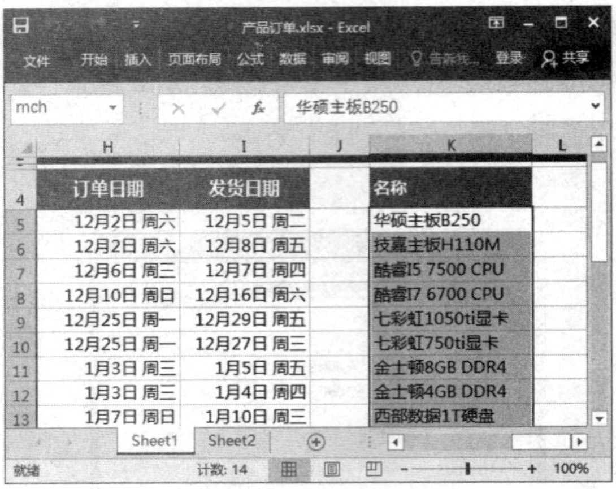

图 2-83 创建名称

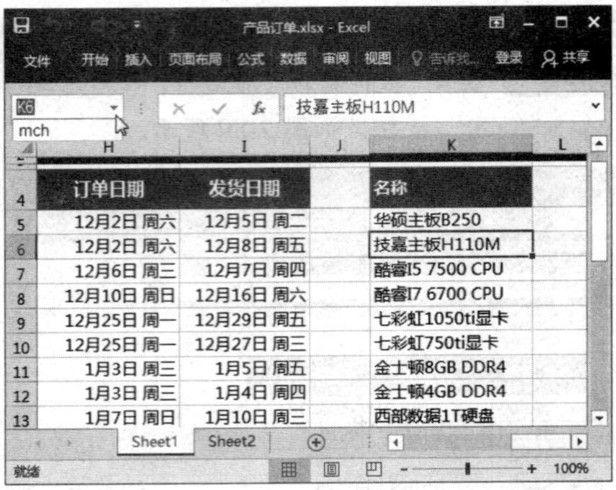

图 2-84 查看名称

Step 03 选择“产品名称”列单元格区域，在“数据”选项卡下单击“数据验证”按钮，如图 2-85 所示。

Step 04 弹出“数据验证”对话框，在“允许”下拉列表框中选择“系列”选项，在“来源”文本框中输入“=mch”，然后单击“确定”按钮，如图 2-86 所示。

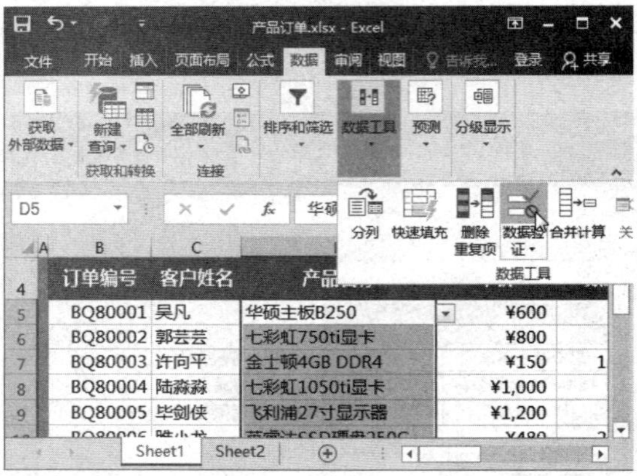

图 2-85 单击“数据验证”按钮

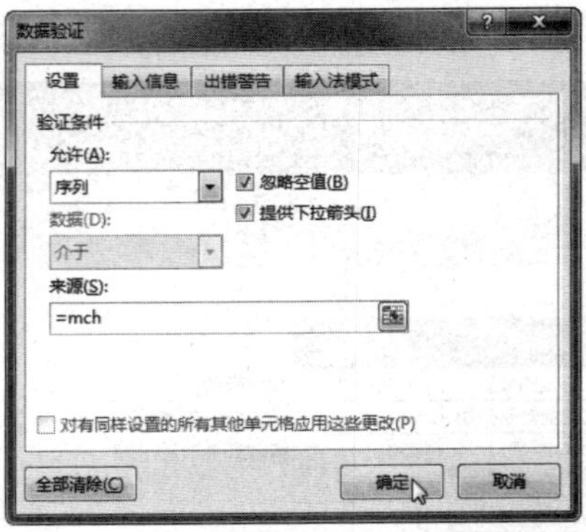

图 2-86 设置验证条件

Step 05 单击“数据验证”下拉按钮，选择“圈释无效数据”选项，如图 2-87 所示。

Step 06 此时，即可看到无效信息已被标记出来，如图 2-88 所示。

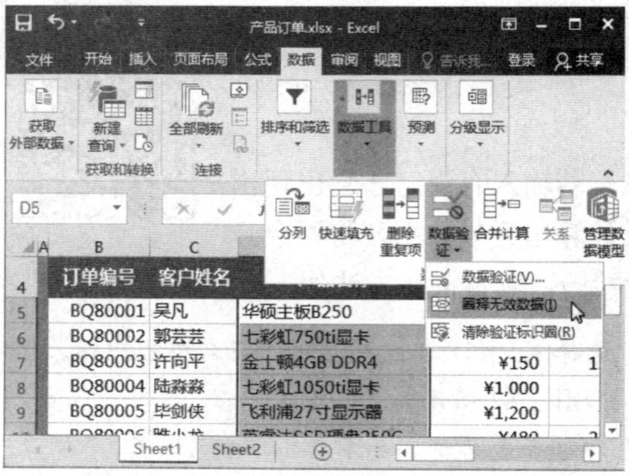

图 2-87 选择“圈释无效数据”选项

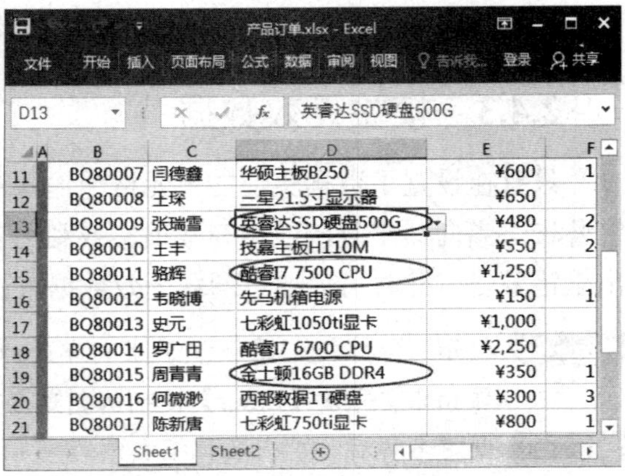

图 2-88 圈释无效数据效果

2.5 综合实例——制作员工信息表

员工在企事业单位就职后，人力资源部门需要为其建立个人信息资源库。下面将综合运用本章所学知识，快速制作员工信息表，方法如下。

Step 01 新建工作簿，并重命名为“员工信息表”，在第一行输入文本信息。选择 A2 单元格，在英文输入法状态下输入单引号“'”，然后在引号后面输入工号，并按【Enter】键确认，如图 2-89 所示。

Step 02 拖动填充柄至 A18 单元格，为“工号”列填充数据，效果如图 2-90 所示。

图 2-89 输入工号

图 2-90 填充数据

Step 03 手动输入“姓名”列数据，然后选择 C2:C18 单元格区域，在“数据”选项卡下的“数据工具”组中单击“数据验证”按钮，如图 2-91 所示。

Step 04 弹出“数据验证”对话框，在“允许”下拉列表框中选择“序列”选项，在“来源”文本框中输入“大专,本科,硕士”，然后单击“确定”按钮，如图 2-92 所示。

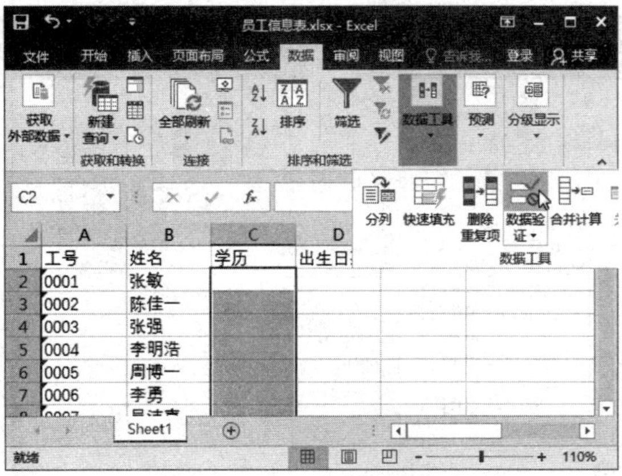

图 2-91 单击“数据验证”按钮

图 2-92 设置验证条件

Step 05 单击 C2 单元格右侧的下拉按钮，选择所需的选项，如图 2-93 所示。采用同样的方法，完成“学历”列数据的输入。

Step 06 选择 D2:D18 单元格区域，单击“开始”选项卡下“数字”组中的扩展按钮，如图 2-94 所示。

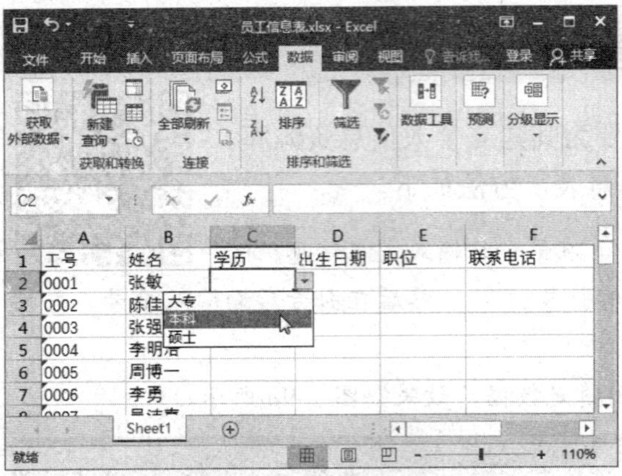

图 2-93 选择学历选项

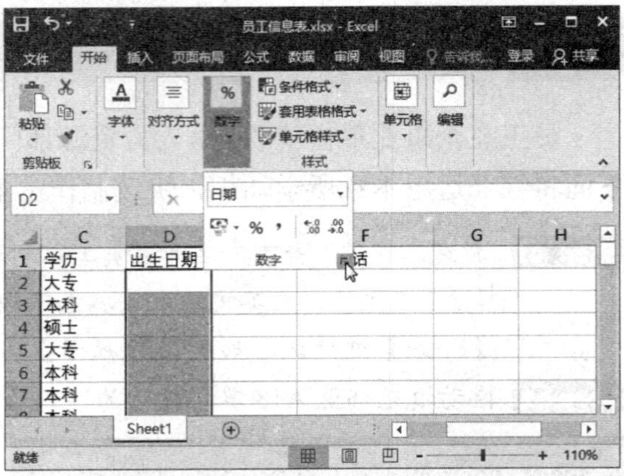

图 2-94 选择单元格区域

Step 07 弹出"设置单元格格式"对话框，在"分类"列表中选择"日期"选项，设置日期类型，然后单击"确定"按钮，如图 2-95 所示。采用同样的方法，完成"出生日期"列数据的输入。

Step 08 在"职位"列中按住【Ctrl】键选择不连续的单元格，然后输入职位名称，按【Ctrl+Enter】组合键填充数据，如图 2-96 所示。

Step 09 选择 F2:F18 单元格区域，将其设置为文本格式，然后在"数据"选项卡下的"数据工具"组中单击"数据验证"按钮，如图 2-97 所示。

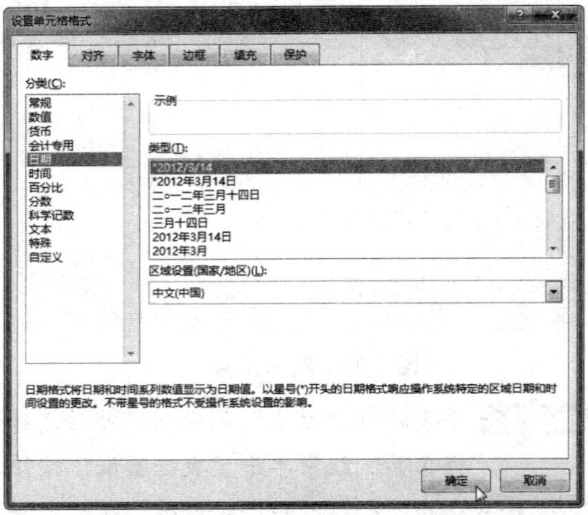

图 2-95 设置日期类型

图 2-96 快速填充数据

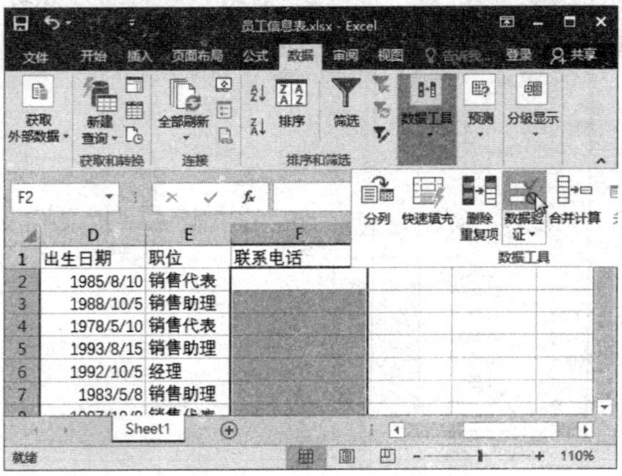

图 2-97 单击"数据验证"按钮

Step 10 弹出"数据验证"对话框，在"允许"下拉列表框中选择"文本长度"选项，在"数据"下拉列表框中选择"等于"选项，输入长度值，然后单击"确定"按钮，如图 2-98 所示。

Step 11 按照验证条件输入"联系电话"列数据，即可完成员工信息表的制作，最终效果如图 2-99 所示。

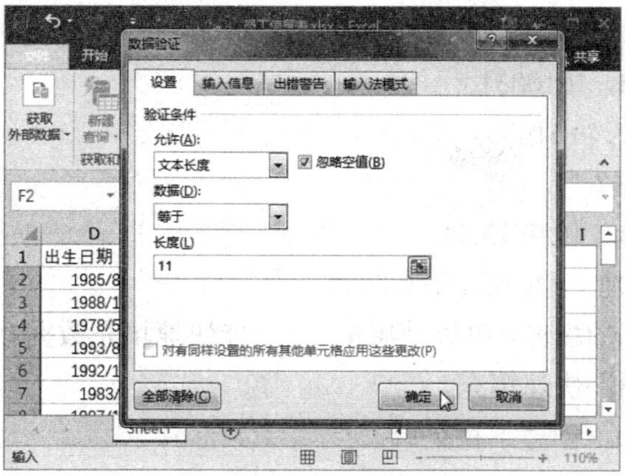

图 2-98　设置验证条件

图 2-99　员工信息表

课堂解疑

选择包含数据验证的单元格，按【Ctrl+C】组合键进行复制。然后选择目标单元格，按【Ctrl+Alt+V】组合键打开“选择性粘贴”对话框，选中“验证”单选按钮，然后单击“确定”按钮，即可复制数据验证格式。

本章小结

通过对本章的学习，读者应该掌握以下知识。

（1）录入工作表数据是最基本的操作，录入不同格式的数据时需要采用不同的录入方式。

（2）对于相同或有规律的一系列数据可以进行快速填充，快速填充数据的方法有：使用填充柄快速填充数据，使用快捷键填充相同数据，使用“填充序列”和“快速填充”功能等。

（3）添加与管理批注，包括为单元格添加批注，编辑、隐藏或显示批注，更改批注的位置和显示方式，复制与删除批注。

（4）为了避免在工作表中输入错误的数据，通过设置数据验证规则控制用户输入的数据。

课后习题

一、选择题

1．当输入数字型文本时，下列表述错误的是（　）。

A．直接输入数字即可

B．先输入单引号，再输入数字

C．先输入数字，再设置单元格的数字格式为“文本”

D．先设置单元格的数字格式为“文本”，再输入数字

2．若要将 610031 作为文本型数据输入到单元格中，应输入（　）。

A．/610031　　B．'610031

C．610031'　　D．+610031

3．下列哪个数据不是 Excel 日期格式的数据？（　）

A．1989 年 12 月 31 日　　B．1989.12.31

C．12-31-89　　D．一九八九年十二月三十一日

4．若要在 Excel 工作表中进行等差序列数据的填充，可以使用（　）功能快速填充数据。

A．填充序列　　B．快速填充

C．手动输入　　D．创建下拉菜单

二、填空题

1．通过为单元格中的内容添加______，可以使其他用户更好地理解单元格中的内容，从而起到提示、辅助理解的作用。

2．通过设置______________可以控制用户输入单元格中的数据类型，以避免输入错误的数据。

3．通过设置______________不仅可以避免输入错误的数据，还可变输入为选择，从而减轻输入数据的工作量。

三、实操题

1．新建"银行短期借款明细"工作表，快速输入"序号""借款银行"和"借款种类"三列数据，效果如图 2-100 所示。

图 2-100 "银行短期借款明细"工作表

操作提示：

（1）使用填充柄快速填充"序号"列。

（2）使用快捷键的方式快速填充"借款银行"和"借款种类"列。

2. 在“银行短期借款明细”工作表中完成“借入日期”“借款额度”和“借款期限（天）”列数据的输入，效果如图 2-101 所示。

图 2-101　输入借款信息

操作提示：

（1）设置“借入日期”列数据为“日期”类型。

（2）设置“借款额度”列数据为“货币”类型。

3. 在“银行短期借款明细”工作表的 G 列输入抵押资产及编号数据，然后在 H 列根据需要修改格式，效果如图 2-102 所示。

图 2-102　输入抵押资产及编号信息

操作提示：

（1）为 G2 单元格添加批注，设置批注内容字体格式和批注位置。

（2）在 H2 单元格中输入 G2 的数据，并在数据中添加符号，然后利用快速填充功能填充该列其他数据。

第 3 章 工作表格式设置与美化

【学习目标】

- 掌握设置单元格数字格式的方法。
- 掌握设置格式化单元格的方法。
- 掌握设置条件格式的方法。
- 掌握套用表格样式和单元格样式的方法。

工作表的格式设置与美化虽然不涉及内容，却是设计特定工作表格式的必要操作，在各种实际应用情景下都要用到。本章将学习设置单元格数字格式，设置格式化单元格，设置条件格式，套用表格样式和单元格样式等知识。

3.1 设置单元格数字格式

在 Excel 工作表中输入数据后，可以根据需要将数据设置为所需的数字格式，如货币格式、会计专用格式等。设置数字格式可以更改数字的外观，但不会更改数字本身。下面将介绍如何设置单元格数字格式。

3.1.1 应用预设数字格式

在 Excel 工作表中输入数据时，通常应用默认的“常规”格式，用户可以根据需要应用其他预设格式，如数字、货币、日期、百分比、科学计数和文本等，具体操作方法如下。

Step 01 打开“素材文件\第 3 章\商品订单.xlsx”，按住【Ctrl】键的同时选择“单价”和“金额”数据所在的单元格区域，单击数字格式下拉按钮，选择“货币”选项，如图 3-1 所示。

Step 02 此时，即可为数据应用货币格式，效果如图 3-2 所示。

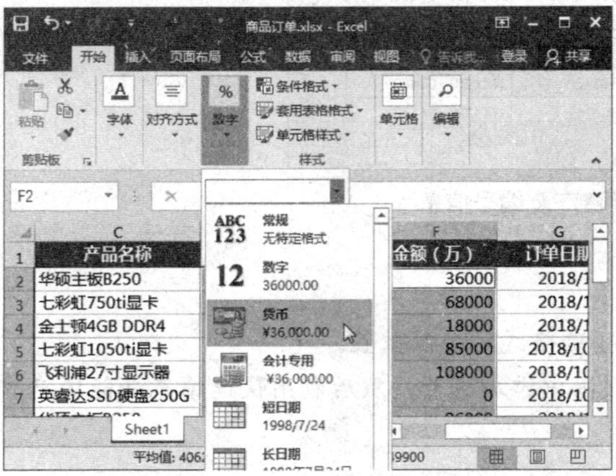

图 3-1　选择“货币”选项

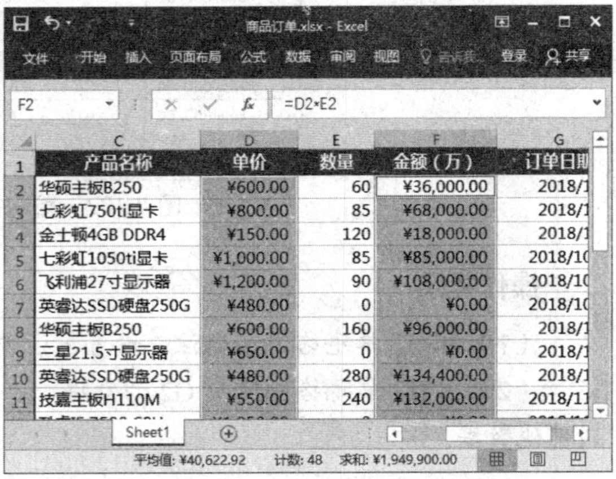

图 3-2　应用货币格式

Step 03 保持单元格为选中状态，按【Ctrl+1】组合键，弹出“设置单元格格式”对话框，设置小数位数，然后选择货币符号，如图 3-3 所示。

Step 04 在“分类”列表中选择“会计专用”选项，设置“小数位数”为 0，然后单击“确定”按钮，如图 3-4 所示。

图 3-3 设置货币格式

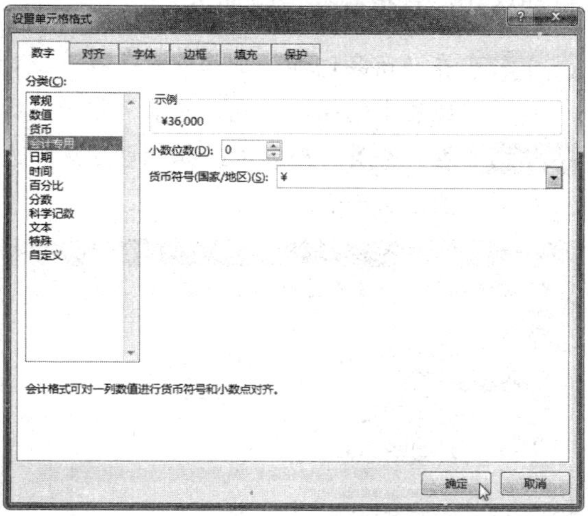

图 3-4 设置会计专用格式

Step 05 此时，即可查看应用“会计专用”数字格式后的效果，货币符号位于单元格的最左侧，当数据为 0 时单元格中自动显示“-”符号，如图 3-5 所示。

Step 06 选择“订单日期”和“发货日期”列数据，在“设置单元格格式”对话框中设置日期格式，然后单击“确定”按钮，如图 3-6 所示。

Step 07 此时，即可查看设置后的日期格式，效果如图 3-7 所示。

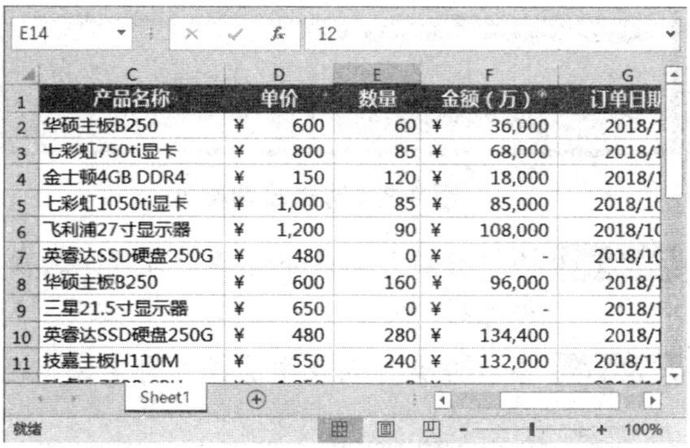

图 3-5 应用“会计专用”数字格式效果

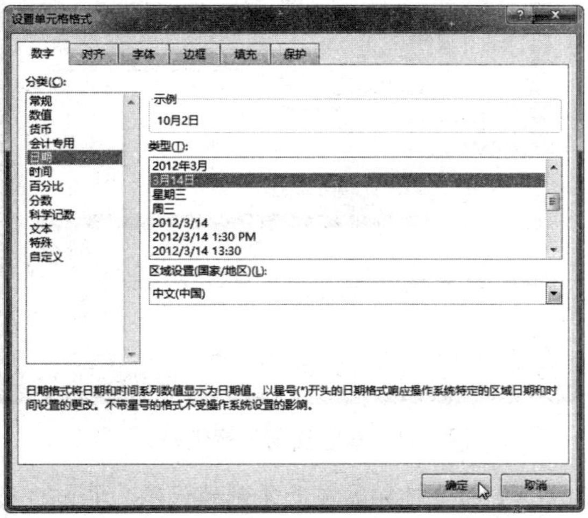

图 3-6 设置日期格式

图 3-7 设置日期格式效果

3.1.2 自定义日期格式

Excel 2016 中预设了 20 多种日期格式，用户可以通过“自定义”选项查看各种日期格式代码，并根据需要组合或删除部分代码，使其成为一种新的日期格式，具体操作方法如下。

Step 01 在“商品订单”工作表中选择日期数据，打开“设置单元格格式”对话框，在“分类”列表中选择“日期”选项，然后选择日期类型，如图 3-8 所示。

Step 02 在“分类”列表中选择“自定义”选项，查看当前日期类型代码，选择并复制代码，如图 3-9 所示。

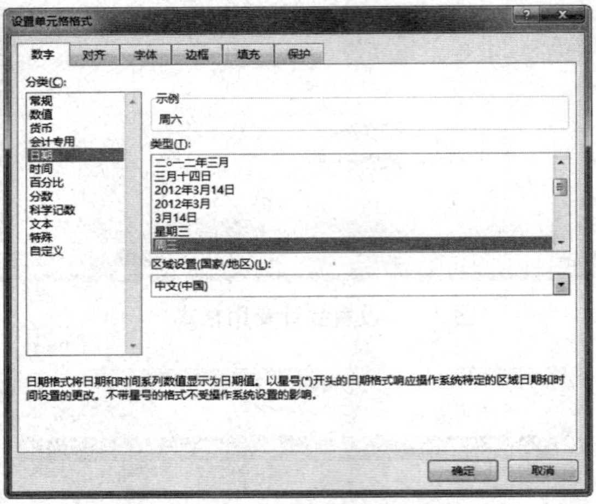

图 3-8 选择日期类型

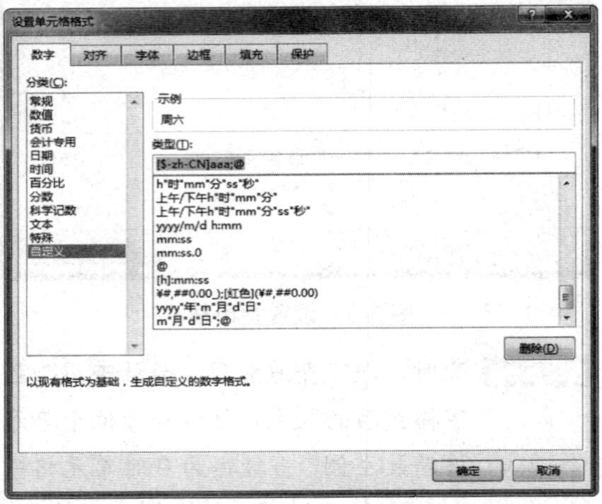

图 3-9 复制代码

Step 03 在“分类”列表中选择“日期”选项，然后选择日期类型，如“3 月 14 日”，如图 3-10 所示。

Step 04 在“分类”列表中选择“自定义”选项，查看当前日期类型代码，如图 3-11 所示。

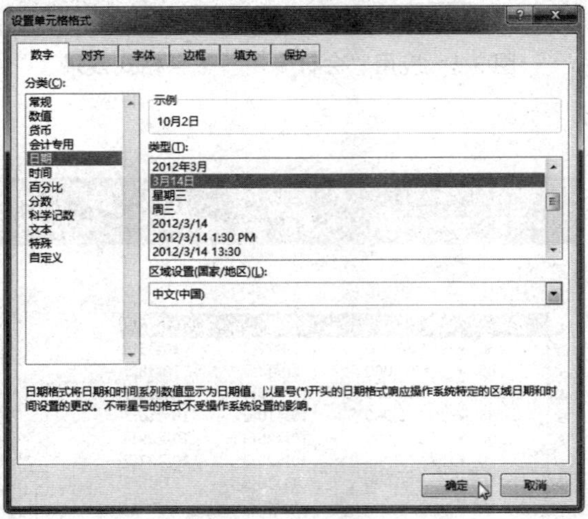

图 3-10 选择日期类型

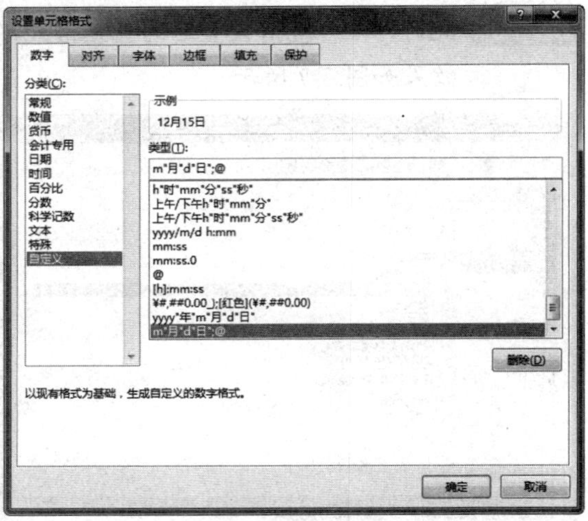

图 3-11 查看当前日期代码

Step 05 删除代码后面的“;@”字符，然后按【Ctrl+V】组合键粘贴前面复制的代码，单击“确定”按钮，如图 3-12 所示。

Step 06 此时，即可查看自定义的新日期格式，效果如图 3-13 所示。

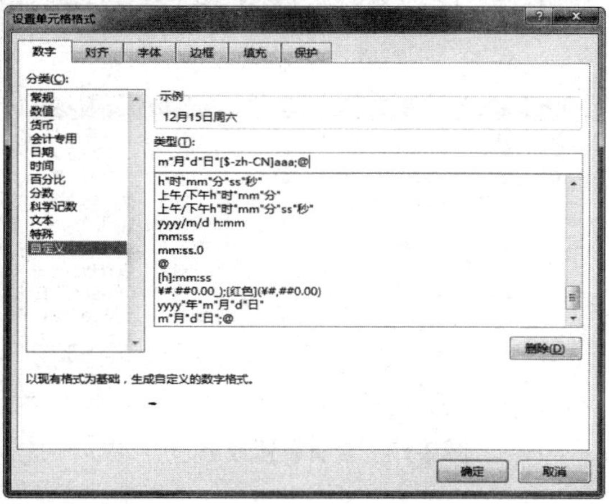

图 3-12 编辑代码

图 3-13 自定义日期格式效果

3.1.3 使用千位分隔符

在数字中使用千位分割符“,”可以把原来的数字缩小 1000 倍，具体操作方法如下。

Step 01 选择“金额”数据单元格区域，单击“开始”选项卡下“数字”组中的“数字格式”下拉按钮，选择“常规”选项，如图 3-14 所示。

Step 02 按【Ctrl+1】组合键，打开“设置单元格格式”对话框，在“分类”列表中选择“自定义”选项，在“类型”文本框中输入代码“0,”，即可将数字缩小 1000 倍，在“示例”区域可以预览效果，如图 3-15 所示。

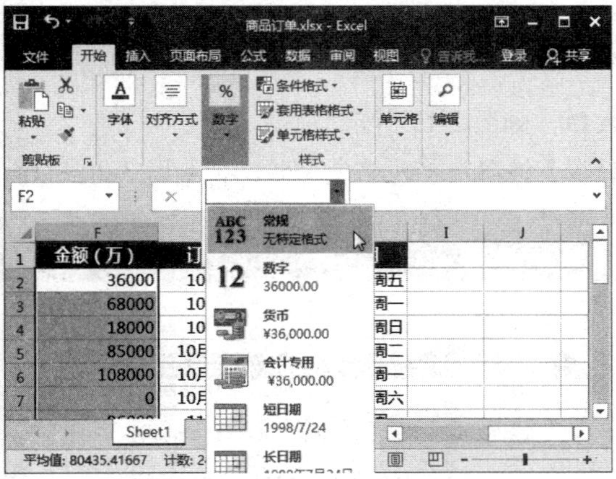

图 3-14 设置数字格式

图 3-15 输入类型代码

Step 03 在千位分隔符前输入代码“#”，用符号“#”占一位，这样总共占用四位。然后在该占位符号前输入“"."”，将小数点插入到它前面，即小数点向前移动了四位，单击“确定”按钮，如图 3-16 所示。

Step 04 此时，即可将数据从万位上分割，效果如图 3-17 所示。

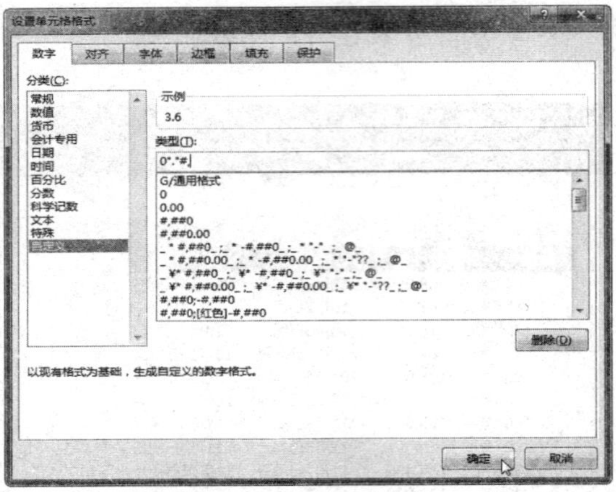

图 3-16 输入代码

图 3-17 查看设置效果

3.1.4 更改数值大小

若要批量更改数值的倍数或大小，而非数值的显示方式，可以利用“选择性粘贴”功能进行批量操作，具体操作方法如下。

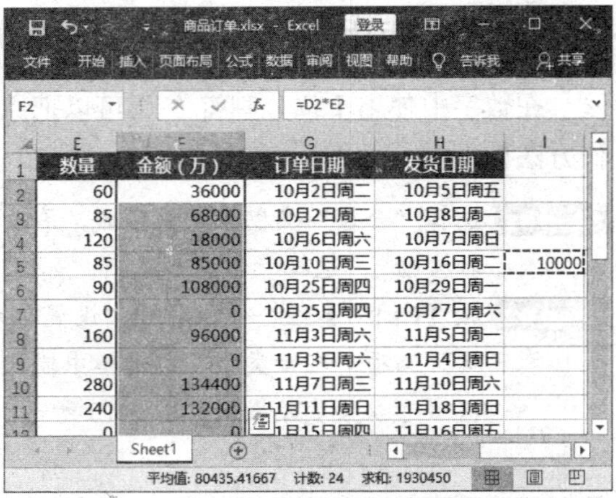

图 3-18 复制数据

Step 01 将“金额”数据恢复为“常规”格式，在 I5 单元格中输入 10000，选择 I5 单元格，按【Ctrl+C】组合键复制数据，选择“金额”列数据单元格区域，如图 3-18 所示。

Step 02 按【Ctrl+Alt+V】组合键打开“选择性粘贴”对话框，分别选中“数值”和“除”单选按钮，然后单击“确定”按钮，如图 3-19 所示。

Step 03 此时，即可将所选数据除以 10000，按【Esc】键取消单元格复制状态，如图 3-20 所示。

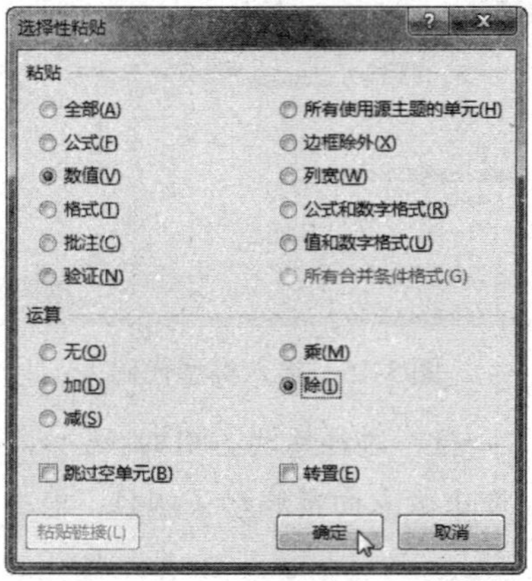

图 3-19 设置选择性粘贴

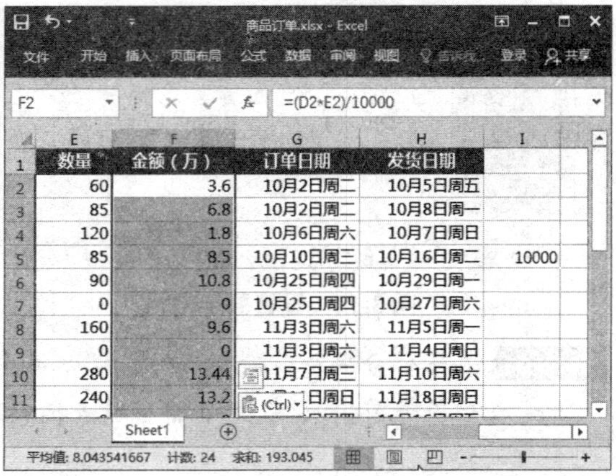

图 3-20 查看设置效果

3.1.5　对齐小数点

在包含小数点的数据表格中，为了方便用户查看，有时需要将小数点进行对齐，使用“?”占位符即可实现，具体操作方法如下。

Step 01 打开“素材文件\第 3 章\商品订单 1.xlsx”，选择“金额”列数据单元格区域，打开“设置单元格格式”对话框，在“分类”列表中选择“自定义”选项，在“类型”文本框中输入代码“.???”（该代码可以将小数点后无意义的 0（零）变为空格），然后单击“确定”按钮，如图 3-21 所示。

Step 02 此时，即可对齐各数据的小数位，效果如图 3-22 所示。

图 3-21　输入代码

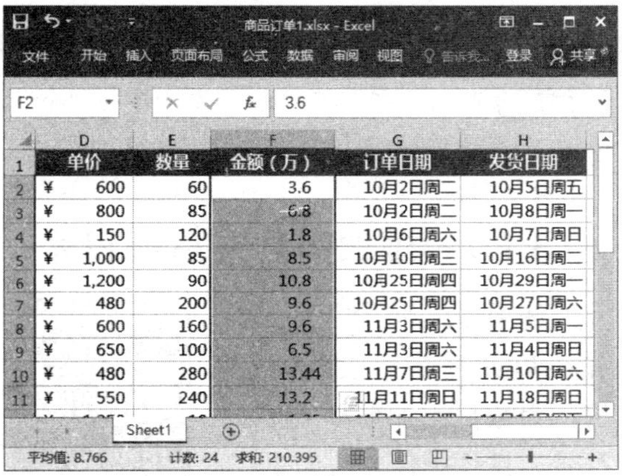

图 3-22　对齐小数点效果

3.1.6　添加单位

在 Excel 2016 中，符号“#”为数字占位符，它只显示有意义的 0（零），而不显示无意义的 0（零），使用它可以为数字添加单位，具体操作方法如下。

Step 01 选择“金额”列数据单元格区域，打开“设置单元格格式”对话框，在“分类”列表中选择“自定义”选项，在“类型”文本框中输入代码“0.00”设置小数点位数，然后在后面输入单位“万”，单击“确定”按钮，如图 3-23 所示。

Step 02 此时，即可在小数数据后添加单位“万”，效果如图 3-24 所示。

Step 03 选择“数量”列数据单元格区域，打开“设置单元格格式”对话框，在“分类”列表中选择“自定义”选项，在“类型”文本框中输入代码“#"个"”，然后单击“确定”按钮，如图 3-25 所示。

图 3-23　输入代码

图 3-24　添加单位效果

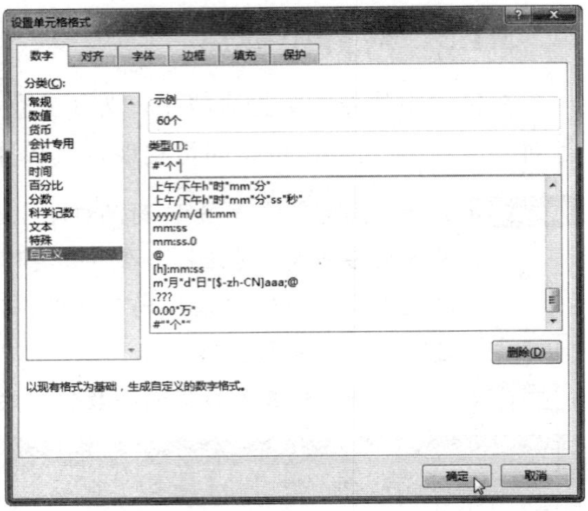

图 3-25　输入代码

Step 04 此时，即可在整数后添加单位“个”，效果如图 3-26 所示。

图 3-26　添加单位效果

3.1.7　添加前导或后缀符号

使用通配符“*”可以设置在单元格中重复某个字符，为数据添加前导或后缀符号，具体操作方法如下。

Step 01 打开“素材文件\第 3 章\前导、后缀符号.xlsx”，选择 A1 单元格，打开“设置单元格格式”对话框，在“分类”列表中选择“自定义”选项，在“类型”列表框中选择“G/通用格式”选项，并在代码前输入“*.”，然后单击“确定”按钮，如图 3-27 所示。

Step 02 此时，即可为数字 1 添加前导符号“.”，效果如图 3-28 所示。

图 3-27　自定义数字格式

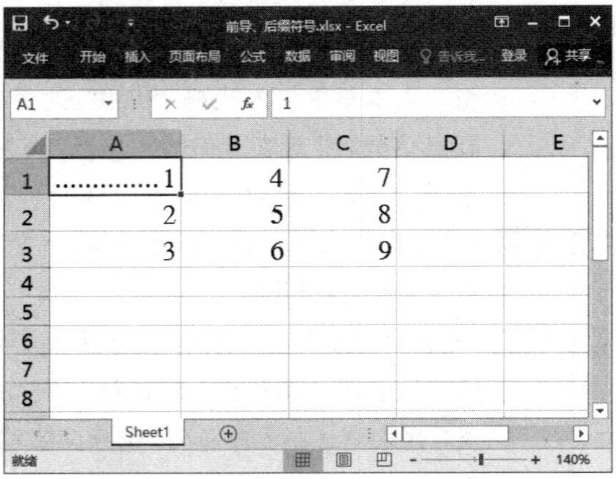

图 3-28　添加前导符号

Step 03 采用同样的方法自定义数字格式，在“G/通用格式”格式代码后输入字符“*.”，即可在数字后添加后缀符号“.”，如图 3-29 所示。

Step 04 同样，可以根据需要将前导或后缀符号更改为其他符号，效果如图 3-30 所示。

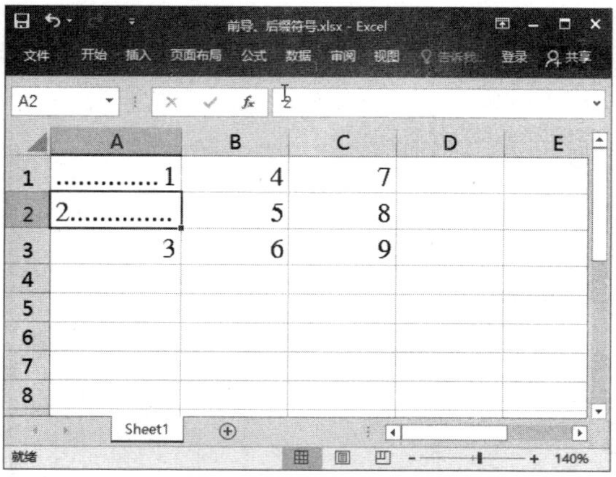

图 3-29　添加后缀符号

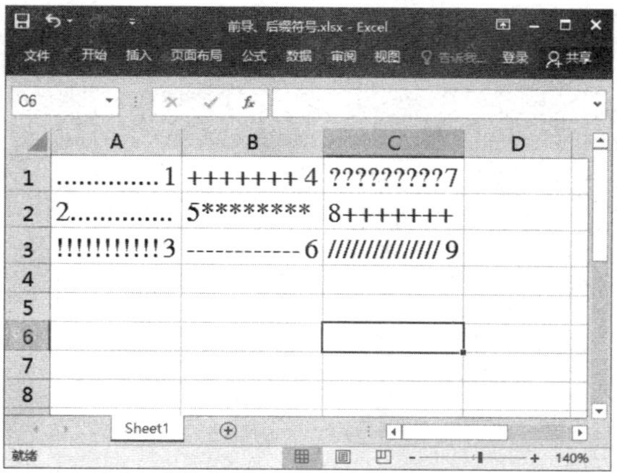

图 3-30　设置前导或后缀符号

3.1.8　自定义数字显示方式

要想在数字前加上 0（零），可以使用占位符“0”。若单元格中的文本长度大于占位符，则显示实际数字；若单元格中的文本长度小于占位符，则用“0”补位。若要使数字中显示文本信息，可以将文本信息使用半角双引号括起来。下面将举例说明如何自定义数字显示方式，具体操作方法如下。

Step 01 打开“素材文件\第 3 章\员工联系方式.xlsx”，选择 A2:A11 单元格区域，在“数字”组中单击“数字格式”扩展按钮，如图 3-31 所示。

Step 02 打开“设置单元格格式”对话框，在“分类”列表中选择“自定义”选项，在“类型”文本框中输入与编号字符相同数量的“0”，然后在前面输入字符“"BQ"”，如图 3-32 所示。

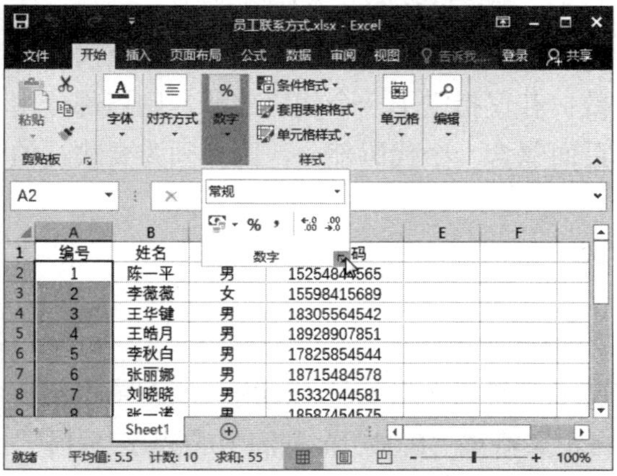

图 3-31　选择单元格区域

图 3-32　设置编号格式

Step 03 此时，“编号”列数据就会按照自定义的格式显示，效果如图 3-33 所示。

Step 04 选择 D2:D11 单元格区域，打开“设置单元格格式”对话框，在“分类”列表中选择“自定义”选项，在“类型”文本框中输入“000"-"0000"-"0000”，然后单击“确定”按钮，如图 3-34 所示。

图 3-33 自定义编号格式效果

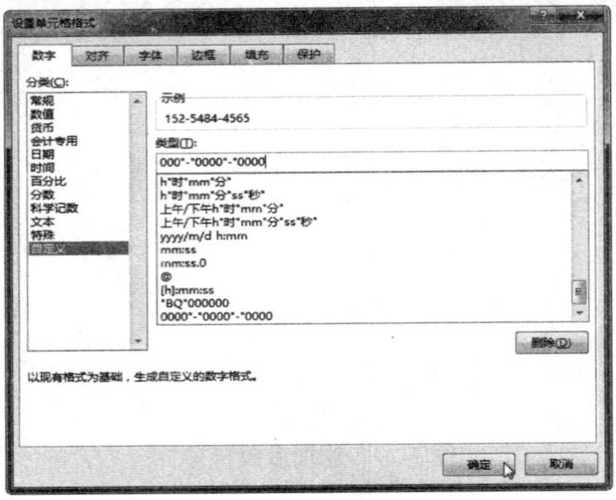

图 3-34 设置手机号码格式

Step 05 此时，“手机号码”列数据就会按照自定义的格式显示，效果如图 3-35 所示。

图 3-35 自定义手机号码格式效果

3.1.9 自定义数字格式的准则

若要创建自定义数字格式，可以先应用所需的内置数字格式，然后更改该格式的代码部分。数字格式最多可以包含四个代码部分，各个部分用分号分隔。这些代码部分按先后顺序定义正数、负数、零值和文本的格式。

<POSITIVE>;<NEGATIVE>;<ZERO>;<TEXT>

即：当输入正数时，显示设置的正数格式；当输入负数时，显示设置的负数格式；当输入 0（零）时，显示设置的零值格式；当输入文本时，显示设置的文本格式。

自定义数字格式中无须包含所有代码部分。若仅为自定义数字格式指定了两个代码部分，则第一部分用于正数和零，第二部分用于负数；若仅指定了一个代码部分，则该部分用于所有数字，若要跳过某一代码部分，然后在其后面包含一个代码部分，则必须为要跳过的部分添加结束分号。

在自定义数字格式代码时，需要遵循以下准则。

1. 同时显示文本和数字

若要在单元格中同时显示文本和数字，应将文本字符括在双引号(" ")内，或在单个字符前面添加一个反斜杠（\）。例如，为单元格应用自定义格式“0.00"万 利润";0.00"万 亏损"”后，输入数字 256.736 将显示“256.74 万 利润”，输入数字-256.736 将显示“256.74 万 亏损”。

要在数字中显示一些字符时，不需添加引号，如“$”“+”“-”“(”“)”“:”“^”“'”“{”“}”“<”“>”“=”“/”“!”“&”“~”、空格等。

2．包含文本输入部分

若格式包含文本部分，则文本部分始终是数字格式中的最后一个部分。若要显示单元格中所输入的任何文本，则应在该部分中包含“@”字符；若要为输入的文本显示特定的文本字符，应将附加文本用双引号(" ")括起来。例如，为单元格应用自定义格式“@"销量"”后，在单元格中输入文本“2019 年”，将显示“2019 年销量”。

若格式不包含文本部分，则在应用该格式的单元格中所输入的任何非数字值都不会受该格式的影响，整个单元格将转换为文本格式。

3．添加空格

若要在数字格式中创建一个字符宽度的空格，可以输入一个下划线字符“_”，并在后面跟随要使用的字符。例如，若下划线后面带有右括号“)”，则正数将与括号中括起的负数相应地对齐。

4．重复字符

若要在格式中重复下一个字符，以填满列宽，可以使用代码“*”。例如，输入代码“0*-”，可以在数字后面包含重复的短划线，以填满单元格。还可在任何格式代码之前输入“*0”，使其包含前导数 0（零）。

5．包含小数位和有效位

若要为包含小数点的分数或数字设置格式，可以在数字格式部分中包含以下数字占位数、小数点和千位分隔符。

0（零）	若数字的位数少于格式中的 0(零)的个数，则此数字占位符会显示无效 0(零)。例如，若输入 5.6，但希望将其显示为 5.60，可以使用格式“#.00”
#	此数字占位符所遵循的规则与 0（零）相同。但是，若所输入数字的小数点任一侧的位数小于格式中#符号的个数，则 Excel 不会显示多余的零。例如，若自定义格式为“#.##”，而在单元格中输入了 5.6，则会显示数字 5.6
?	此数字占位符所遵循的规则与 0（零）相同，但 Excel 2016 会为小数点任意一侧的无效 0（零）添加空格，以使列中的小数点对齐。例如，自定义格式“0.0?”，将列中数字 5.6 和 55.66 的小数点对齐
.（句点）	此数字占位符在数字中显示小数点

下面将依据自定义数字格式规则为销量的平均年增长率自定义数字格式，使其看起来更加直观，具体操作方法如下。

Step 01 打开“素材文件\第 3 章\关键词搜索.xlsx”，选择“升降幅度”列单元格区域，可以看到其中包含整数和负数，如图 3-36 所示。

Step 02 在“设置数字格式”对话框中自定义数字格式为“▲ 0.00%;▼ 0.00%”，查看单元格显示效果，如图 3-37 所示。

图 3-36 选择单元格区域

图 3-37 自定义数字格式

Step 03 打开“设置单元格格式”对话框，在占位符“0”前添加“?”占位符，然后单击“确定”按钮，如图 3-38 所示。

Step 04 此时，可以看到 C 列中的“▲”和“▼”符号已经对齐，效果如图 3-39 所示。

图 3-38 编辑格式代码

图 3-39 查看对齐效果

3.2 设置格式化单元格

格式化单元格就是对单元格的外观进行调整，使其更加美观。下面将详细介绍格式化单元格的方法与技巧。

3.2.1 调整行高和列宽

行高是指工作表中单元格的竖直高度，列宽是指单元格的水平宽度。在制作电子表格时，需要根据实际内容调整行高和列宽。下面以调整列宽为例进行介绍，具体操作方法如下。

Step 01 打开“素材文件\第 3 章\商品订单 2.xlsx”，将鼠标指针移到 G 列和 H 列两个列标之间，当指针变为双箭头形状时向左或向右拖动鼠标，即可将列宽调整到所需的宽度，如图 3-40 所示。

Step 02 调整到合适的宽度后松开鼠标，效果如图 3-41 所示。

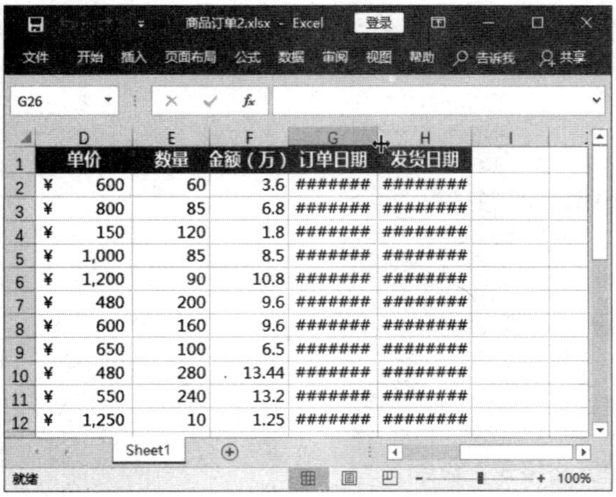

图 3-40　调整列宽

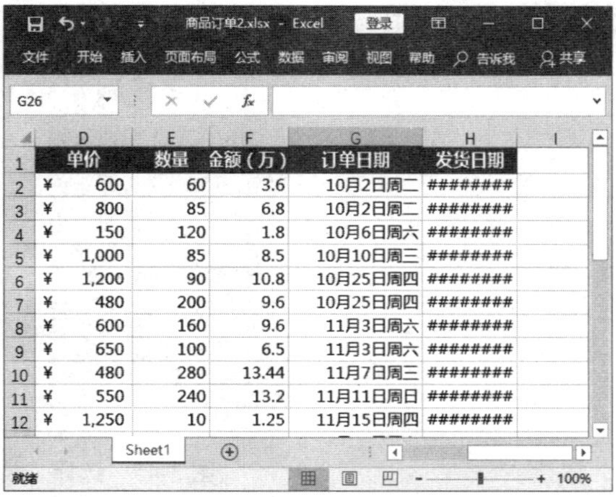

图 3-41　调整列宽效果

Step 03 选择 H 列并右击，选择“列宽”命令，如图 3-42 所示。

Step 04 弹出“列宽”对话框，在“列宽”文本框中输入 15，然后单击“确定”按钮，如图 3-43 所示。

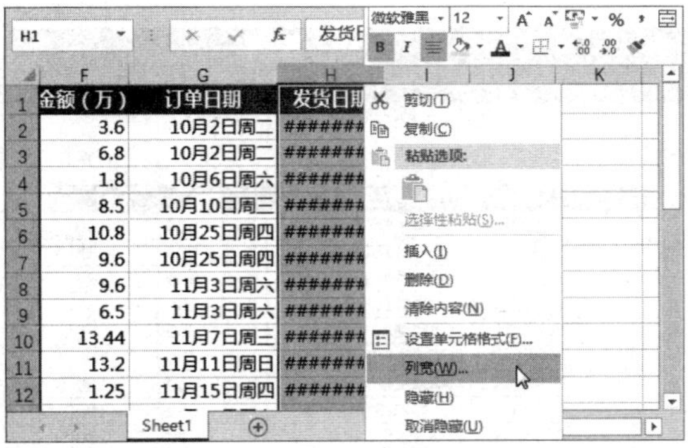

图 3-42　选择“列宽”命令

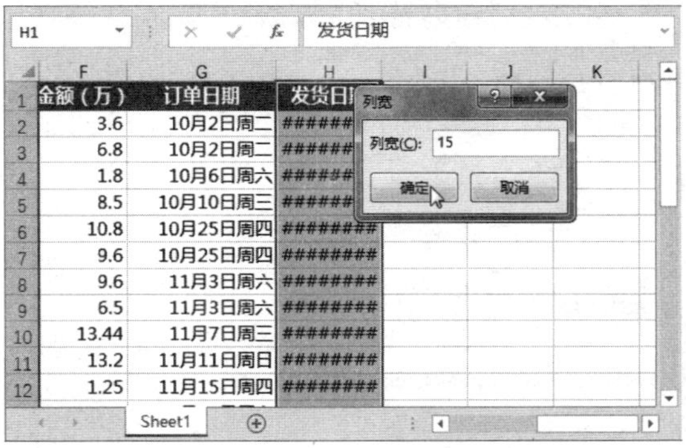

图 3-43　精确设置列宽

Step 05 此时，即可查看精确设置列宽后的表格效果，如图 3-44 所示。

图 3-44　精确设置列宽效果

3.2.2 设置单元格边框

在 Excel 2016 中，普通表格中的单元格默认没有边框线，需要用户进行设置。设置单元格边框的具体操作方法如下。

Step 01 按【Ctrl+A】组合键全选表格并右击，选择“设置单元格格式”命令，如图 3-45 所示。

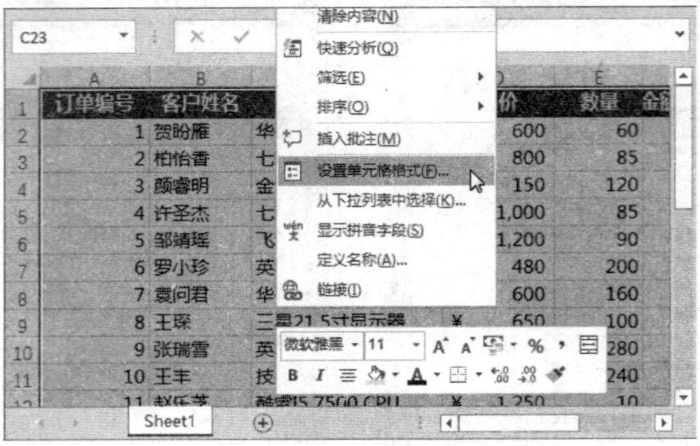

图 3-45 选择“设置单元格格式”命令

Step 02 弹出“设置单元格格式”对话框，选择“边框”选项卡，在“样式”列表中选择一种线条，并设置边框颜色，在“预置”选项区中依次单击“外边框”和“内部”按钮，然后单击“确定”按钮，如图 3-46 所示。

Step 03 此时，即可查看设置的边框效果，效果如图 3-47 所示。

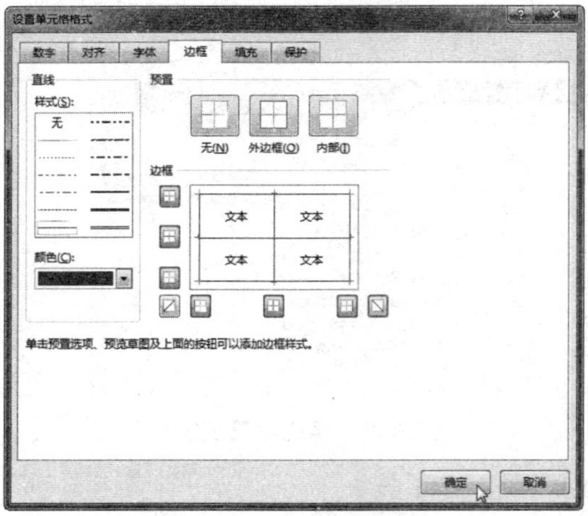

图 3-46 设置边框格式

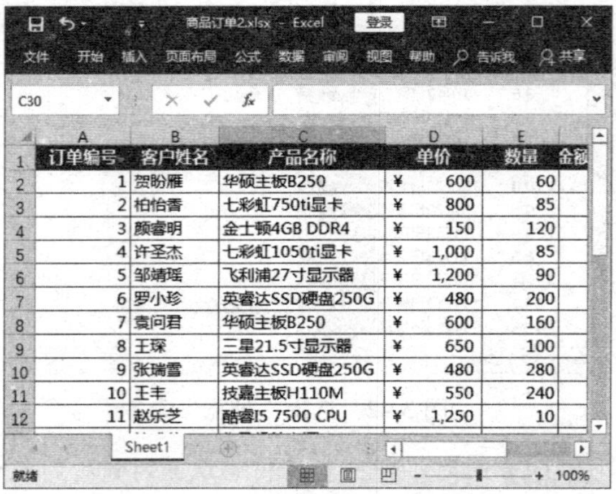

图 3-47 设置边框效果

3.2.3 设置单元格背景色和图案

在使用 Excel 2016 制作电子表格时，为了使工作表中的数据突出显示，可以设置单元格的背景色或图案，具体操作方法如下。

Step 01 打开“素材文件\第 3 章\商品信息表.xlsx”，选择 A1:E1 单元格区域并右击，选择“设置单元格格式”命令，如图 3-48 所示。

Step 02 弹出“设置单元格格式”对话框，选择“填充”选项卡，在“背景色”列表中选择合适的颜色，然后单击“确定”按钮，如图 3-49 所示。

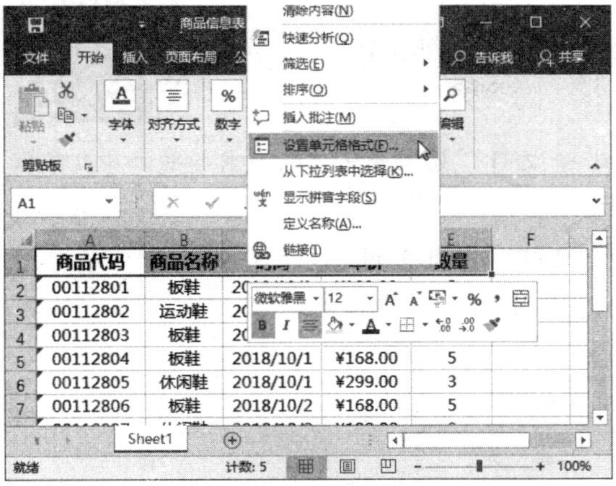

图 3-48　选择“设置单元格格式”命令

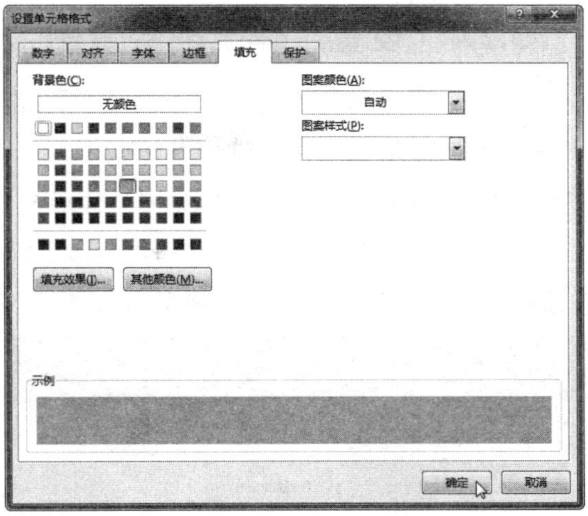

图 3-49　选择填充颜色

Step 03 此时，即可查看为单元格填充背景色后的表格效果，如图 3-50 所示。

Step 04 打开“设置单元格格式”对话框，选择“填充”选项卡，在“图案颜色”下拉列表框中选择需要的颜色，在“图案样式”下拉列表框中选择需要的样式，然后单击“确定”按钮，如图 3-51 所示。

图 3-50　为单元格填充背景色效果

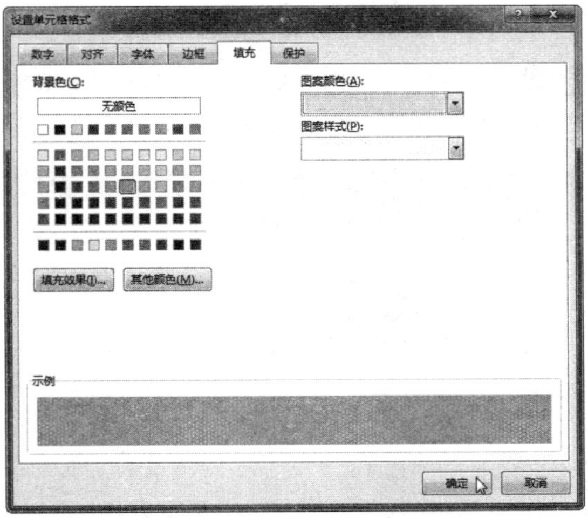

图 3-51　选择图案颜色和样式

Step 05 此时，即可查看为单元格填充图案后的表格效果，如图 3-52 所示。

图 3-52　为单元格填充图案效果

3.2.4 设置工作表的背景图

在 Excel 2016 中，除了可以设置单元格的背景色和图案外，还可为整个工作表添加背景图，具体操作方法如下。

Step 01 打开“素材文件\第 3 章\商品信息表 1.xlsx”，选择“页面布局”选项卡，单击“页面设置”组中的“背景”按钮，如图 3-53 所示。

Step 02 弹出“插入图片”对话框，选择“从文件”选项，如图 3-54 所示。

图 3-53 单击“背景”按钮

图 3-54 “插入图片”对话框

Step 03 弹出“工作表背景”对话框，选择背景图片，然后单击“插入”按钮，如图 3-55 所示。

Step 04 此时，即可查看插入背景图片后的表格效果，如图 3-56 所示。

图 3-55 选择背景图片

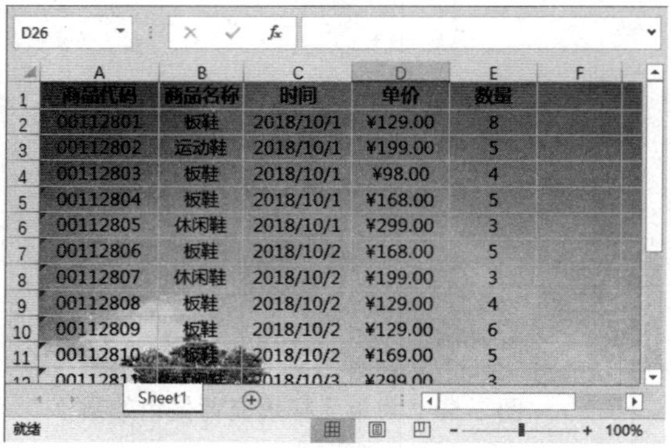

图 3-56 插入背景图片效果

课堂解疑

选择单元格后按【Ctrl+5】组合键，可以快速为数据添加删除线；再次按该组合键，可以取消删除线。按【Ctrl+Shift+&】组合键，可以添加外边框；按【Ctrl+Shift+_】组合键，可以删除外边框。

3.3 设置条件格式

在 Excel 2016 中，使用“条件格式”功能可以为满足某种自定义条件的单元格设置相应的单元格格式，如颜色、字体等；也可使用颜色刻度、数据条和图标集直观地显示数据，这在很大程度上提高了表格的设计性和可读性。下面将详细介绍如何设置条件格式。

3.3.1 编辑数据条规则

应用数据条格式可以为数据单元格添加不同长度的底纹颜色，数据条越长，代表数据越大，反之代表数据越小，其长度会根据数值的大小而自动调整。编辑数据条规则的具体操作方法如下。

Step 01 打开“素材文件\第 3 章\关键词搜索指数.xlsx”，选择“搜索指数”列任一数据单元格，然后选择“数据”选项卡，单击“降序”按钮，如图 3-57 所示。

Step 02 选择 C 列并右击，选择“插入”命令，在左侧插入一列，如图 3-58 所示。

图 3-57 降序排序

图 3-58 插入列

Step 03 选择 B3:B17 单元格区域，按【Ctrl+C】组合键复制数据，然后选择 C3 单元格，按【Ctrl+V】组合键粘贴数据，如图 3-59 所示。

Step 04 按【Esc】键取消复制单元格状态，选择“开始”选项卡，在“样式”组中单击“条件格式”下拉按钮，选择“数据条”|“绿色数据条”选项，如图 3-60 所示。

图 3-59 复制与粘贴数据

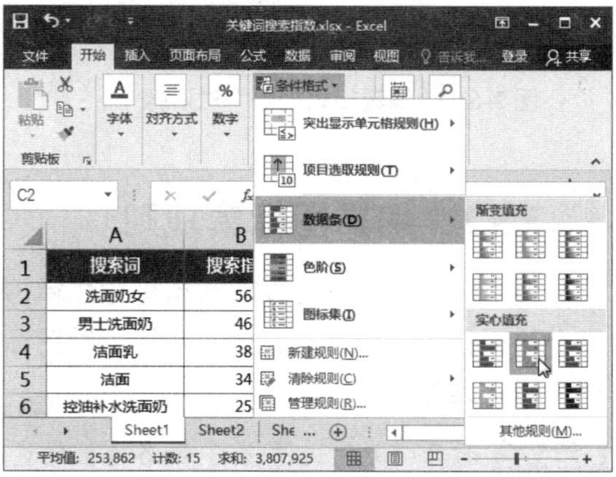

图 3-60 应用数据条格式

Step 05 单击“条件格式”下拉按钮，选择“管理规则”选项，如图 3-61 所示。

Step 06 弹出“条件格式规则管理器”对话框，选择“数据条”规则，然后单击“编辑规则”按钮，如图 3-62 所示。

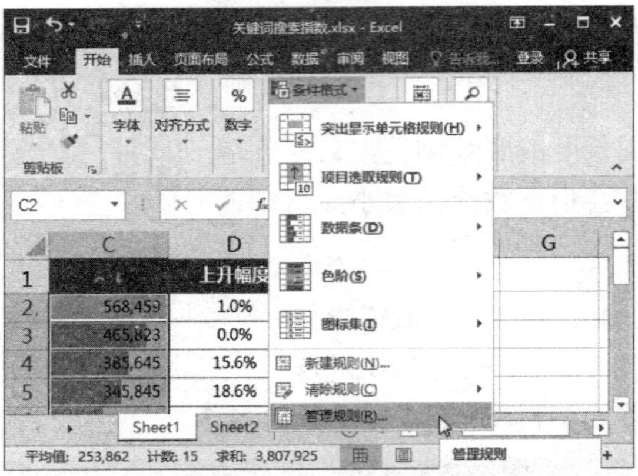

图 3-61 选择“管理规则”选项

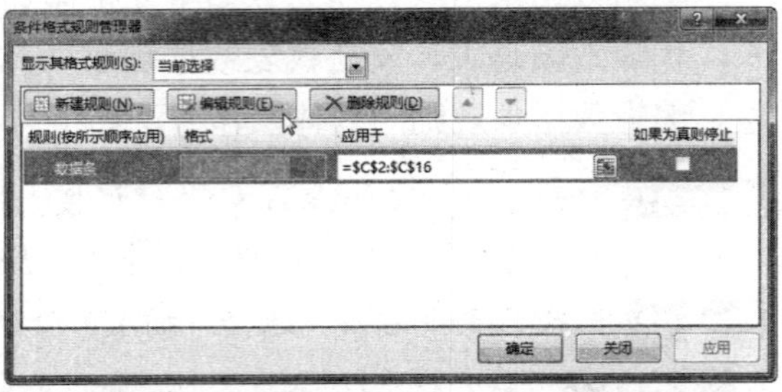

图 3-62 “条件格式规则管理器”对话框

Step 07 弹出“编辑格式规则”对话框，选中“仅显示数据条”复选框，然后单击“确定”按钮，如图 3-63 所示。

Step 08 此时，即可查看在 C 列设置数据条格式后的效果，如图 3-64 所示。

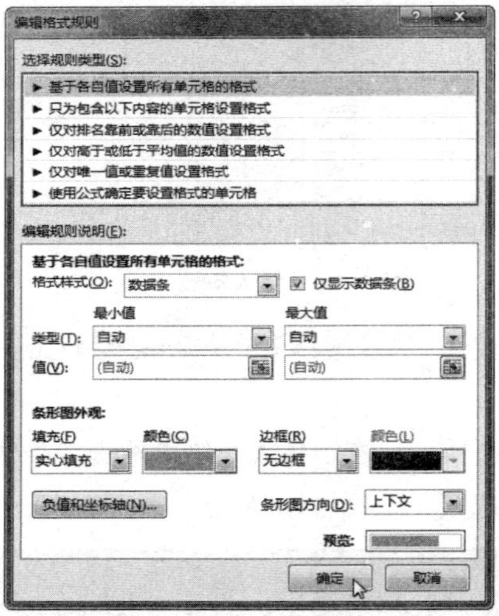

图 3-63 “编辑格式规则”对话框

图 3-64 仅显示数据条

3.3.2 编辑图标集规则

使用图标集规则可以对数据进行注释，并按大小将数据分为 3~5 个类别，每个图标代表一个数据范围。通过编辑图标集规则可以使其只显示一种或两种图标，具体操作方法如下。

Step 01 打开“素材文件\第 3 章\各地区销量统计.xlsx”，选择 B2:B21 单元格区域，在“开始”选项卡下单击“条件格式”下拉按钮，选择“图标集”|“三个三角形”选项，如图 3-65 所示。

Step 02 此时，即可为销量数据添加图标集，效果如图 3-66 所示。

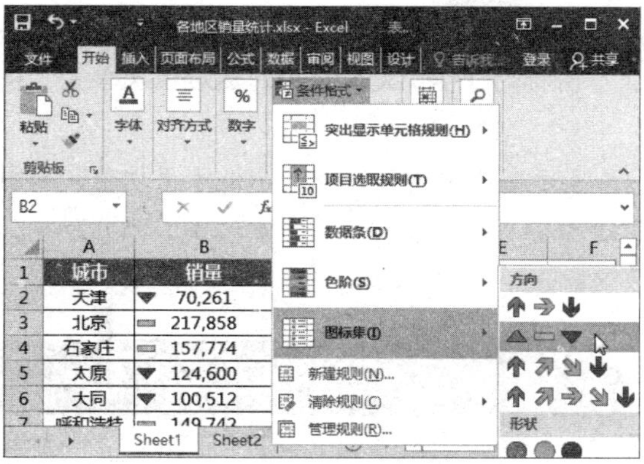

图 3-65　设置图标集格式

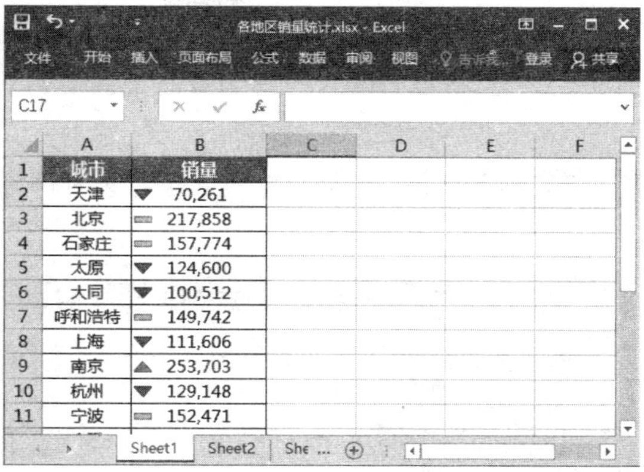

图 3-66　添加图标集效果

Step 03 选择 B2:B21 单元格区域，单击“条件格式”下拉按钮，选择“管理规则”选项，如图 3-67 所示。

Step 04 弹出“条件格式规则管理器”对话框，单击“编辑规则”按钮，如图 3-68 所示。

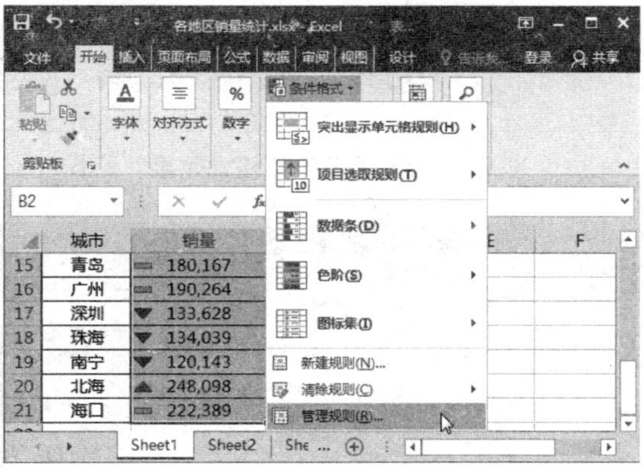

图 3-67　选择“管理规则”选项

图 3-68　“条件格式规则管理器”对话框

Step 05 弹出“编辑格式规则”对话框，在图标右侧的“类型”下拉列表框中选择“公式”选项，在“值”文本框中输入公式“=AVERAGE(”，如图 3-69 所示。

Step 06 在工作表中选择 B2:B21 单元格区域，如图 3-70 所示。

图 3-69　输入公式

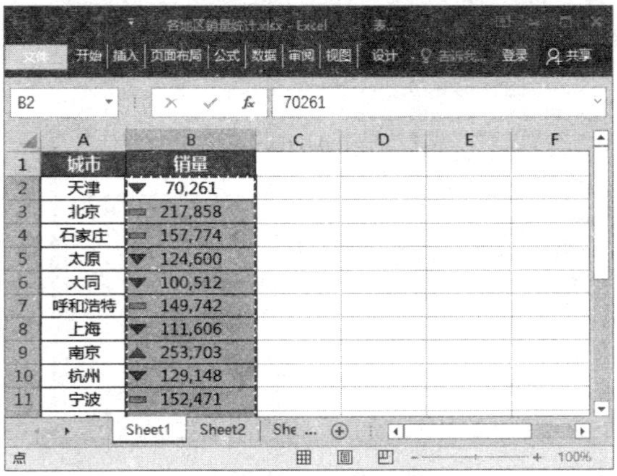

图 3-70　选择单元格区域

Step 07 此时，在“编辑格式规则”对话框的“值”文本框中就会显示选择的单元格区域，在单元格后面输入“)”，并将公式复制到第 2 个图标的“值”文本框中，然后依次单击“确定”按钮，如图 3-71 所示。

Step 08 此时，“销量”数据中只包含两种图标，▲表示高于平均值，▼表示低于平均值，如图 3-72 所示。

图 3-71 设置第 2 个图标值

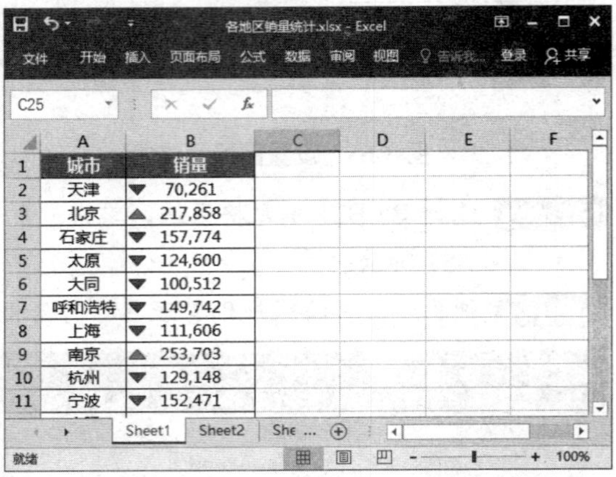

图 3-72 设置条件格式效果

Step 09 打开“条件格式规则管理器”对话框，单击“新建规则”按钮，如图 3-73 所示。

Step 10 弹出“新建格式规则”对话框，选择“只为包含以下内容的单元格设置格式”规则类型，在下方编辑规则，然后单击“确定”按钮，如图 3-74 所示。

图 3-73 单击“新建规则”按钮

Step 11 返回“条件格式规则管理器”对话框，选中规则右侧的“如果为真则停止”复选框，然后单击“确定”按钮，如图 3-75 所示。

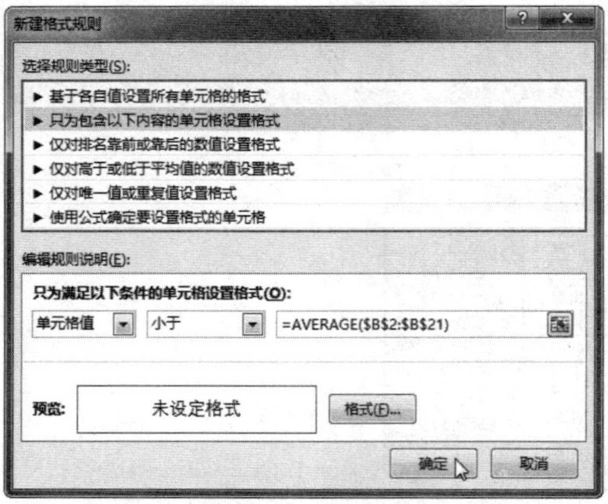

图 3-74 编辑规则

图 3-75 “条件格式规则管理器”对话框

Step 12 此时，在“销量”数据中只为大于平均值的单元格应用▲图标，如图 3-76 所示。

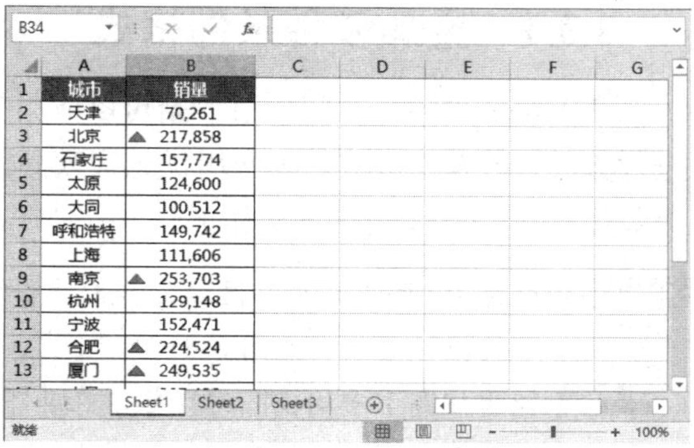

图 3-76 应用条件格式效果

3.3.3 编辑最前/最后规则

使用项目选取规则可以找出特定范围的数据。下面通过编辑最前/最后规则，将销售额位于前 30%的数据突出显示，具体操作方法如下。

Step 01 打开“素材文件\第 3 章\各地区销量统计 1.xlsx”，选择“销量”列任一数据单元格，选择“数据”选项卡，单击“降序”按钮，如图 3-77 所示。

Step 02 选择 B2:B21 单元格区域，在“样式”组中单击“条件格式”下拉按钮，选择“最前/最后规则”|“前 10%”选项，如图 3-78 所示。

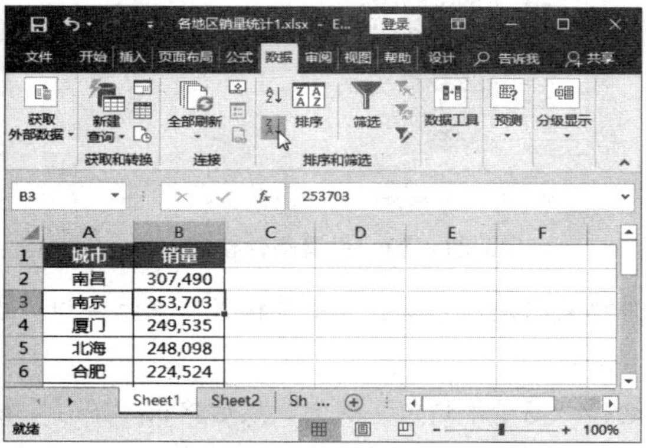

图 3-77 将“销量”数据降序排列

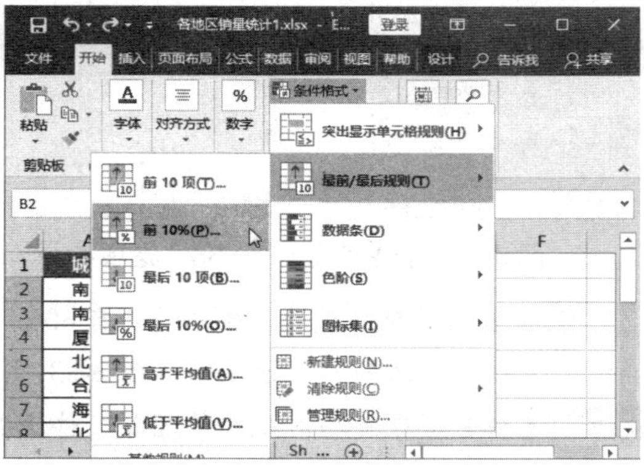

图 3-78 选择“前 10%”选项

Step 03 弹出“前 10%”对话框，在“为值最大的那些单元格设置格式”文本框中输入 30，在右侧的下拉列表框中选择需要的选项，然后单击“确定”按钮，如图 3-79 所示。

Step 04 此时，销量为前 30%的数据将被突出显示，效果如图 3-80 所示。

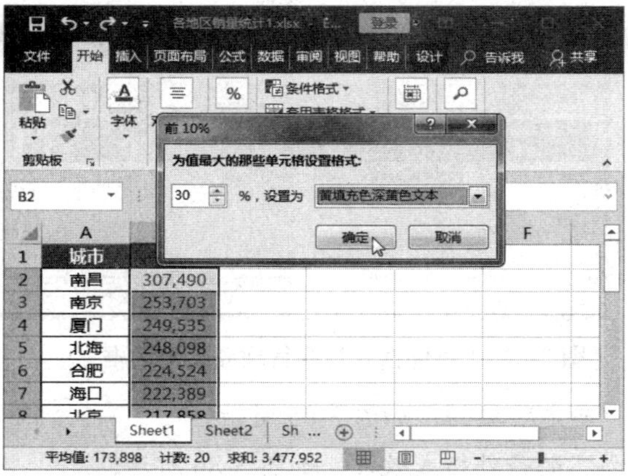

图 3-79 为单元格设置格式

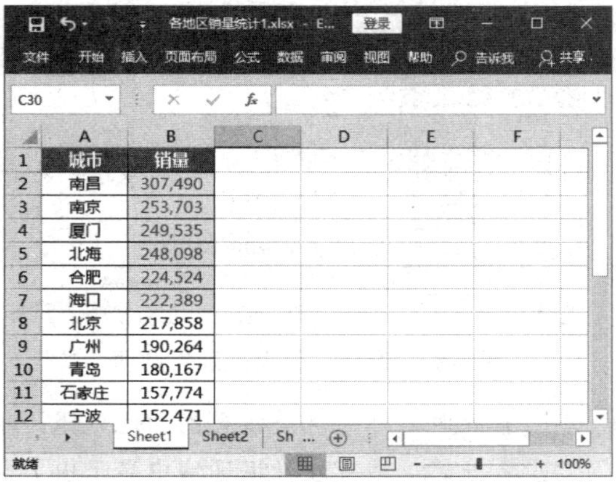

图 3-80 突出显示效果

3.3.4 叠加多种条件格式

在 Excel 2016 中，同一组数据可以应用多种条件格式，这些条件格式相互进行叠加，若发生冲突，则应用优先级较高的条件格式，用户可以根据需要更改其优先级，具体操作方法如下。

Step 01 选择 B2:B21 单元格区域，单击“条件格式”下拉按钮，选择“最前/最后规则”|“高于平均值”选项，如图 3-81 所示。

Step 02 弹出“高于平均值”对话框，在其下拉列表框中选择“浅红填充色深红色文本”选项，然后单击“确定”按钮，如图 3-82 所示。

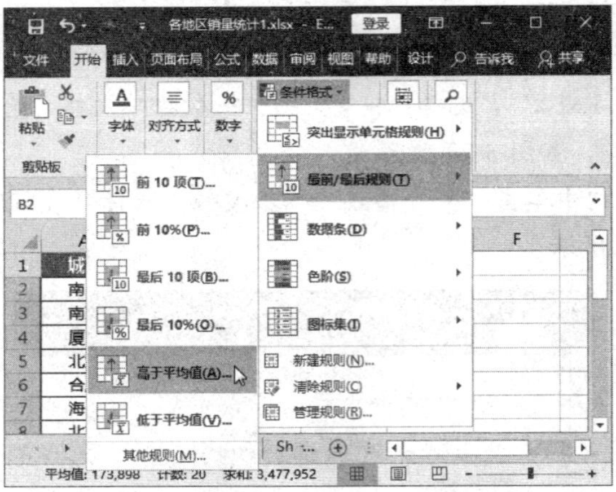

图 3-81 选择“高于平均值”选项

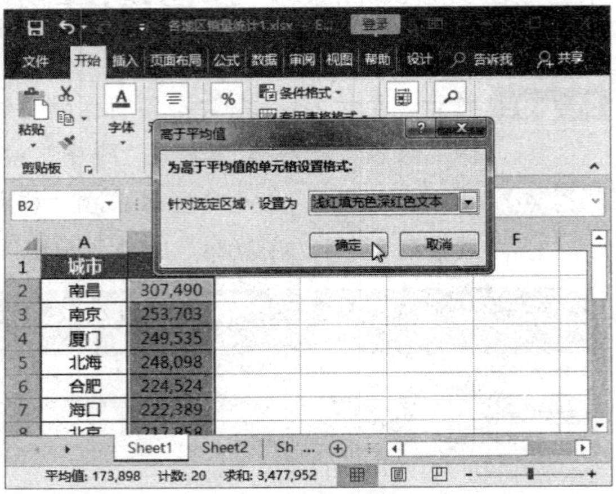

图 3-82 设置条件格式

Step 03 当应用新格式后，原来的“前 30%”条件格式被遮盖。单击“条件格式”下拉按钮，选择“管理规则”选项，如图 3-83 所示。

Step 04 弹出“条件格式规则管理器”对话框，选择“高于平均值”规则，然后单击“下移”按钮▼，如图 3-84 所示。

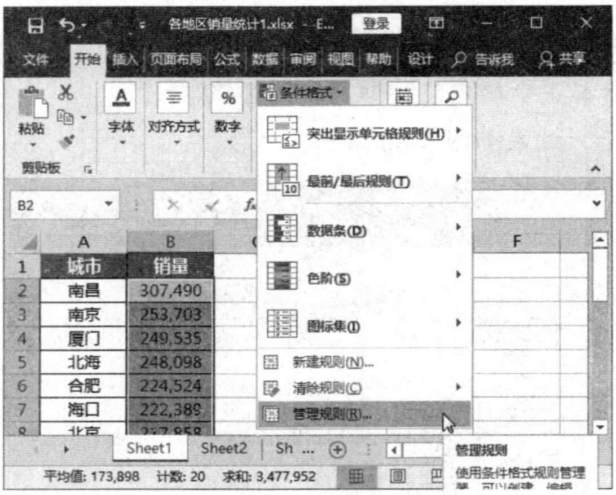

图 3-83 选择“管理规则”选项

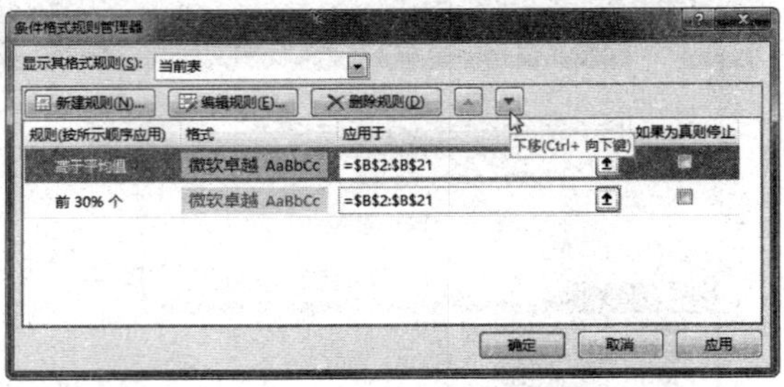

图 3-84 “条件格式规则管理器”对话框

Step 05 此时，即可调整该规则的优先级，单击“确定”按钮，如图 3-85 所示。

Step 06 此时，即可在数据区域中显示出“前 30%”的条件格式效果，如图 3-86 所示。

图 3-85 调整规则优先级

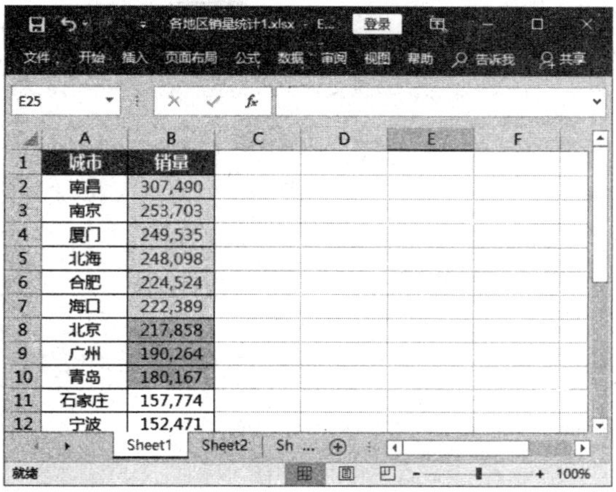

图 3-86 设置优先级显示效果

3.3.5 使用公式创建条件格式

当内置的条件格式无法满足实际应用时，可以使用自定义的公式来定义条件格式。下面将详细介绍如何使用公式创建条件格式。

1．设置间隔指定行数填充颜色

为了提高数据的可读性，更明显地区分数据，可以利用条件格式使单元格区域每隔数行填充颜色，具体操作方法如下。

Step 01 打开“素材文件\第 3 章\填充颜色.xlsx”，选择 A2:F31 单元格区域，在“样式”组中单击“条件格式”下拉按钮，选择“新建规则”选项，如图 3-87 所示。

Step 02 弹出“新建格式规则”对话框，在上方列表中选择“使用公式确定要设置格式的单元格”选项，在下方文本框中输入公式“=MOD(ROW(A1),5)=1”，然后单击“格式”按钮，如图 3-88 所示。

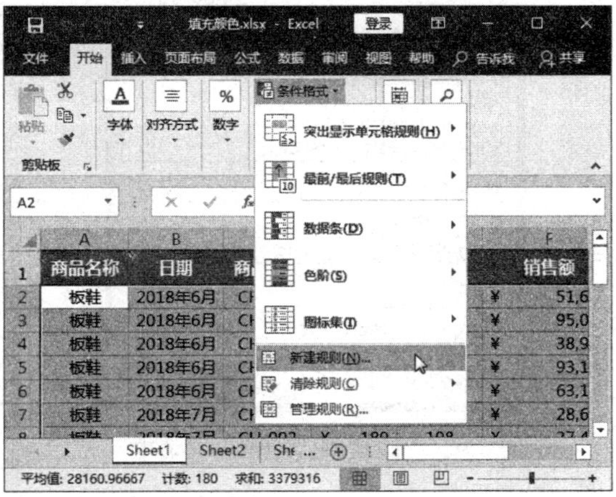

图 3-87 选择“新建规则”选项

图 3-88 “新建格式规则”对话框

Step 03 弹出“设置单元格格式”对话框，选择“填充”选项卡，选择背景色，然后依次单击“确定”按钮，如图 3-89 所示。

Step 04 此时，即可在工作表中每隔 5 行自动为单元格填充颜色，效果如图 3-90 所示。

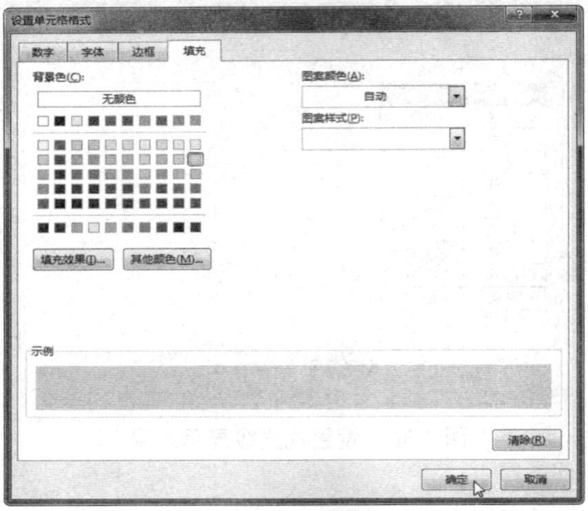

图 3-89 设置填充颜色

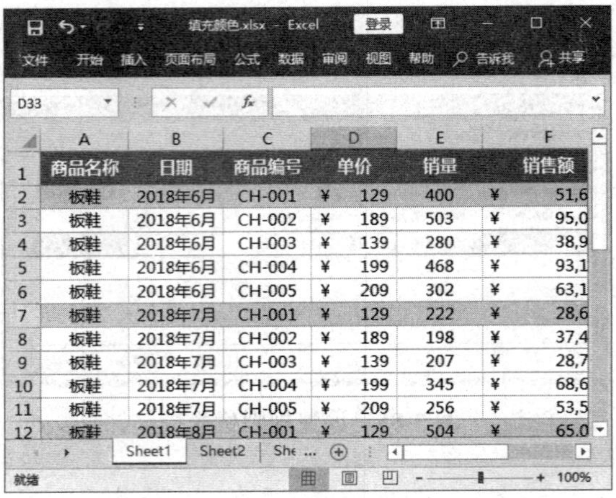

图 3-90 查看填充效果

2. 隐藏相同数据

当连续相邻的单元格内容相同时，可以将其合并到一个单元格中，还可自定义条件格式，使相同的内容隐藏起来，只显示第一个单元格中的内容，具体操作方法如下。

Step 01 打开“素材文件\第 3 章\隐藏数据.xlsx”，选择 A 列，单击“条件格式”下拉按钮，选择“新建规则”选项，如图 3-91 所示。

Step 02 弹出“新建格式规则”对话框，选择“使用公式确定要设置格式的单元格”选项，在下方文本框中输入公式“=A1=A1048576”（Excel 最大的行数为 1 048 576），然后单击“格式”按钮，如图 3-92 所示。

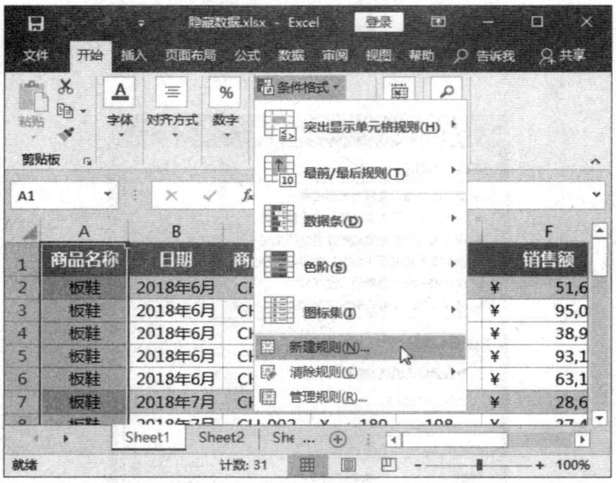

图 3-91 选择“新建规则”选项

图 3-92 “新建格式规则”对话框

Step 03 弹出“设置单元格格式”对话框，选择“字体”选项卡，设置文本颜色与工作表背景相同，如设置为白色，然后依次单击“确定”按钮，如图 3-93 所示。

Step 04 选择 A2:A31 单元格区域，单击“条件格式”下拉按钮，选择“新建规则”选项，如图 3-94 所示。

图 3-93 设置字体颜色

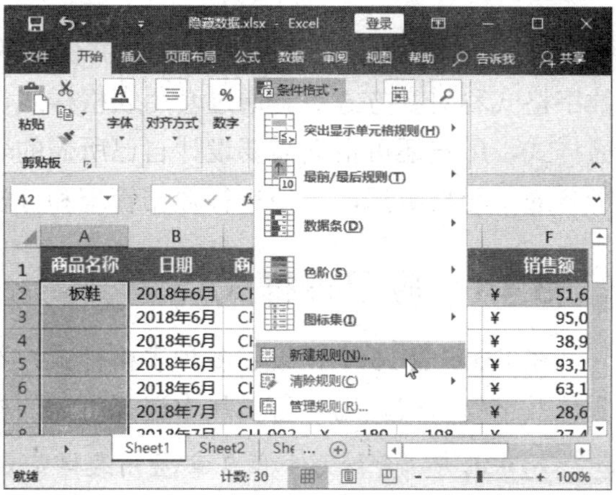

图 3-94 选择“新建规则”选项

Step 05 弹出“新建格式规则”对话框，在上方列表中选择“使用公式确定要设置格式的单元格”选项，在下方文本框中输入公式“=MOD(ROW(A1),5)=1”，然后单击“格式”按钮，如图 3-95 所示。

Step 06 弹出“设置单元格格式”对话框，选择“字体”选项卡，在“字形”列表中选择“加粗”选项，在“颜色”下拉列表框中选择需要的颜色，然后依次单击“确定”按钮，如图 3-96 所示。

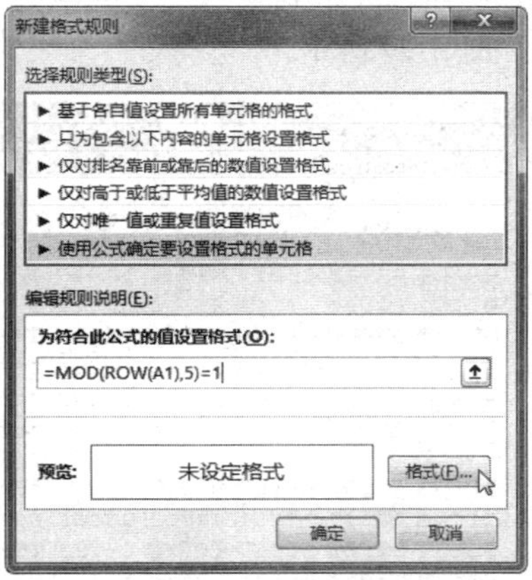

图 3-95 输入公式

Step 07 采用同样的方法，为 B 列单元格设置条件格式，效果如图 3-97 所示。

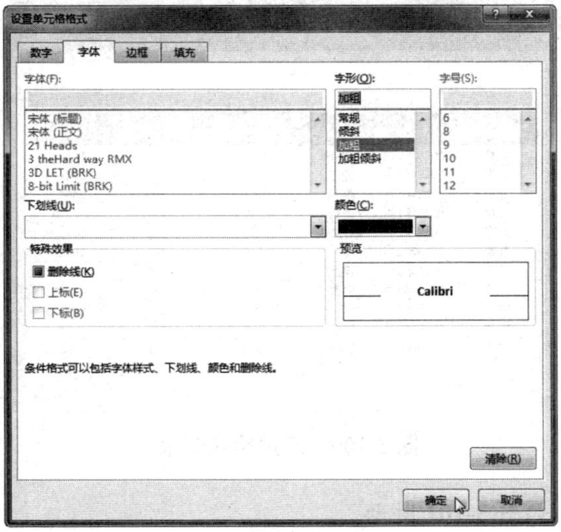

图 3-96 设置字体格式

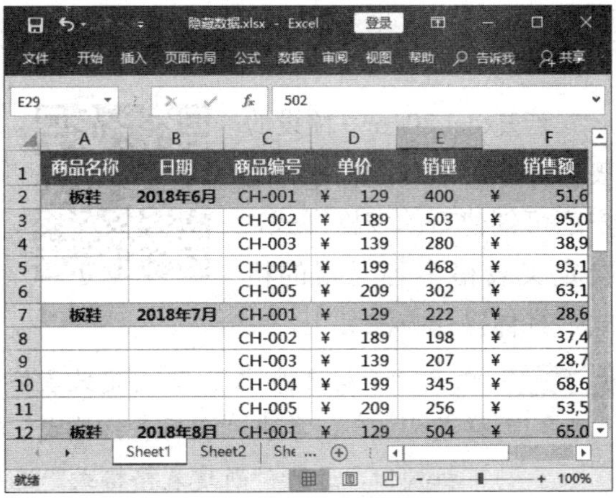

图 3-97 设置自定义条件格式效果

3.4 套用表格样式

样式就是 Excel 中一组可以定义并保存的格式集合，如字体、字号、颜色、边框、底纹、数字格式和对齐方式等。通过套用表格样式，可以将工作表中的数据转换为表格，并添加表格样式，用户还可根据需要设计自己所需的表格样式。将数据转换为表格后，可以使其区别于普通单元格数据，方便进行数据管理和分析。

3.4.1 应用表样式

在 Excel 2016 中预设了多种表格样式，不同的样式有不同的边框、条纹、颜色及字体格式，用户可以从中选择所需的样式。应用表样式的具体操作方法如下。

Step 01 打开“素材文件\第 3 章\应用表样式.xlsx”，选择任一单元格区域，单击“开始”选项卡下“样式”组中的“套用表格格式”下拉按钮，选择需要套用的格式，如图 3-98 所示。

Step 02 弹出“套用表格式”对话框，选中“表包含标题”复选框，然后单击“确定”按钮，如图 3-99 所示。

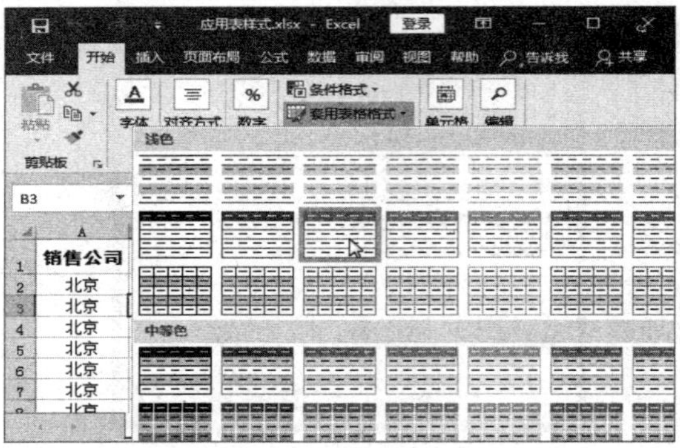

图 3-98 选择套用格式

图 3-99 设置套用格式

Step 03 此时，即可查看应用格式后的表格效果，如图 3-100 所示。

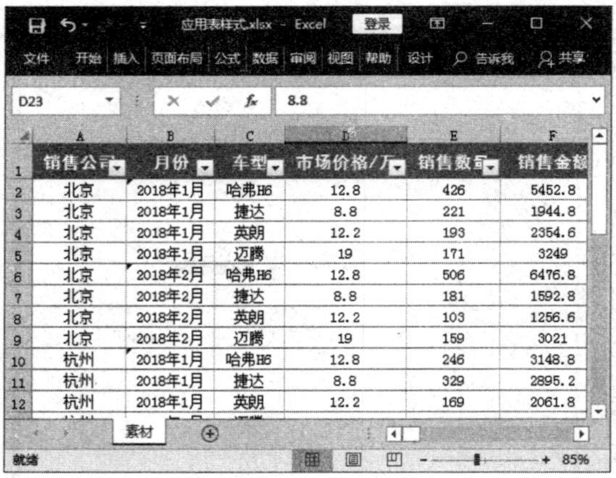

图 3-100 应用格式效果

3.4.2 自定义表格样式

若 Excel 2016 中预设的表格样式不能满足需求，用户还可创建新的表格样式，自定义表格中各元素的格式，具体操作方法如下。

Step 01 打开“素材文件\第 3 章\自定义表格样式.xlsx”，单击“套用表格格式”下拉按钮，选择“新建表格格式”选项，如图 3-101 所示。

Step 02 弹出“新建表样式”对话框，在“名称”文本框中输入名称，在“表元素”列表框中选择“第一行条纹”选项，然后单击“格式”按钮，如图 3-102 所示。

图 3-101　选择“新建表格格式”选项

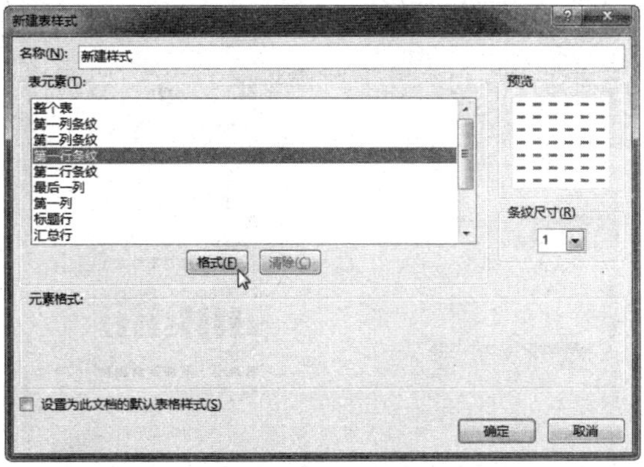

图 3-102　设置样式名称

Step 03 弹出“设置单元格格式”对话框，选择“边框”选项卡，设置边框样式和颜色等，如图 3-103 所示。

Step 04 选择“填充”选项卡，选择所需的背景色，然后单击“确定”按钮，如图 3-104 所示。

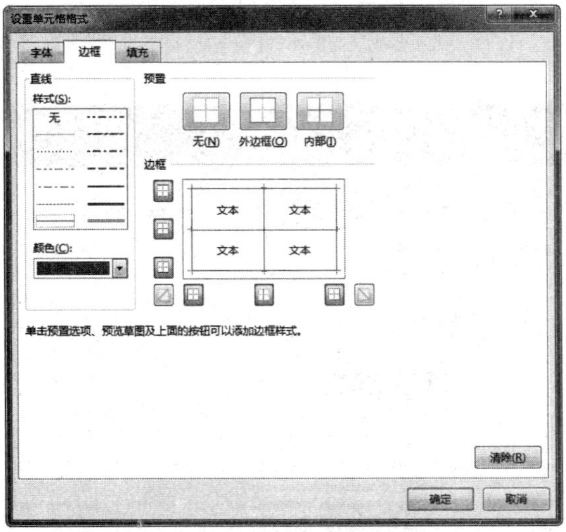

图 3-103　设置边框样式

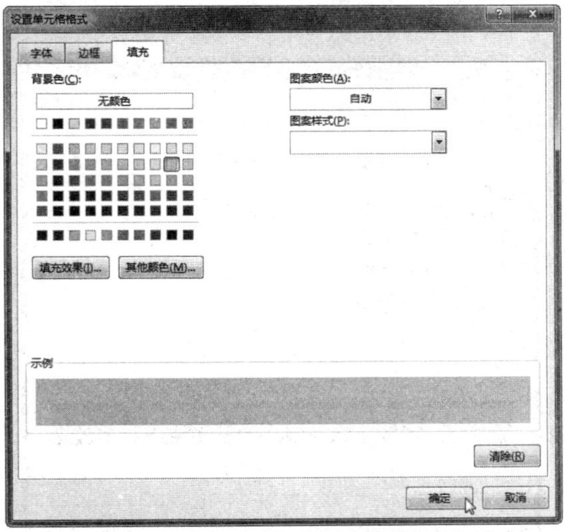

图 3-104　设置填充颜色

Step 05 返回“新建表样式”对话框，重新选择其他表元素，如标题行，然后单击“格式”按钮，如图 3-105 所示。

Step 06 弹出“设置单元格格式”对话框，选择“字体”选项卡，在“颜色”下拉列表中选择所需的颜色，如图 3-106 所示。

Step 07 选择“边框”选项卡，设置边框颜色，单击“外边框”按钮，如图 3-107 所示。

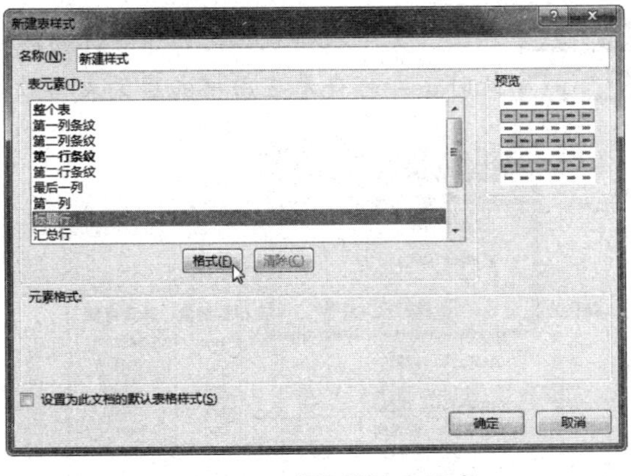

图 3-105　选择其他表元素

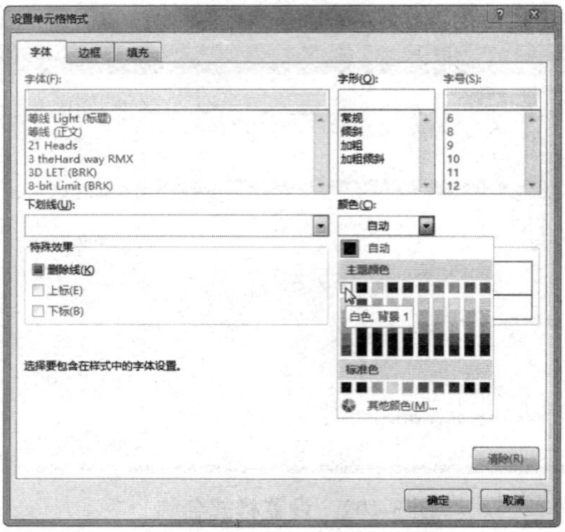

图 3-106　设置标题行字体格式

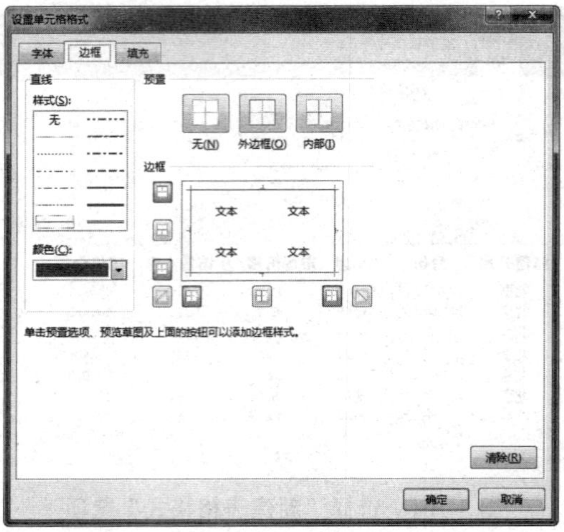

图 3-107　设置边框

Step 08 选择“填充”选项卡，设置填充颜色，然后依次单击“确定”按钮，如图 3-108 所示。

Step 09 返回工作表，选择要套用表格格式的单元格区域，单击“套用表格格式”下拉按钮，选择新建样式，如图 3-109 所示。

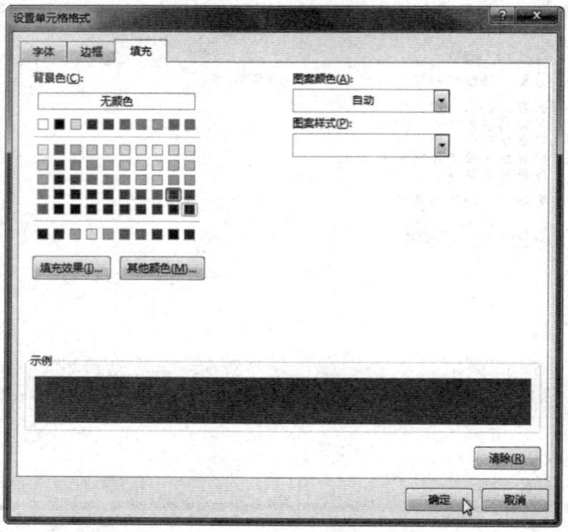

图 3-108　设置填充颜色

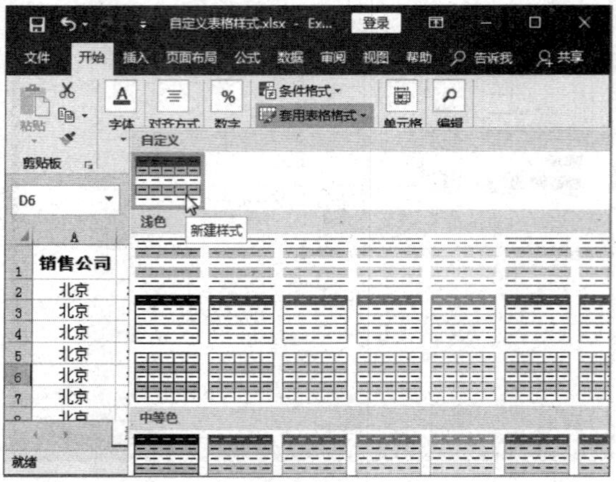

图 3-109　应用样式

Step 10 弹出“套用表格格式”对话框，保持默认设置，单击“确定”按钮，如图 3-110 所示。

Step 11 此时，即可查看应用格式后的表格效果，效果如图 3-111 所示。

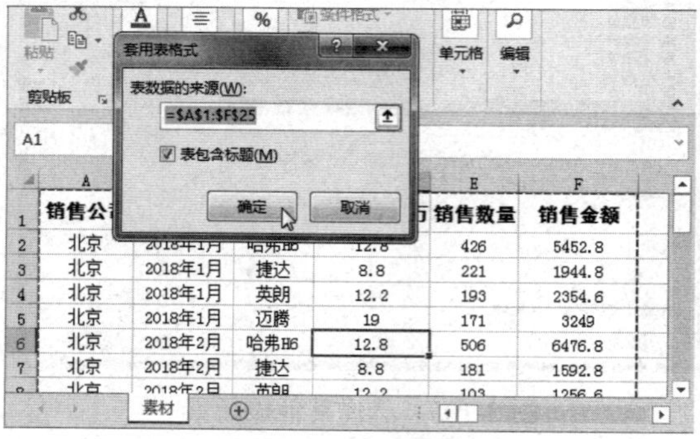

图 3-110　套用表格格式

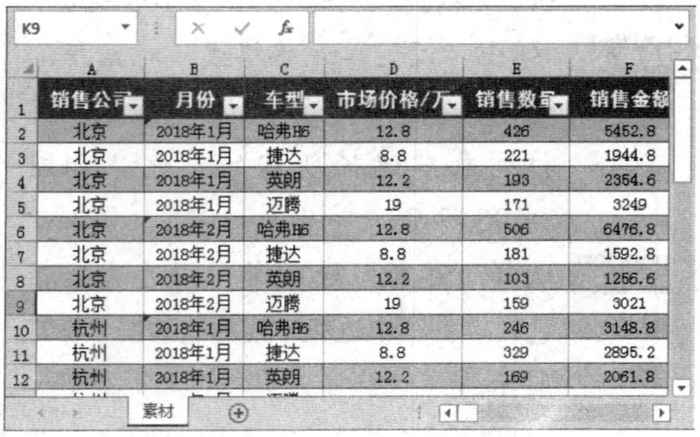

图 3-111　应用表格格式效果

3.5 套用单元格样式

对工作表中的单元格进行编辑时，若要保持某些单元格样式一致，可以使用内置的样式，也可以创建新的单元格样式。

3.5.1 应用单元格样式

在 Excel 2016 中提供了一组单元格样式，用户可以直接应用，以快速创建具有某种风格的单元格。在表格中直接应用单元格样式的具体操作方法如下。

Step 01 打开“素材文件\第 3 章\设置单元格格式.xlsx”，选择 C2:J2 单元格区域，单击“样式”组中的“单元格样式”下拉按钮，选择一种样式，如图 3-112 所示。

Step 02 此时，即可查看直接应用样式后的效果，如图 3-113 所示。

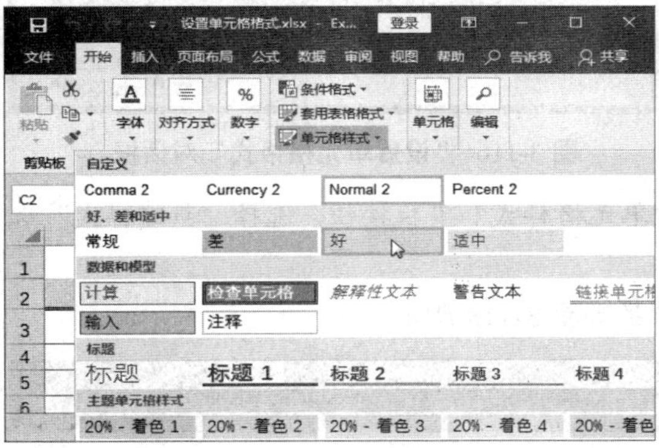

图 3-112 选择单元格样式

图 3-113 应用样式效果

3.5.2 创建新样式

若用户对系统提供的样式不满意，还可自己创建新的样式，具体操作方法如下。

Step 01 选择 B3:B13 单元格区域，单击“开始”选项卡下“样式”组中的“单元格样式”下拉按钮，选择“新建单元格样式”选项，如图 3-114 所示。

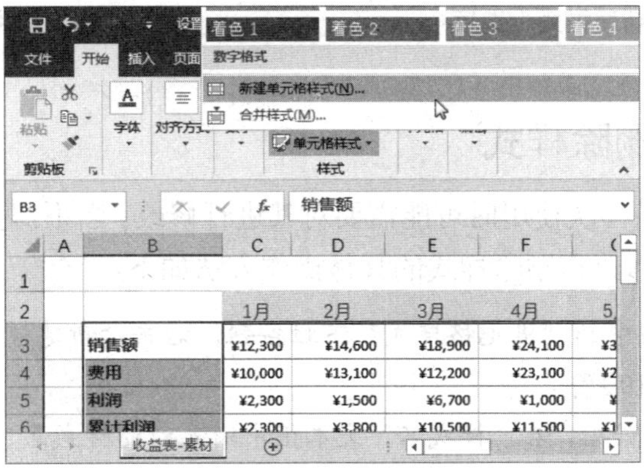

图 3-114 选择“新建单元格样式”选项

Step 02 弹出“样式”对话框，输入新样式名，然后单击“格式”按钮，如图 3-115 所示。

Step 03 弹出“设置单元格格式”对话框，对数字、对齐、字体、边框、填充进行相应的设置，然后依次单击“确定”按钮，如图 3-116 所示。

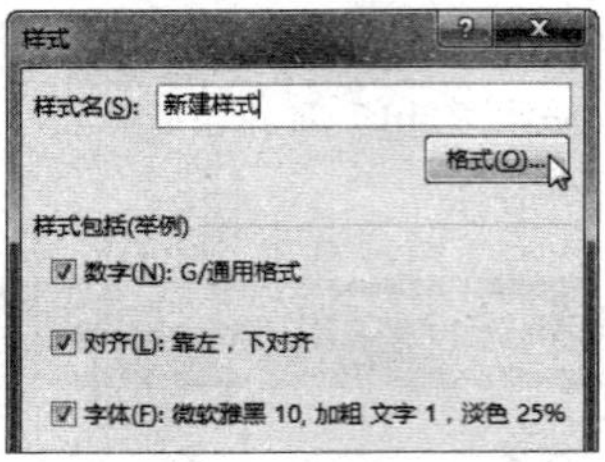

图 3-115 设置新样式名

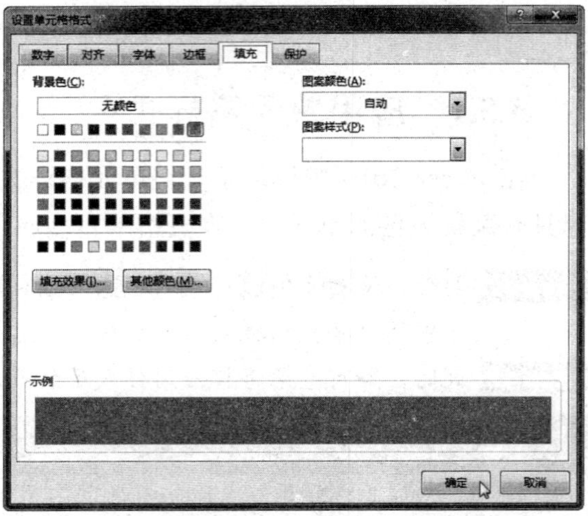

图 3-116 “设置单元格格式”对话框

Step 04 单击“开始”选项卡下“样式”组中的“单元格样式”下拉按钮，选择“新建样式”选项，如图 3-117 所示。

Step 05 此时，即可使用自定义的单元格样式，效果如图 3-118 所示。

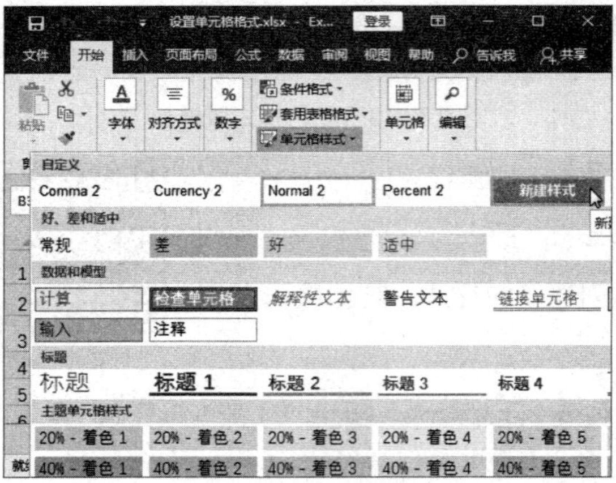

图 3-117 选择“新建样式”选项

图 3-118 应用单元格样式效果

3.5.3 修改和删除样式

样式创建完成后，当再次使用时可能需要对其进行修改。当不需要某个样式时，可以将其删除。修改和删除样式的具体操作方法如下。

Step 01 单击“样式”组中的“单元格样式”下拉按钮，右击“新建样式”选项，选择“修改”命令，如图 3-119 所示。

Step 02 弹出“样式”对话框，在“样式名”文本框中输入新的样式名，然后单击“格式”按钮，如图 3-120 所示。

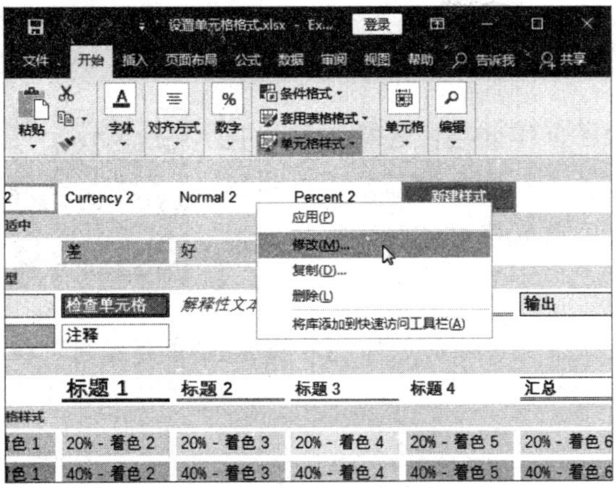

图 3-119　选择“修改”命令

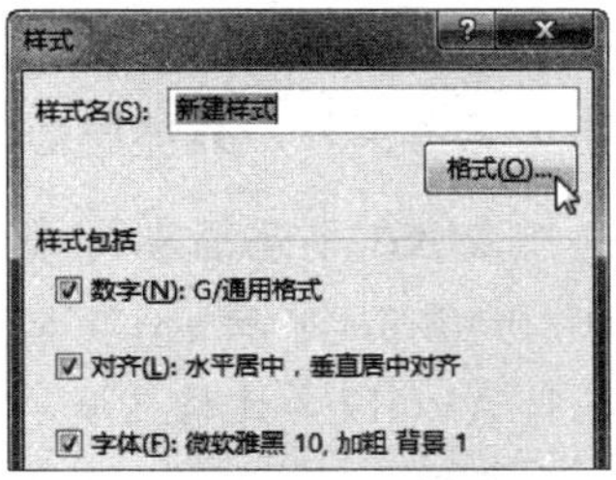

图 3-120　设置新样式名

Step 03 弹出“设置单元格格式”对话框，对数字、对齐、字体、边框、填充进行相应的修改设置，然后依次单击“确定”按钮，如图 3-121 所示。

Step 04 此时，即可查看修改样式后的表格效果，如图 3-122 所示。

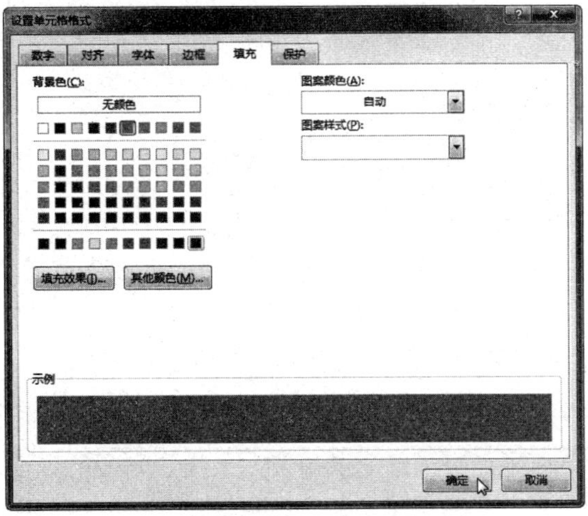

图 3-121　设置单元格格式

图 3-122　修改样式效果

Step 05 单击“样式”组中的“单元格样式”下拉按钮，右击需要删除的单元格样式，选择“删除”命令，即可将其删除，如图 3-123 所示。

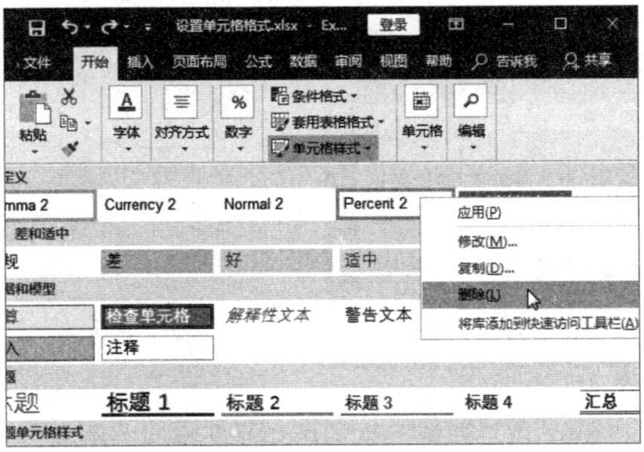

图 3-123　删除单元格样式

3.6 综合实例——美化员工考核表

员工考核用于评定员工在职务上的工作行为和工作效果，考核的结果直接影响到薪酬调整、奖金发放及职务升降等诸多员工的切身利益。下面将综合运用本章所学知识，通过设置单元格样式，套用单元格样式和表格样式等方式来美化员工考核表，具体操作方法如下。

Step 01 选择 A1:G1 单元格区域，单击“开始”选项卡下“对齐方式”组中的“合并后居中”按钮，如图 3-124 所示。

Step 02 选择 A3:G12 单元格区域，单击“开始”选项卡下“对齐方式”组中的“居中”按钮和“垂直居中”按钮，如图 3-125 所示。

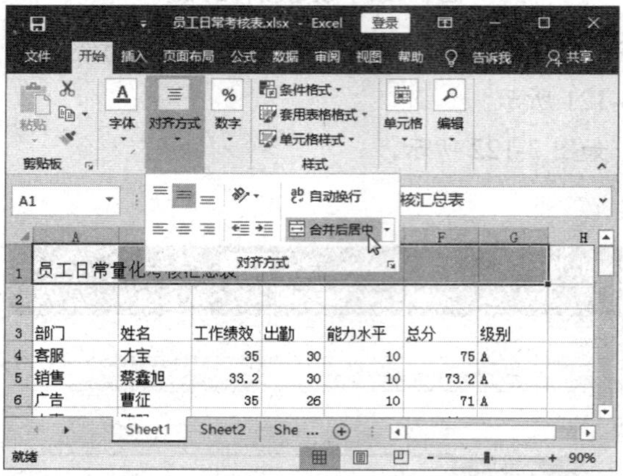

图 3-124 单击“合并后居中”按钮

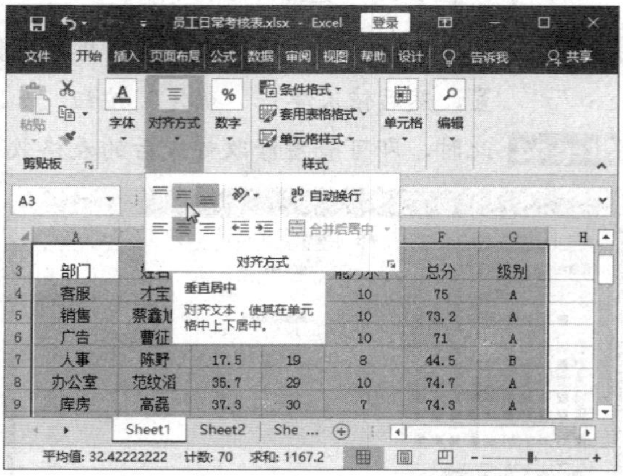

图 3-125 设置对齐方式

Step 03 选择 A3:G3 单元格区域，设置字号为 12，并单击“加粗”按钮，如图 3-126 所示。

Step 04 选择整个表格，适当调整列宽，效果如图 3-127 所示。

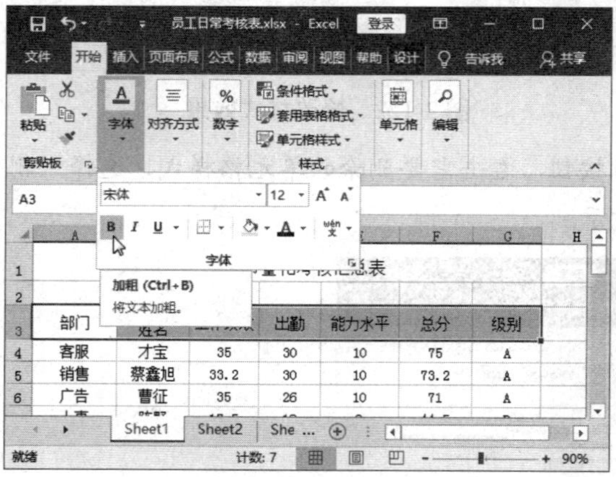

图 3-126 设置字体格式

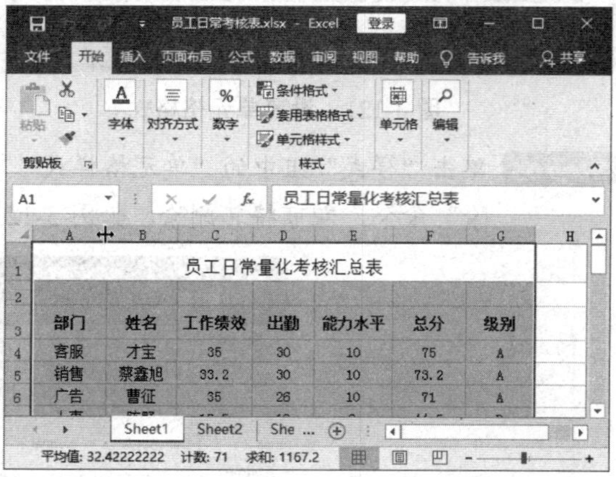

图 3-127 调整列宽

Step 05 选择 A1 单元格，然后选择“开始”选项卡，单击“单元格样式”下拉按钮，选择“着色 5”样式，如图 3-128 所示。

Step 06 设置标题字号为 18，单击“加粗”按钮，即可查看应用单元格样式后的表格效果，如图 3-129 所示。

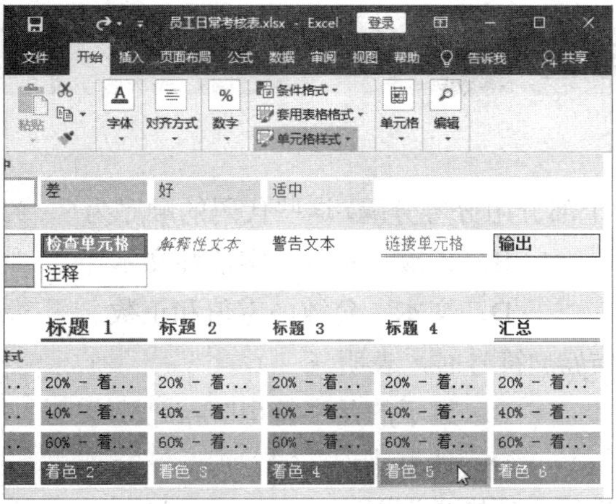

图 3-128　选择单元格样式

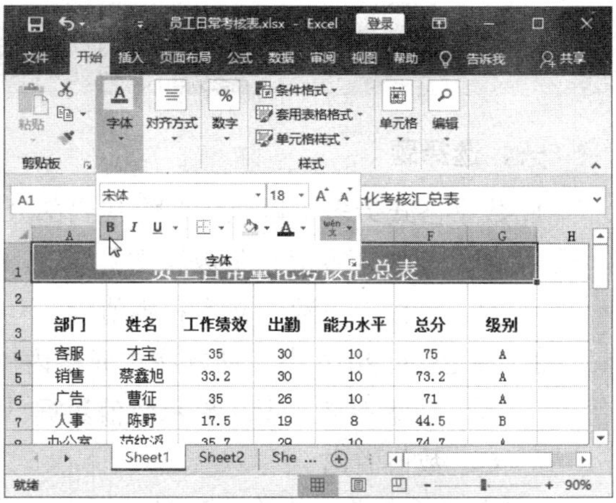

图 3-129　设置标题字体格式

Step 07 选择 A3:G12 单元格区域，选择“开始”选项卡，单击“样式”下拉按钮，选择“套用表格格式”|“表样式中等深浅 19”选项，如图 3-130 所示。

Step 08 此时，即可查看应用表格样式后的效果，如图 3-131 所示。

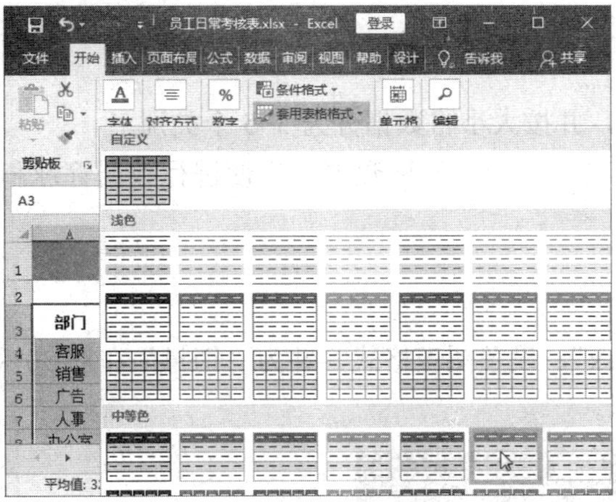

图 3-130　选择表格样式

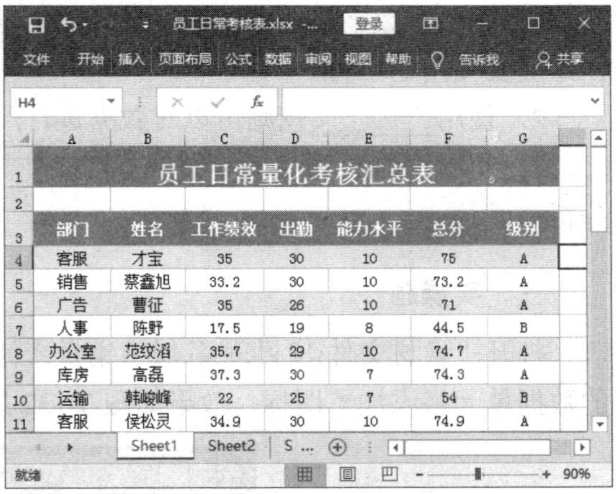

图 3-131　应用表格样式效果

本章小结

通过对本章的学习，读者应该掌握以下知识。

（1）应用预设单元格数字格式与自定义单元格数字格式。

（2）设置单元格行高和列宽、边框、背景色和图案以及工作表背景图格式。

（3）编辑数据条规则，编辑图标集规则，编辑最前/最后规则，叠加添加格式，使用公式创建条件格式。

（4）应用表格样式与自定义表格样式。

（5）创建单元格样式，应用与修改单元格样式。

课后习题

一、选择题

1. 数字格式最多可以包含四个代码部分，各个部分用分号分隔，这些代码的顺序为（　）。
   A．正数、零值、负数和文本　　B．正数、负数、零值和文本
   C．负数、正数、文本和零值　　D．文本、负数、零值和正数
2. 在 Excel 2016 中，通常在单元格内出现"####"符号时，表明（　）。
   A．列宽不够，无法显示数值数据　　B．显示的是字符串"####"
   C．数值溢出　　D．计算错误
3. 在“设置单元格格式”对话框中，不能进行哪项格式设置？（　）
   A．单元格大小　　B．字体格式
   C．边框格式　　D．对齐格式

二、填空题

1．若要在数字格式中创建一个字符宽度的空格，可以输入一个________字符，并在后面跟随要使用的字符。

2．使用________规则可以对数据进行注释，并按大小将数据分为 3~5 个类别。

3．将数据转换为________后，可以使其区别于普通单元格数据，方便进行数据管理和分析。

三、实操题

打开“素材文件\项目三\各城市销量统计.xlsx”，设置图表格式，并为“销量”在前 30%的数据单元格添加✔图标，效果如图 3-132 所示。

图 3-132　各城市销量统计表

操作提示：

（1）设置标题合并后居中，套用单元格样式，设置字体格式。

（2）为工作表套用表格样式。

（3）为“销量”列添加图标集，设置前 30%数据有图标，其他条件无图标显示。

第 4 章
Excel 数据处理与分析

【学习目标】

- 掌握数据排序的方法。
- 掌握数据筛选的方法。
- 掌握数据分类汇总的方法。
- 掌握数据合并计算的方法。

在 Excel 应用中，经常需要对数据进行处理与分析。使用 Excel 2016 的数据处理与分析功能可以快速处理与分析数据，提高工作效率。本章将学习如何对 Excel 数据进行处理与分析，主要包括数据排序、数据筛选，数据分类汇总、数据合并计算等知识。

4.1 数据排序

使用 Excel 2016 的数据排序功能可以快速对工作表数据进行单条件或多条件的升序、降序排序，还可按照自定义的序列对数据进行排序。

4.1.1 简单排序

在 Excel 2016 中可以快速地对数据表的某个字段或数据表的某一部分进行升序、降序排序，具体操作方法如下。

Step 01 打开“素材文件\第 4 章\成绩单.xlsx”，选择“语文”列任一数据单元格，选择“数据”选项卡，在“排序和筛选”组中单击“升序”按钮，如图 4-1 所示。

Step 02 此时，“语文”列数据将按照从低到高的顺序排列，效果如图 4-2 所示。

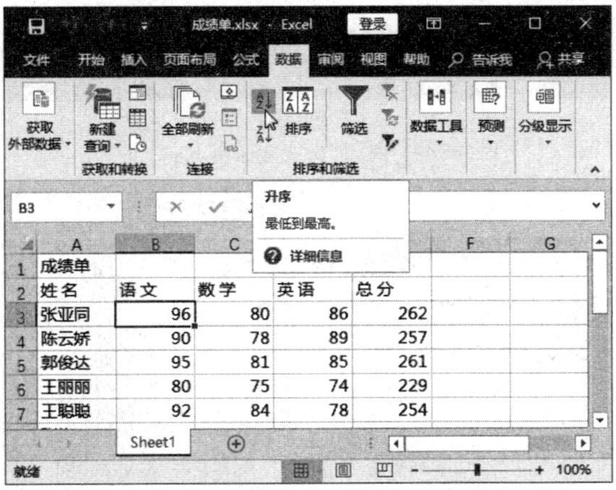

图 4-1 单击“升序”按钮

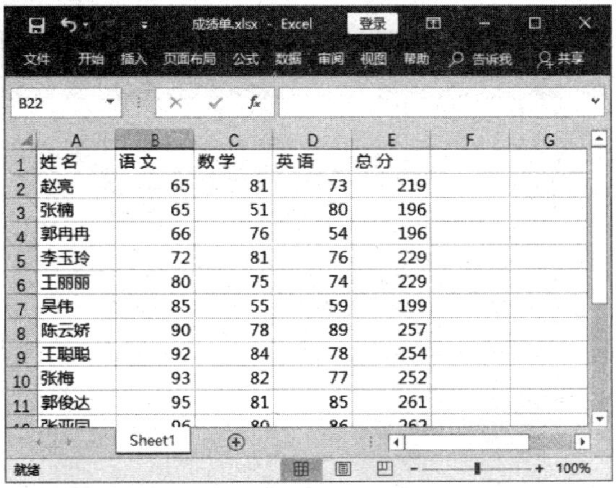

图 4-2 升序排序效果

Step 03 选择“总分”列任一数据单元格，单击“降序”按钮，如图 4-3 所示。

Step 04 此时，“总分”列数据将按照从高到低的顺序排列，效果如图 4-4 所示。

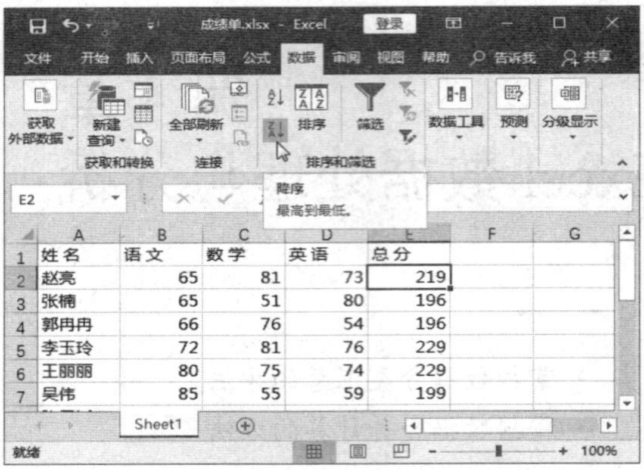

图 4-3 单击“降序”按钮

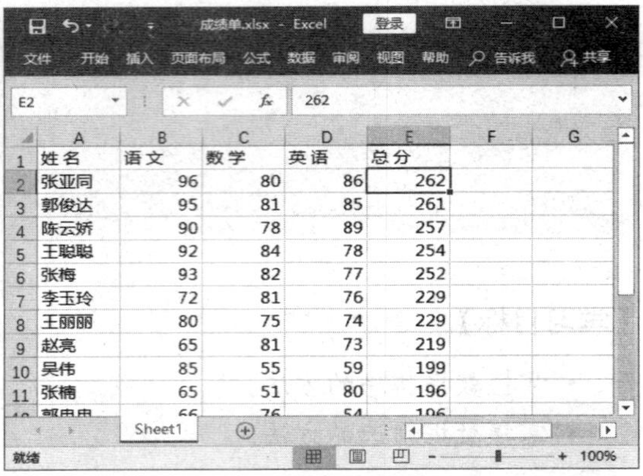

图 4-4 降序排序效果

4.1.2 按单元格特征排序

除了按照升序、降序对数据进行排序外，还可按照单元格的颜色、字体、图标等特征对数据进行排序，具体操作方法如下。

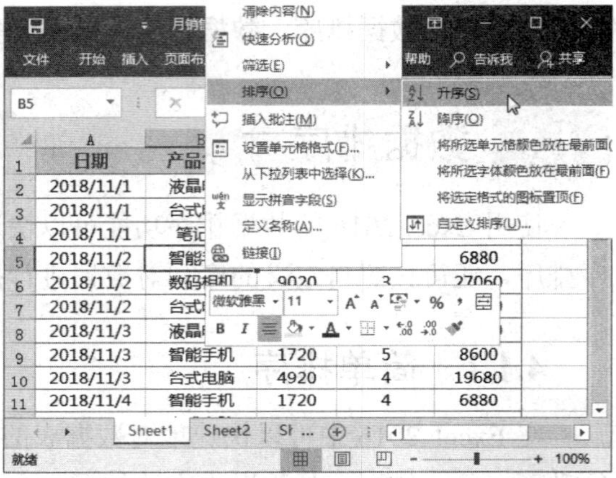

图 4-5 选择“升序”命令

Step 01 打开“素材文件\第 4 章\月销售记录表.xlsx”，右击“产品名称”列中的任一数据单元格，选择“排序”|“升序”命令，如图 4-5 所示。

Step 02 此时，“产品名称”列的数据即可按照其拼音首字母升序排序，效果如图 4-6 所示。

Step 03 选择“销售总额”列的数据单元格区域，选择“开始”选项卡，单击“条件格式”下拉按钮，选择“最前/最后规则”|“前 10%”选项，如图 4-7 所示。

图 4-6 排序产品名称

图 4-7 选择“前 10%”选项

Step 04 弹出“前 10%”对话框，设置前 20%为“浅红填充色深红色文本”格式，然后单击“确定”按钮，如图 4-8 所示。

Step 05 右击应用了条件格式的单元格，选择“排序”|“将所选单元格颜色放在最前面”命令，如图 4-9 所示。

图 4-8 设置条件格式

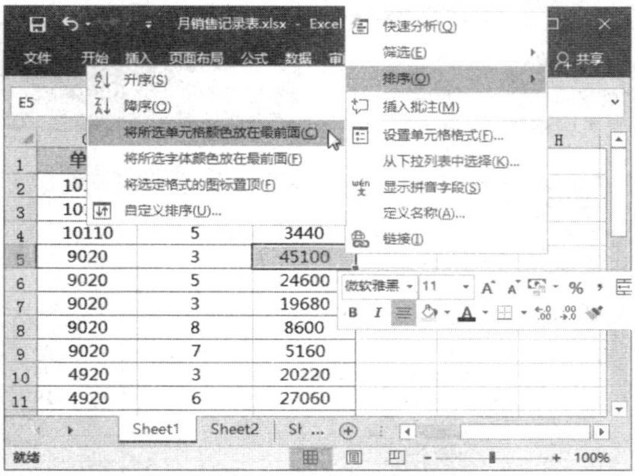

图 4-9 设置排序依据

Step 06 此时，即可将相同填充颜色的单元格排在最前面，效果如图 4-10 所示。

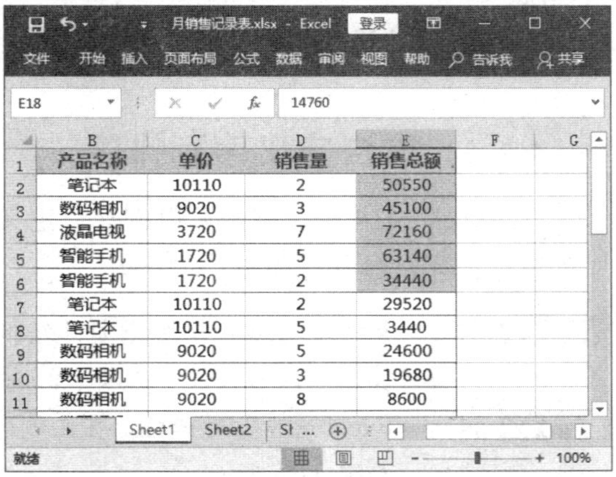

图 4-10 按单元格颜色排序

4.1.3 恢复排序前的状态

将数据根据需要排序整理后，若要将其恢复为原来的顺序状态很难。此时可以在排序前添加序号辅助列，当要恢复原来的顺序时，只需重新对序号进行排序即可，具体操作方法如下。

Step 01 打开“素材文件\第 4 章\月销售记录表 1.xlsx”，在表格的最左侧插入“序号”列，并按顺序输入序号，以确定表格原来的顺序，如图 4-11 所示。

Step 02 将“销售总额”列按照降序列排序，此时原有的顺序将被打乱，如图 4-12 所示。

图 4-11 插入序号列

图 4-12 查看降序效果

Step 03 根据需要对表格进行所需的排序操作。若要恢复为原顺序，可以右击“序号”列任一数据单元格，选择“排序”|“升序”命令，如图 4-13 所示。

Step 04 此时表格将会恢复到原有顺序，效果如图 4-14 所示。

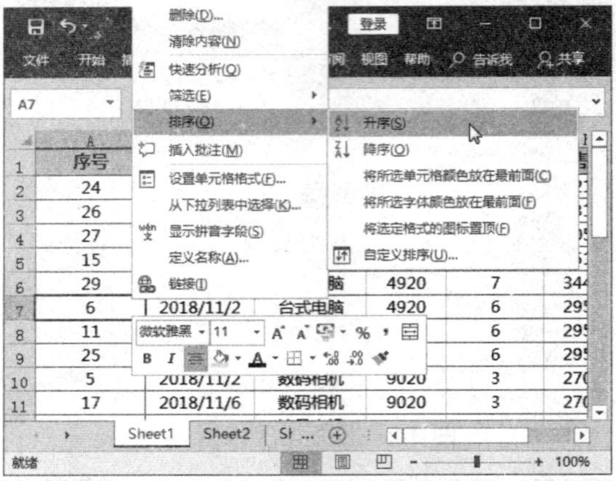

图 4-13　选择“升序”命令

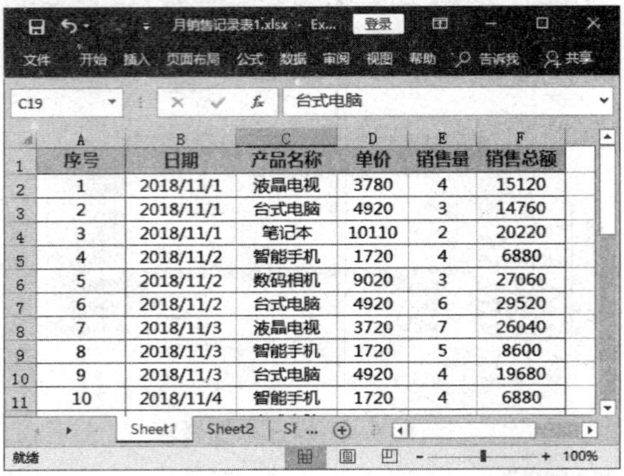

图 4-14　查看恢复效果

4.1.4　按自定义序列排序

在 Excel 2016 中，用户可以创建自定义序列，使工作表数据按照自定义序列进行排序，具体操作方法如下。

Step 01 打开“素材文件\第 4 章\销售员业绩报表.xlsx”，在 I3:I6 单元格区域中输入所需的排序序列并将其选中，右击任一选项卡，选择“自定义功能区”命令，如图 4-15 所示。

Step 02 弹出“Excel 选项”对话框，在左侧选择“高级”选项，在右侧单击“编辑自定义列表”按钮，如图 4-16 所示。

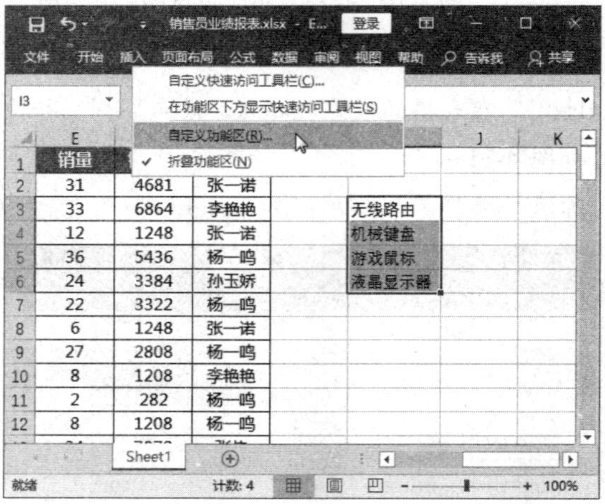

图 4-15　输入排序序列

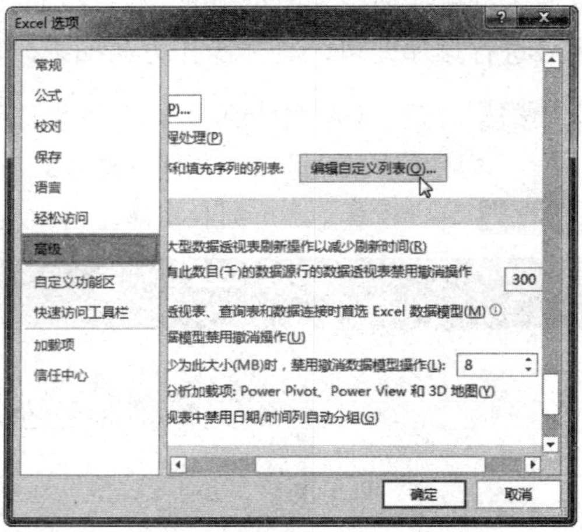

图 4-16　“Excel 选项”对话框

Step 03 弹出“自定义序列”对话框，单击“导入”按钮，如图 4-17 所示。

Step 04 此时，即可导入自定义序列，依次单击“确定”按钮，如图 4-18 所示。

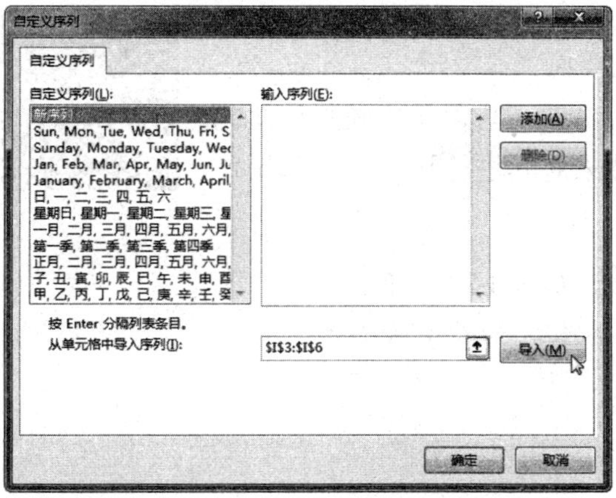

图 4-17 单击“导入”按钮

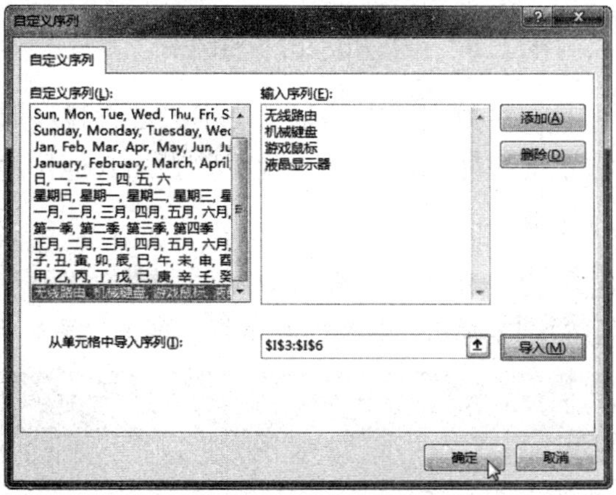

图 4-18 导入自定义序列

Step 05 右击“商品名称”列任一数据单元格，选择“排序”|“自定义排序”命令，如图 4-19 所示。

Step 06 弹出“排序”对话框，在“主要关键字”下拉列表框中选择“商品名称”选项，在“次序”下拉列表框中选择“自定义序列”选项，如图 4-20 所示。

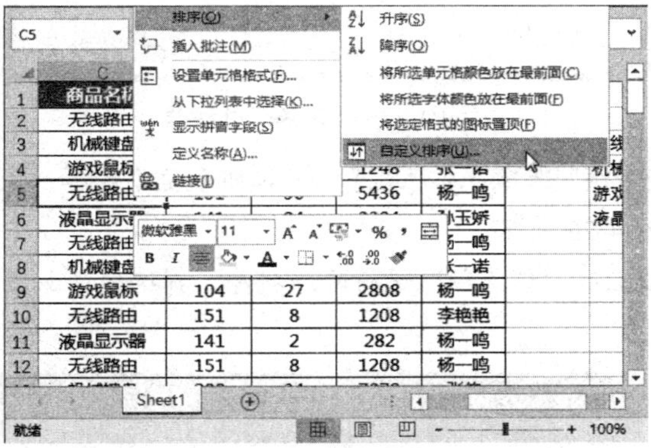

图 4-19 选择“自定义排序”命令

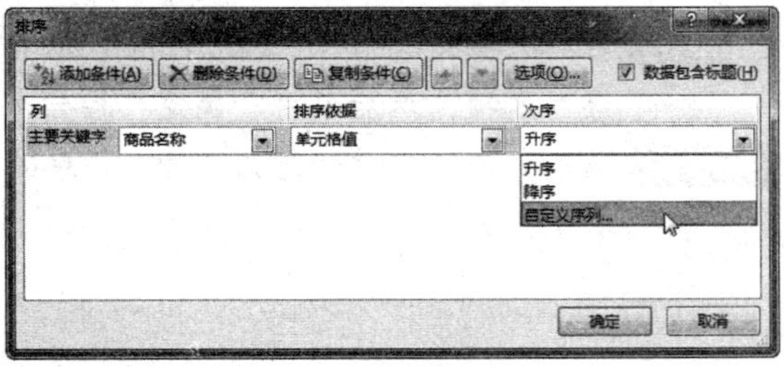

图 4-20 “排序”对话框

Step 07 弹出“自定义序列”对话框，在“自定义序列”列表框中选择所需的序列选项，然后依次单击“确定”按钮，如图 4-21 所示。

Step 08 此时，即可查看按照自定义序列排序商品名称后的表格效果，如图 4-22 所示。

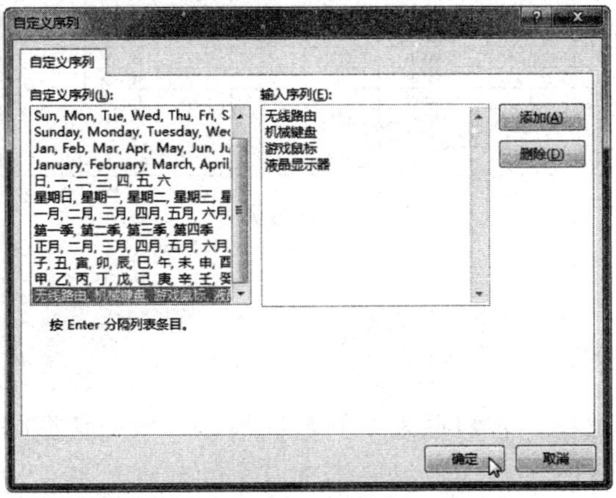

图 4-21 “自定义序列”对话框

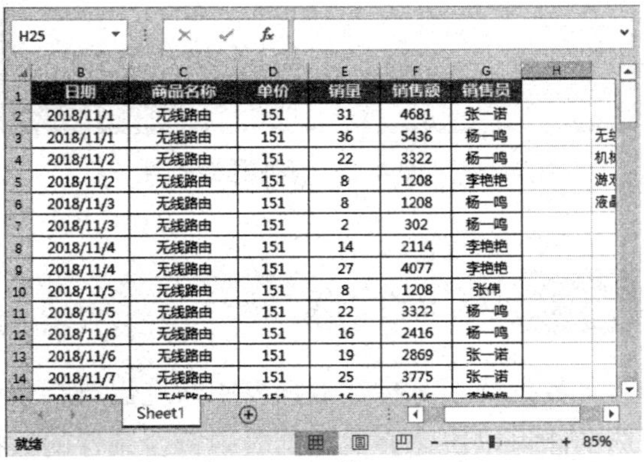

图 4-22 自定义序列排序效果

4.1.5 添加排序条件

在对数据表中的某一个字段进行排序时，若出现一些含有相同数据而无法正确排序的情况时，就需要添加其他排序条件来对其进行排序，具体操作方法如下。

Step 01 选择“数据”选项卡，单击“排序”按钮，如图 4-23 所示。

Step 02 弹出“排序”对话框，单击“添加条件”按钮，如图 4-24 所示。

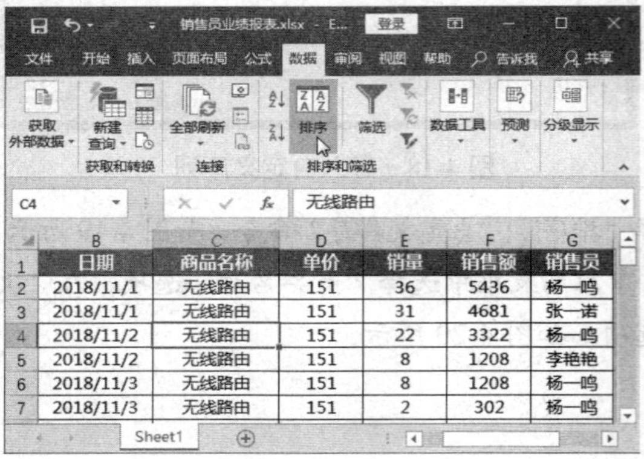

图 4-23 单击“排序”按钮

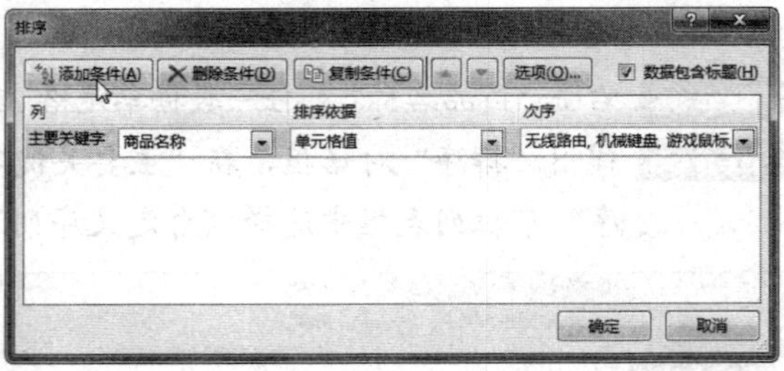

图 4-24 “排序”对话框

Step 03 在“次要关键字”下拉列表框中选择“销售额”选项，在“次序”下拉列表框中选择“降序”选项，然后单击“确定”按钮，如图 4-25 所示。

Step 04 此时，即可在对“商品名称”排序的基础上对“销售额”进行降序排序，筛选结果如图 4-26 所示。

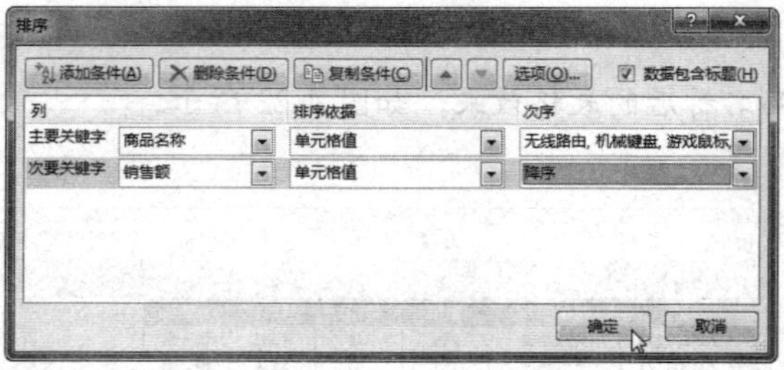

图 4-25 添加排序条件

图 4-26 排序效果

4.2 数据筛选

数据筛选是指在数据表中筛选出符合条件的数据。若数据表中的数据很多，使用数据筛选功能可以快速查找数据表中符合条件的数据，此时表格中只显示筛选出来的数据，不满足条件的数据则会自动隐藏。下面将详细介绍如何在数据表中筛选数据。

4.2.1 自动筛选

自动筛选是使用最多的筛选功能，通过一些 Excel 命令设置筛选条件，快速筛选出符合条件的数据，具体操作方法如下。

Step 01 打开“素材文件\第 4 章\销售员业绩报表 1.xlsx”，选择任一数据单元格，选择“数据”选项卡，单击“筛选”按钮，即可进入筛选状态，如图 4-27 所示。

Step 02 单击“日期”筛选按钮▼，选择“日期筛选”|“介于”选项，如图 4-28 所示。

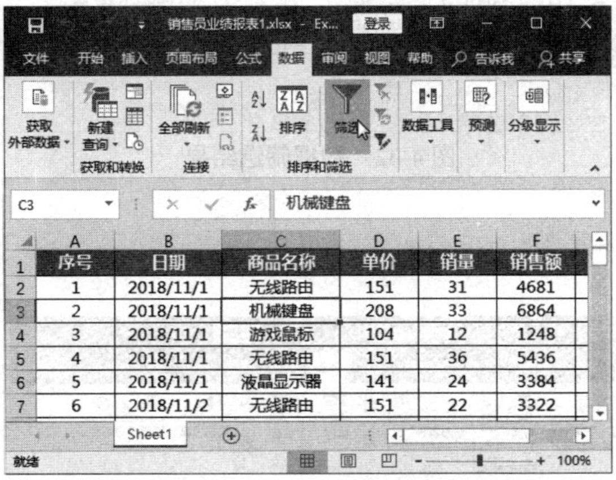

图 4-27 单击“筛选”按钮

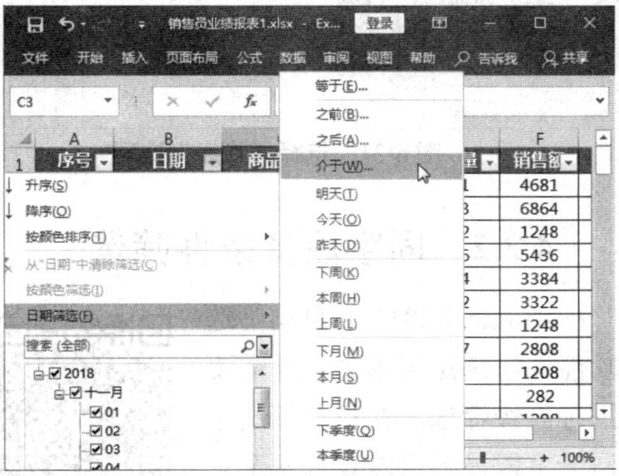

图 4-28 选择“介于”选项

Step 03 弹出“自定义自动筛选方式”对话框，设置筛选方式，然后单击“确定”按钮，如图 4-29 所示。

Step 04 单击“商品名称”筛选按钮▼，选中要筛选商品前的复选框，然后单击“确定”按钮，如图 4-30 所示。

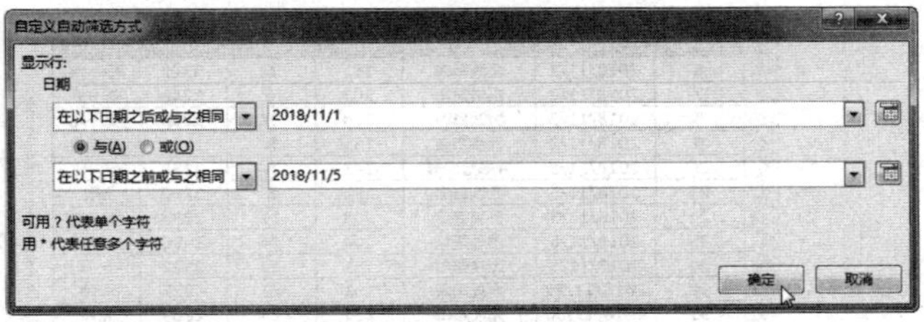

图 4-29 设置筛选方式

图 4-30 设置筛选商品

Step 05 单击“销售额”筛选按钮▼，选择“降序”选项，如图 4-31 所示。

Step 06 此时，即可查看按照设置条件进行筛选后的表格效果，如图 4-32 所示。

图 4-31 选择“降序”选项

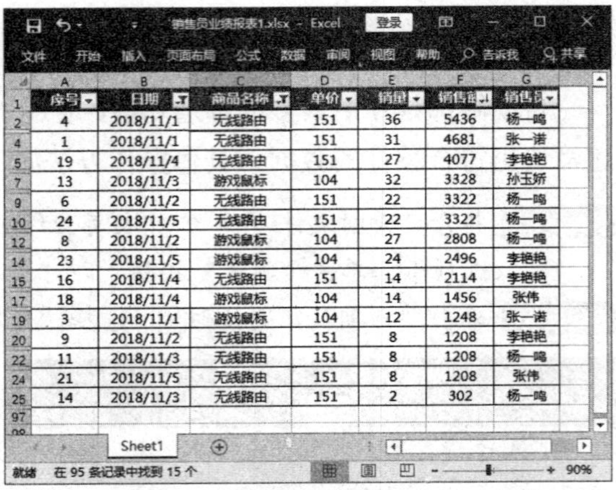

图 4-32 数据筛选结果

4.2.2 同字段多条件筛选

当 Excel 2016 的自动筛选功能无法满足需求时，便需要进行高级筛选。在自动筛选中同一字段最多只能设置两个条件，而在高级筛选中可以在同一字段中设置多个条件，具体操作方法如下。

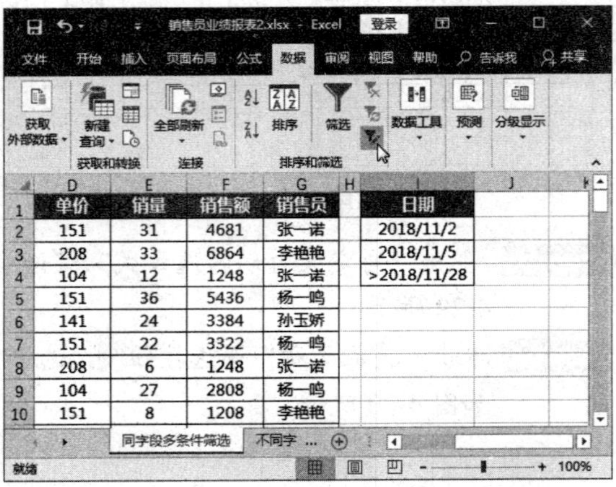

图 4-33 输入筛选条件

Step 01 打开“素材文件\第 4 章\销售员业绩报表 2.xlsx”，选择“同字段多条件筛选”工作表。在 I1:I4 单元格区域输入筛选条件，在数据表中选择任一数据单元格，在“排序和筛选”组中单击“高级”按钮，如图 4-33 所示。

Step 02 弹出“高级筛选”对话框，Excel 将自动选择列表区域，将光标定位到“条件区域”文本框中，选择 I1:I4 单元格区域，单击“确定”按钮，如图 4-34 所示。

Step 03 此时即可筛选出“2018/11/2”和“2018/11/5”以及“大于 2018/11/28”日期的销售数据，如图 4-35 所示。

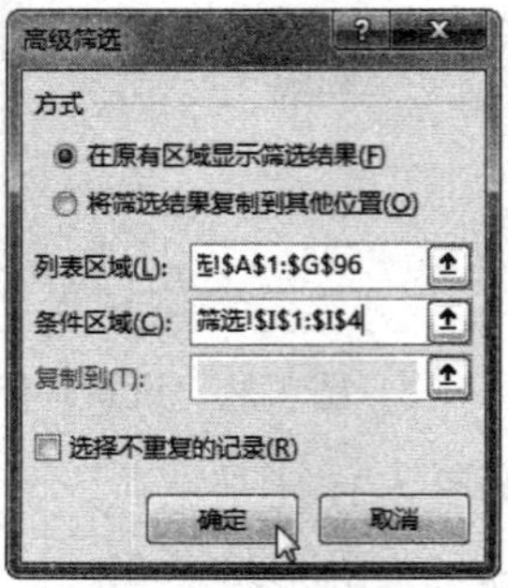

图 4-34 设置条件区域

图 4-35 查看筛选结果

4.2.3 不同字段多条件筛选

在自动筛选中，不同字段之间的筛选只能是在满足一个字段的条件下再进行另一个字段的筛选，多个字段之间的筛选必须是“交集”。使用高级筛选可以为不同字段设置多种筛选条件。在设置筛选条件时需要注意的是，同一行的条件为“且”的关系，不同行的条件为“或”的关系。不同字段多条件筛选的具体操作方法如下。

Step 01 打开“不同字段多条件筛选”工作表，在 I1:L2 单元格区域中输入筛选条件，在数据表中选择任一数据单元格，然后在“排序和筛选”组中单击“高级”按钮，如图 4-36 所示。

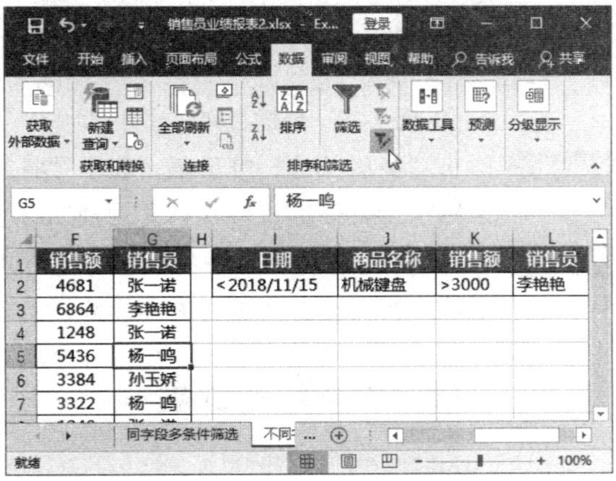

图 4-36 输入筛选条件

Step 02 弹出“高级筛选”对话框，选择条件区域，然后单击“确定”按钮，如图 4-37 所示。

Step 03 此时，即可将日期小于“2018/11/15”且商品名称为“机械键盘”，以及销售额大于 3000 且销售员为“李艳艳”的数据筛选出来，结果如图 4-38 所示。

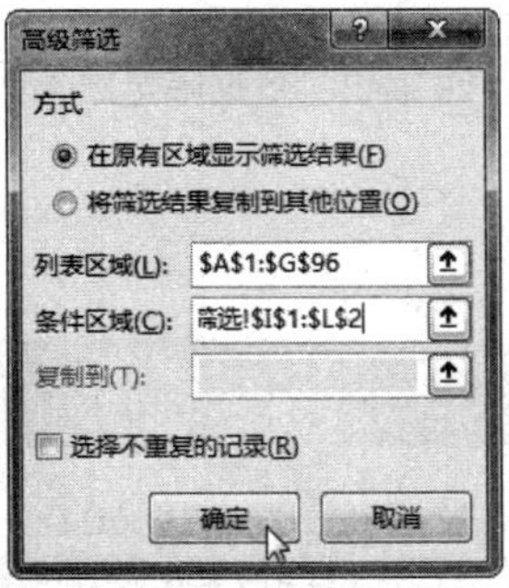

图 4-37 选择条件区域

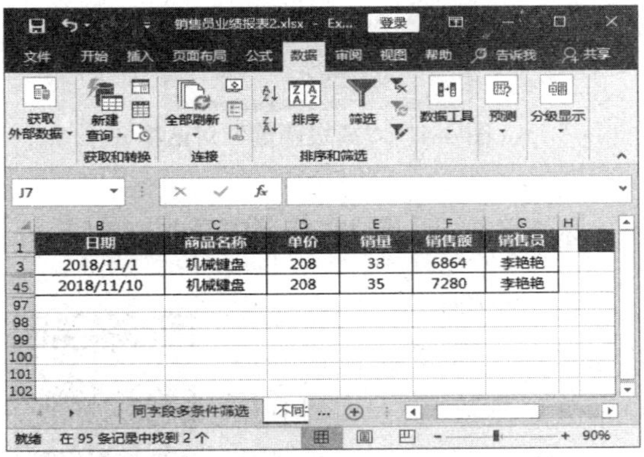

图 4-38 数据筛选结果

4.2.4 将筛选结果复制到其他工作表中

在进行数据筛选操作时，若要将筛选的数据单独提取出来，可以设置将筛选结果复制到工作表的其他位置或其他工作表中，具体操作方法如下。

Step 01 打开“将筛选结果复制到其他工作表”工作表，按【Ctrl+A】组合键全选数据表格，在名称框中输入 data，并按【Enter】键确认，如图 4-39 所示。

Step 02 新建一个工作表，并输入筛选条件，在“排序和筛选”组中单击“高级”按钮，如图 4-40 所示。

图 4-39 创建名称

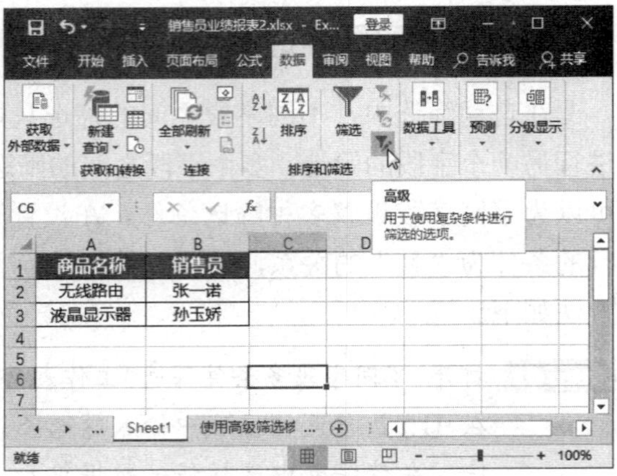

图 4-40 输入筛选条件

Step 03 弹出“高级筛选”对话框，选中“将筛选结果复制到其他位置”单选按钮，设置“列表区域”“条件区域”及“复制到”位置，然后单击“确定”按钮，如图 4-41 所示。

Step 04 此时，即可将符合条件的数据筛选出来。筛选完成后，还可以根据需要对数据进行排序，如对“商品名称”进行升序排序，如图 4-42 所示。

图 4-41 “高级筛选”对话框

图 4-42 数据筛选结果

4.2.5 利用排序和筛选功能分隔销售清单

在一个销售清单中，若要将不同类别的商品在销售清单中分隔显示，此时可以利用 Excel 2016 的排序和筛选功能来实现，具体操作方法如下。

Step 01 打开“利用排序和筛选分隔销售清单”工作表，然后打开“排序”对话框，设置排序条件，单击“确定”按钮，如图 4-43 所示。

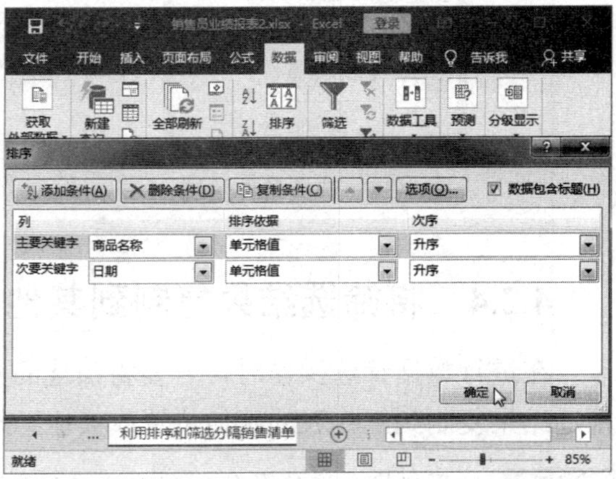

图 4-43 设置排序条件

Step 02 在右侧插入辅助列，在 H2 单元格中输入公式“=COUNTIF(C$2:C2,C2)”，并按【Enter】键确认，计算商品名称出现的次数，双击填充柄向下填充公式，如图 4-44 所示。

Step 03 选择 H2 单元格并右击，选择“筛选”|“按所选单元格的值筛选”命令，如图 4-45 所示。

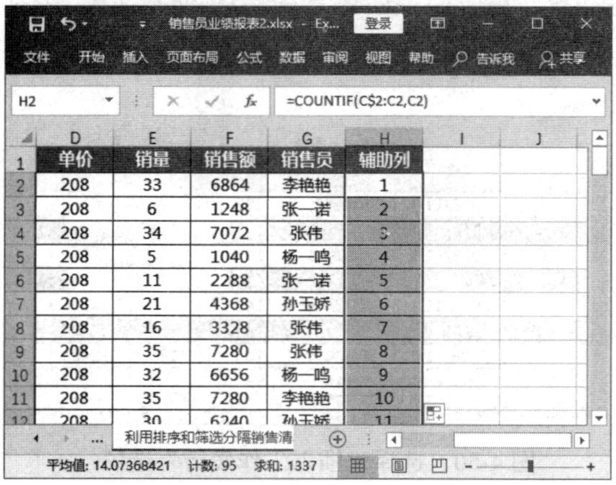

图 4-44 输入并填充公式

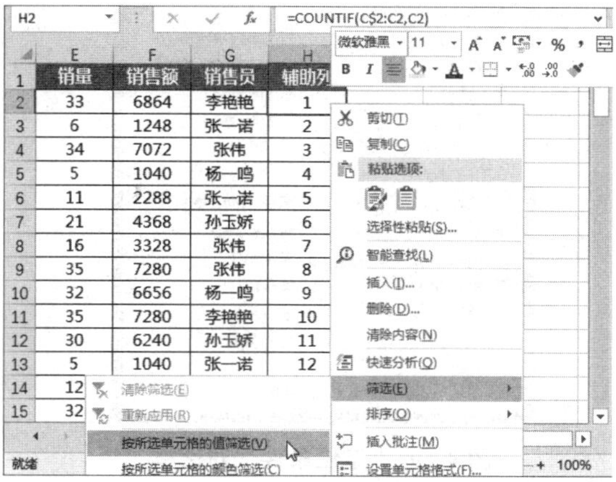

图 4-45 选择“按所选单元格的值筛选”命令

Step 04 此时，即可将第 1 次出现的商品名称筛选出来，选择 A23:H78 单元格区域，如图 4-46 所示。

Step 05 按【Alt+; 】组合键选择可见单元格，在“单元格”组中单击“插入”下拉按钮，选择“插入工作表行”选项，如图 4-47 所示。

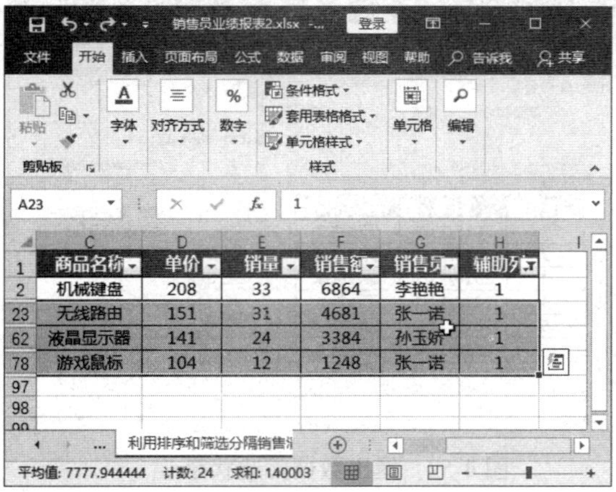

图 4-46 选择单元格区域

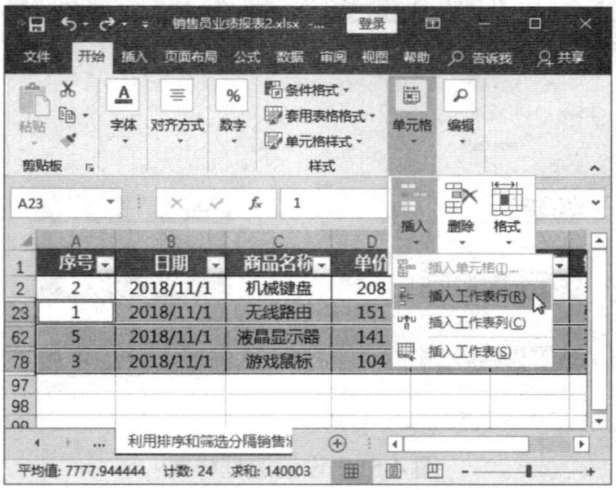

图 4-47 插入工作表行

Step 06 选择标题行，按【Ctrl+C】组合键复制标题。选择 A23:H81 单元格区域，单击“编辑”组中的“查找和选择”下拉按钮，选择“定位条件”选项，如图 4-48 所示。

Step 07 弹出“定位条件”对话框，选中“空值”单选按钮，然后单击“确定”按钮，如图 4-49 所示。

Step 08 按【Ctrl+V】组合键粘贴标题，然后在“单元格”组中单击“插入”下拉按钮，选择“插入工作表行”选项，如图 4-50 所示。

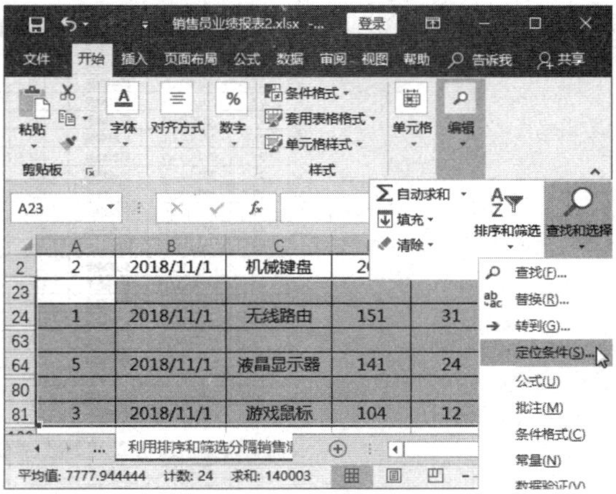

图 4-48 选择“定位条件”选项

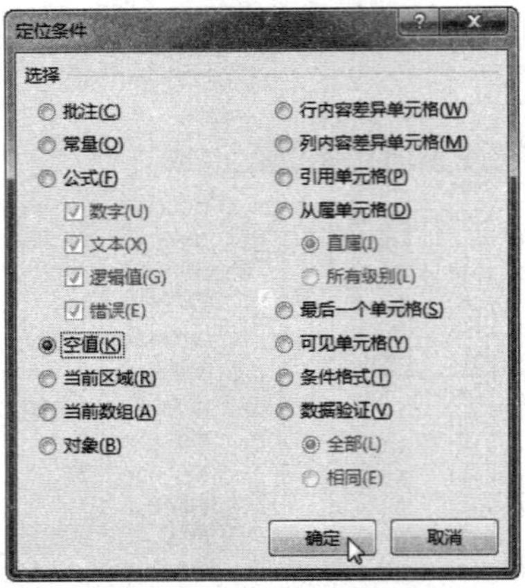

图 4-49 “定位条件”对话框

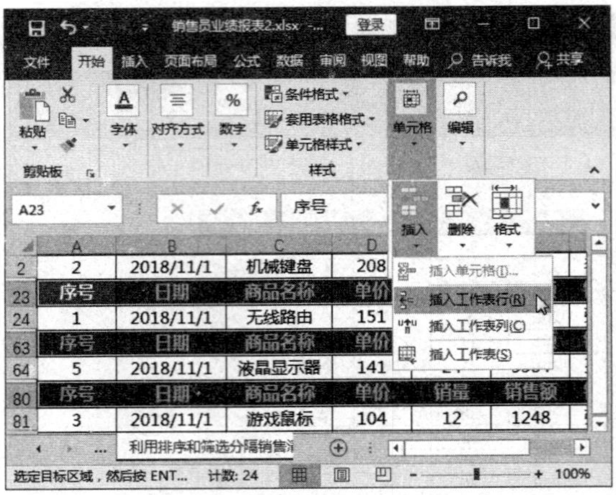

图 4-50 选择“插入工作表行”选项

Step 09 此时，即可在标题上方各插入一个空行。在“字体”组中单击“边框”下拉按钮，依次选择“无框线”、“上框线”和“下框线”选项，如图 4-51 所示。

Step 10 在“数据”选项卡下单击“筛选”按钮，退出数据筛选状态，如图 4-52 所示。

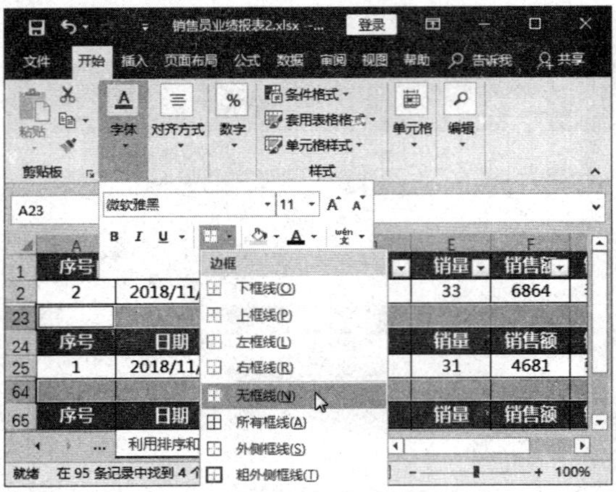

图 4-51 设置边框样式

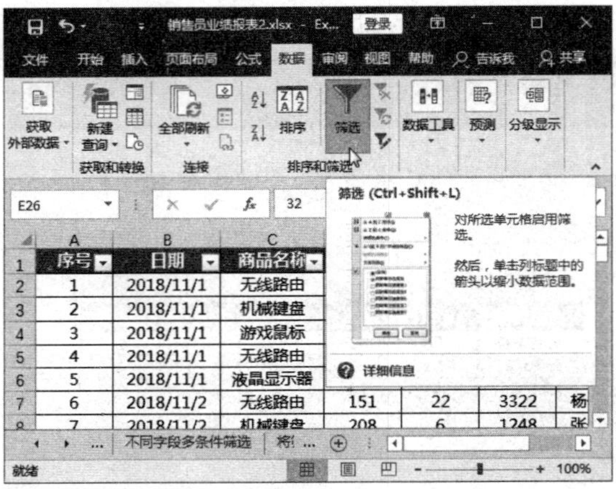

图 4-52 退出数据筛选状态

Step 11 此时，即可为每个类别的商品名称添加标题行，效果如图 4-53 所示。

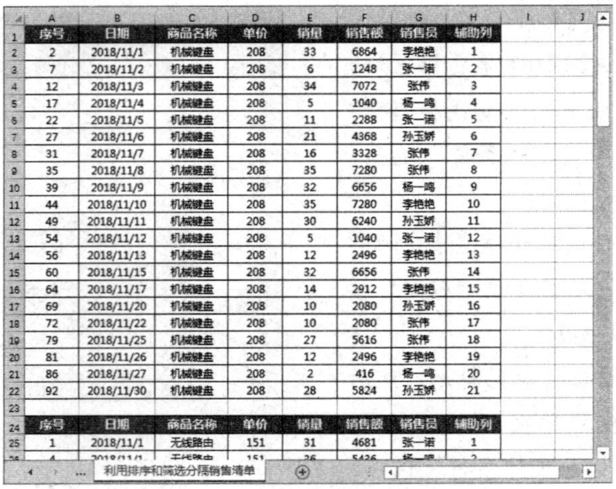

	A	B	C	D	E	F	G	H
1	序号	日期	商品名称	单价	销量	销售额	销售员	辅助列
2	2	2018/11/1	机械键盘	208	33	6864	李艳艳	1
3	7	2018/11/2	机械键盘	208	6	1248	张一诺	2
4	12	2018/11/3	机械键盘	208	34	7072	张伟	3
5	17	2018/11/4	机械键盘	208	5	1040	杨一鸣	4
6	22	2018/11/5	机械键盘	208	11	2288	张一诺	5
7	27	2018/11/6	机械键盘	208	21	4368	孙玉娇	6
8	31	2018/11/7	机械键盘	208	16	3328	张伟	7
9	35	2018/11/8	机械键盘	208	35	7280	张伟	8
10	39	2018/11/9	机械键盘	208	32	6656	杨一鸣	9
11	44	2018/11/10	机械键盘	208	35	7280	李艳艳	10
12	49	2018/11/11	机械键盘	208	30	6240	孙玉娇	11
13	54	2018/11/12	机械键盘	208	5	1040	张一诺	12
14	56	2018/11/13	机械键盘	208	12	2496	李艳艳	13
15	60	2018/11/15	机械键盘	208	32	6656	张伟	14
16	64	2018/11/17	机械键盘	208	14	2912	李艳艳	15
17	69	2018/11/20	机械键盘	208	10	2080	孙玉娇	16
18	72	2018/11/22	机械键盘	208	10	2080	张伟	17
19	79	2018/11/25	机械键盘	208	27	5616	张伟	18
20	81	2018/11/26	机械键盘	208	12	2496	李艳艳	19
21	86	2018/11/27	机械键盘	208	2	416	杨一鸣	20
22	92	2018/11/30	机械键盘	208	28	5824	孙玉娇	21
23								
24	序号	日期	商品名称	单价	销量	销售额	销售员	辅助列
25	1	2018/11/1	无线路由	151	31	4681	张一诺	1

图 4-53 添加标题行效果

4.3 数据分类汇总

所谓分类汇总，就是对数据按分类项目进行求和、计数或其他方式的汇总。使用“分类汇总”功能可以把相关数据汇总并显示出来，下面将详细介绍数据分类汇总的相关知识。

4.3.1 认识分类汇总

若要自动在列表中创建分类汇总公式，只需选中任一数据单元格，然后单击“数据”选项卡下“分级显示”组中的“分类汇总”按钮即可，此时将弹出“分类汇总”对话框，如图 4-54 所示。

在“分类汇总”对话框中，各选项的作用如下。

➢ **分类字段**：用于显示数据列表中的所有字段，用户必须运用选择的字段对数据列表进行排序。

➢ **汇总方式**：从 11 个汇总方式中做出选择，默认使用“求和”汇总方式。

➢ **选定汇总项**：该列表框中显示了数据列表中的所有字段，选中想要进行分类汇总字段前面的复选框。

➢ **替换当前分类汇总**：若选中此复选框，Excel 2016 会删除任何已存在的分类汇总公式，并用新的分类汇总进行替换。

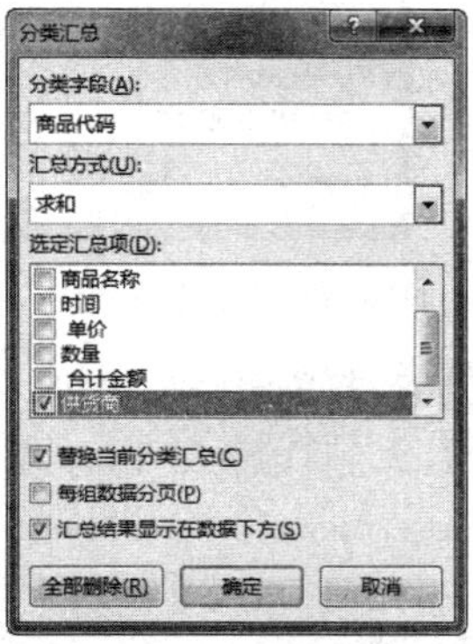

图 4-54 “分类汇总”对话框

➢ **每组数据分布**：若选中此复选框，Excel 2016 会在每组数据分类汇总之后自动插入分布符。

➢ **汇总结果显示在数据下方**：若选中此复选框，Excel 2016 将把分类汇总结果置于数据下方。

➢ **全部删除**：单击此按钮，将删除数据列表中的所有分类汇总公式。

若将工作簿设置为自动计算公式，在编辑明细数据时“分类汇总”命令将自动重新计算分类汇总和总计值。“分类汇总”命令还会分级显示列表，以便用户可以显示或隐藏每个分类汇总的明细行。

4.3.2 分类汇总数据

使用“分类汇总”功能可以实现数据的分类汇总，在分类汇总前需要对要汇总的数据进行排序。分类汇总的具体操作方法如下。

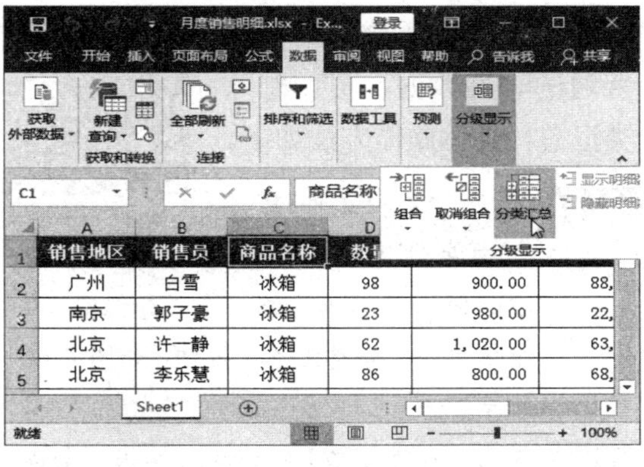

图 4-55 单击“分类汇总”按钮

Step 01 打开“素材文件\第 4 章\月度销售明细.xlsx”，选择“数据”选项卡，在“分级显示”组中单击“分类汇总”按钮，如图 4-55 所示。

Step 02 弹出“分类汇总”对话框，设置“分类字段”为“销售地区”，“汇总方式”为“求和”，选择“销售金额（¥）”汇总项，然后单击“确定”按钮，如图 4-56 所示。

Step 03 此时，即可根据销售地区对销售额进行求和汇总，如图 4-57 所示。

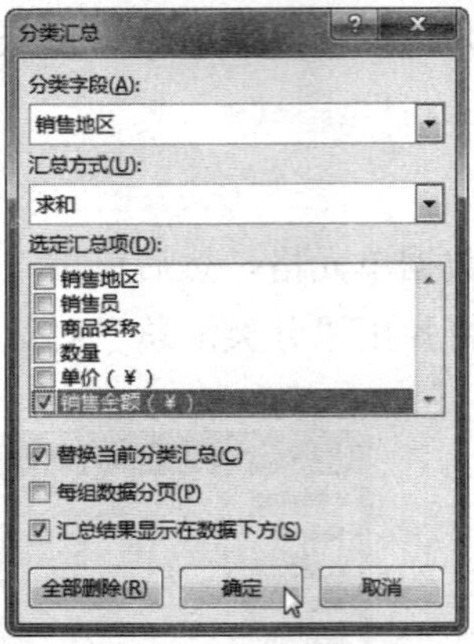

图 4-56 “分类汇总”对话框

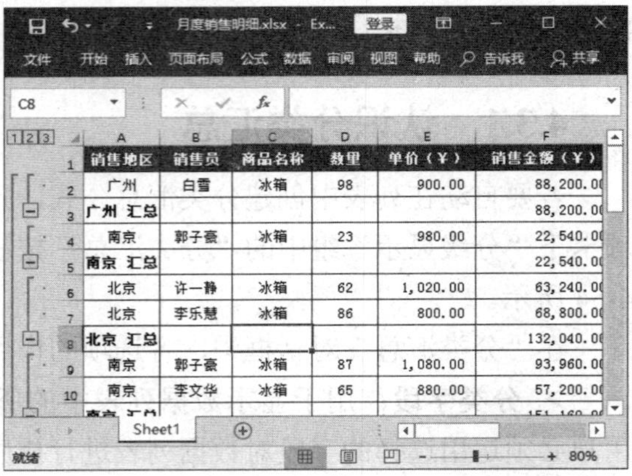

图 4-57 分类汇总结果

Step 04 单击左侧的2按钮，查看二级汇总项目，如图 4-58 所示。

Step 05 单击+按钮，即可展开相应的三级列表，如图 4-59 所示。

图 4-58 单击分级按钮

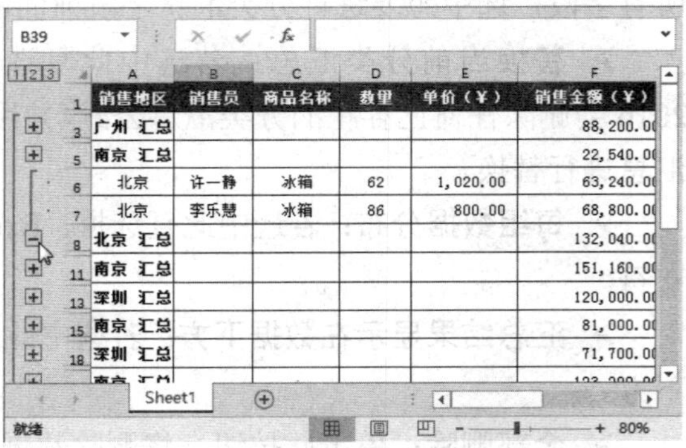

图 4-59 展开分级列表

4.3.3 删除分类汇总

若要将分类汇总数据转换为普通的表格数据，可以删除分类汇总，具体操作方法如下。

Step 01 打开“素材文件\第 4 章\月度销售明细 1.xlsx”，选择表格中的任一数据单元格。在“分级显示”组中单击“分类汇总”按钮，如图 4-60 所示。

图 4-60 单击“分类汇总”按钮

Step 02 弹出“分类汇总”对话框，单击“全部删除”按钮，如图 4-61 所示。

Step 03 此时，即可恢复到原来的表格数据，效果如图 4-62 所示。

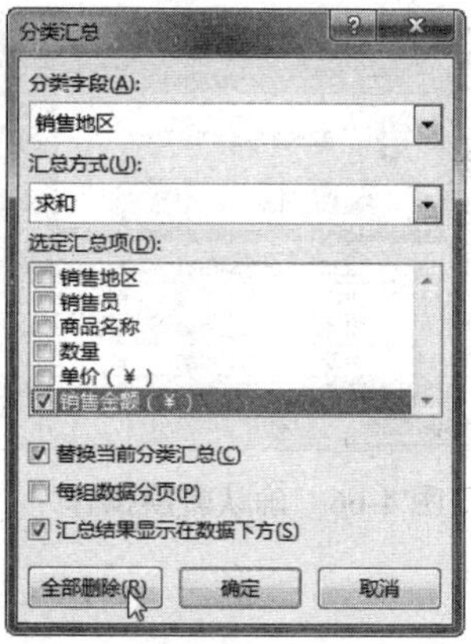

图 4-61　“分类汇总”对话框

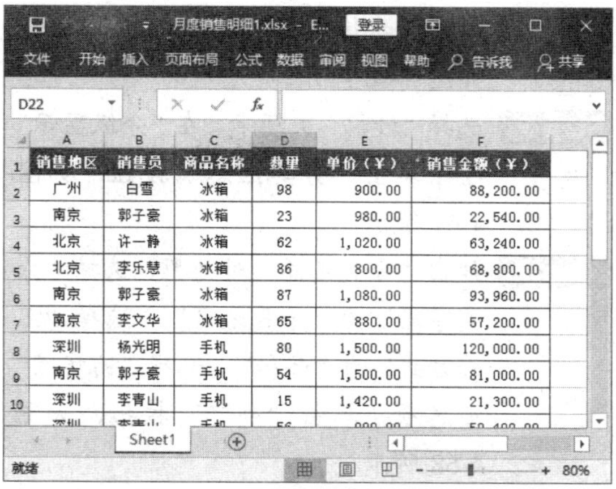

图 4-62　删除分类汇总

4.3.4　嵌套分类汇总

嵌套分类汇总，即在当前分类汇总的基础上进一步进行分类汇总。在嵌套分类汇总前，需要对相关数据进行排序。嵌套分类汇总的具体操作方法如下。

Step 01 打开“素材文件\第 4 章\销售记录表.xlsx”，选择任一数据单元格，在“数据”选项卡下单击“排序”按钮，如图 4-63 所示。

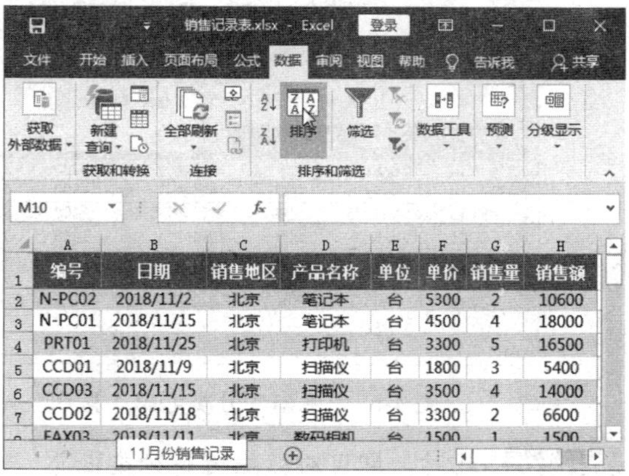

图 4-63　单击“排序”按钮

Step 02 弹出“排序”对话框，设置“主要关键字”为“销售地区”，“次序”为“升序”；设置“次要关键字”为“产品名称”，“次序”为“升序”，然后单击“确定”按钮，如图 4-64 所示。

Step 03 此时，即可在对“销售地区”进行升序排序的基础上对“产品名称”进行升序排序。右击任一数据单元格，选择“表格”|“转换为区域”命令，如图 4-65 所示。

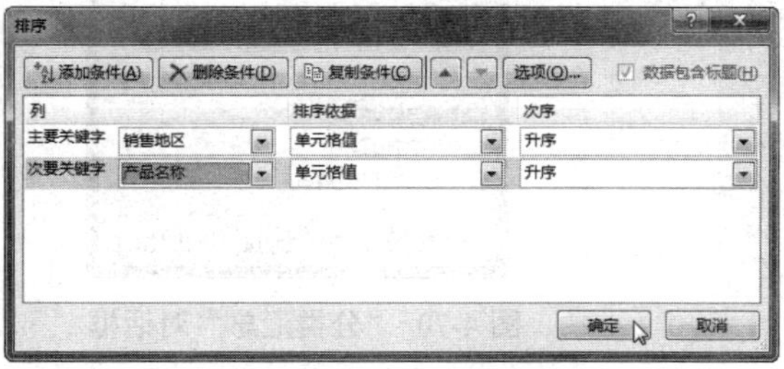

图 4-64　设置排序条件

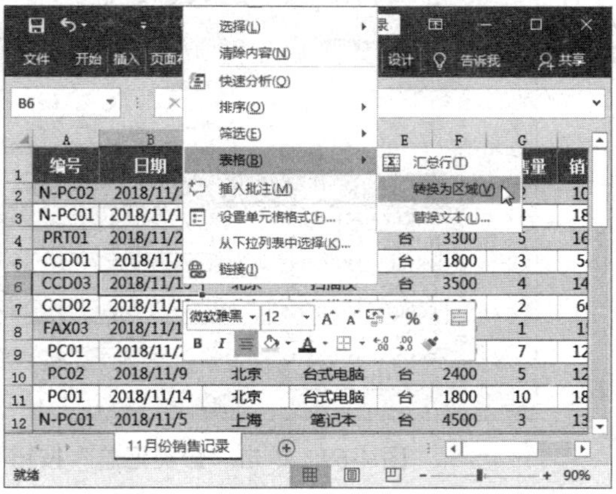

图 4-65　将表格转换为区域

Step 04 弹出提示信息框，单击“是”按钮，如图 4-66 所示。

Step 05 选择“数据”选项卡，在“分级显示”组中单击“分类汇总”按钮，如图 4-67 所示。

Step 06 弹出“分类汇总”对话框，选择“分类字段”为“销售地区”，选择“汇总方式”为“求和”，选择“销售额”汇总项，单击“确定”按钮，如图 4-68 所示。

图 4-66 确认转换操作

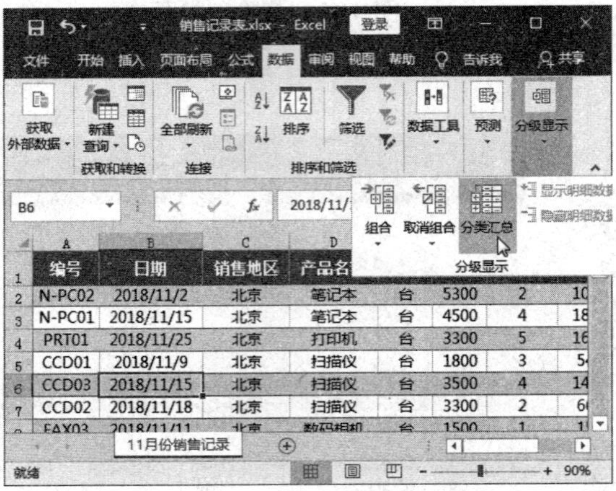

图 4-67 单击“分类汇总”按钮

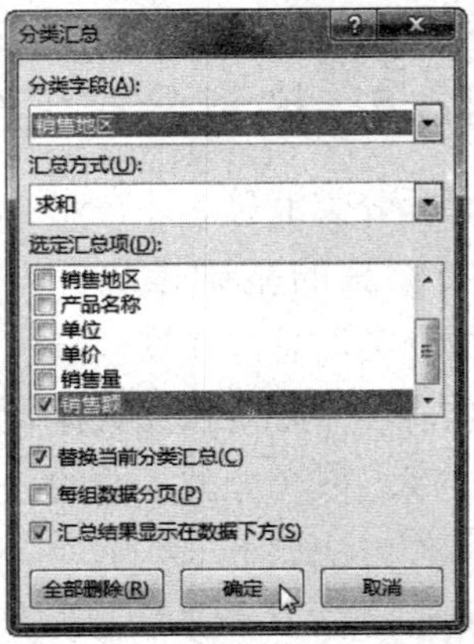

图 4-68 设置分类汇总参数

Step 07 此时，即可对数据进行分类汇总。在“分级显示”组中单击“分类汇总”按钮，如图 4-69 所示。

Step 08 弹出“分类汇总”对话框，设置“分类字段”为“产品名称”，“汇总方式”为“求和”，选择“销售量”和“销售额”汇总项，取消选择“替换当前分类汇总”复选框，然后单击“确定”按钮，如图 4-70 所示。

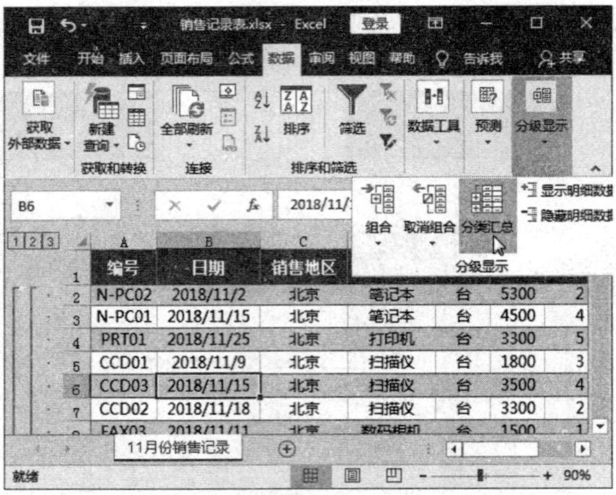

图 4-69 单击“分类汇总”按钮

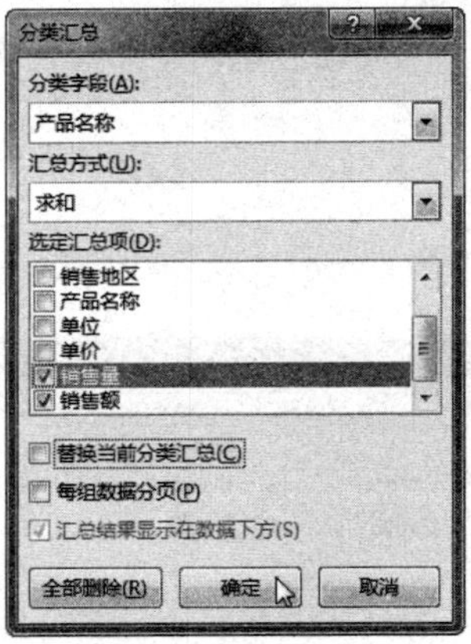

图 4-70 “分类汇总”对话框

Step 09 此时，即可进行嵌套分类汇总，在原汇总的基础上对“产品名称”进行了“销售量”和“销售额”的汇总，如图 4-71 所示。

Step 10 单击3按钮，查看三级汇总结果，如图 4-72 所示。

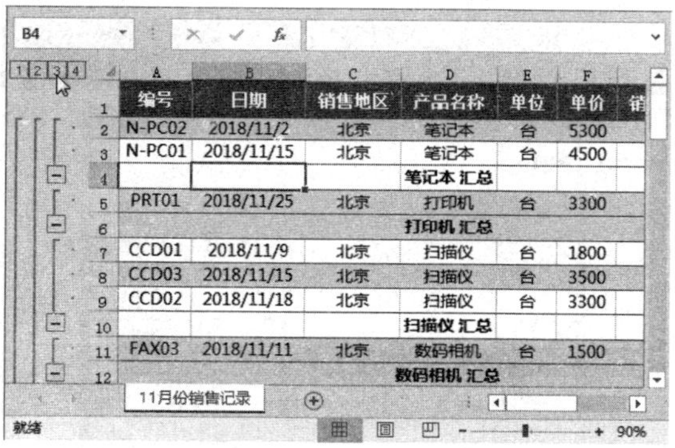

图 4-71　嵌套分类汇总

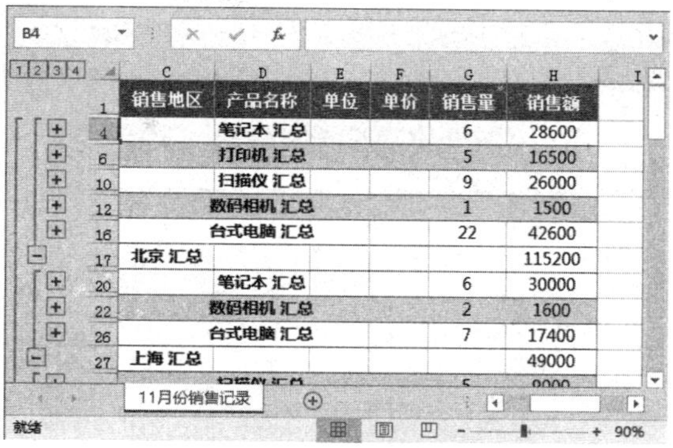

图 4-72　分级显示汇总

4.4 数据合并计算

在 Excel 2016 中，可以将多个工作表中的数据同时进行计算汇总。在计算过程中，保存计算结果的工作表称为目标工作表，接受合并数据的区域称为源区域。合并计算分为按位置合并计算和按分类合并计算两种，下面将分别对其进行介绍。

4.4.1 按位置合并计算

按位置合并计算，要求所有源区域中的数据是相同排列的，即要进行合并计算的工作表中每条记录名称和字段名称都位于相同的位置。按位置合并计算的具体操作方法如下。

Step 01 打开“素材文件\第 4 章\手机销量统计.xlsx”，选择“11、12 月份销量”工作表，选择 B3 单元格，在“数据”选项卡下单击“合并计算”按钮，如图 4-73 所示。

Step 02 弹出“合并计算”对话框，在“函数”下拉列表框中选择“求和”函数，并将光标定位到“引用位置”文本框中，如图 4-74 所示。

图 4-73　单击“合并计算”按钮

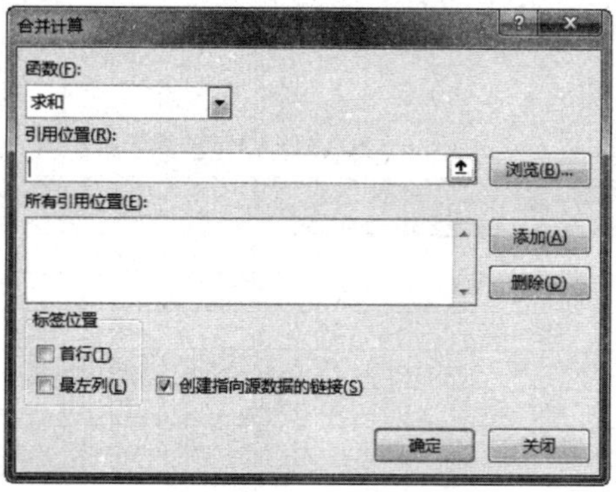

图 4-74　“合并计算”对话框

Step 03 选择“11 月份销量”工作表，选择 B3:B7 单元格区域，单击展开按钮，如图 4-75 所示。

Step 04 返回“合并计算”对话框，单击“添加”按钮，即可将引用位置添加到列表框中，如图 4-76 所示。

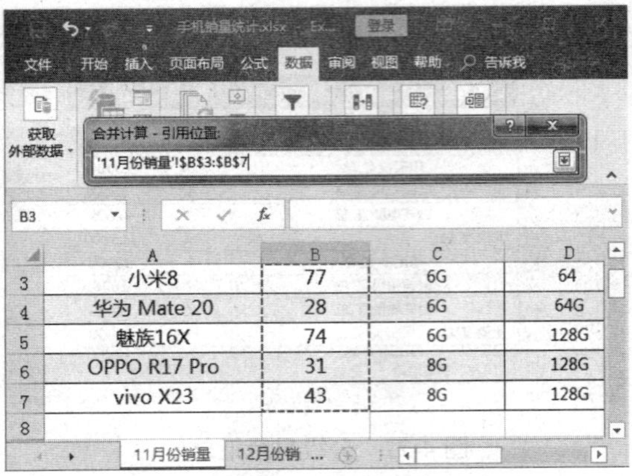

图 4-75 选择引用位置

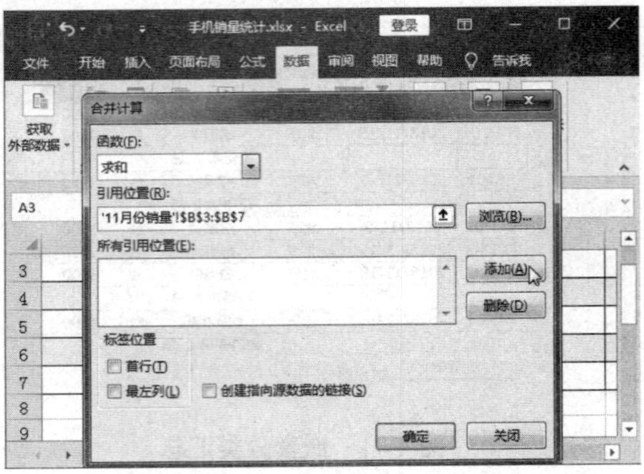

图 4-76 添加引用位置

Step 05 采用同样的方法，添加“12 月份销量”工作表中的引用位置，选中“创建指向源数据的链接”复选框，然后单击“确定”按钮，如图 4-77 所示。

Step 06 此时，即可将两个工作表的销量之和填充到目标位置，如图 4-78 所示。

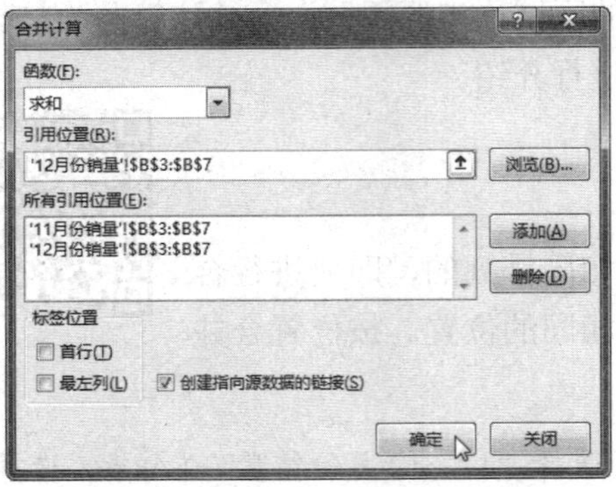

图 4-77 添加引用位置

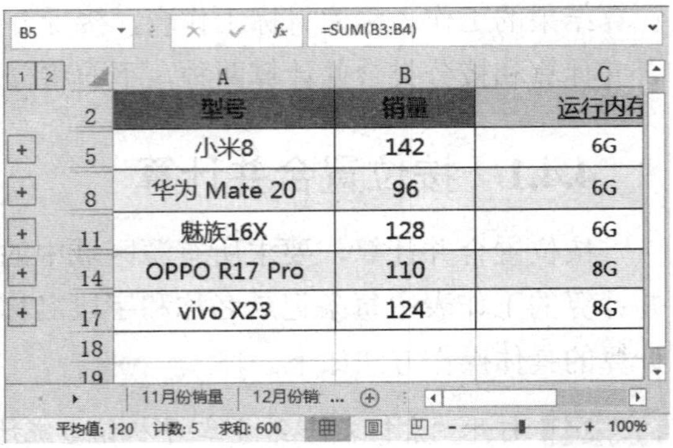

图 4-78 合并计算结果

Step 07 选择“12 月份销量”工作表，更改销量数据，如图 4-79 所示。

Step 08 切换到“11、12 月份销量”工作表，可以看到销量数据也随之更改。单击⊞按钮，可以展开分组，查看销量的引用数据，如图 4-80 所示。

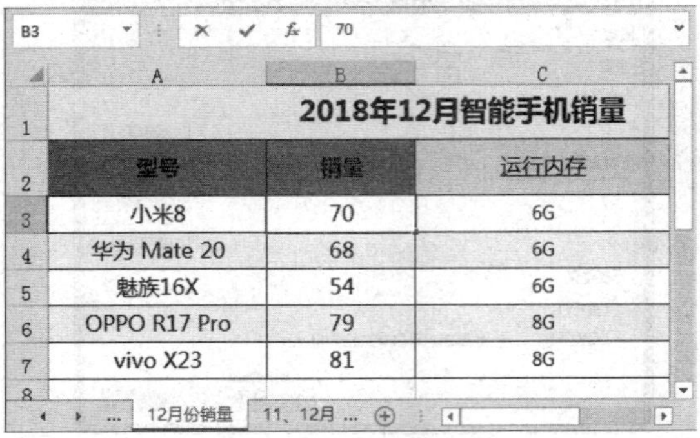

图 4-79 更改销量数据

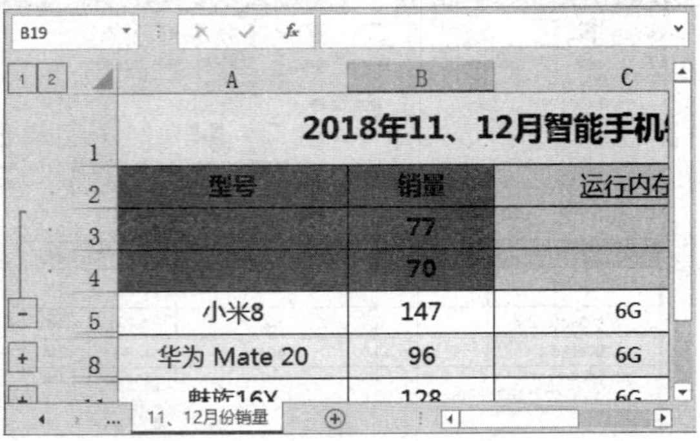

图 4-80 查看引用数据

4.4.2 按分类合并计算

若工作表中每个字段的名称相同，而字段和数据存放的位置不同时，就不可以按位置进行合并计算，而要按分类进行合并计算，具体操作方法如下。

Step 01 打开“素材文件\第 4 章\第 4 季度销量统计表.xlsx”，选择“10 月份销量”工作表，查看工作表数据，如图 4-81 所示。

Step 02 选择“11 月份销量”工作表，查看工作表数据，可以看到其与“10 月份销量”工作表数据中的型号和顺序均不同，如图 4-82 所示。

图 4-81 查看工作表数据

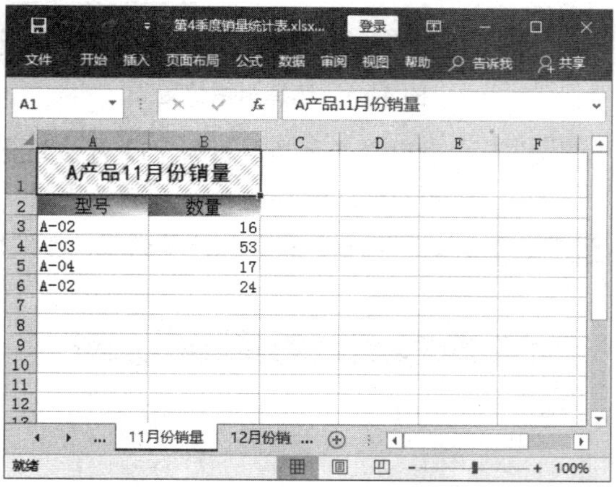

图 4-82 对比工作表数据

Step 03 选择“第 4 季度销量”工作表，选择 A3 单元格，在“数据”选项卡下的“数据工具”组中单击“合并计算”按钮，如图 4-83 所示。

Step 04 弹出“合并计算”对话框，在“函数”下拉列表框中选择“求和”函数，并将光标定位到“引用位置”文本框中，如图 4-84 所示。

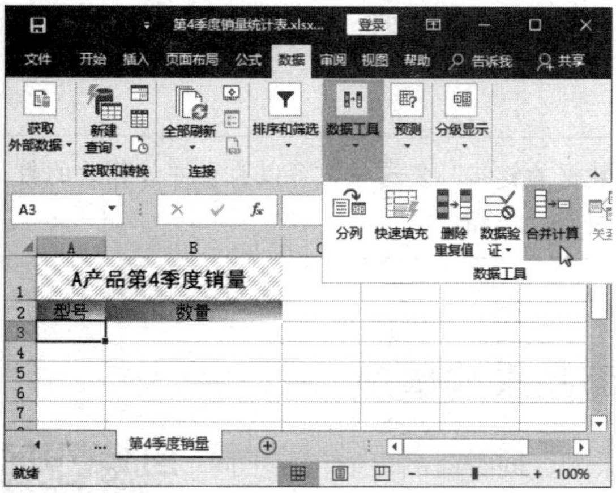

图 4-83 单击“合并计算”按钮

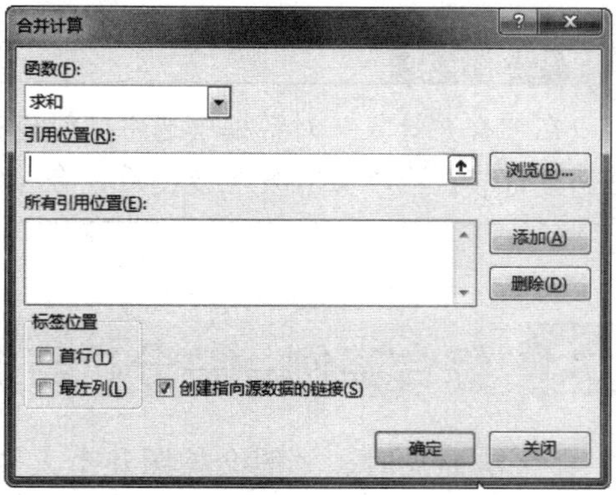

图 4-84 “合并计算”对话框

Step 05 选择“10 月份销量”工作表，选择 A3:B6 单元格区域，单击展开按钮，如图 4-85 所示。

Step 06 返回“合并计算”对话框，单击“添加”按钮，即可将引用单元格添加到列表框中，如图 4-86 所示。

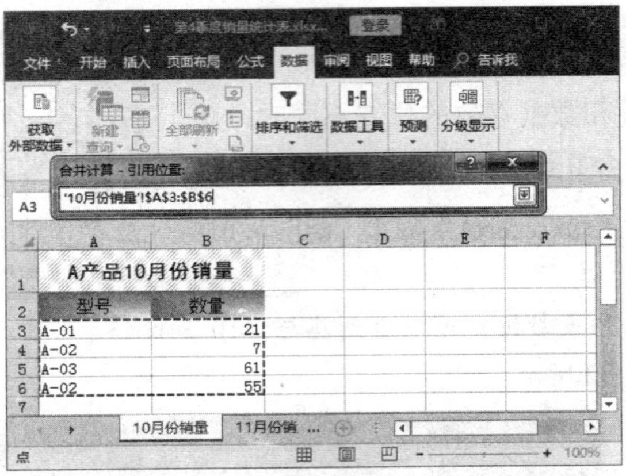

图 4-85 选择引用位置

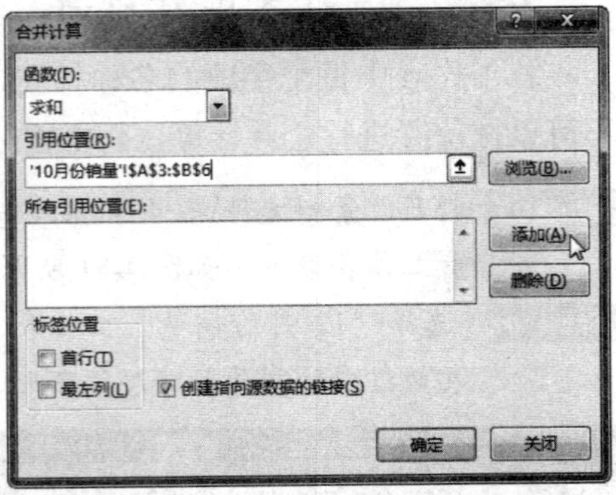

图 4-86 添加引用位置

Step 07 采用同样的方法，添加“11 月份销量”和“12 月份销量”工作表的引用位置，选中“创建指向源数据的链接”和“最左列”复选框，单击“确定”按钮，如图 4-87 所示。

Step 08 此时，即可查看合并计算结果，已将相同型号的产品销量进行求和汇总，如图 4-88 所示。

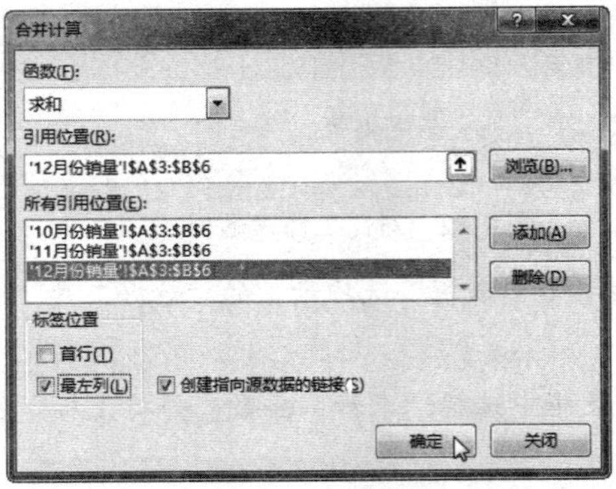

图 4-87 添加引用位置

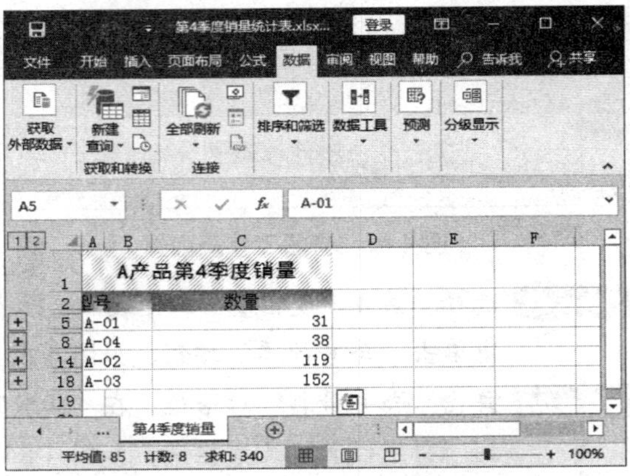

图 4-88 合并计算结果

课堂解疑

在“合并计算”对话框中选中“创建指向源数据的链接”复选框，可以为合并计算后的数据创建链接。当源数据发生改变后，合并的数据将自动更新。

4.5 综合实例——分析与汇总商品采购情况

在采购商品时，一般会按照几个大类进行采购，同类商品可能包括不同的类型，用分类汇总的方式可以将同类商品采购金额进行统计，通过分类汇总可以查看各类商品成本汇总和平均值。下面将综合运用本章所学知识来分析与汇总商品的采购情况，具体操作方法如下。

Step 01 打开“素材文件\第 4 章\货物采购明细.xlsx”，选择任一数据单元格，选择“数据”选项卡，单击“排序”按钮，如图 4-89 所示。

Step 02 弹出“排序”对话框，在“主要关键字”下拉列表框中选择“货物名称”选项，然后单击“添加条件”按钮，如图 4-90 所示。

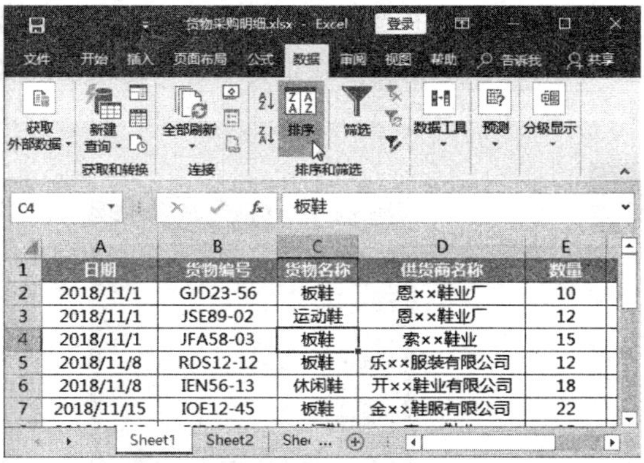

图 4-89　单击“排序”按钮

图 4-90　添加排序条件

Step 03 在“次要关键字”下拉列表框中选择“进货成本”选项，然后单击“确定”按钮，如图 4-91 所示。

Step 04 此时，即可查看排序效果。选择“数据”选项卡，在“分级显示”组中单击“分类汇总”按钮，如图 4-92 所示。

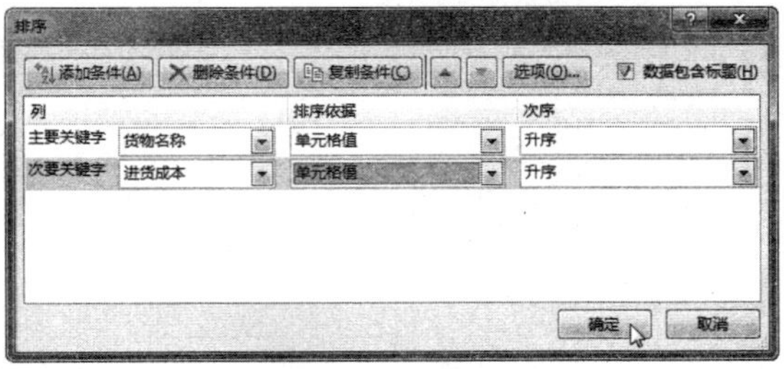

图 4-91　设置次要关键字

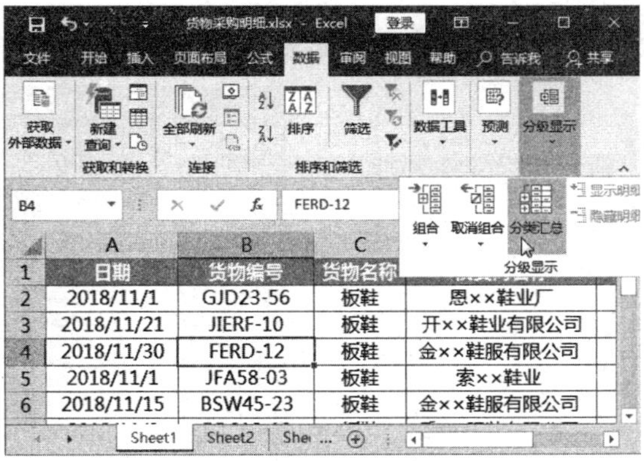

图 4-92　单击“分类汇总”按钮

Step 05 弹出“分类汇总”对话框，在“分类字段”下拉列表框中选择“货物名称”选项，在“选定汇总项”列表框中选中“进货成本”复选框，然后单击“确定”按钮，如图 4-93 所示。

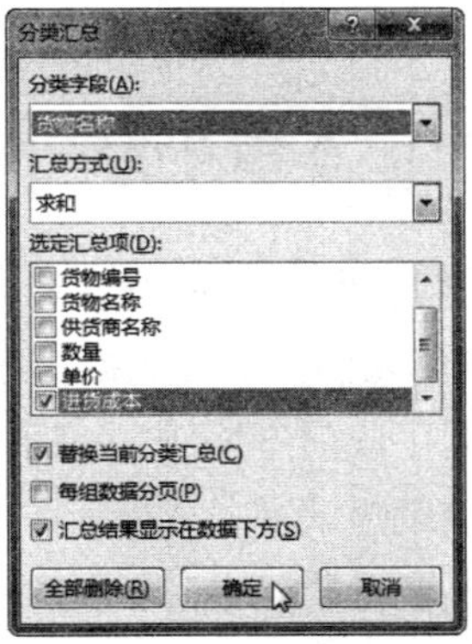

图 4-93　设置分类汇总

Step 06 此时，即可创建分类汇总，按照“货物名称”对“进货成本”进行求和汇总。再次单击“分类汇总”按钮，如图 4-94 所示。

Step 07 弹出“分类汇总”对话框，在“汇总方式”下拉列表框中选择“平均值”选项，在“选定汇总项”列表框中选中“单价”复选框，取消选择“替换当前分类汇总”复选框，然后单击“确定”按钮，如图 4-95 所示。

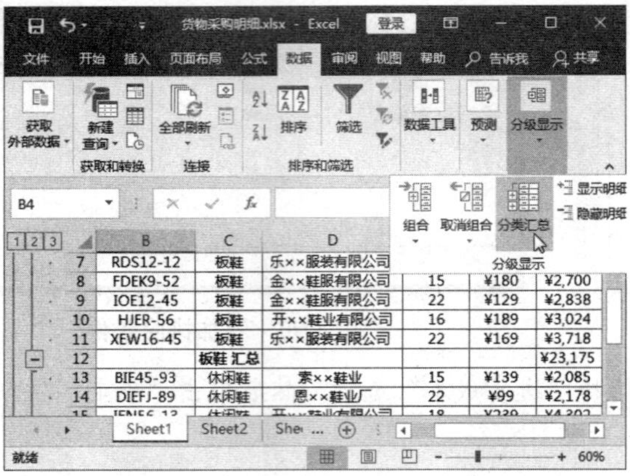

图 4-94 求和分类汇总

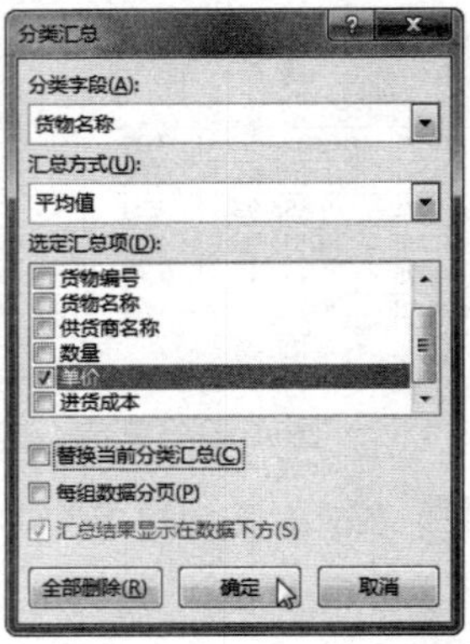

图 4-95 设置分类汇总

Step 08 此时，即可创建嵌套分类汇总，在当前分类汇总的基础上对按照“货物名称”对“单价”进行平均值汇总。单击左侧的 3 按钮，查看三级汇总项目，效果如图 4-96 所示。

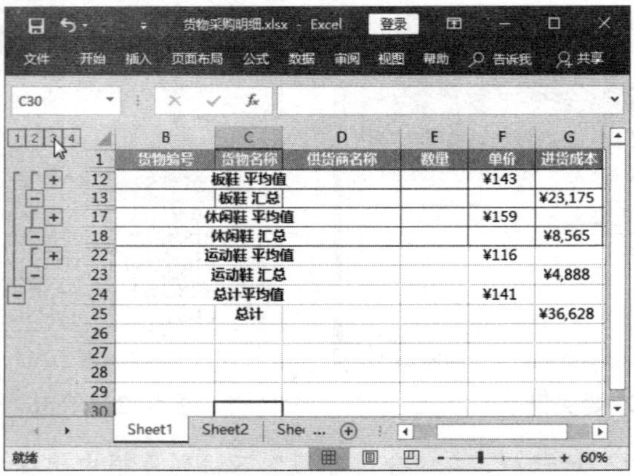

图 4-96 分类汇总结果

本章小结

通过对本章的学习，读者应重点掌握以下知识。

（1）对数据进行简单排序，按单元格特征对数据排序，恢复数据排序，自定义排序条件。

（2）对数据进行自动筛选，同字段/不同字段多条件筛选。

（3）利用排序和筛选功能分隔销售清单。

（4）对数据进行分类汇总，嵌套分类汇总。

（5）按位置和分类合并计算数据。

课后习题

一、选择题

1．下列哪项单元特征不能被排序？（　）

A．单元格颜色　　B．字体粗细

C．字体颜色　　D．选定格式的图标

2．下面哪项不是“高级筛选”中可以设置的项目？（　）

A．条件区域　　B．将筛选结果复制到其他位置

C．数字筛选　　D．选择不重复的记录

3．下面哪项不是分类汇总可以设置的选项？（　）

A．分类字段　　B．汇总方式

C．汇总项　　D．汇总结果显示在数据上方

二、填空题

1．要使数据恢复到排序前的顺序，可以在排序前添加______________。

2．在设置筛选条件时需要注意的是，同一行的条件为_____的关系，不同行的条件为_______的关系。

3．在分类汇总前需要对要汇总的数据进行_______。

三、实操题

打开“素材文件\第 4 章\职称评定表.xlsx”，在工作表中对其数据进行排序、分类汇总等，效果如图 4-97 所示。

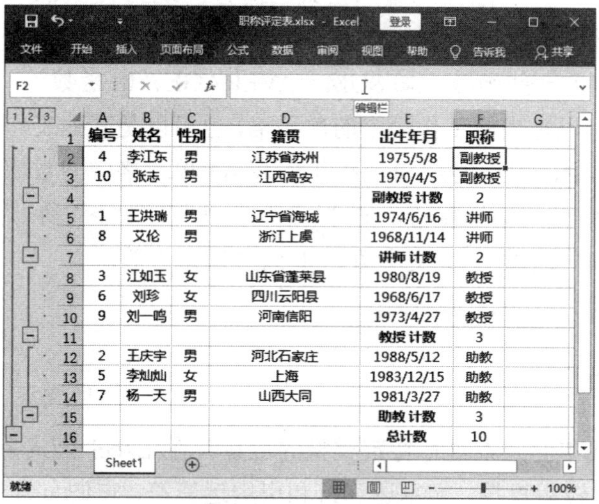

编号	姓名	性别	籍贯	出生年月	职称
4	李江东	男	江苏省苏州	1975/5/8	副教授
10	张志	男	江西高安	1970/4/5	副教授
				副教授 计数	2
1	王洪瑞	男	辽宁省海城	1974/6/16	讲师
8	艾伦	男	浙江上虞	1968/11/14	讲师
				讲师 计数	2
3	江如玉	女	山东省蓬莱县	1980/8/19	教授
6	刘珍	女	四川云阳县	1968/6/17	教授
9	刘一鸣	男	河南信阳	1973/4/27	教授
				教授 计数	3
2	王庆宇	男	河北石家庄	1988/5/12	助教
5	李灿灿	女	上海	1983/12/15	助教
7	杨一天	男	山西大同	1981/3/27	助教
				助教 计数	3
				总计数	10

图 4-97　职称评定表

操作提示：

（1）对“职称”列进行升序排序。

（2）对“职称”列进行计数分类汇总。

第 5 章 公式的使用

【学习目标】

- 掌握公式的结构、运算符及其优先级。
- 掌握公式的各种基本操作。
- 掌握单元格的相对引用、绝对引用与混合引用。
- 掌握审核公式的方法。

与数据的存储相比，Excel 对数据的处理能力更能体现出其效率和优势。公式是 Excel 重要的数据运算工具，便于用户快速计算各种数据。本章将学习公式的使用，主要包括公式的结构、运算符及其优先级，公式的各种基本操作，使用名称简化公式，单元格引用，以及审核公式等知识。

5.1 认识公式

公式就是由用户自行设计并结合常量数据、单元格引用、运算符元素进行数据处理和计算的算式。公式不同于文本、数字等存储格式，它有自己的语法规则，如结构、运算符及优先级等。使用公式是为了有目的地计算数据结果，所以 Excel 的公式必须返回值。

5.1.1 公式的结构

输入公式时，必须以“=”开始，再输入公式的内容，如公式“=(C1+D1)*5”。在 Excel 2016 中，公式可以为下列部分或全部内容。

➢ **函数**：Excel 中的一些函数，如 SUM、AVERAGE、IF 函数等。

➢ **单元格引用**：可以是当前工作簿中的单元格，也可以是其他工作簿中的单元格。例如，在公式“=Sheet1!A1”中，引用的是 Sheet1 工作表 A1 单元格中的数值。

➢ **运算符**：公式中使用的运算符，如“+”“-”“*”“/”“>”等。

➢ **常量**：公式中输入的数字或文本值，如 5、“销量”等。

➢ **括号**：用于控制公式的计算次序。

5.1.2 运算符

运算符用于对公式中的元素进行特定类型的运算。在 Excel 公式中，可以使用的运算符主要有算术运算符、比较运算符、文本运算符和引用运算符，它们负责完成各种复杂的运算。

1. 算术运算符

若要完成基本的数学运算（如加法、减法、乘法或除法等）、合并数字，以及生成数值结果，可以使用表 5-1 中的算术运算符。

表 5-1 算术运算符

算术运算符	含义	示例
+（加号）	加法	1+2
-（减号）	减法	2-1
-（负号）	负数	-1
*（星号）	乘法	1*2
/（正斜号）	除法	4/2
%（百分号）	百分比	21%
^（脱字号）	乘方	2^3

2．比较运算符

比较运算符用于比较两个数值的大小关系，并产生逻辑值 TURE 或 FALSE。常用的比较运算符见表 5-2。

表 5-2 比较运算符

比较运算符	含义	示例
=（等号）	等于	A1=B1
>（大于号）	大于	A1>B1
<（小于号）	小于	A1<B1
>=（大于或等于号）	大于或等于	A1>=B1
<=（小于或等于号）	小于或等于	A1<=B1
<>（不等号）	不等于	A1<>B1

3．文本运算符

文本运算符将一个或多个文本连接为一个组合文本，见表 5-3。

表 5-3 文本运算符

文本运算符	含义	示例
&（与号）	将两个值连接或串起来产生一个连续的文本值	“风” & “险”，得到“风险”

4．引用运算符

使用引用运算符对单元格区域进行合并计算，常用的引用运算符见表 5-4。

表 5-4 引用运算符

引用运算符	含义	示例
:（冒号）	区域运算符，生成对两个引用之间所有单元格的引用（包括这两个引用）	A1:A9
,（逗号）	联合运算符，将多个引用合并为一个引用	SUM(A1:A2,A3:A4)
（空格）	交集运算符，生成对两个引用中共有的单元格的引用	SUM(A1:A10 B1:B5)

5.1.3 运算符优先级

在某些情况中，执行计算的次序会影响公式的返回值，因此了解如何确定计算次序，以及如何更改次序以获得所需的结果非常重要。

1．计算次序

公式按特定次序计算值。Excel 中的公式始终以“等号（=）”开头，这个“等号”告诉 Excel 随后的字符组成一个公式。等号后面是要计算的元素（操作数），各操作数之间由运算符分隔。Excel 按照公式中每个运算符的特定次序从左到右计算公式。

2．运算符优先级

如果一个公式中有若干个运算符，Excel 将按表 5-5 中的次序进行计算。如果一个公式中的若干个运算符具有相同的优先顺序，Excel 将从左到右进行计算。

表 5-5 运算符优先级

优先级	运算符类型	说明
1	引用运算符	:（冒号）
2		（单个空格）
3		,（逗号）
4	算数运算符	-负数（如-2）
5		% 百分比
6		^ 乘方
7		*和/（乘和除）
8		+和-（加和减）
9	文本运算符	&连接两个文本字符串

续表

优先级	运算符类型	说明
10	比较运算符	=（等于）
11		<和>（小于和大于）
12		<=（小于或等于）
13		>=（大于或等于）
14		<>（不等于）

3．使用括号

按照上面介绍的运算顺序，下面公式的结果是 17，因为 Excel 先进行乘法计算，后进行加法运算：将 2 与 6 相乘，再加上 5，即可得到结果。

=5+2*6

若要更改公式中的运算顺序，可以将公式中要先计算的部分用括号括起来，如：

=(5+2)*6

Excel 2016 将先求出 5 加 2 之和，再用结果乘以 6，得到结果 42。

课堂解疑

选择公式所在的单元格，在编辑栏中选择公式中的某处或多处运算，按【F9】键即可快速求值。也可在“公式”选项卡下单击“求值”按钮逐步求值。

5.2 公式的基本操作

公式的操作不同于普通的文本，有其特定的要求。下面将详细介绍使用公式时的各种操作，如在单元格中输入公式，结合键盘和鼠标输入公式，显示、修改和复制公式等。

5.2.1 输入公式

在 Excel 工作表中输入公式时，可以在选择的单元格中直接输入，也可在编辑栏中输入公式。

方法 1：在单元格中输入公式

Step 01 打开“素材文件\第 5 章\销售情况表.xlsx”，选择 B10 单元格，在单元格中直接输入公式“=B3+B4+B5+B6+B7+B8+B9”，如图 5-1 所示。

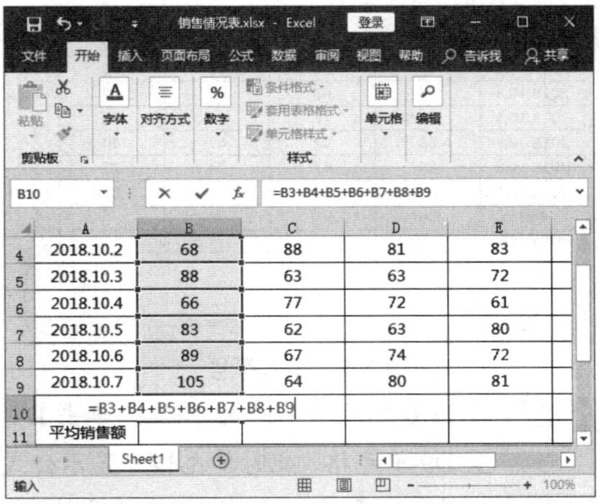

图 5-1　输入公式

Step 02 按【Enter】键确认，即可在单元格中显示计算结果，效果如图 5-2 所示。

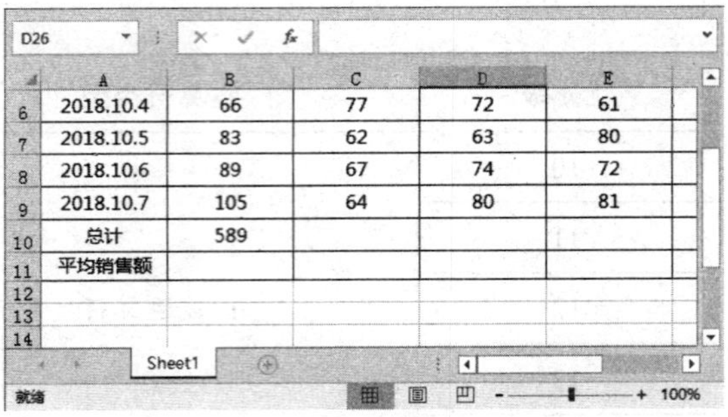

图 5-2　显示计算结果

方法 2：在编辑栏中输入公式

Step 01 选择 C10 单元格，将光标定位在编辑栏中，在其中输入公式“=C3+C4+C5+C6+C7+C8+C9”，如图 5-3 所示。

Step 02 按【Enter】键确认，即可在单元格中显示计算结果，效果如图 5-4 所示。

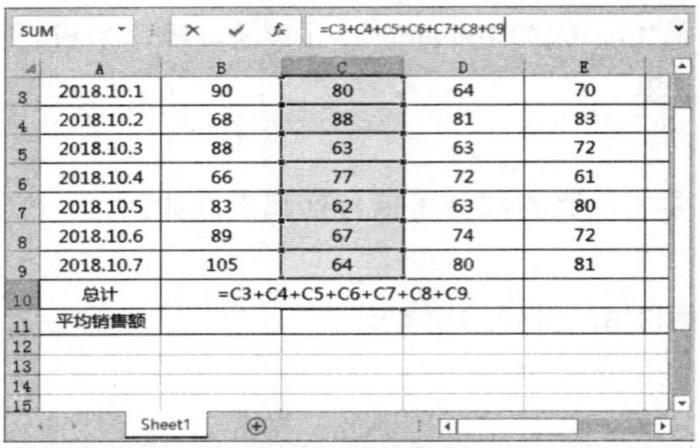

图 5-3　输入公式

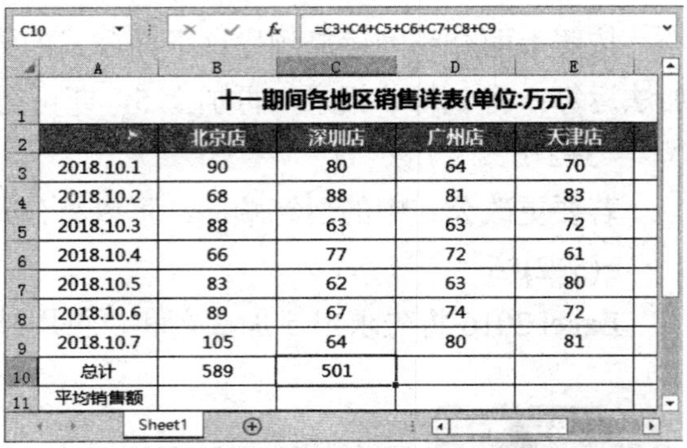

图 5-4　显示计算结果

5.2.2　结合键盘和鼠标输入公式

结合键盘和鼠标输入公式是在电子表格中计算数据时经常要用到的方法，操作起来也很简单，具体操作方法如下。

Step 01 选择 D10 单元格，并输入“=”，如图 5-5 所示。

Step 02 在工作表中单击要引用的单元格，在此单击 D3 单元格，如图 5-6 所示。

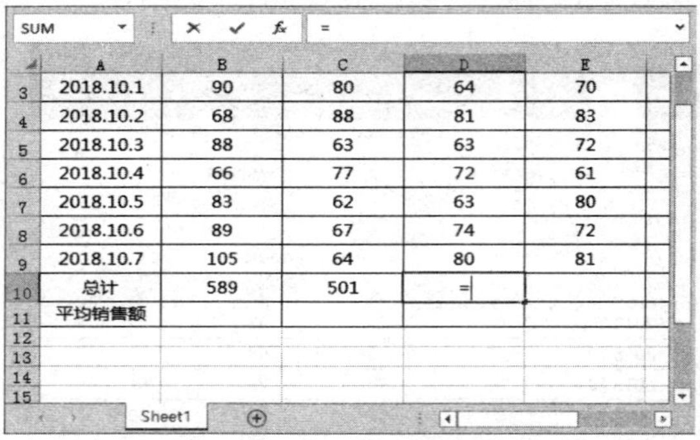

图 5-5　输入等号

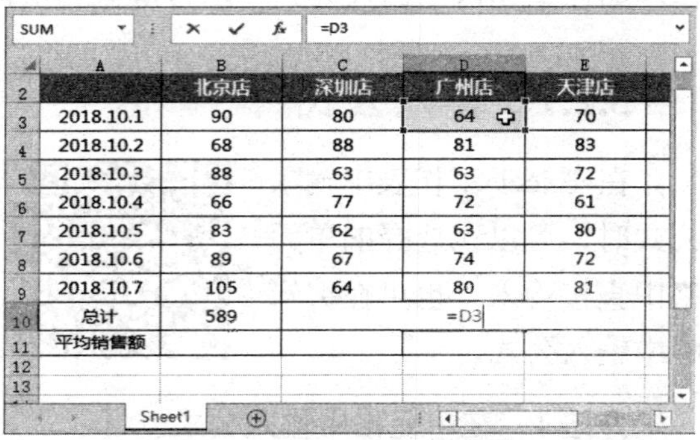

图 5-6　引用单元格

Step 03 在 D10 单元格中输入“+”，单击 D4 单元格。采用同样的方法，输入“+”，连续单击至 D9 单元格，此时单元格中显示公式“=D3+D4+D5+D6+D7+D8+D9”，如图 5-7 所示。

Step 04 按【Enter】键确认，即可在单元格中显示计算结果。采用同样的方法，计算出其他地区的销售总额，如图 5-8 所示。

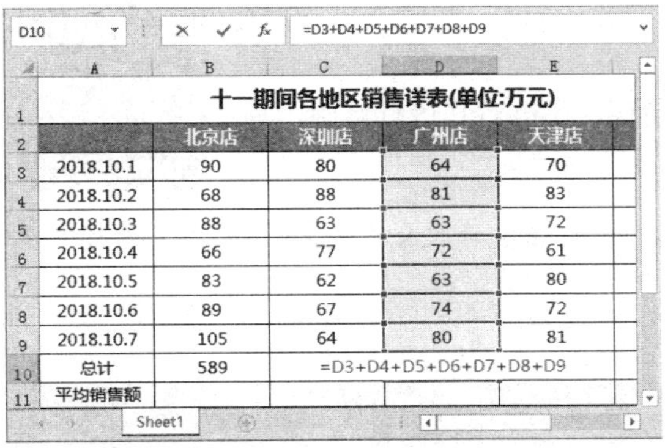

图 5-7　输入公式

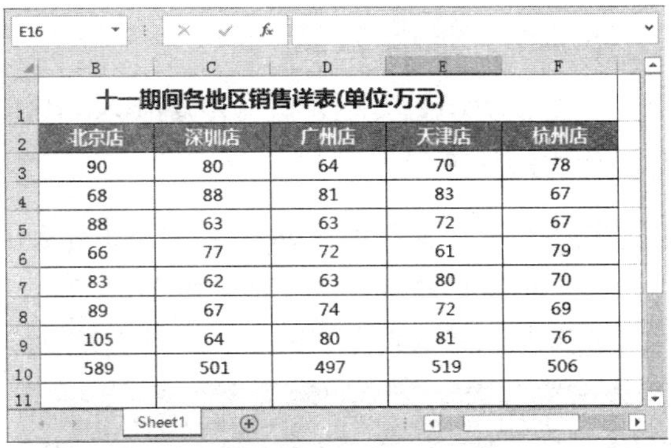

图 5-8　显示计算结果

5.2.3　显示公式

在默认情况下单元格中只显示公式的计算结果，当用户需要查看计算出该结果的相应公式时，就需要将公式显示出来，具体操作方法如下。

Step 01 打开“素材文件\第 5 章\职工工资表.xlsx”，选择 F3 单元格，即可在编辑栏中显示出公式，如图 5-9 所示。

Step 02 选择“公式”选项卡，在“公式审核”组中单击“显示公式”按钮，如图 5-10 所示。

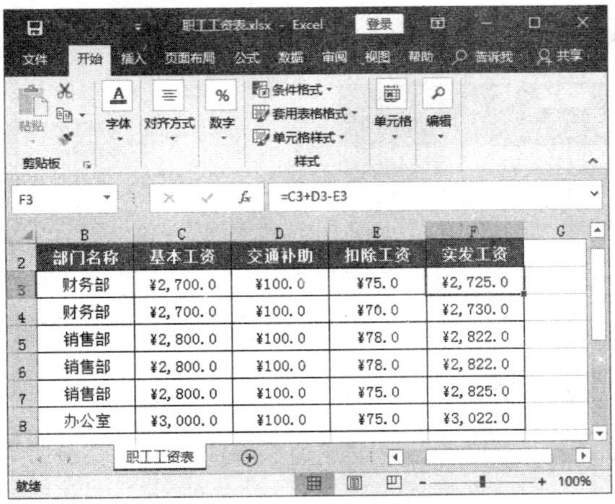

图 5-9　查看单个公式

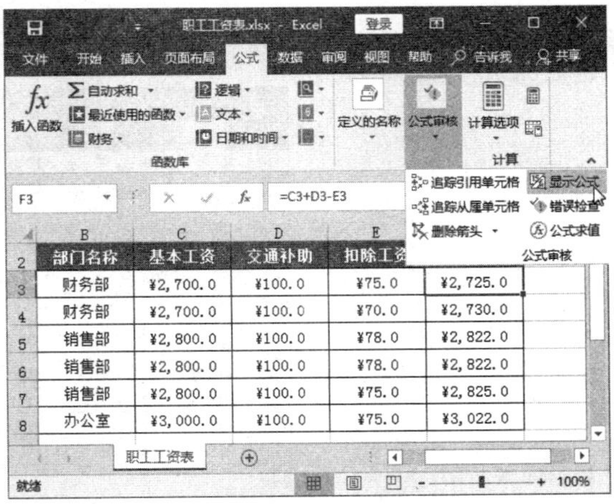

图 5-10　单击“显示公式”按钮

Step 03 此时所有单元格会自动加宽，并在涉及公式运算的单元格中显示其对应的公式，效果如图 5-11 所示。

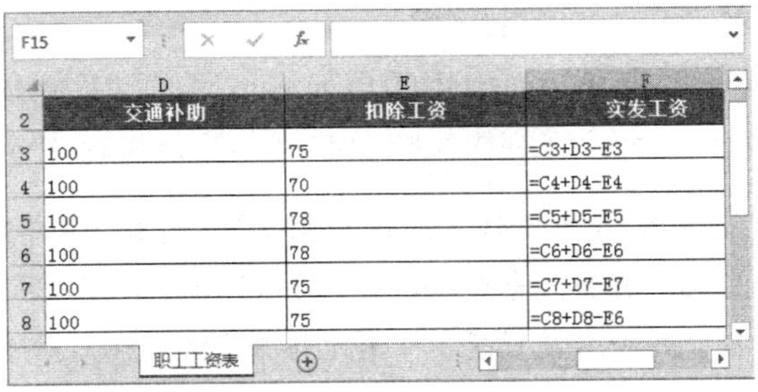

图 5-11　显示所有公式

5.2.4 修改公式

在数据表中输入公式后，若发现公式中存在错误，还可对其进行修改，具体操作方法如下。

Step 01 打开“素材文件\第 5 章\职工工资表 1.xlsx”，双击要修改公式的 F8 单元格，选择需要修改的内容“E6”，如图 5-12 所示。

Step 02 输入修改内容“E8”，如图 5-13 所示。

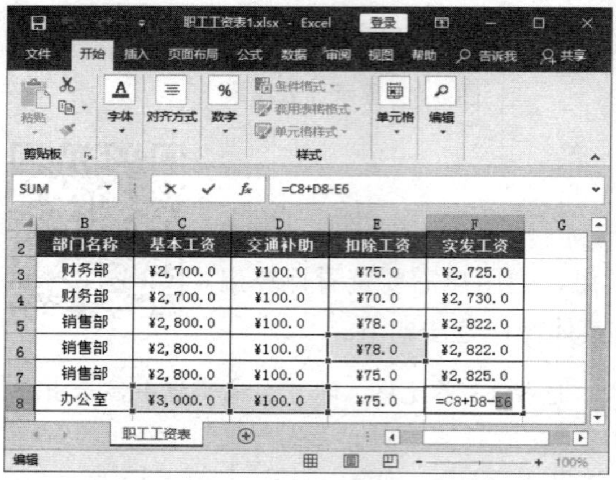

图 5-12 双击单元格

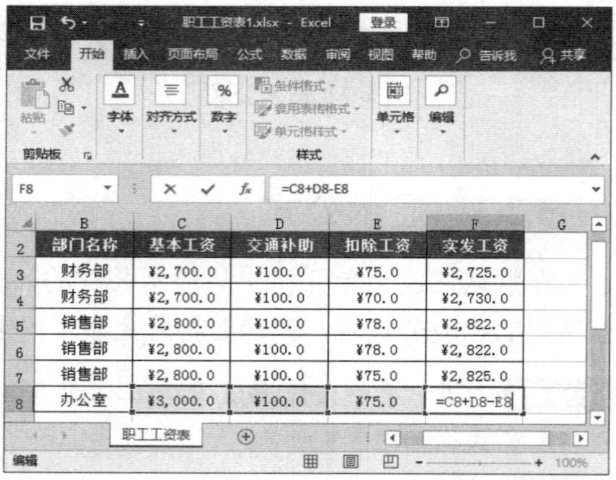

图 5-13 输入修改内容

Step 03 按【Enter】键确认，即可显示出修改公式后的计算结果，如图 5-14 所示。

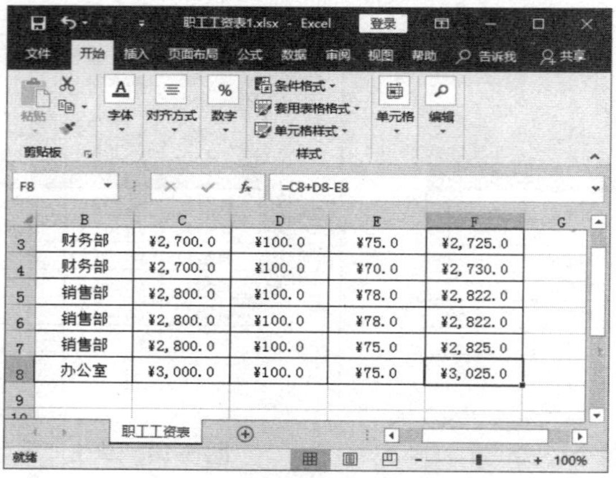

图 5-14 显示新计算结果

5.2.5 复制公式

当要输入的多个公式结构相同，而引用的单元格不同时，只需输入一个公式，然后通过复制公式的方法计算出其他数据即可，具体操作方法如下。

Step 01 打开“素材文件\第 5 章\各省份销量统计表.xlsx”，选择 B9 单元格，并将鼠标指针移至该单元格右下角，此时指针呈✚形状，如图 5-15 所示。

Step 02 按住鼠标左键不放，并向右拖动至 G9 单元格来复制公式，松开鼠标后即可显示出计算结果，如图 5-16 所示。

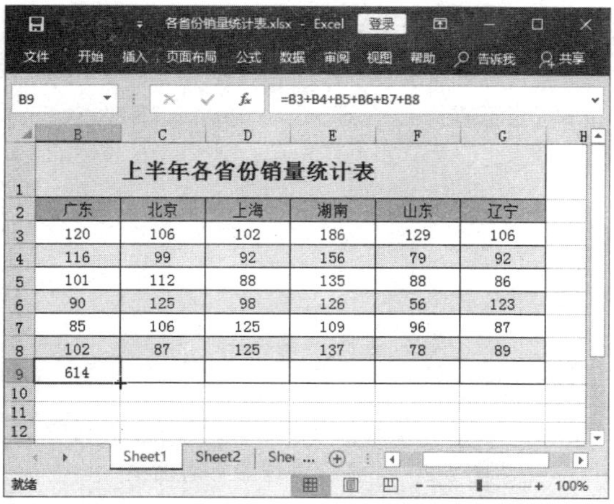

图 5-15 选择单元格

图 5-16 复制公式

5.3 定义名称简化公式

若在公式中需要引用很多单元格，为了保证公式的正确性，可以通过定义名称的方式来简化公式，从而避免引用错误的单元格而造成的计算错误。下面将详细介绍如何通过定义名称来简化公式。

5.3.1 定义名称

在使用名称简化公式之前，需要先定义单元格名称，具体操作方法如下。

Step 01 打开“素材文件\第 5 章\学习成绩表 1.xlsx”，选择 D3:F3 单元格区域，选择“公式”选项卡，单击“定义的名称”下拉按钮，选择“定义名称”选项，如图 5-17 所示

Step 02 弹出“新建名称”对话框，在“名称”文本框中输入“张超的成绩”，在“引用位置”文本框中显示引用的单元格区域，然后单击“确定”按钮，如图 5-18 所示。

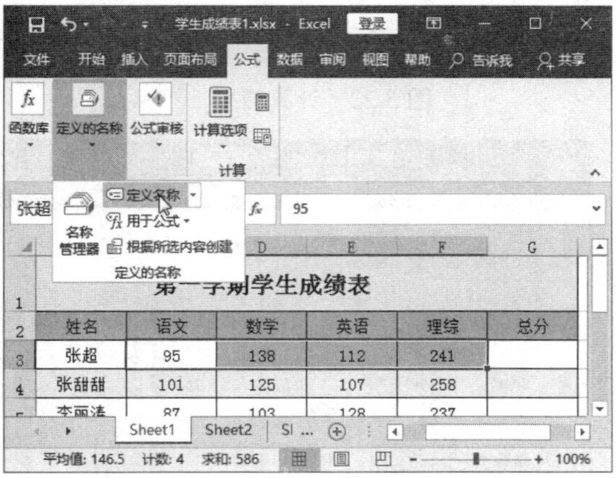

图 5-17 选择“定义名称”选项

图 5-18 “新建名称”对话框

Step 03 此时，名称即可定义完成。单击“定义的名称”下拉按钮，单击“名称管理器”按钮，如图 5-19 所示。

Step 04 弹出“名称管理器”对话框，即可查看自定义的名称，如图 5-20 所示。

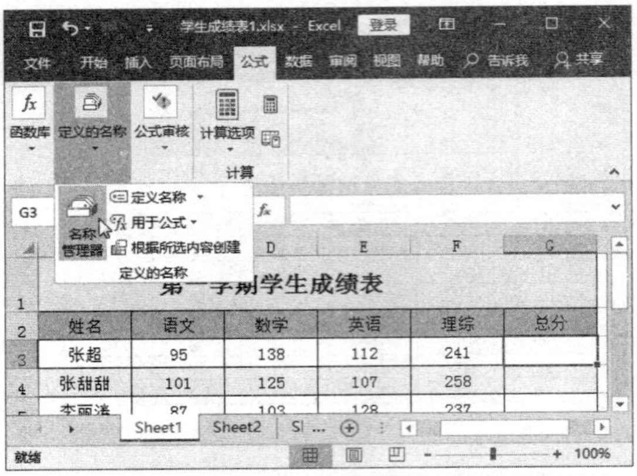

图 5-19 单击“名称管理器”按钮

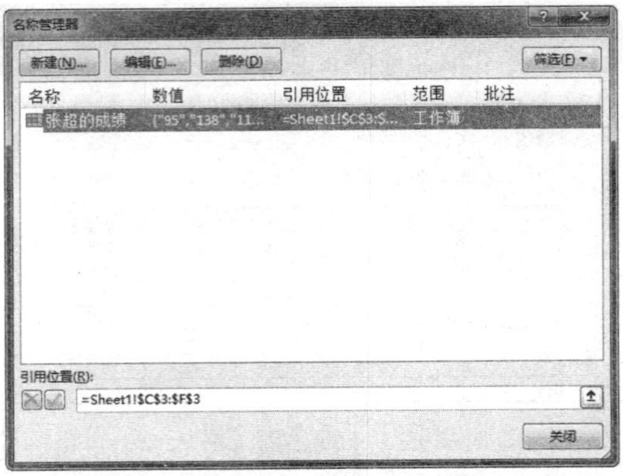

图 5-20 “名称管理器”对话框

5.3.2 在公式中引用名称

定义单元格名称以后，即可在输入公式时引用名称，从而简化公式的输入操作，具体操作步骤如下。

Step 01 选择 G3 单元格，在编辑栏中输入公式“=SUM(张超的成绩)”，如图 5-21 所示。

Step 02 按【Enter】键确认，即可通过在公式中引用名称得出计算结果，如图 5-22 所示。

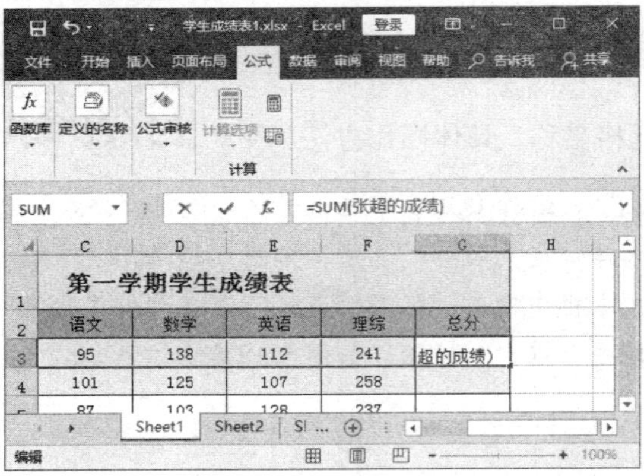

图 5-21 输入公式

图 5-22 计算结果

5.3.3 管理名称

管理名称包括新建名称，以及对自定义的名称进行编辑和删除操作，具体操作方法如下。

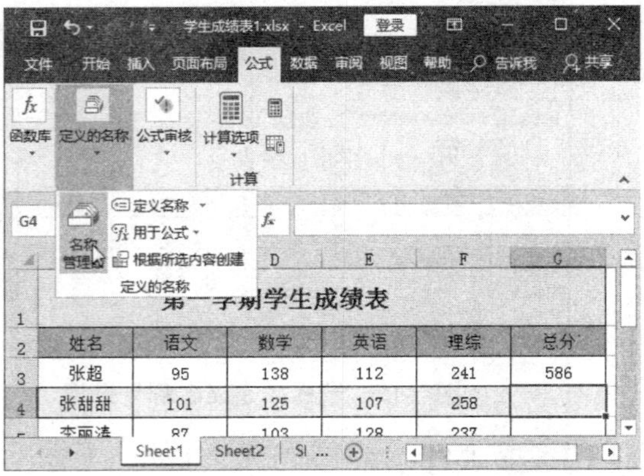

图 5-23 单击“名称管理器”按钮

Step 01 选择“公式”选项卡，单击“定义的名称”下拉按钮，单击“名称管理器”按钮，如图 5-23 所示。

Step 02 弹出“名称管理器”对话框，单击“新建”按钮，如图 5-24 所示。

Step 03 弹出“新建名称”对话框，在“名称”文本框中输入“张甜甜的总成绩”，单击“引用位置”文本框右侧的折叠按钮，如图 5-25 所示。

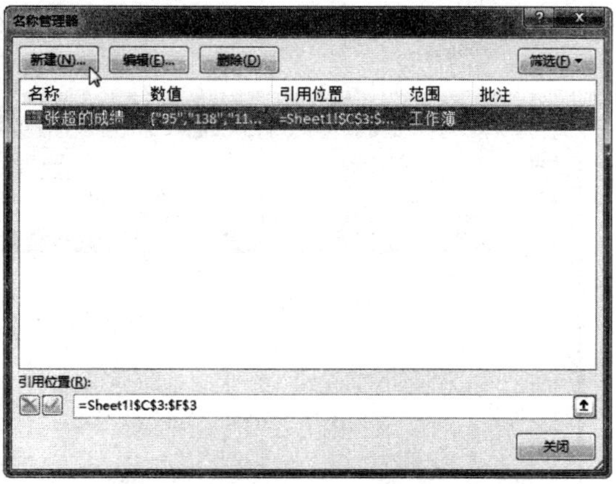

图 5-24 “名称管理器”对话框

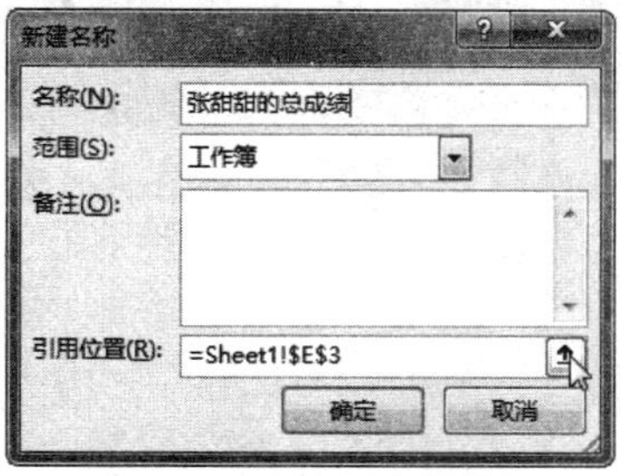

图 5-25 “新建名称”对话框

Step 04 弹出“新建名称 - 引用位置”对话框，在工作表中选择 C4:F4 单元格区域，然后单击“新建名称 - 引用位置”对话框中的展开按钮，如图 5-26 所示。

Step 05 返回“新建名称”对话框，单击“确定”按钮，如图 5-27 所示。

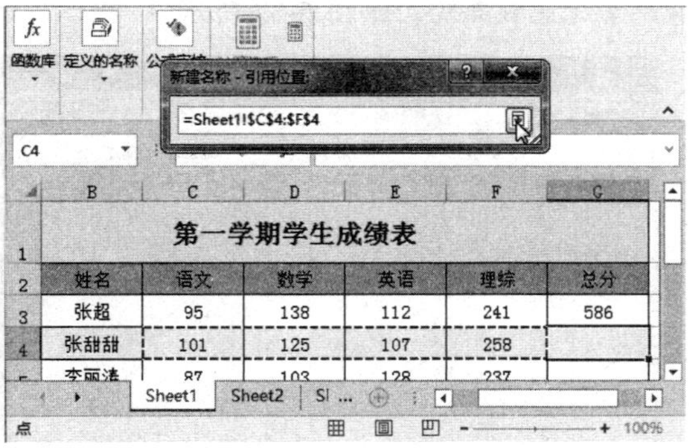

图 5-26 选择引用位置

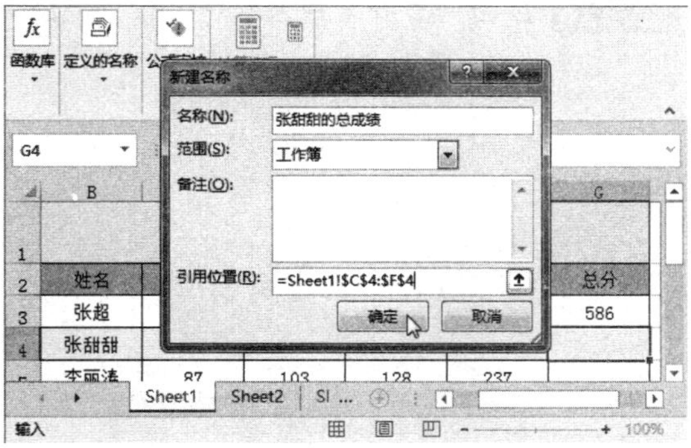

图 5-27 确认新建名称设置

Step 06 返回“名称管理器”对话框，选择“张超的成绩”名称，然后单击“编辑”按钮，如图 5-28 所示。

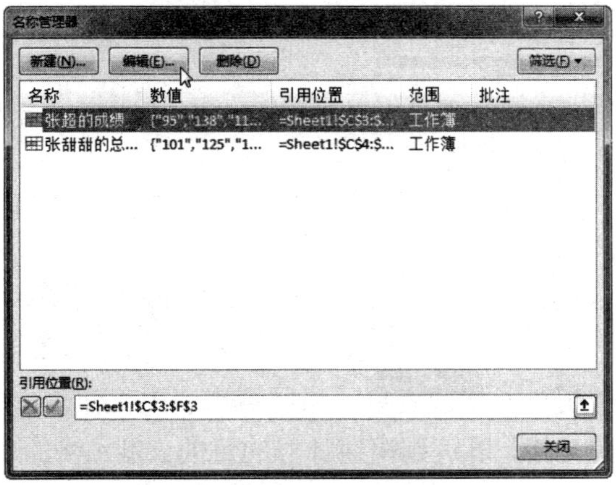

图 5-28 “名称管理器”对话框

Step 07 弹出“编辑名称”对话框，修改名称为“张超的总成绩”，然后单击“确定”按钮，如图 5-29 所示。

Step 08 返回“名称管理器”对话框，此时名称已被修改。若要删除定义的名称，可先选中该名称，然后单击“删除”按钮，如图 5-30 所示。

图 5-29　修改名称

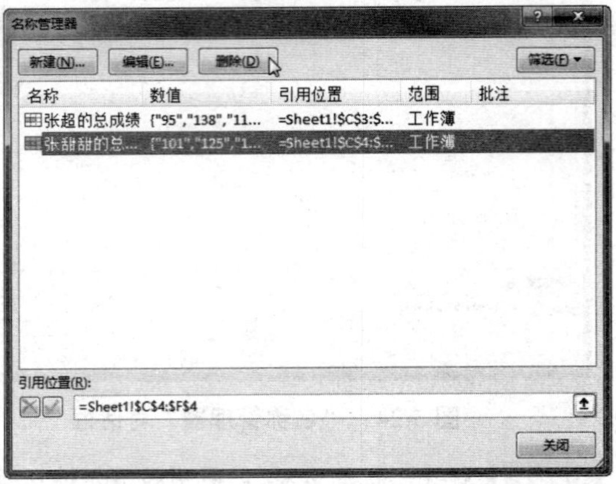

图 5-30　“名称管理器”对话框

Step 09 弹出提示信息框，提示是否要删除该名称，单击“确定”按钮，如图 5-31 所示。

Step 10 返回“名称管理器”对话框，此时可以看到名称已被删除，如图 5-32 所示。

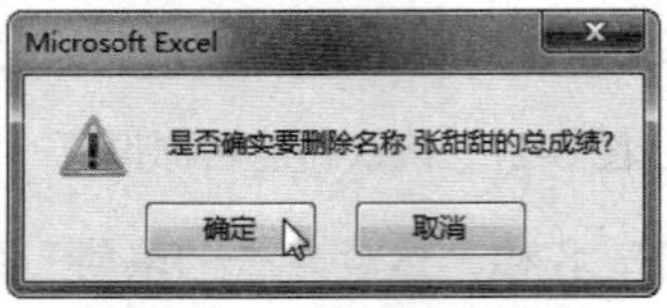

图 5-31　确认删除操作

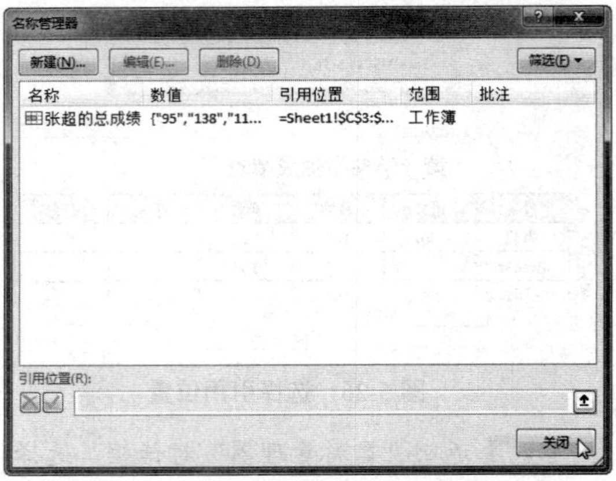

图 5-32　删除名称

课堂解疑

在进行高级筛选时，还可根据需要为列表区域和条件区域的单元格定义名称，并在“高级筛选”对话框中将该名称设置为参数。

5.4 单元格的引用

在公式中经常需要使用单元格或者单元格区域来引用工作表中的一个或多个单元格，或者引用其他工作表中的单元格，以达到快速计算的目的。单元格的引用分为三种：相对引用、绝对引用和混合引用，下面列举不同单元格的引用方式。

- ➢ 相对引用：A1
- ➢ 绝对引用：$A$1
- ➢ 行绝对引用：A$1
- ➢ 列绝对引用：$A1

5.4.1　相对引用

相对引用是指包含公式和单元格引用的单元格的相对位置。运用相对引用时，公式所在的单元格位置改变时，引用也会随之改变。使用相对引用的具体操作方法如下。

Step 01 打开“素材文件\第 5 章\产品月销售额.xlsx”，选择 B9 单元格，在其中输入公式“=B3+B4+B5+B6+B7+B8”，如图 5-33 所示。

Step 02 按【Enter】键确认，即可在该单元格中显示出计算结果，如图 5-34 所示。

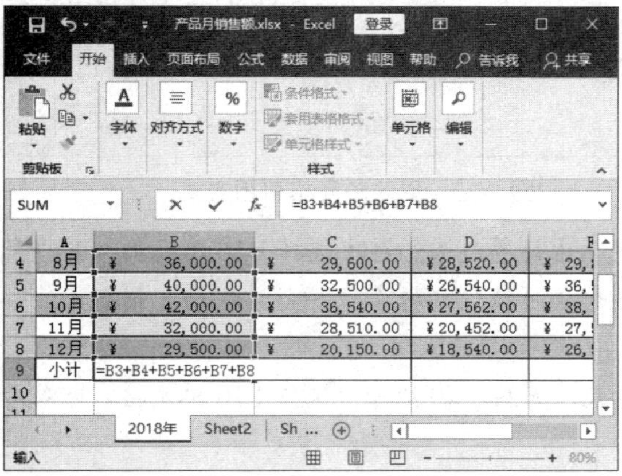

图 5-33　输入公式

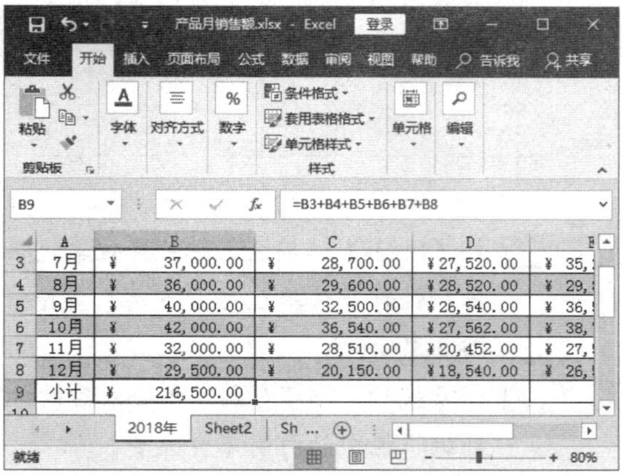

图 5-34　显示计算结果

Step 03 再次选择 B9 单元格，并将鼠标指针移至该单元格右下角，当指针呈**+**形状时按住鼠标左键并向右拖动复制公式，如图 5-35 所示。

Step 04 松开鼠标，即可看到复制公式后的计算结果，如图 5-36 所示。选择复制公式的单元格，在编辑栏中即可看到引用随之改变。

图 5-35　复制公式

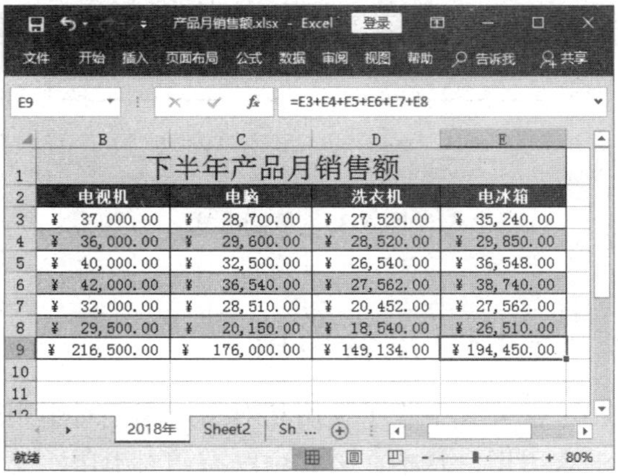

图 5-36　显示计算结果

5.4.2 绝对引用

与相对引用不同，在使用绝对引用时即使公式所在单元格的位置发生改变，引用也不会随之改变。使用绝对引用的具体操作方法如下。

Step 01 选择 B10 单元格，在其中输入公式“=B3+B4+B5+B6+B7+B8”，如图 5-37 所示。

Step 02 选择公式“=B3+B4+B5+B6+B7+B8”，然后按【F4】键，即可看到公式中的单元格引用添加了绝对符号，如图 5-38 所示。

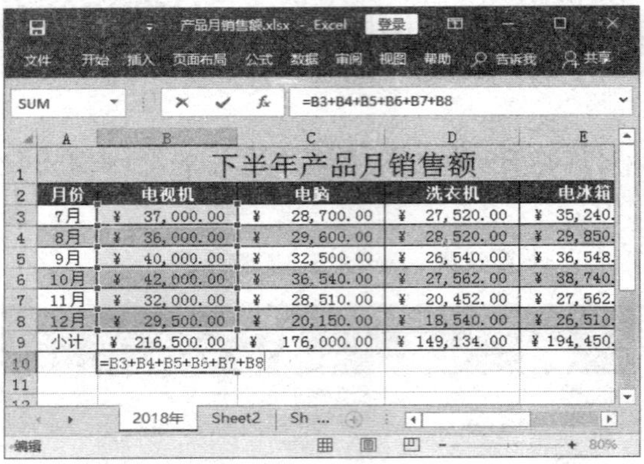

图 5-37　输入公式

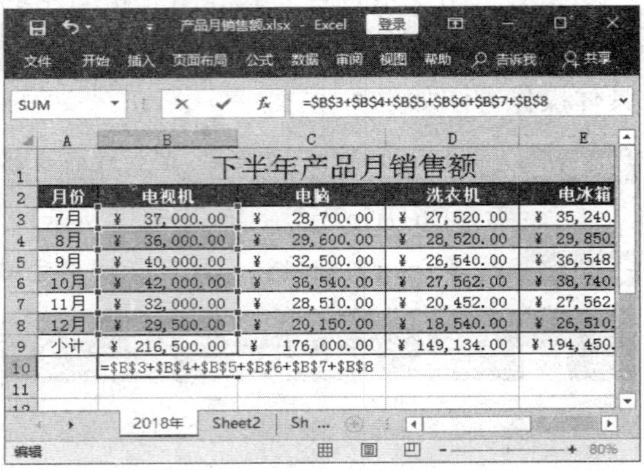

图 5-38　更改单元格引用方式

Step 03 按【Enter】键确认，即可在该单元格中显示出计算结果。再次选择 B10 单元格，并将鼠标指针移至该单元格右下角，当指针呈**+**形状时按住鼠标左键并向右拖动复制公式，如图 5-39 所示。

Step 04 松开鼠标，即可看到复制公式后的计算结果，如图 5-40 所示。选择 E10 单元格，可以看到编辑栏中的引用不会改变。

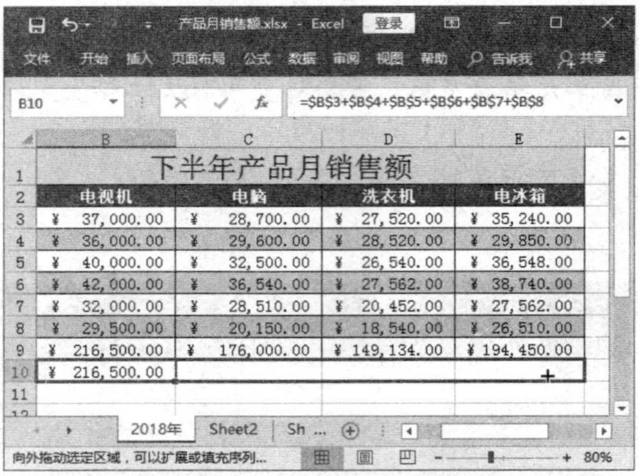

图 5-39　复制公式

图 5-40　显示计算结果

5.4.3 混合引用

在公式中除了使用相对引用和绝对引用外，还经常使用混合引用。所谓混合引用，是指在公式中既有相对引用，又有绝对引用。使用混合引用的具体操作方法如下。

Step 01 选择 B11 单元格，在其中输入公式 "=C3+$C$4+$C$5+C6+$C$7+$C$8"，如图 5-41 所示。

Step 02 按【Enter】键确认，即可在该单元格中显示计算结果，如图 5-42 所示。

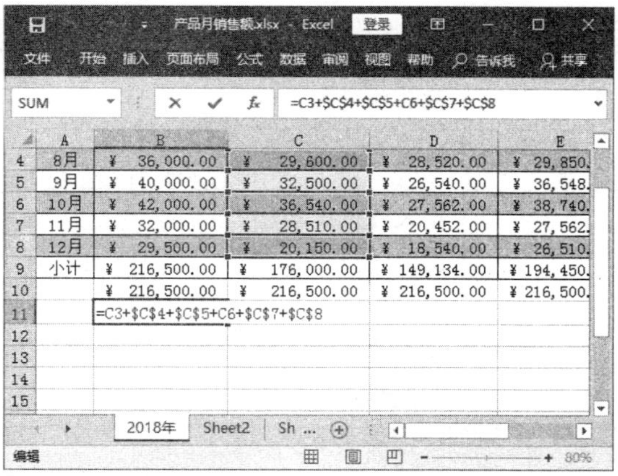

图 5-41 输入公式

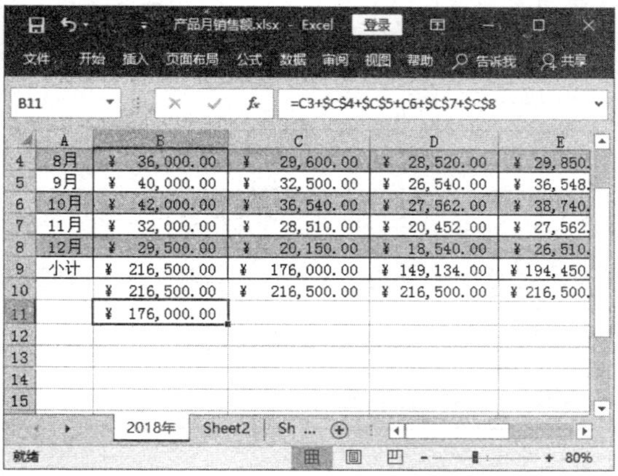

图 5-42 显示计算结果

Step 03 再次选择 B11 单元格，并将鼠标指针移至该单元格右下角，当指针呈✚形状时按住鼠标左键并向右拖动复制公式，如图 5-43 所示。

Step 04 松开鼠标，即可看到复制公式后的计算结果，如图 5-44 所示。选择 E11 单元格，查看编辑栏中单元格引用的变化，相对引用发生变化，绝对引用没有变化。

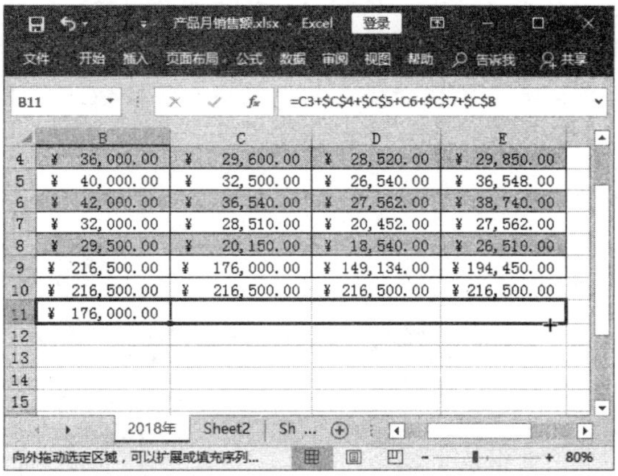

图 5-43 复制公式

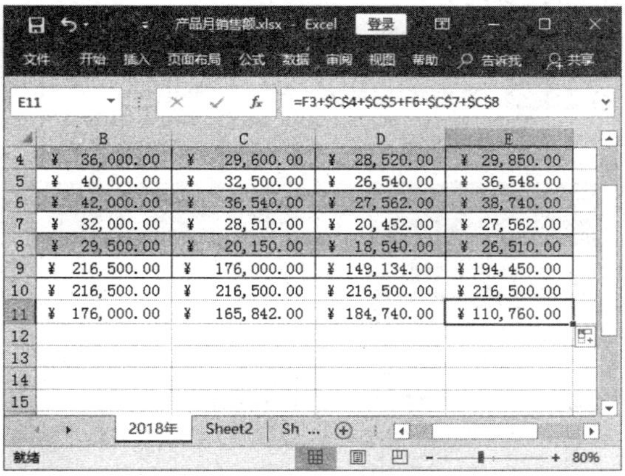

图 5-44 显示计算结果

5.5 审核公式

在处理表格数据时，有时会因为公式错误或其他因素造成单元格错误。利用公式的审核功能可以检查公式的错误根源，还可跟踪选定范围中公式的引用或从属单元格。下面将详细介绍如何审核公式。

5.5.1 公式返回的错误值及其产生原因

若输入的公式有错误，就会显示一个错误值。常见的错误值产生原因及其解决方法见表 5-6。

表 5-6 常见错误值产生原因及其解决方法

错误值	错误产生原因	解决方法
#####	公式结果计算太长，超出单元格的字符范围	调整加宽列宽
#DIV/0!	除数为 0	修改单元格数值，除数不能为 0
#N/A	公式中没有可用的数值或缺少函数参数	输入数值或参数
#NAME?	使用了不存在的名称或名称拼写错误	修改函数名称
#NUM!	使用了不能接受的参数	将参数修改为数字类型
#REF!	无效的单元格引用	修改单元格引用

5.5.2 检查错误

在使用公式进行计算时，若出现了错误，可以利用“公式审核”功能将错误检查出来，具体操作方法如下。

Step 01 打开“素材文件\第 5 章\学生成绩表.xlsx”，选择“公式”选项卡，在“公式审核”组中单击“错误检查”下拉按钮，选择“错误检查”选项，如图 5-45 所示。

Step 02 弹出“错误检查”对话框，即可将错误检查出来，单击“从上部复制公式”按钮，如图 5-46 所示。

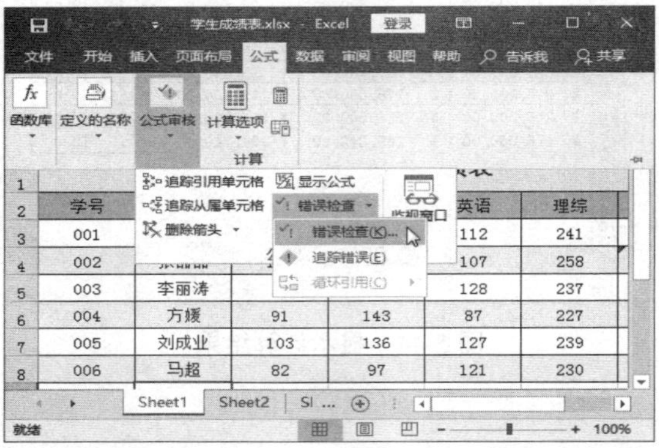

图 5-45 选择“错误检查”选项

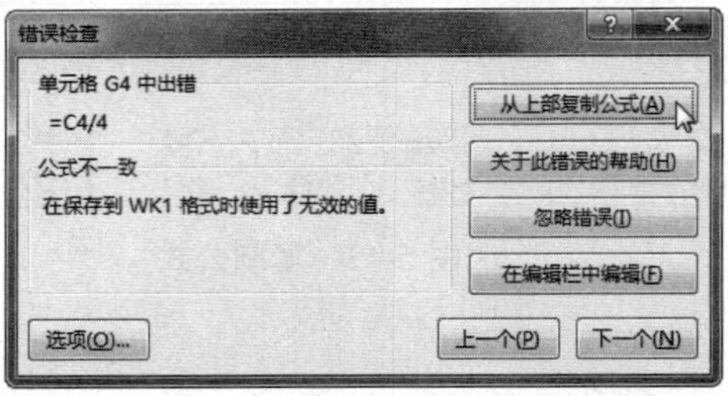

图 5-46 “错误检查”对话框

Step 03 弹出提示信息框，提示已经完成了对整个工作表的错误检查，如图 5-47 所示。

图 5-47 确认检查操作

Step 04 此时，即可在 G4 单元格中显示出更正后的结果，如图 5-48 所示。

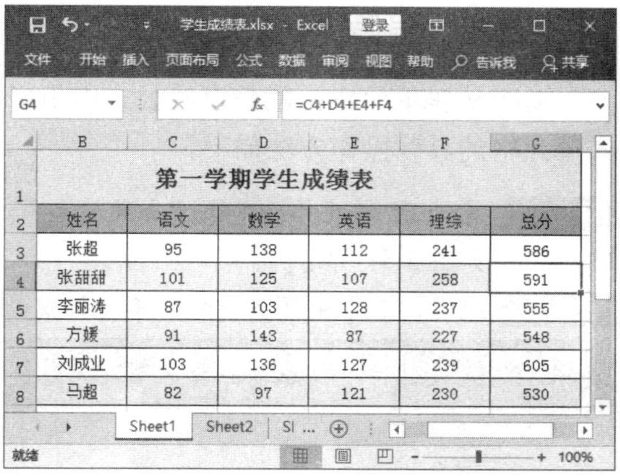

图 5-48　显示更正结果

5.5.3　追踪引用单元格

使用公式计算数据后，单元格中一般不显示公式。使用“追踪引用单元格”功能就能很直观地查找引用数据，具体操作方法如下。

Step 01 选择 G6 单元格，在“公式”选项卡下单击“公式审核”组中的“追踪引用单元格”按钮，如图 5-49 所示。

Step 02 此时，即可在工作表中用蓝色箭头标示出所选单元格的引用单元格，如图 5-50 所示。

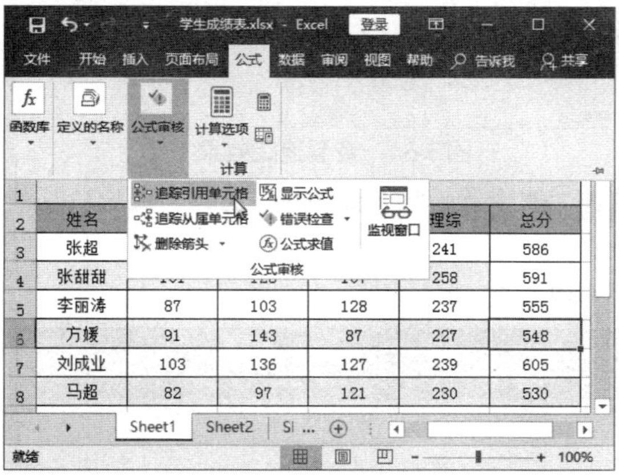

图 5-49　单击“追踪引用单元格”按钮

图 5-50　显示追踪结果

Step 03 选择 G6 单元格，在“公式”选项卡下单击“公式审核”组中的“删除箭头”下拉按钮，选择“删除引用单元格追踪箭头”选项，如图 5-51 所示。

Step 04 此时，即可将引用单元格追踪箭头删除，如图 5-52 所示。

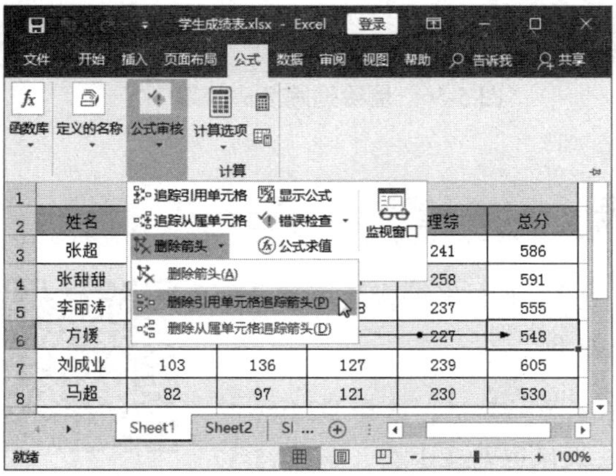

图 5-51　选择“删除引用单元格追踪箭头”选项

图 5-52　删除追踪箭头效果

5.5.4 追踪从属单元格

追踪从属单元格，就是查看公式中引用了哪些单元格中的数据。追踪从属单元格的具体操作方法如下。

Step 01 选择 E5 单元格，单击“公式”选项卡下“公式审核”组中的“追踪从属单元格”按钮，如图 5-53 所示。

Step 02 此时，表格中箭头指向的单元格就是从属单元格，如图 5-54 所示。

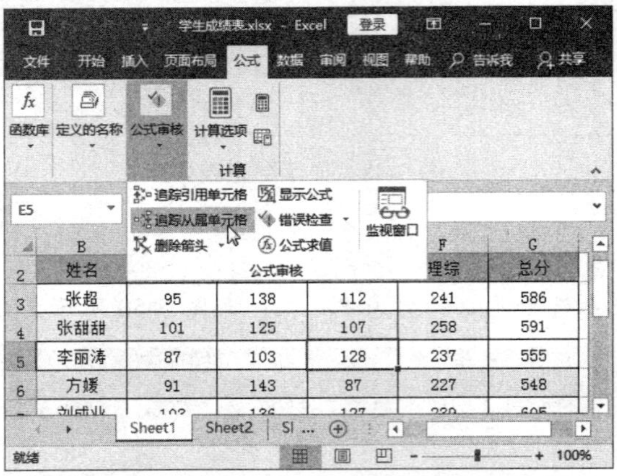

图 5-53 单击“追踪从属单元格”按钮

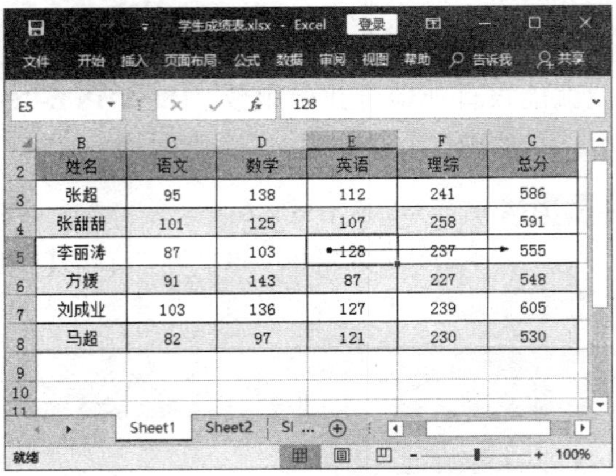

图 5-54 查看追踪效果

Step 03 选择 E5 单元格，在“公式审核”组中单击“删除箭头”下拉按钮，选择“删除从属单元格追踪箭头”选项，如图 5-55 所示。

Step 04 此时，即可将从属单元格追踪箭头删除，如图 5-56 所示。

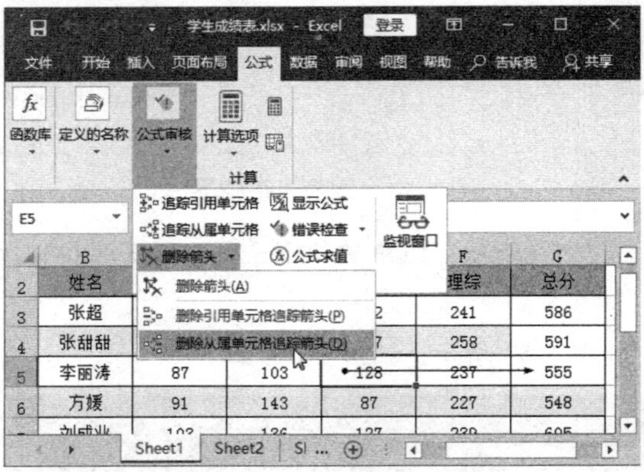

图 5-55 选择“删除从属单元格追踪箭头”选项

图 5-56 删除追踪箭头效果

5.6 综合实例——制作销售报表

使用公式制作销售报表可以极大地提高运算效率。下面将综合运用本章所学知识，使用公式制作销售报表，具体操作方法如下。

Step 01 新建“销售报表”工作簿，在工作表中输入原始数据。选择 D2:E66 单元格区域，设置数字格式为“数字”，默认保留两位小数，如图 5-57 所示。

Step 02 选择 F2 单元格，在编辑栏中输入公式 “=(D2-E2)/D2”，如图 5-58 所示。

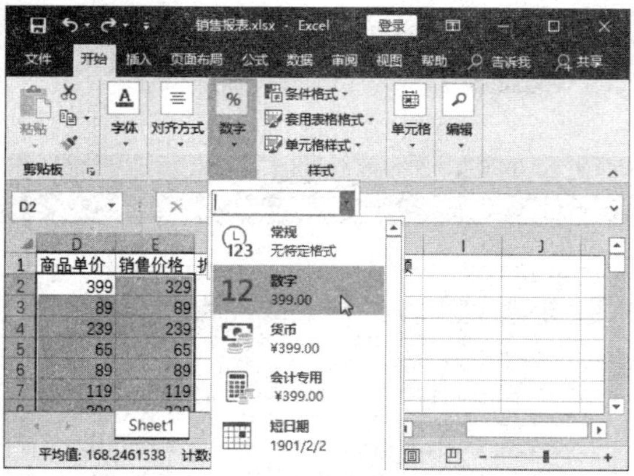

图 5-57 设置数字格式

图 5-58 输入公式

Step 03 按【Enter】键确认，选择 F2 单元格，单击“数字”下拉按钮，单击“百分比样式”按钮%，如图 5-59 所示。

Step 04 将鼠标指针置于 F2 单元格右下角并拖动填充柄，快速复制公式到 F3:F66 单元格区域，如图 5-60 所示。

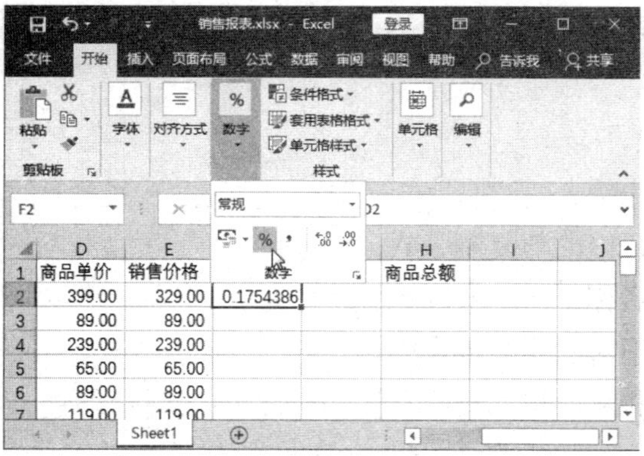

图 5-59 设置数字为百分比样式

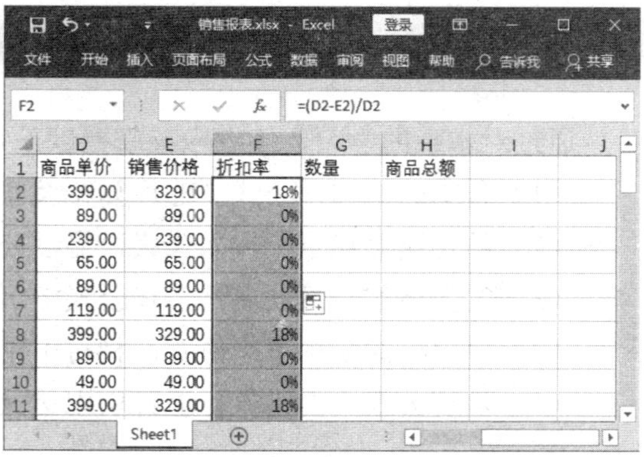

图 5-60 复制公式

Step 05 在 G2:G66 单元格区域中输入“数量”数据，然后选择 H2 单元格，输入公式“=E2*G2”，如图 5-61 所示。

Step 06 按【Enter】键确认，将鼠标指针置于 H2 单元格右下角并拖动填充柄，快速复制公式到 H3:H66 单元格区域，如图 5-62 所示。

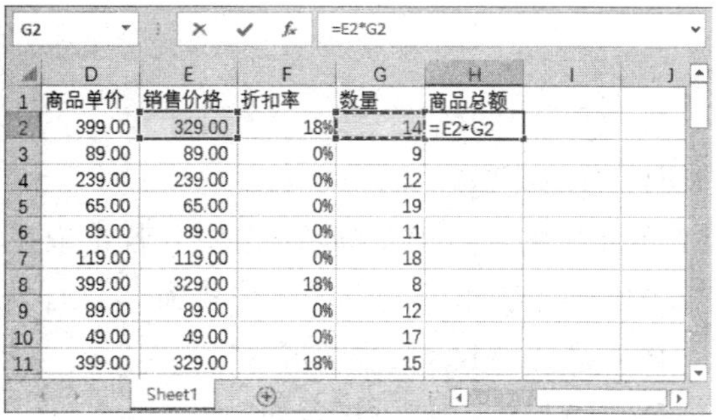

图 5-61 输入公式

图 5-62 复制公式

Step 07 选择“视图”选项卡，单击“冻结窗格”下拉按钮，选择“冻结首行”选项，如图 5-63 所示。

Step 08 通过设置表格字体格式、标题填充色、对齐方式和框线等来美化表格，最终效果如图 5-64 所示。

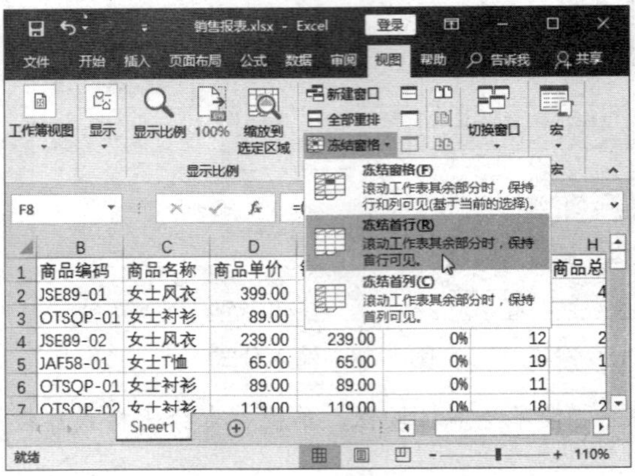

图 5-63　冻结首行

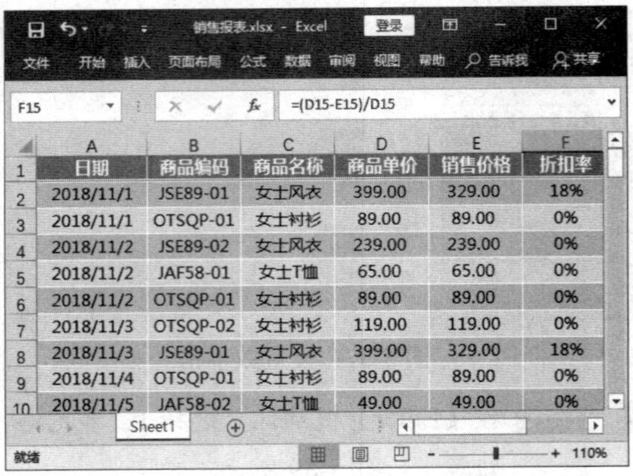

图 5-64　美化表格

本章小结

通过对本章的学习，读者应该掌握以下知识。

（1）公式的结构，公式中的运算符及其优先级。

（2）结合键盘和鼠标输入公式，显示公式，修改与复制公式。

（3）定义名称与管理名称，在公式中引用名称。

（4）单元格的三种引用方式，相对引用、绝对引用与混合引用。

（5）检查公式中的错误，追踪引用单元格和从属单元格。

课后习题

一、选择题

1．在 Excel 2016 中，创建公式的操作步骤是（　）。

①在编辑栏键入“＝”　②输入公式

③按【Enter】键　　④选择需要创建公式的单元格

A．④③①②　　B．④①②③

C．④①③②　　D．①②③④

2．若 A1 单元格中的字符串是"暨南大学"，A2 单元格的字符串是"计算机系"，若希望在 A3 单元格中显示"暨南大学计算机系招生情况表"，则应在 A3 单元格中输入公式为（　）。

A．=A1&A2&"招生情况表"　　B．=A2&A1&"招生情况表"

C．=A1+A2+"招生情况表"　　D．=A1–A2–"招生情况表"

3. 在 Excel 2016 中，若单元格引用随公式所在单元格位置的变化而改变，则称之为（　）。

A. 相对引用　　B. 绝对引用

C. 混合引用　　D. 公式引用

二、填空题

1. 公式中的运算符，优先级由高到低依次为__________、__________、__________和__________。

2. 为了保证公式的正确性，可以通过__________的方式来简化公式。

3. 公式中________错误表示没有可用的数值或缺少函数参数，________错误表示使用了不能接受的参数。

三、实操题

打开“素材文件\第 5 章\习题：学生成绩表.xlsx”，为每个学生的各科成绩定义名称，通过引用名称计算公式为 G5 单元格设置追踪引用单元格，效果如图 5-65 所示。

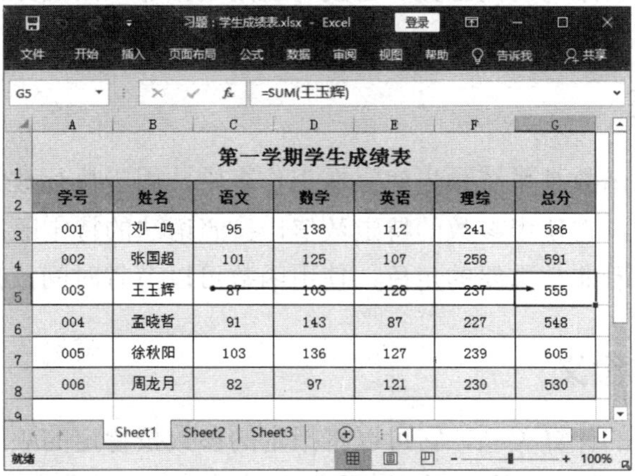

图 5-65　学生成绩表

操作提示：

（1）选择学生各科成绩，将名称定义为该同学姓名。

（2）通过输入公式“=SUM(定义名称)”，计算总分。

（3）选择 G5 单元格，设置追踪引用单元格。

第 6 章 函数的使用

【学习目标】

- 了解函数的含义与分类。
- 掌握统计函数的作用、语法及其使用方法。
- 掌握文本函数的作用、语法及其使用方法。
- 掌握逻辑函数的作用、语法及其使用方法。
- 掌握日期与时间函数的作用、语法及其使用方法。
- 掌握查找与引用函数的作用、语法及其使用方法。

Excel 2016 中内置了大量的函数，使用这些函数可以对工作表中的数据进行统计分析。函数是 Excel 预先定义的执行统计、分析等处理数据任务的内部工具。本章将学习统计函数、文本函数、逻辑函数、日期与时间函数、查找与引用函数等常用函数的使用方法。

6.1 认识函数

在 Excel 2016 中，函数是系统预先建立在工作表中，用于执行数学、正文或逻辑运算以及查找有关信息的公式。它使用参数的特定数值，按照语法的特定顺序进行计算。在分析与处理数据时，函数扮演着非常重要的角色，使用函数可以节省时间，提高工作效率。

6.1.1 函数的含义

函数是一种预定义的计算关系，它可以将指定的参数按特定的顺序或结构进行计算，并返回计算结果。函数的参数是函数中用来执行计算的数值，是函数进行计算所必需的初始值。参数的类型由函数自身决定，所以使用内置函数时必须清楚函数的格式。函数的参数类型包括数字、单元格引用、单元格名称和文本等，也可是常量、公式或其他函数。

6.1.2 函数的分类

在使用 Excel 2016 制作电子表格时，经常要用函数和公式来自动处理大量的数据。在 Excel 2016 中提供了大量的函数，包含财务、文本、日期和时间、统计、工程、逻辑、查找和引用、数学和三角等不同领域的函数，基本上能满足不同工作的要求。Excel 2016 的函数集中在“公式”选项卡下的“函数库”组中，如图 6-1 所示。

图 6-1　函数集

这些函数按照功能可以分为以下几种类型。

➢ **文本函数**：用于处理字符串。

➢ **日期与时间函数**：用于在公式中分析处理日期和时间值。

➢ **数字和三角函数**：用于进行数学上的计算。

➢ **逻辑函数**：用于判断真假值，或进行符号的检验。

➢ **查找与引用函数**：用于在表格中查找特定的数据，或查找一个单元格中的引用。

➢ **信息函数**：用于确定存储在单元格中的数据类型。

➢ **统计函数**：用于对选定的单元格区域进行统计。

➢ **财务函数**：用于进行简单的财务计算。

➢ **工程函数**：用于进行工程分析。

➢ **数据库函数**：用于分析数据清单中的数值是否符合特定条件。

➢ **外部函数**：这些函数使用加载项程序加载，用于连接一个外部数据源并从工作表中运行查询，然后将查询的结果以数值的形式返回，无须进行宏编辑。

6.1.3 输入函数

若要在工作表中使用函数，首先要输入公式。输入函数与输入公式的过程类似。函数的输入可以采用手工和函数向导两种方法来实现。若能记住函数的名称、参数和作用，直接在单元格中手工输入公式是最快捷的方法。若不能确定函数的拼写或参数，可以使用函数向导进行输入。

方法 1：手工输入函数

Step 01 打开“素材文件/第 6 章/手动输入公式.xlsx”，选择需要输入公式的单元格，在该单元格中输入公式“=SUM(C8:C12)”，如图 6-2 所示。

Step 02 输入完毕后按【Enter】键确认，即可查看计算结果，如图 6-3 所示。

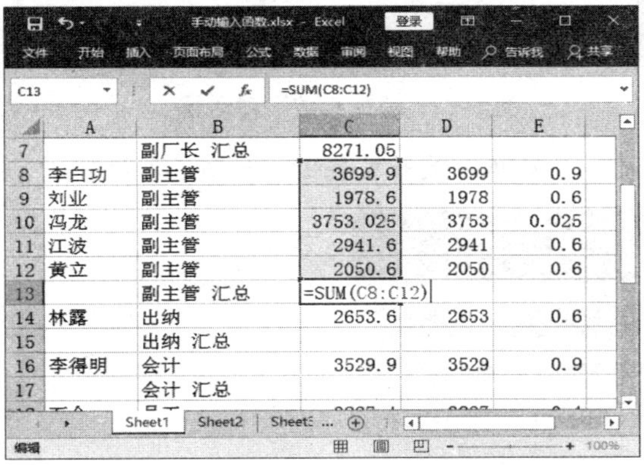

图 6-2 输入公式

图 6-3 查看计算结果

方法 2：使用函数向导输入函数

Step 01 新建“输入函数.xlsx”工作簿，选择 A1 单元格，在其中输入“-100”，如图 6-4 所示。

Step 02 选择 A2 单元格，选择“公式”选项卡，单击“函数库”组中的“插入函数”按钮，如图 6-5 所示。

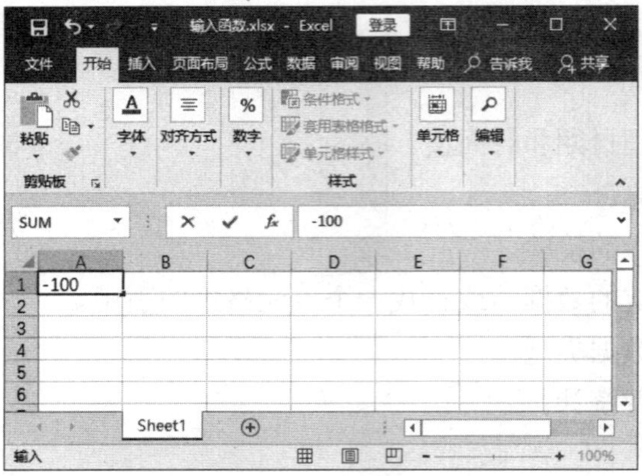

图 6-4　输入公式

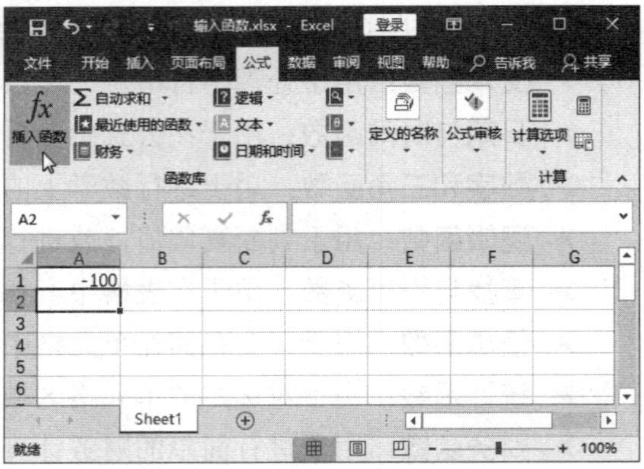

图 6-5　插入函数

Step 03 弹出“插入函数”对话框，在“或选择类别”下拉列表框中选择“数学与三角函数”选项，在“选择函数”列表框中选择 ABS 函数，然后单击“确定”按钮，如图 6-6 所示。

Step 04 弹出“函数参数”对话框，在 Number 文本框中设置参数，或单击折叠按钮，如图 6-7 所示。

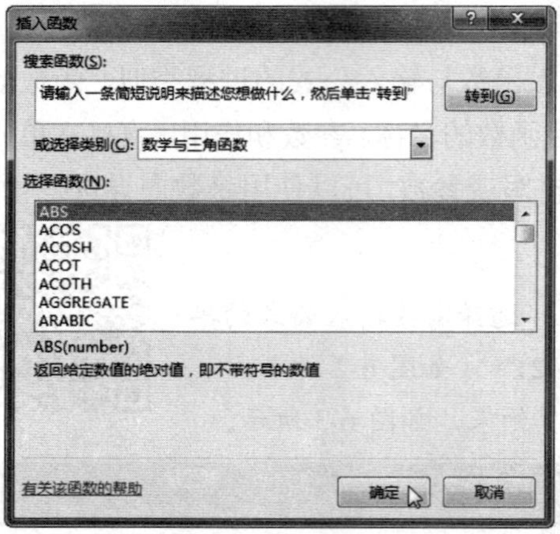

图 6-6　“插入函数”对话框

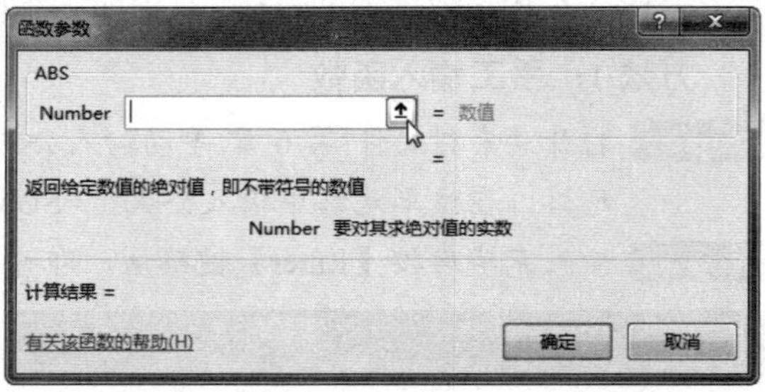

图 6-7　“函数参数”对话框

Step 05 返回工作表，选择要作为参数的 A1 单元格，然后单击展开按钮，如图 6-8 所示。

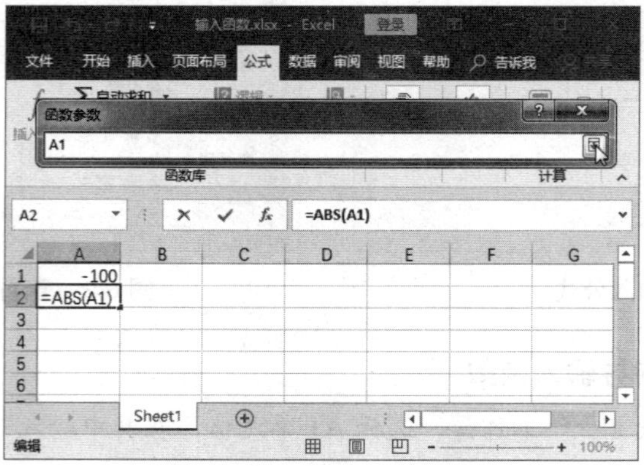

图 6-8　选择单元格

Step 06 返回“函数参数”对话框，单击“确定”按钮，如图 6-9 所示。

Step 07 此时，即可查看利用函数向导输入公式后的计算结果，如图 6-10 所示。

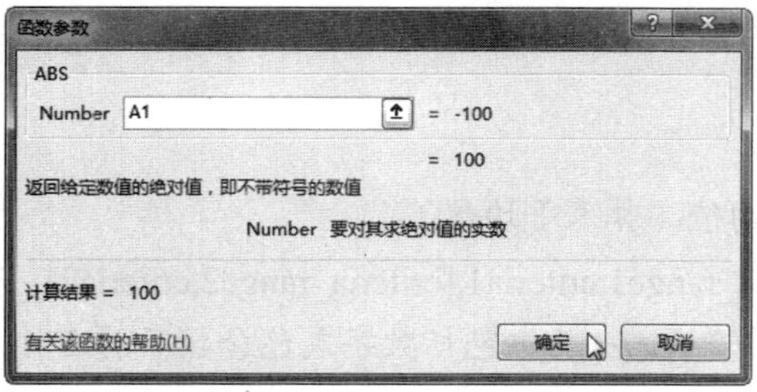

图 6-9　确认函数设置

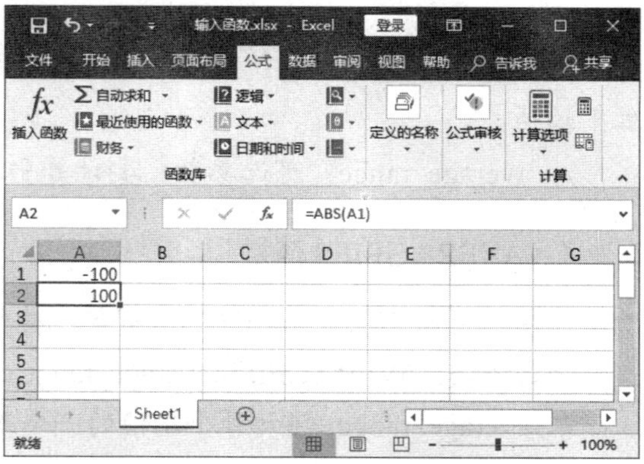

图 6-10　查看计算结果

6.2　统计函数

统计函数用于对数据区域进行统计分析，如计数、最大值、最小值和平均值等日常生活与工作中常见的统计操作都可以使用统计函数来完成计算。

6.2.1　常用统计函数

常用的统计函数主要包括 AVERAGE、AVERAGEA、AVERAGEIF、AVERAGEIFS、COUNT、COUNTA、COUNTBLANK、COUNTIF、COUNTIFS、MAX 和 MIN 等函数，下面将分别介绍其具体作用和语法。

1．AVERAGE 函数

作用：返回参数的平均值。

函数语法：AVERAGE(number1, [number2], ...)

number1 表示要计算平均值的第一个数字、单元格引用或单元格区域；number2 为可选参数，表示要计算平均值的其他数字、单元格引用或单元格区域。

2．AVERAGEA 函数

作用：计算参数列表中数值的平均值（算术平均值）。AVERAGEA 函数用于计算趋中性，趋中性是统计分布中一组数中间的位置。三种最常见的趋中性计算方法是：平均值、中值和众数。

函数语法：AVERAGEA(value1,[value2],...)

Value1，value2,...为需要计算平均值的 1~255 个单元格、单元格区域或值。

3．AVERAGEIF 函数

作用：返回某个区域内满足给定条件的所有单元格的平均值（算术平均值）。

函数语法：AVERAGEIF(range,criteria,[average_range])

➢ range：要计算平均值的一个或多个单元格，其中包括数字或包含数字的名称、数组或引用。

➢ criteria：数字、表达式、单元格引用或文本形式的条件，用于定义要对哪些单元格计算平均值。

➢ average_range：可选参数。要计算平均值的实际单元格集。若忽略，则使用 range。

4．AVERAGEIFS 函数

作用：返回满足多重条件的所有单元格的平均值（算术平均值）。

函数语法：AVERAGEIFS(average_range,criteria_range1,criteria1,[criteria_range2,criteria2],...)

➢ average_range：要计算平均值的一个或多个单元格，其中包括数字或包含数字的名称、数组或引用。

➢ criteria_range1,criteria_range2,...：criteria_range1 是必需的，随后的 criteria_range 是可选的。在其中计算关联条件的 1~127 个区域。

➢ criteria1,criteria2,...：criteria1 是必需的，随后的 criteria 是可选的。数字、表达式、单元格引用或文本形式的 1~127 个条件，用于定义将对哪些单元格求平均值。

5．COUNT 函数

作用：计算包含数字的单元格以及参数列表中数字的个数。使用 COUNT 函数可以获取区域或数字数组中数字字段的输入项的个数。

函数语法：COUNT(value1,[value2],...)

value1 为要计算其中数字的个数的第一个项、单元格引用或区域；value2,...为要计算其中数字的个数的其他项、单元格引用或区域。

6．COUNTA 函数

作用：计算区域中不为空的单元格的个数。

函数语法：COUNTA(value1,[value2],…)

7．COUNTBLANK 函数

作用：计算指定单元格区域中空白单元格的个数。

函数语法：COUNTBLANK(range)

range 为需要计算其中空白单元格个数的区域。

8．COUNTIF 函数

作用：对区域中满足单个指定条件的单元格进行计数。

函数语法：COUNTIF(range,criteria)

➢ range：要对其进行计数的一个或多个单元格，其中包括数字或名称、数组或包含数字的引用。空值和文本值将被忽略。

➢ criteria：用于定义将对哪些单元格进行计数的数字、表达式、单元格引用或文本字符串。

9．COUNTIFS 函数

作用：将条件应用于跨多个区域的单元格，并计算符合所有条件的次数。

函数语法：COUNTIFS(criteria_range1,criteria1,[criteria_range2,criteria2]…)

➢ criteria_range1：在其中计算关联条件的第一个区域。

➢ criteria1：条件的形式为数字、表达式、单元格引用或文本，它定义了要计数的单元格范围。例如，条件可以表示为 32、">32"、B4、"apples"或"32"。

➢ criteria_range2,criteria2,...：可选参数，附加的区域及其关联条件，最多允许 127 个区域/条件对。每一个附加的区域都必须与参数 criteria_range1 具有相同的行数和列数。这些区域无须彼此相邻。

10．MAX 和 MIN 函数

（1）MAX 函数

作用：返回一组值中的最大值。

函数语法：MAX(number1,[number2],...)

（2）MIN 函数

作用：返回一组值中的最小值。

函数语法：MIN(number1,[number2],...)

两个函数的参数可以是数字或者是包含数字的名称、数组或引用。

11．MAXA 和 MINA 函数

（1）MAXA 函数

作用：返回参数列表中的最大值。

函数语法：MAXA(value1,[value2],...)

（2）MINA 函数

作用：返回参数列表中的最小值。

函数语法：MINA(value1,[value2],...)

6.2.2 AVERAGE 函数

下面将介绍 AVERAGE 函数的使用方法，具体操作方法如下。

Step 01 打开“素材文件\第 6 章\AVERAGE 函数.xlsx”，在工作表中选择 F8 单元格，单击编辑栏中的“插入函数”按钮 f_x，如图 6-11 所示。

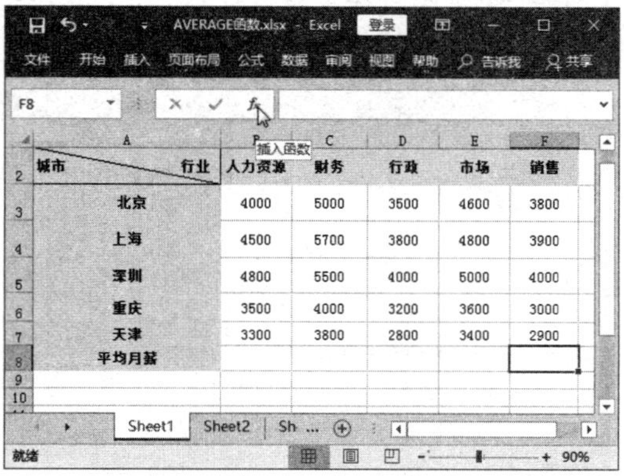

图 6-11 单击“插入函数”按钮

Step 02 弹出“插入函数”对话框，在“搜索函数”文本框中输入 AVERAGE，然后单击“转到”按钮，如图 6-12 所示。

Step 03 在“选择函数”列表框中选择 AVERAGE 函数，然后单击“确定”按钮，如图 6-13 所示。

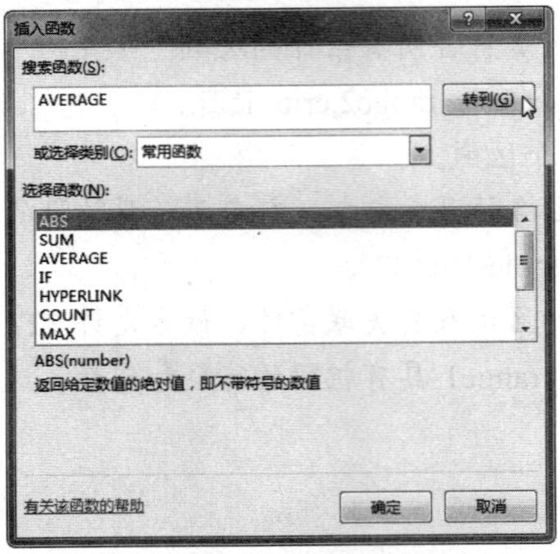

图 6-12 搜索函数

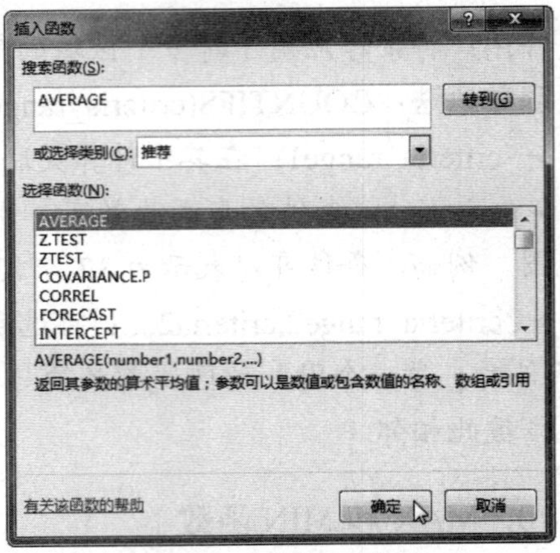

图 6-13 选择函数

Step 04 弹出“函数参数”对话框，单击 Number1 文本框右侧的折叠按钮，如图 6-14 所示。

Step 05 在工作表中选择 F3:F7 单元格区域，单击“函数参数”对话框中的展开按钮，如图 6-15 所示。

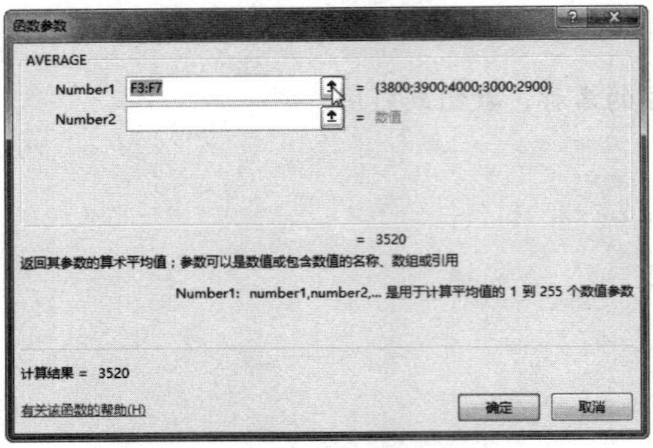

图 6-14 单击折叠按钮

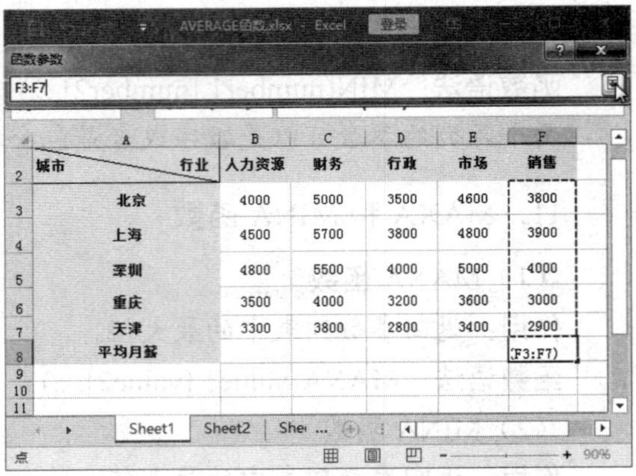

图 6-15 选择单元格区域

Step 06 返回“函数参数”对话框，即可看到在 Number1 文本框右侧的数据序列，单击“确定”按钮，如图 6-16 所示。

Step 07 返回工作表编辑区域，即可看到在 F8 单元格中计算出的平均月薪结果，如图 6-17 所示。

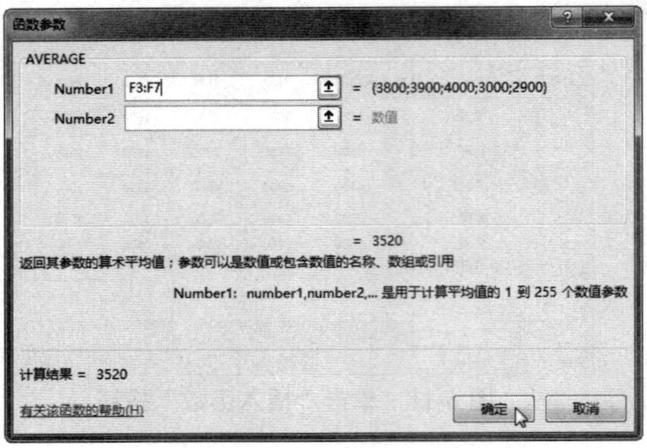

图 6-16 查看数据序列

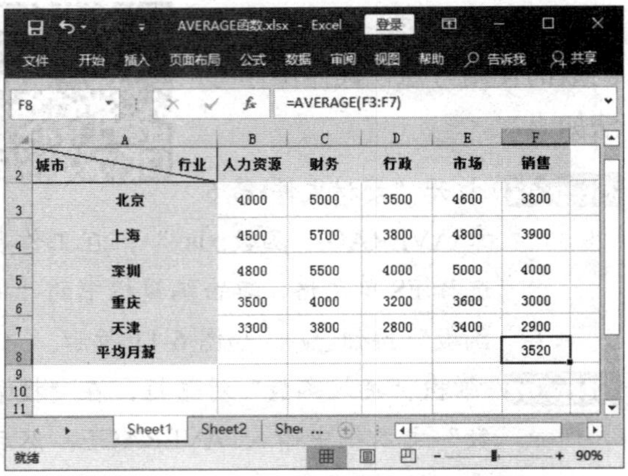

图 6-17 查看计算结果

Step 08 选择 F8 单元格，并向左拖动填充柄填充公式，结果如图 6-18 所示。

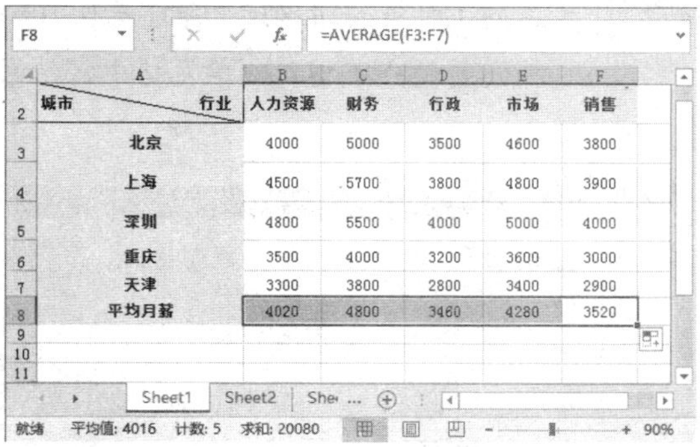

图 6-18 复制公式

6.2.3 MAX 函数

下面将介绍 MAX 函数的使用方法，具体操作方法如下。

Step 01 打开“素材文件\第 6 章\MAX 函数.xlsx”，在工作表中选择 B8 单元格，单击编辑栏中的“插入函数”按钮 f_x，如图 6-19 所示。

Step 02 弹出“插入函数”对话框，在“或选择类别”下拉列表框中选择“统计”选项，在“选择函数”列表框中选择 MAX 函数，然后单击“确定”按钮，如图 6-20 所示。

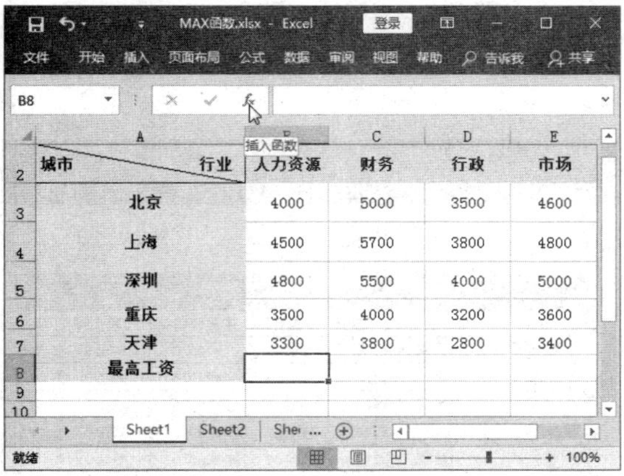

图 6-19 单击“插入函数”按钮

图 6-20 选择插入函数

Step 03 弹出“函数参数”对话框，单击 Number1 文本框右侧的折叠按钮，如图 6-21 所示。

Step 04 在工作表中选择 B3:B7 单元格区域，单击“函数参数”对话框中的展开按钮，如图 6-22 所示。

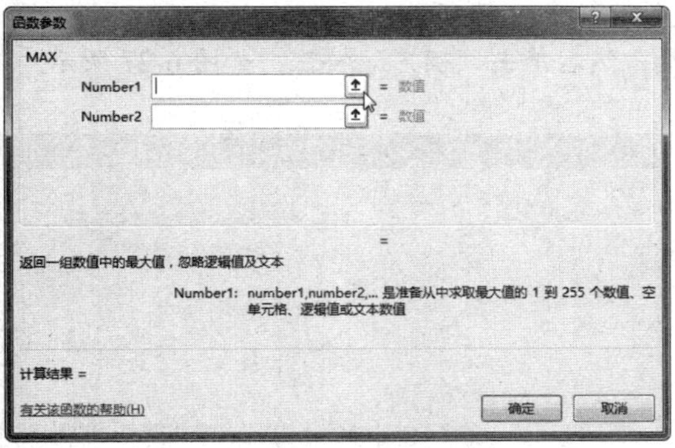

图 6-21 单击折叠按钮

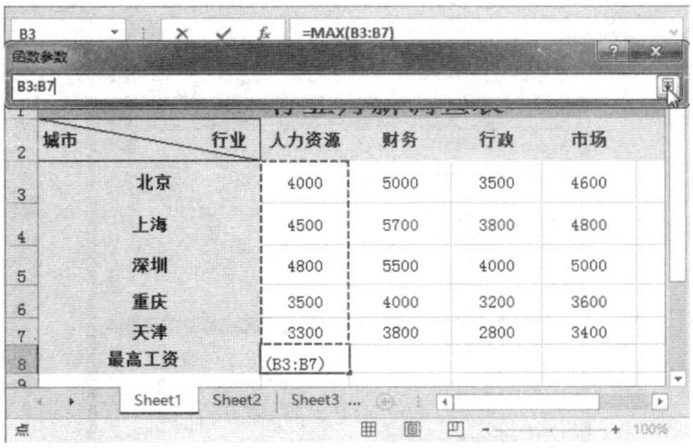

图 6-22 选择函数参数

Step 05 返回“函数参数”对话框，即可看到在 Number1 文本框右侧的数据序列，单击“确定”按钮，如图 6-23 所示。

Step 06 返回工作表编辑区域，即可看到 B8 单元格中的计算结果。拖动 B8 单元格右下角的填充柄，复制公式到其他单元格中，结果如图 6-24 所示。

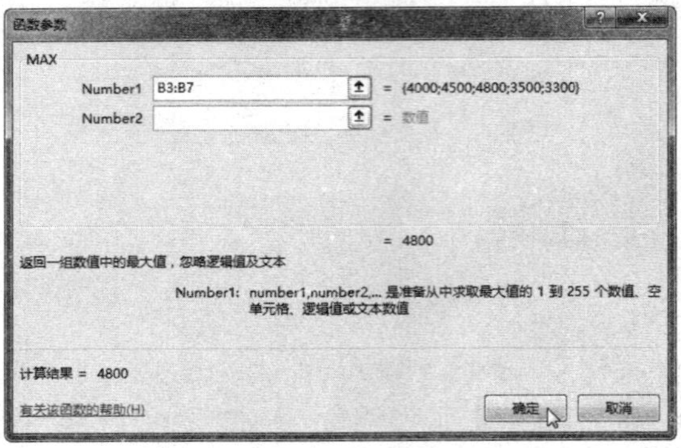

图 6-23　查看数据序列

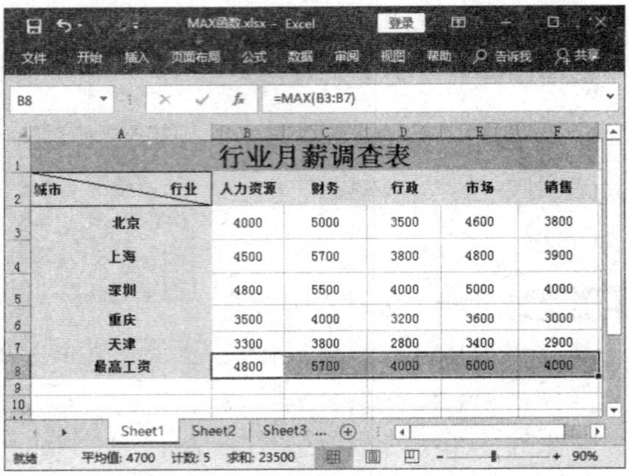

图 6-24　复制公式

6.2.4　COUNTA 函数

下面将介绍 COUNTA 函数的使用方法，具体操作方法如下。

Step 01 打开“素材文件\第 6 章\COUNTA 函数.xlsx”，在工作表中选择 B8 单元格，单击编辑栏中的“插入函数”按钮 *fx*，如图 6-25 所示。

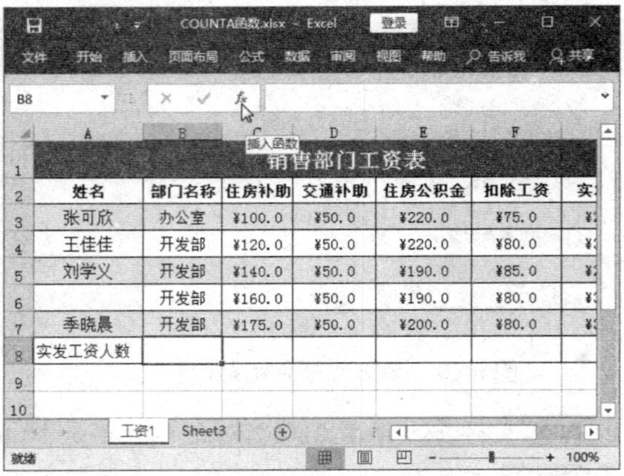

图 6-25　单击“插入函数”按钮

Step 02 弹出“插入函数”对话框，在“或选择类别”下拉列表框中选择“统计”选项，在“选择函数”列表框中选择 COUNTA 函数，然后单击“确定”按钮，如图 6-26 所示。

Step 03 弹出“函数参数”对话框，设置函数参数，然后单击“确定”按钮，如图 6-27 所示。

图 6-26　选择插入函数

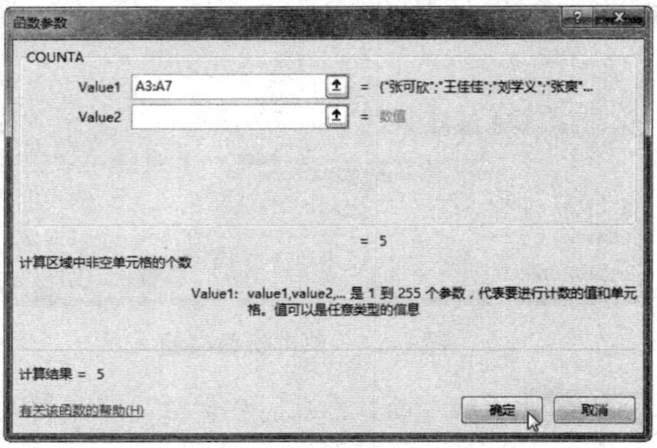

图 6-27　设置函数参数

Step 04 返回工作表编辑区域，即可看到 B8 单元格中的计算结果，如图 6-28 所示。

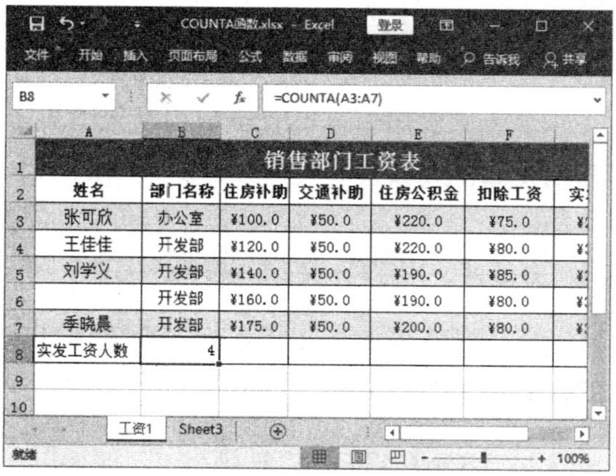

图 6-28　查看计算结果

6.2.5　COUNT 函数

下面将介绍 COUNT 函数的使用方法，具体操作方法如下。

Step 01 打开“素材文件\第 6 章\COUNT 函数.xlsx”，在工作表中选择 B9 单元格，单击编辑栏中的“插入函数”按钮 f_x，如图 6-29 所示。

Step 02 弹出“插入函数”对话框，在“或选择类别”下拉列表框中选择“统计”选项，在“选择函数”列表框中选择 COUNT 函数，然后单击“确定”按钮，如图 6-30 所示。

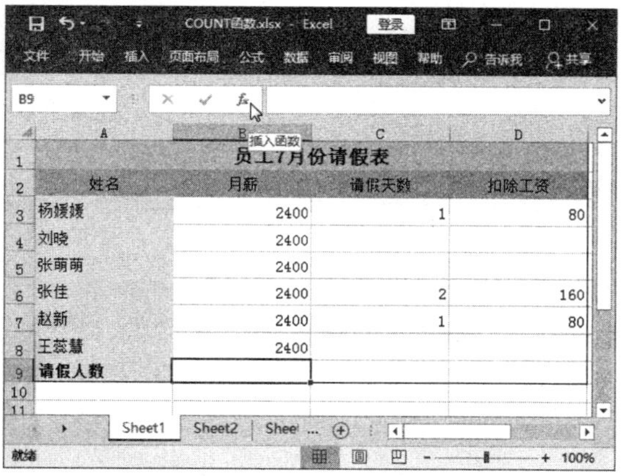

图 6-29　单击“插入函数”按钮

图 6-30　选择插入函数

Step 03 弹出“函数参数”对话框，设置函数参数，然后单击“确定”按钮，如图 6-31 所示。

Step 04 返回工作表编辑区域，即可看到 B9 单元格中的计算结果，如图 6-32 所示。

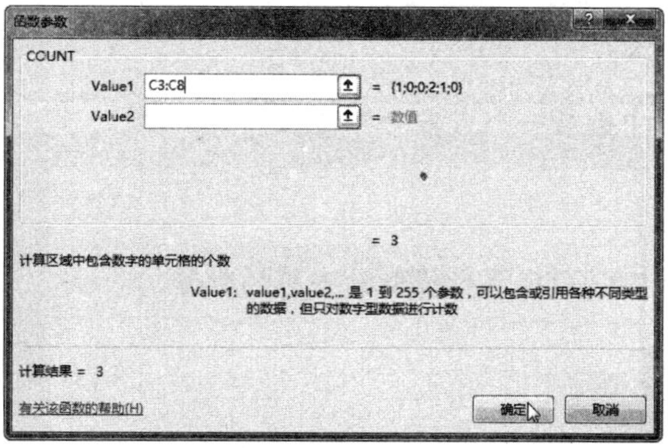

图 6-31　设置函数参数

图 6-32　查看计算结果

6.3 文本函数

文本函数用于在公式中处理文本字符串，包括字符串的连接，改写字符串大小写，以及新旧文本的替换等。

6.3.1 常用文本函数

常用的文本函数主要包括 CONCATENATE、LEFT、RIGHT、LEN、MID、SEARCH、TEXT、REPT、TRIM、CLEAN 等函数，下面将介绍其具体作用和语法。

1．CONCATENATE 函数

作用：将两个或多个文本字符串连接为一个字符串。

函数语法：CONCATENATE(text1,[text2],...)

也可用“与”号(&)计算运算符代替 CONCATENATE 函数来连接文本项。例如，“A1&B1”与“CONCATENATE(A1,B1)”返回的值相同。

2．LEFT 和 LEFTB 函数

（1）LEFT 函数

作用：根据所指定的字符数返回文本字符串中第一个字符或前几个字符。

函数语法：LEFT(text,[num_chars])

（2）LEFTB 函数

作用：基于所指定的字节数返回文本字符串中第一个或前几个字符。

函数语法：LEFTB(text,[num_bytes])

3．RIGHT 和 RIGHTB 函数

（1）RIGHT 函数

作用：根据所指定的字符数返回文本字符串中最后一个或多个字符。

函数语法：RIGHT(text,[num_chars])

- text：包含要提取字符的文本字符串。
- num_chars：可选参数。指定要由 RIGHT 函数提取的字符的数量。

（2）RIGHTB 函数

作用：根据所指定的字节数返回文本字符串中最后一个或多个字符。

函数语法：RIGHTB(text,[num_bytes])

- text：包含要提取字符的文本字符串。
- num_bytes：可选参数。按字节指定要由 RIGHTB 函数提取的字符的数量。

4．LEN 和 LENB 函数

（1）LEN 函数

作用：返回文本字符串中的字符个数。

函数语法：LEN (text)

（2）LENB 函数

作用：返回文本中所包含的字符数。与双字节字符集（OBCS）一起使用。

函数语法：LENB (text)

5．MID 和 MIDB 函数

（1）MID 函数

作用：返回文本字符串中从指定位置开始的特定数目的字符，该数目由用户指定。

函数语法：MID(text,start_num,num_chars)

➢ text：包含要提取字符的文本字符串。

➢ start_num：文本中要提取的第一个字符的位置。文本中第一个字符的 start_num 为 1，依此类推。

➢ num_chars：指定希望 MID 函数从文本中返回字符的个数。

（2）MIDB 函数

作用：根据指定的字节数返回文本字符串中从指定位置开始的特定数目的字符。

函数语法：MIDB(text,start_num,num_bytes)

➢ text：包含要提取字符的文本字符串。

➢ start_num：文本中要提取的第一个字符的位置。文本中第一个字符的 start_num 为 1，依此类推。

➢ num_bytes：指定希望 MIDB 函数从文本中返回字符的个数（字节数）。

6．SEARCH 和 SEARCHB 函数

作用：这两个函数可以在第二个文本字符串中查找第一个文本字符串，并返回第一个文本字符串的起始位置的编号，该编号从第二个文本字符串的第一个字符或字节算起。其中，SEARCH 以字符为计量单位，SEARCHB 以字节为计量单位。例如，若要查找字母“n”在单词“printer”中的位置，可以使用函数：“=SEARCH("n", "printer")”，结果将返回 4。

SEARCH **函数语法**：SEARCH(find_text,within_text,[start_num])

SEARCHB **函数语法**：SEARCHB(find_text,within_text,[start_num])

➢ find_text：要查找的文本。

➢ within_text：要在其中搜索 find_text 参数的值的文本。

➢ start_num：可选参数。within_text 参数中从中开始搜索的字符编号。

7．TEXT 函数

作用：将数值转换为文本，并可以使用户通过使用特殊格式字符串来指定显示格式。

例如，假设 A1 单元格含有数字 56.8，若要将数字格式设置为人民币金额，可以使用公式“=TEXT(A1,"￥0.00")”，结果将显示“￥56.80”。

函数语法：TEXT(value,format_text)

➢ value：数值、计算结果为数值的公式，或对包含数值的单元格的引用。

➢ format_text：使用双引号括起来作为文本字符串的数字格式，如"m/d/yyyy"或"#,##0.00"。可以根据需要复制代码，打开“设置单元格格式”对话框，从“自定义”格式类型中复制格式代码（分号和@符号除外），将该代码作为 format_text 参数。

8. REPT 函数

作用：按照给定的次数重复显示文本。可以通过 REPT 函数来不断地重复显示某一文本字符串，对单元格进行填充。

函数语法：REPT(text,number_times)

- text：需要重复显示的文本。
- number_times：用于指定文本重复次数的正数。

9. TRIM 函数

作用：删除字符串中多余的空格，但会保留英文单词之间的空格。

函数语法：TRIM(text)

text：要删除空格的文本字符串，或对含有文本字符串的单元格引用。

10. CLEAN 函数

作用：删除文本中所有不能打印的字符。对从其他应用程序导入的文本使用 CLEAN 函数，将删除其中含有的当前操作系统无法打印的字符。例如，可以使用 CLEAN 函数删除某些通常出现在数据文件开头和结尾处且无法打印的低级计算机代码。

函数语法：CLEAN(text)

text：要从中删除非打印字符的工作表信息。

6.3.2 EXACT 函数

下面将介绍 EXACT 函数的使用方法，具体操作方法如下。

Step 01 打开"素材文件\第 6 章\EXACT 函数.xlsx"，在工作表中选择 C2 单元格，单击编辑栏中的"插入函数"按钮 *fx*，如图 6-33 所示。

Step 02 弹出"插入函数"对话框，在"或选择类别"下拉列表框中选择"文本"选项，在"选择函数"列表框中选择 EXACT 函数，然后单击"确定"按钮，如图 6-34 所示。

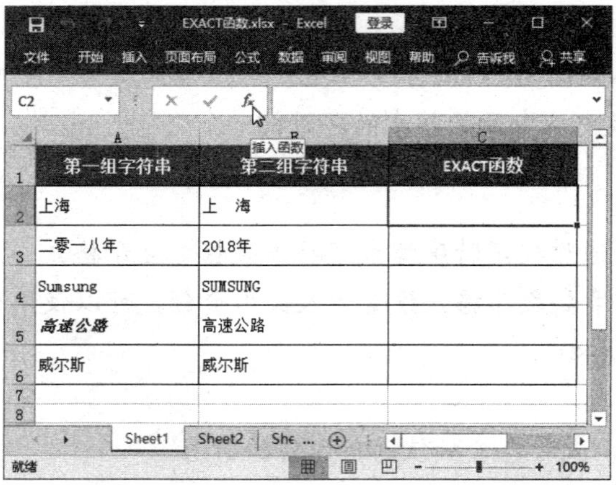

图 6-33 插入函数

图 6-34 选择插入函数

Step 03 弹出"函数参数"对话框，设置函数参数，然后单击"确定"按钮，如图 6-35 所示。

Step 04 此时，即可查看在工作表中计算出的结果，如图 6-36 所示。

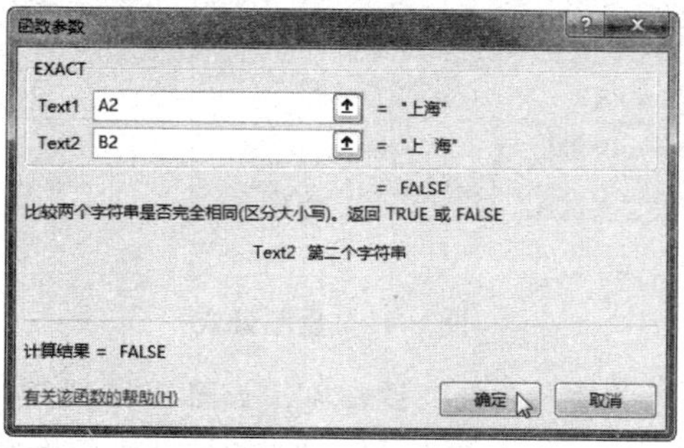

图 6-35　设置函数参数

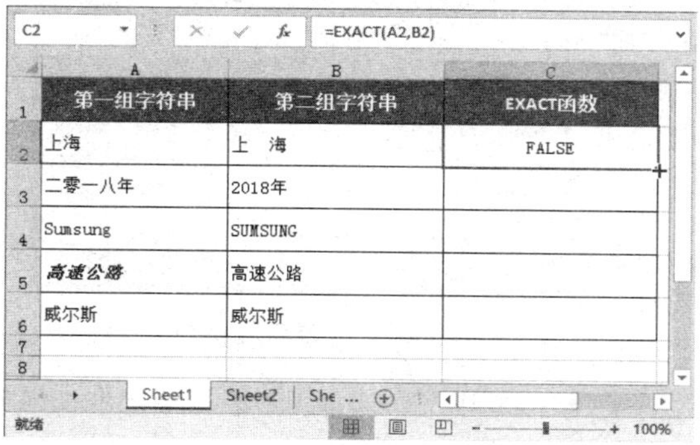

图 6-36　查看计算结果

Step 05 将鼠标指针移至 C2 单元格右下角的填充柄上，向下拖至 C6 单元格复制公式，即可在工作表中显示所有计算结果，如图 6-37 所示。

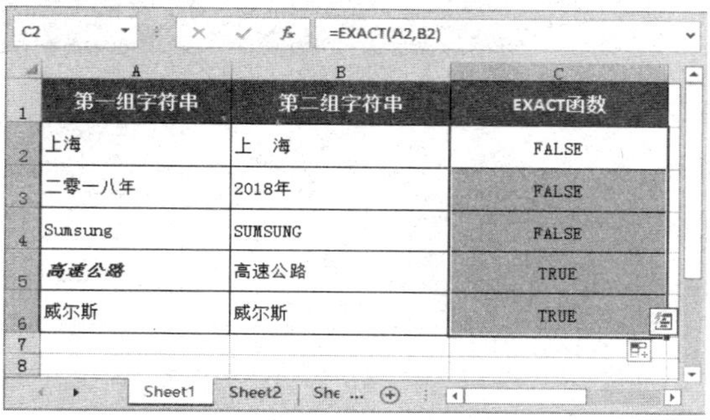

图 6-37　复制公式

6.3.3　LOWER 与 UPPER 函数

下面将介绍 LOWER 与 UPPER 函数的使用方法，具体操作方法如下。

Step 01 打开“素材文件\第 6 章\LOWER 与 UPPER 函数.xlsx”，在工作表中选择 B2 单元格，单击编辑栏中的“插入函数”按钮 f_x，如图 6-38 所示。

Step 02 弹出“插入函数”对话框，在“或选择类别”下拉列表框中选择“文本”选项，在“选择函数”列表框中选择 LOWER 函数，然后单击“确定”按钮，如图 6-39 所示。

图 6-38　插入函数

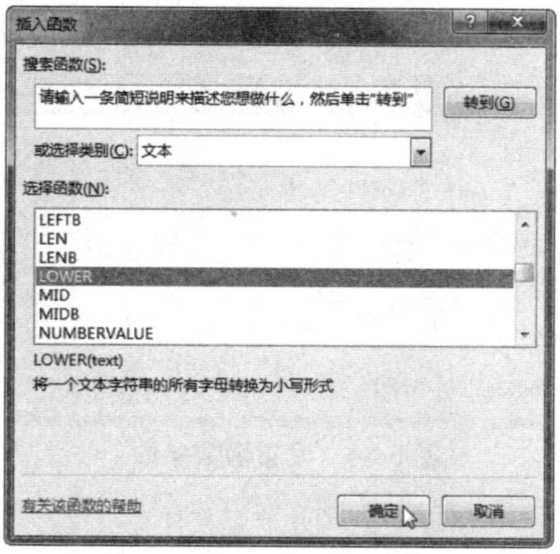

图 6-39　选择插入函数

Step 03 弹出“函数参数”对话框，设置函数参数，然后单击“确定”按钮，如图 6-40 所示。

Step 04 此时，即可在工作表中查看转换后的结果。拖动 B2 单元格右下角的填充柄，复制公式到其他单元格中，转换其他文本字符串，结果如图 6-41 所示。

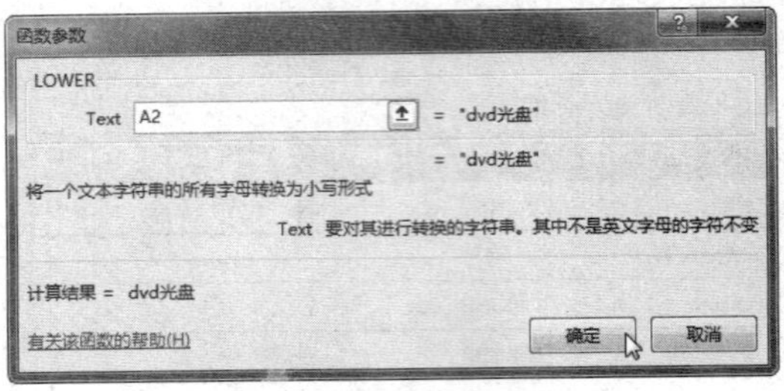

图 6-40 设置函数参数

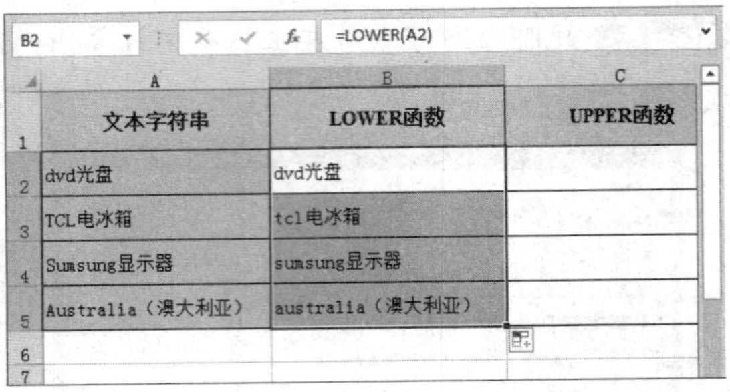

图 6-41 复制公式

Step 05 在工作表中选择 C2 单元格，单击编辑栏中的“插入函数”按钮 f_x，如图 6-42 所示。

Step 06 弹出“插入函数”对话框，在“或选择类别”下拉列表框中选择“文本”选项，在“选择函数”列表框中选择 UPPER 函数，然后单击“确定”按钮，如图 6-43 所示。

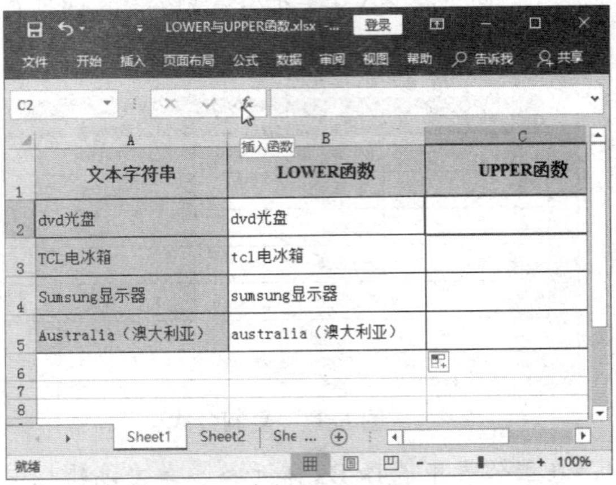

图 6-42 插入函数

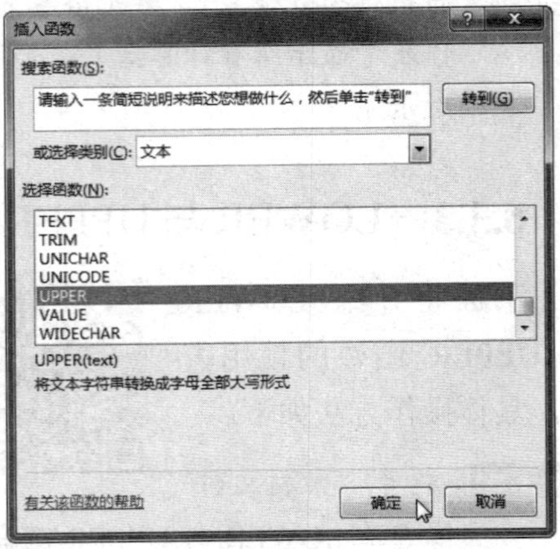

图 6-43 选择插入函数

Step 07 弹出“函数参数”对话框，设置函数参数，然后单击“确定”按钮，如图 6-44 所示。

Step 08 此时，即可在工作表中查看转换后的结果。拖动 C2 单元格右下角的填充柄，复制公式到其他单元格中，转换其他文本字符串，结果如图 6-45 所示。

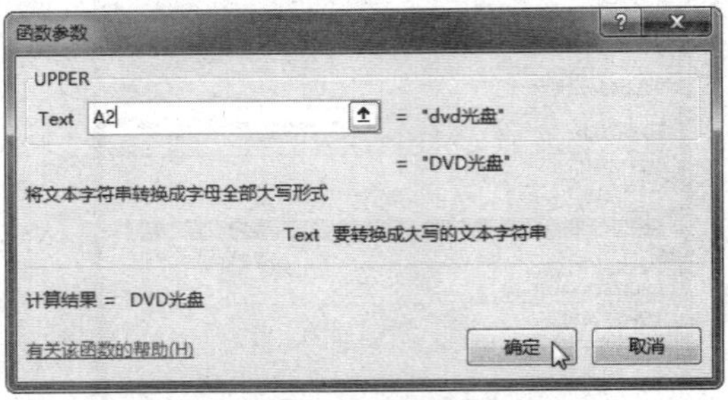

图 6-44 设置函数参数

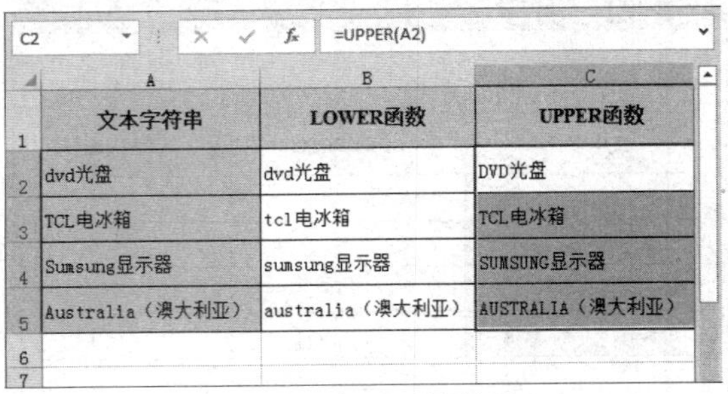

图 6-45 查看计算结果

6.3.4 CONCATENATE 函数

下面将介绍 CONCATENATE 函数的使用方法，具体操作方法如下。

Step 01 打开“素材文件\第 6 章\CONCATENATE 函数.xlsx”，在工作表中选择 D3 单元格，单击编辑栏中的“插入函数”按钮 f_x，如图 6-46 所示。

Step 02 弹出“插入函数”对话框，在“或选择类别”下拉列表框中选择“文本”选项，在“选择函数”列表框中选择 CONCATENATE 函数，然后单击“确定”按钮，如图 6-47 所示。

图 6-46 插入函数

图 6-47 选择插入函数

Step 03 弹出“函数参数”对话框，设置 Text1 为 A3 单元格，在 Text2 文本框中输入“-”，如图 6-48 所示。

Step 04 设置 Text3 为 B3 单元格，Text4 为 C3 单元格，如图 6-49 所示。

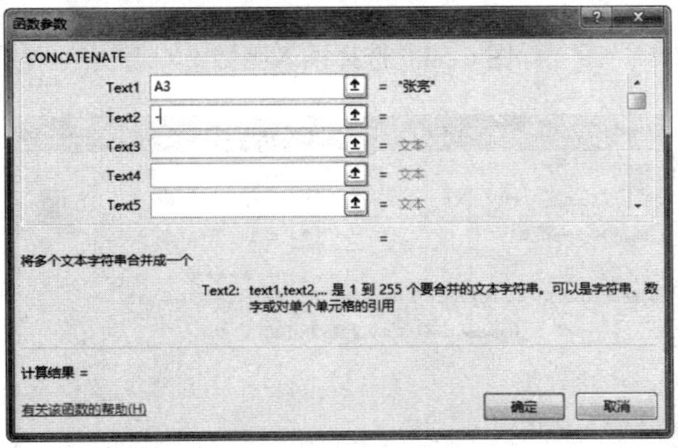

图 6-48 “函数参数”对话框

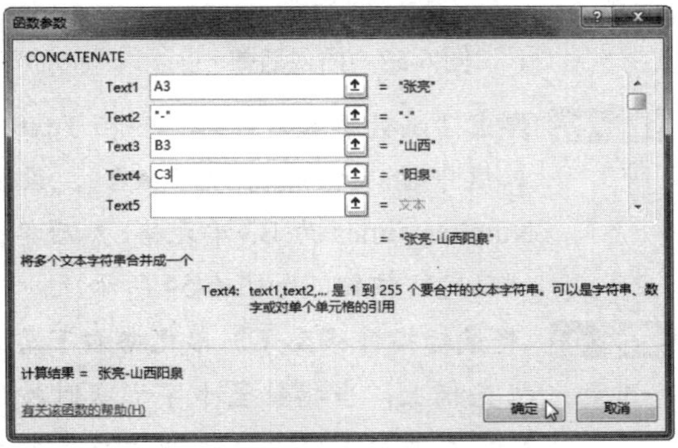

图 6-49 设置函数参数

Step 05 将鼠标指针移至 D3 单元格右下角的填充柄上，当指针呈十字形状时按住鼠标左键向下拖至 D8 单元格复制公式，如图 6-50 所示。

Step 06 松开鼠标，即可在工作表中显示出最终的计算结果，如图 6-51 所示。

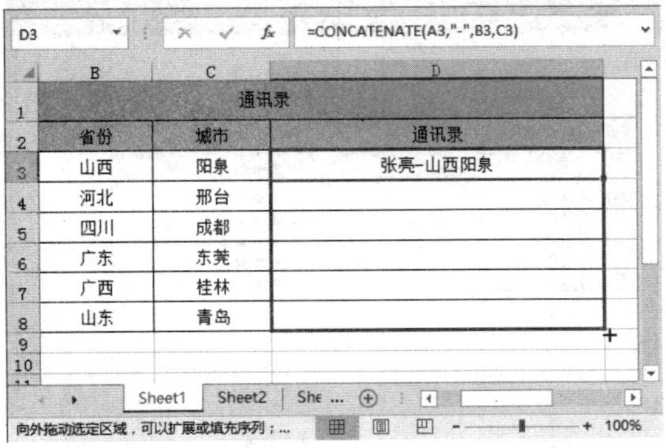

图 6-50 复制公式

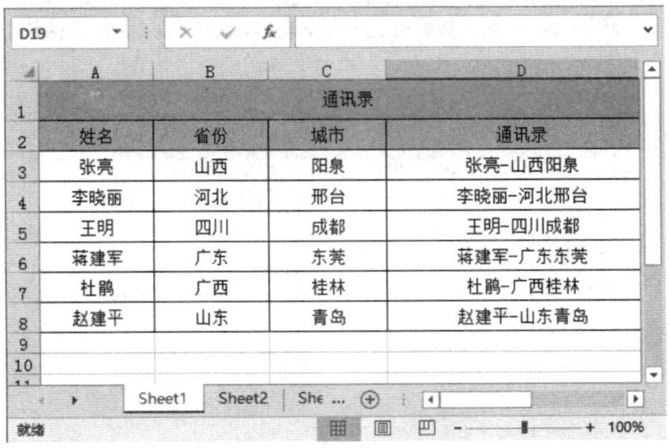

图 6-51 显示计算结果

6.3.5 REPT 函数

下面将介绍 REPT 函数的使用方法，具体操作方法如下。

Step 01 打开“素材文件\第 6 章\REPT 函数.xlsx”，在工作表中选择 C3 单元格，单击编辑栏中的“插入函数”按钮 fx，如图 6-52 所示。

Step 02 弹出“插入函数”对话框，在“或选择类别”下拉列表框中选择“文本”选项，在“选择函数”列表框中选择 REPT 函数，然后单击“确定”按钮，如图 6-53 所示。

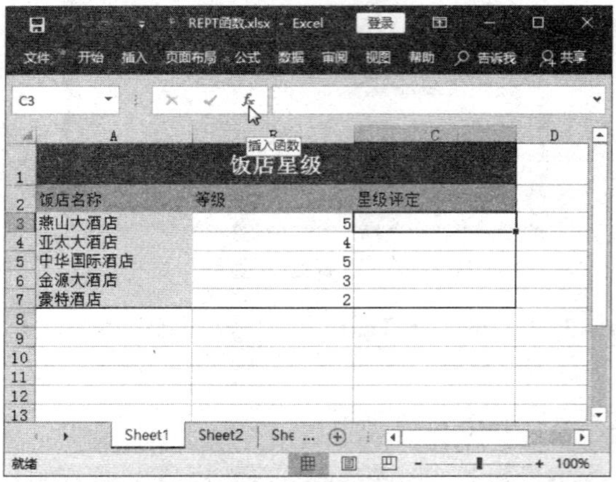

图 6-52 插入函数

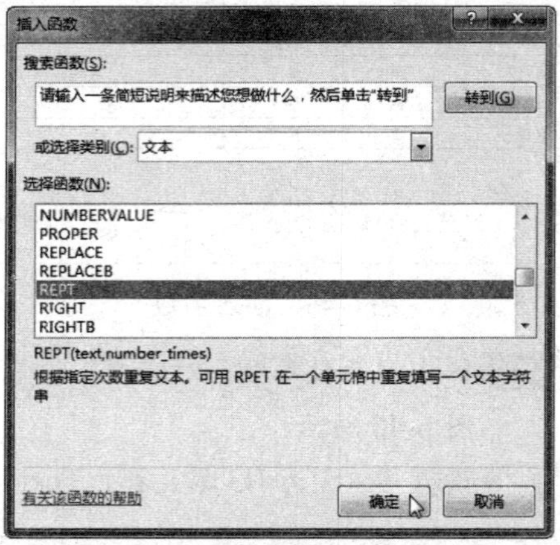

图 6-53 选择插入函数

Step 03 弹出“函数参数”对话框，在 Text 文本框中输入特殊符号“★”，设置 Number_times 为 B3 单元格，然后单击“确定”按钮，如图 6-54 所示。

Step 04 将鼠标指针移至 C3 单元格右下角的填充柄上，当指针呈十字形状时按住鼠标左键向下拖至 C7 单元格复制公式，如图 6-55 所示。

Step 05 松开鼠标，此时即可在工作表中显示出计算结果，如图 6-56 所示。

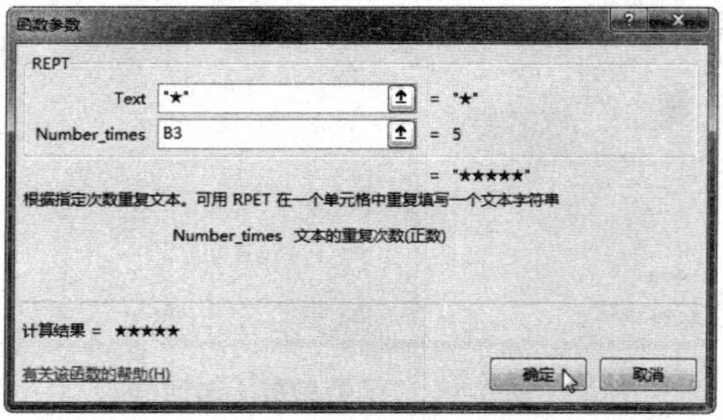

图 6-54 设置函数参数

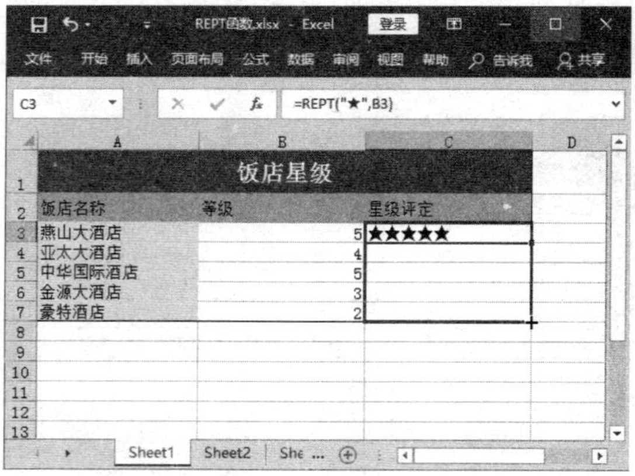

图 6-55 复制公式

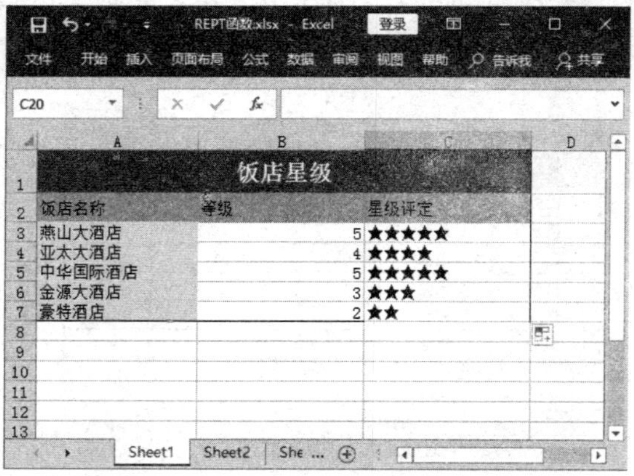

图 6-56 查看计算结果

6.3.6　SUBSTITUTE 函数

下面将介绍 SUBSTITUTE 函数的使用方法，具体操作方法如下。

Step 01 打开“素材文件\第 6 章\SUBSTITUTE 函数.xlsx”，在工作表中选择 D3 单元格，单击编辑栏中的“插入函数”按钮 *fx*，如图 6-57 所示。

Step 02 弹出“插入函数”对话框，在“或选择类别”下拉列表框中选择“文本”选项，在“选择函数”列表框中选择 SUBSTITUTE 函数，然后单击“确定”按钮，如图 6-58 所示。

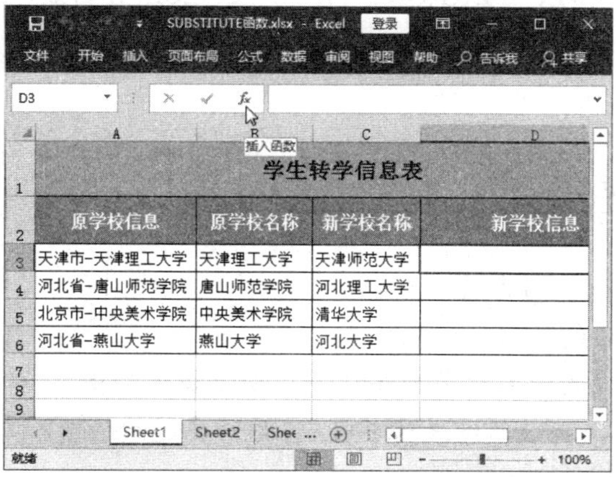

图 6-57　插入函数

图 6-58　选择插入函数

Step 03 弹出“函数参数”对话框，设置函数参数，然后单击“确定”按钮，如图 6-59 所示。

Step 04 将鼠标指针移至 D3 单元格右下角的填充柄上，当指针呈十字形状时按住鼠标左键向下拖至 D7 单元格复制公式，如图 6-60 所示。

Step 05 松开鼠标，此时即可在工作表中显示出计算结果，如图 6-61 所示。

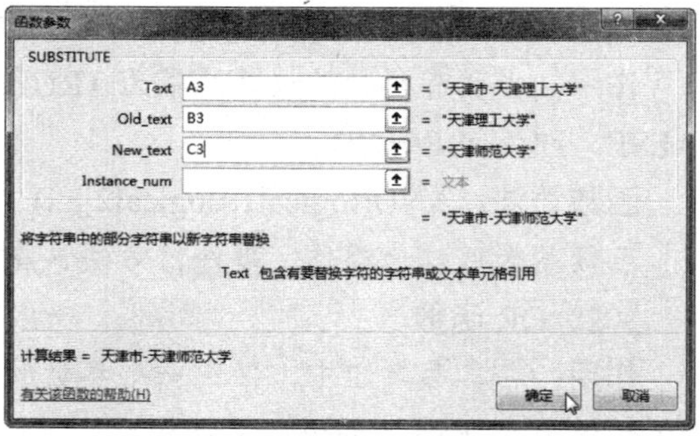

图 6-59　设置函数参数

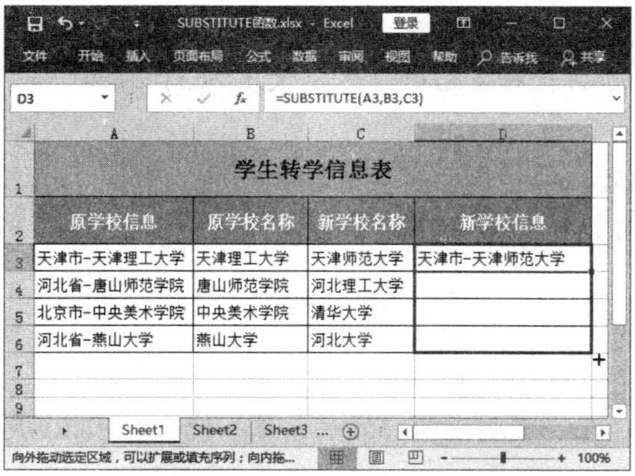

图 6-60　复制公式

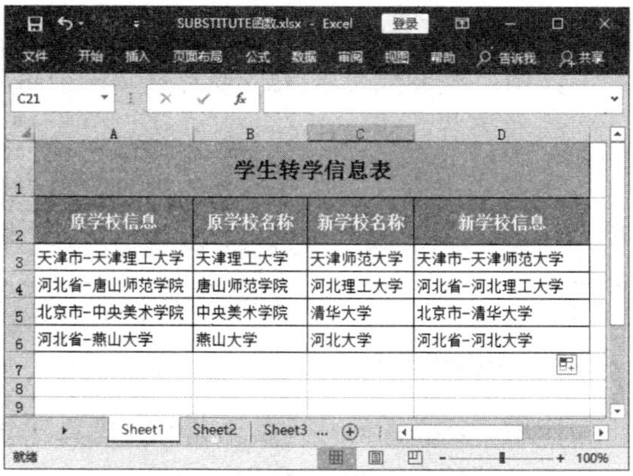

图 6-61　查看计算结果

6.4 逻辑函数

逻辑函数用于在条件匹配、真假值判断后返回的不同数值中进行多重复合检验。逻辑函数常与其他函数联合使用。

6.4.1 常用逻辑函数

常用的逻辑函数主要包括 IF、AND、OR、NOT、IFERROR、TRUE、FALSE 等函数，下面将介绍其具体作用和语法。

1. IF 函数

作用：若指定条件的计算结果为 TRUE，将返回某个值；若该条件的计算结果为 FALSE，则返回另一个值。

函数语法：IF(logical_test,[value_if_true],[value_if_false])

- logical_test：计算结果为 TRUE 或 FALSE 的任何值或表达式。
- value_if_true：可选参数。logical_test 参数的计算结果为 TRUE 时所要返回的值。
- value_if_false：可选参数。logical_test 参数的计算结果为 FALSE 时所要返回的值。

2. AND、OR 和 NOT 函数

（1）AND 函数

作用：当所有参数的计算结果为 TRUE 时，返回 TRUE；只要有一个参数的计算结果为 FALSE，即返回 FALSE。

函数语法：AND(logical1,[logical2],...)

函数参数可以为操作、事件、方法、属性、函数或过程提供信息的值。

（2）OR 函数

作用：在其参数组中，任何一个参数的逻辑值为 TRUE，即返回 TRUE；任何一个参数的逻辑值为 FALSE，即返回 FALSE。

函数语法：OR(logical1,[logical2],...)

（3）NOT 函数

作用：对参数值求反。当要确保一个值不等于某一特定值时，可以使用 NOT 函数。

函数语法：NOT(logical)

这三个函数的一种常见用途就是扩大用于执行逻辑检验的其他函数的效用。例如，通过将 AND 函数用作 IF 函数的 logical_test 参数，可以检验多个不同的条件，而不仅仅是一个条件。

3. IFERROR 函数

作用：若公式的计算结果错误，则返回指定的值，否则返回公式的结果。使用 IFERROR 函数可以捕获和处理公式中的错误。

函数语法：IFERROR(value, value_if_error)

➢ value：检查是否存在错误的参数。

➢ value_if_erro：公式的计算结果错误时返回的值。计算以下错误类型：#N/A、#VALUE!、#REF!、#DIV/0!、#NUM!、#NAME?或#NULL!。

例如，公式“=IFERROR(A2/B2,"计算错误")”，若未找到错误，则返回公式的值，否则返回“计算错误”。

4．TRUE 和 FALSE 函数

作用：TRUE 函数返回逻辑值 TRUE。

函数语法：TRUE。

作用：FALSE 函数返回逻辑值 FALSE。

函数语法：FALSE。

TRUE 和 FALSE 函数主要用于实现与其他电子表格程序的兼容。

课堂解疑

此外，常用的逻辑函数还包括 IFNA 函数，它表示若公式返回错误值#N/A，则结果返回用户指定的值，否则返回公式的结果。#N/A 错误通常表示公式找不到要查找的内容。

6.4.2 AND 函数

下面将介绍 AND 函数的使用方法，具体操作方法如下。

Step 01 打开“素材文件\第 6 章\AND 函数.xlsx”，在 Sheet1 工作表中选择 E3 单元格，如图 6-62 所示。

Step 02 在编辑栏中输入公式“=IF(AND(B3>60,C3>60,D3>60)=TRUE,"及格","不及格")”，如图 6-63 所示。

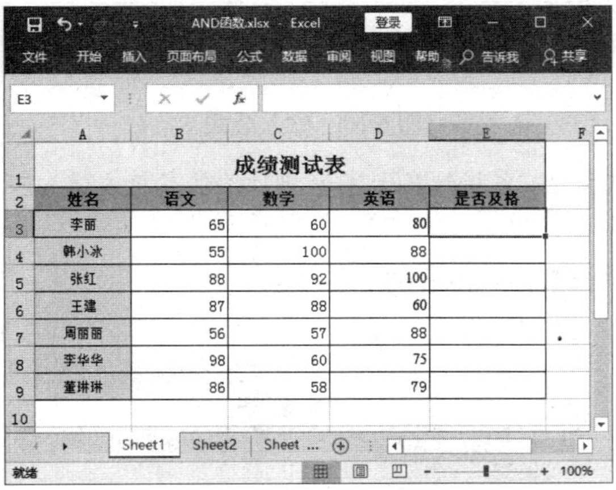

图 6-62 选择单元格

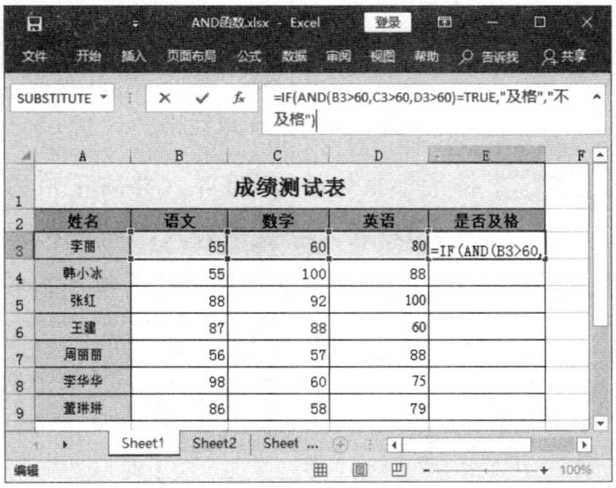

图 6-63 输入公式

Step 03 按【Enter】键确认公式，对第 1 名学生进行判断，如图 6-64 所示。

Step 04 将鼠标指针移至 E3 单元格右下角的填充柄上，当指针呈十字形状时按住鼠标左键向下拖至 E9 单元格复制公式，即可计算出其他数据，如图 6-65 所示。

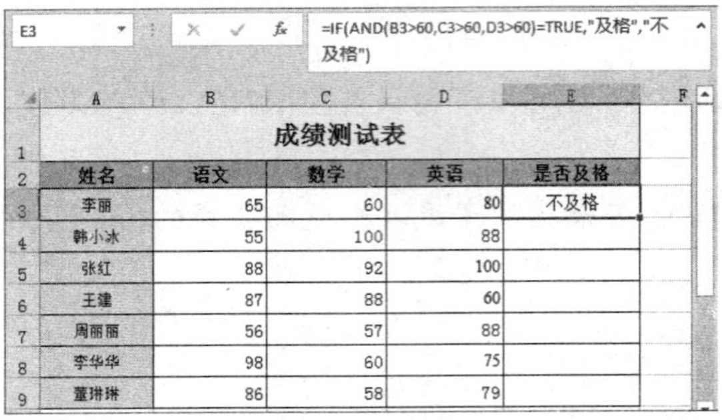

图 6-64　查看计算结果

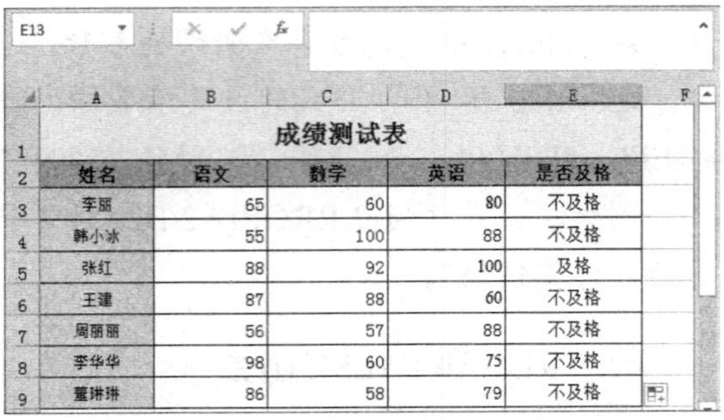

图 6-65　复制公式

6.4.3　OR 函数

下面将介绍 OR 函数的使用方法，具体操作方法如下。

Step 01 打开“素材文件\第 6 章\OR 函数.xlsx”，在 Sheet1 工作表中选择 D3 单元格，如图 6-66 所示。

Step 02 在编辑栏中输入公式“=IF(OR(B3<60,C3<60)=TRUE,"否","是")”，按【Enter】键确认公式，对第 1 名学生进行判断，如图 6-67 所示。

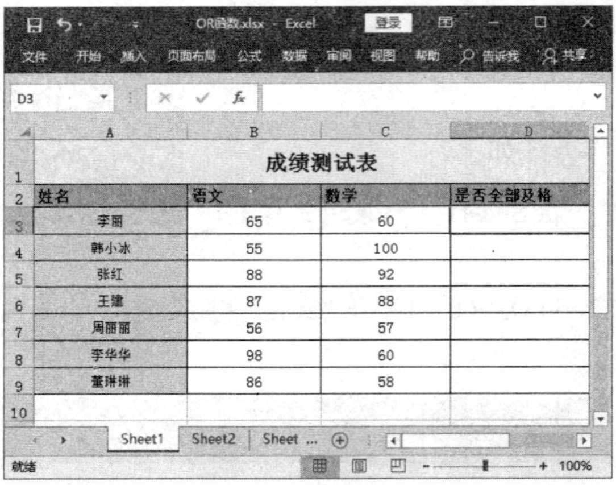

图 6-66　选择单元格

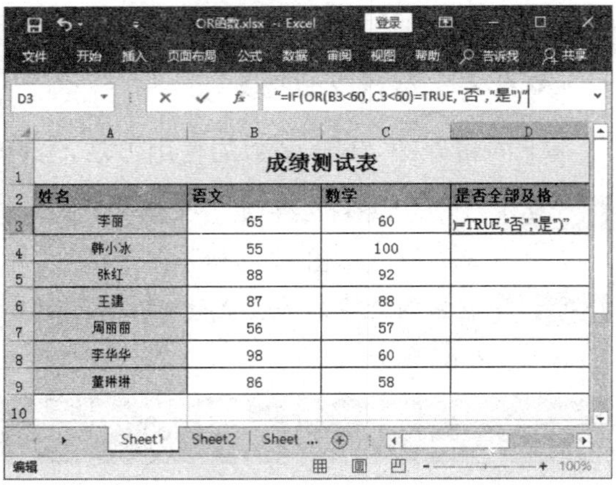

图 6-67　输入公式

Step 03 将鼠标指针移至 D3 单元格右下角的填充柄上，当指针呈十字形状时按住鼠标左键向下拖至 D9 单元格复制公式，如图 6-68 所示。

Step 04 松开鼠标，即可计算出对其他学生的判断结果，如图 6-69 所示。

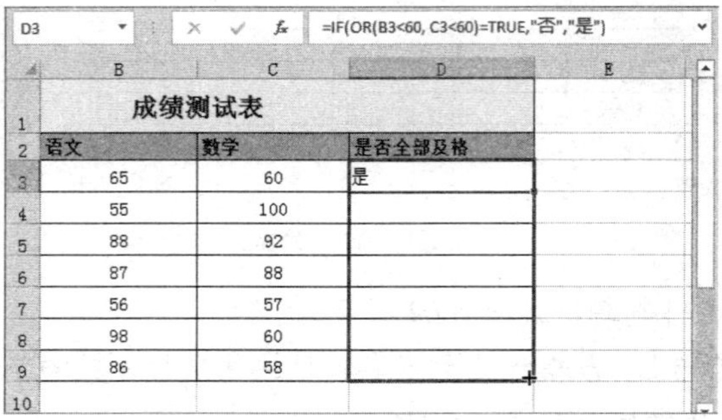

图 6-68　复制公式

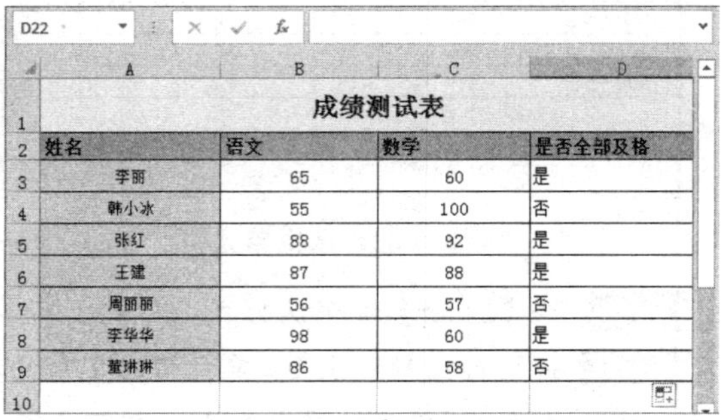

图 6-69　显示计算结果

6.4.4　NOT 函数

下面将介绍 NOT 函数的使用方法，具体操作方法如下。

Step 01 打开“素材文件\第 6 章\NOT 函数.xlsx”，在 Sheet1 工作表中选择 E3 单元格，在编辑栏中输入公式“=NOT（D3）”，如图 6-70 所示。

Step 02 按【Enter】键确认公式，将鼠标指针移至 E3 单元格右下角的填充柄上，当指针呈十字形状时按住鼠标左键向下拖至 E9 单元格复制公式，结果如图 6-71 所示。

图 6-70　输入公式

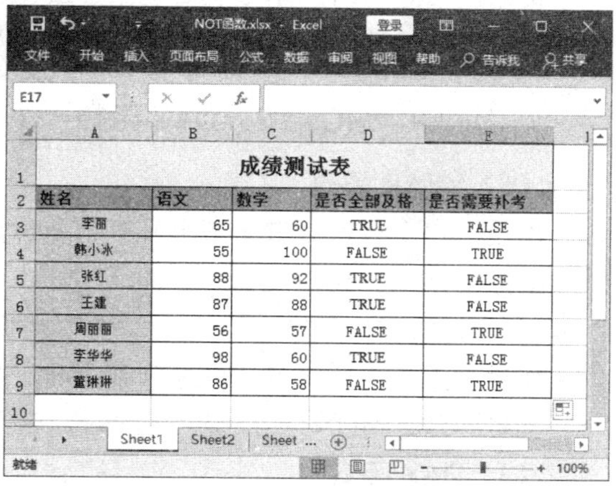

图 6-71　复制公式

6.4.5　IF 函数

下面将介绍 IF 函数的使用方法，具体操作方法如下。

Step 01 打开“素材文件\第 6 章\IF 函数.xlsx”，在 Sheet1 工作表中选择 E3 单元格，在编辑栏中输入公式“=IF(B3+C3+D3>270,"A 等",IF(B3+C3+D3>255,"B 等",IF(B3+C3+D3>240,"C 等",IF(B3+C3+D3 <240,"D 等"))))”，如图 6-72 所示。

Step 02 按【Enter】键确认公式，将鼠标指针移至 E3 单元格右下角的填充柄上，当指针呈十字形状时按住鼠标左键向下拖至 E8 单元格复制公式，结果如图 6-73 所示。

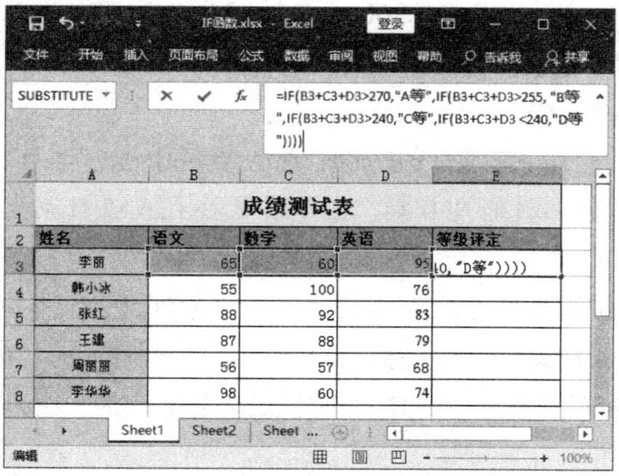

图 6-72　输入公式

图 6-73　复制公式

6.5 日期与时间函数

日期与时间函数用于对日期或时间数据进行处理，此类函数在各类办公中都可能会用到，是一类应用比较广泛的函数。

6.5.1 常用日期与时间函数

常用的日期与时间函数主要包括 YEAR、MONTH、DAY、DAYS、DAYS360、DATE、DATEIF、TODAY、NOW、WEEKDAY、TIME 等函数，下面将介绍其具体作用和语法。

1. YEAR、MONTH、DAY 函数

（1）YEAR 函数

作用：用于返回对应于某个日期的年份。

函数语法：YEAR(serial_number)

（2）MONTH 函数

作用：用于返回日期（以序列数表示）中的月份。

函数语法：MONTH(serial_number)

（3）DAY 函数

作用：用于返回以序列数表示的某日期的天数。

函数语法：DAY(serial_number)

Excel 2016 可将日期存储为可用于计算的序列号。在默认情况下，1900 年 1 月 1 日的序列号是 1，而 2008 年 1 月 1 日的序列号是 43 466，这是因为它距 1900 年 1 月 1 日有 43 466 天。

2. DAYS 函数

作用：用于计算两个日期之间的天数。

函数语法：DAYS(end_date,start_date)

start_date 和 end_date 用于计算期间天数的起止日期。

3. DAYS360 函数

作用：每个月以 30 天计，按照一年 360 天的算法，DAYS360 函数返回两个日期间相差的天数，这在一些会计计算中会用到。

函数语法：DAYS360(start_date,end_date,[method])

➢ Start_date、end_date：用于计算期间天数的起止日期。若 start_date 在 end_date 之后，则 DAYS360 函数将返回一个负数。应使用 DATE 函数输入日期，或从其他公式或函数派生日期。若日期以文本形式输入，则会出现问题。

➢ method：可选参数。逻辑值，用于指定在计算中是采用美国方法还是欧洲方法。

FALSE **或被省略**：采用美国方法。若起始日期是一个月的最后一天，则等于同月的 30 日。若终止日期是一个月的最后一天，并且起始日期早于 30 日，则终止日期等于下一个月的 1 日，否则终止日期等于本月的 30 日。

TRUE：采用欧洲方法。若起始日期和终止日期为某月的 31 日，则等于当月的 30 日。

4．DATE 函数

作用：返回表示特定的日期序列号。

函数语法：DATE(year,month,day)

➢ year：表示年份，参数值可以包括一到四位数字。Excel 将根据用户的计算机使用的日期系统。在默认情况下，Microsoft Excel for Windows 使用 1900 年日期系统，即 1900 年 1 月 1 日的第一个日期。

若 year 介于 0（零）到 1899 之间（包含这两个值），则 Excel 会将该值与 1900 相加来计算年份。例如，DATE(119,3,8)返回 2019 年 3 月 8 日(1900+117)；若 year 介于 1900 到 9999 之间（包含这两个值），则 Excel 将使用该数值作为年份；若 year 小于 0 或大于或等于 10 000，则 Excel 返回错误值#NUM!。

➢ month：表示月，其值可以为正整数或负整数，表示一年中从 1 月至 12 月（一月到十二月）的各个月。

若 month 大于 12，则 month 会将该月份数与指定年中的第一个月相加。例如，DATE(2018,15,8)返回代表 2019 年 3 月 8 日的序列数；若 month 小于 1，month 则从指定年份的一月份开始递减该月份数，再加上 1 个月。例如，DATE(2020,-4,9)返回代表 2019 年 8 月 9 日的序列号。

➢ day：表示日，其值可以为正整数或负整数，表示一月中从 1 日到 31 日的各天。

若 day 大于月中指定的天数，则 day 会将天数与该月中的第一天相加。例如，DATE(2019,4,35)返回代表 2019 年 5 月 5 日的序列数；若 day 小于 1，则 day 从指定月份的第一天开始递减该天数，然后加上 1 天。例如，DATE(2019,5,-15)返回代表 2019 年 4 月 15 日的序列号。

5．DATEDIF 函数

作用：用于计算天数、月或两个日期之间的年数。

函数语法：DATEDIF(start_date,end_date,unit)

➢ start_date：表示时间段的第一个（即起始）日期的日期。

➢ end_date：表示时间段的最后一个（即结束）日期的日期。

➢ unit：要返回的信息类型。

Y：一段时期内的整年数。

M：一段时期内的整月数。

D：一段时期内的天数。

MD：start_date 与 end_date 之间天数之差。忽略日期中的月份和年份。

YM：start_date 与 end_date 之间月份之差。忽略日期中的天和年份。

YD：start_date 与 end_date 的日期部分之差。忽略日期中的年份。

6．TODAY、NOW 函数

（1）TODAY 函数

作用：返回当前日期的序列号。

函数语法：TODAY()

该函数无参数。例如，公式“=YEAR(TODAY())-1996”，使用 TODAY 函数作为 YEAR 函数的参数来获取当前年份，然后减去 1996，最终返回 23。

（2）NOW 函数

作用：用于返回当前日期和时间的序列号。

函数语法：NOW ()

该函数无参数。NOW 函数的结果仅在计算工作表或运行含有该函数的宏时才改变，它并不会持续更新。

7. WEEKDAY 函数

作用：用于返回对应于某个日期的一周中的第几天。在默认情况下，天数是 1（星期日）到 7（星期六）范围内的整数。

函数语法：WEEKDAY(serial_number,[return_type])

➢ serial_number：尝试查找的那一天的日期。应使用 DATE 函数输入日期，或将日期作为其他公式或函数的结果输入。若日期以文本形式输入，则会出现问题。

➢ return_type：可选参数。用于确定返回值类型的数字。

1 或省略数字：返回值为数字 1（星期日）到 7（星期六）。

2：返回值为数字 1（星期一）到 7（星期日）。

3：返回值为数字 0（星期一）到 6（星期日）。

8. TIME 函数

作用：TIME 函数用于返回特定时间的十进制数字。由 TIME 返回的十进制数字是一个范围在 0（零）到 0.999 884 26 之间的值，表示 0:00:00（12:00:00 AM）到 23:59:59（11:59:59 PM）之间的时间。

函数语法：TIME(hour,minute,second)

➢ hour：表示小时，其值为 0（零）到 32 767 之间的数字。任何大于 23 的值都会除以 24，余数将作为小时值。例如，TIME(27,0,0)=TIME(3,0,0)=.125 或 3:00 AM。

➢ minute：表示分钟，其值为 0（零）到 32 767 之间的数字。任何大于 59 的值将转换为小时和分钟。例如，TIME(0,750,0)=TIME(12,30,0)=.520 833 或 12:30 PM。

➢ second：表示秒，其值为 0（零）到 32 767 之间的数字。任何大于 59 的值将转换为小时、分钟和秒。例如，TIME(0,0,2000)=TIME(0,33,22) =.023148 或 12:33:20 AM。

6.5.2 NOW 函数：返回指定日期

下面将介绍 NOW 函数的使用方法，具体操作方法如下。

Step 01 打开“素材文件/第 6 章/时间函数.xlsx”，选择 D5 单元格，在该单元格中输入公式“=now()”，如图 6-74 所示。

Step 02 按【Enter】键确认，结果如图 6-75 所示。

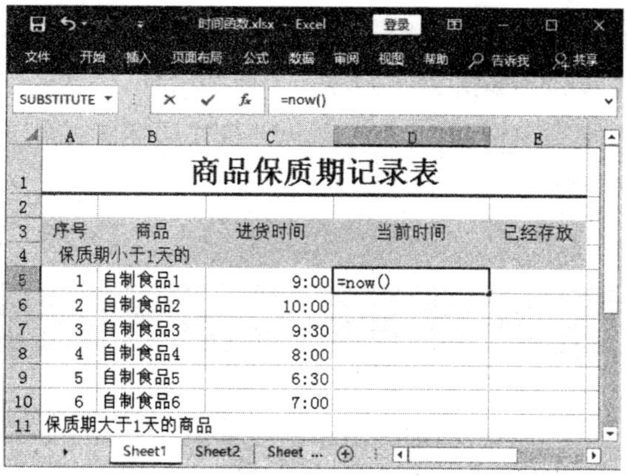

图 6-74 输入公式

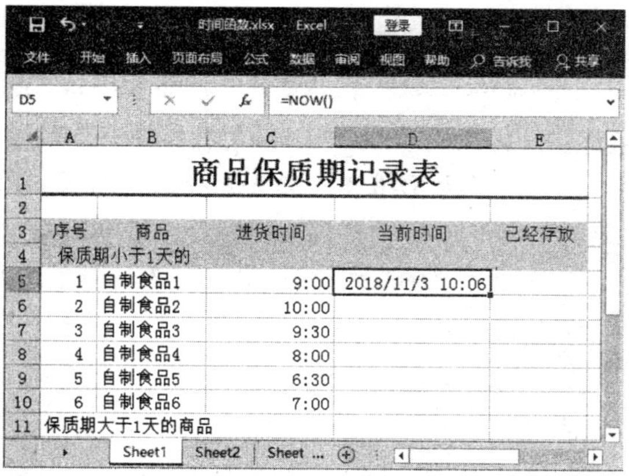

图 6-75 查看结果

6.5.3 HOUR 函数：返回小时数

下面将介绍 HOUR 函数的使用方法，具体操作方法如下。

Step 01 在 E5 单元格中输入公式“=HOUR(D5)”，如图 6-76 所示。

Step 02 按【Enter】键确认，结果如图 6-77 所示。

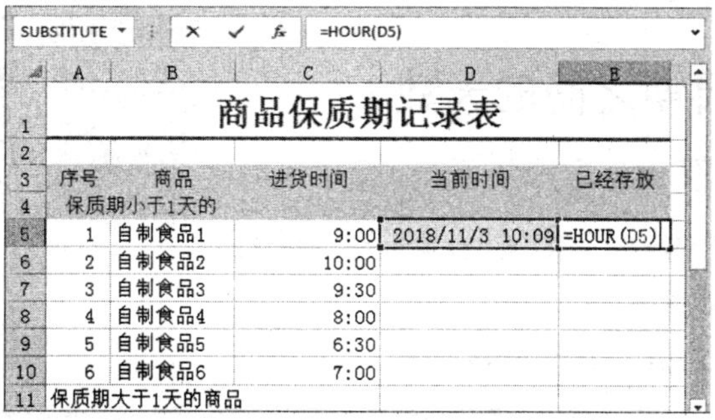

图 6-76 输入公式

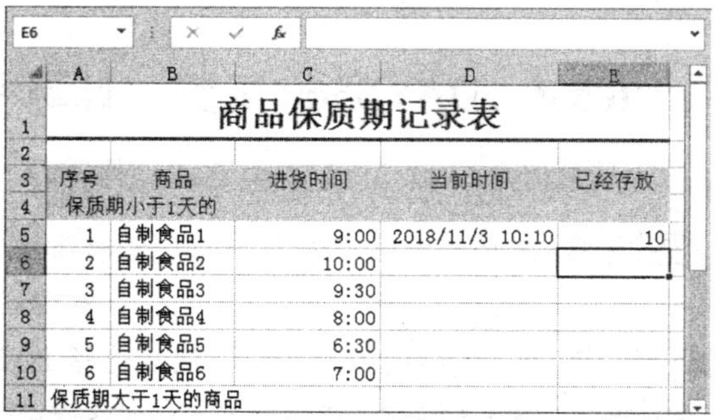

图 6-77 查看结果

Step 03 修改 E5 单元格中的公式为“=HOUR(D5)-HOUR(C5)”，单击“输入”按钮✓，如图 6-78 所示。

Step 04 单击“开始”选项卡下“数字”组中的扩展按钮，如图 6-79 所示。

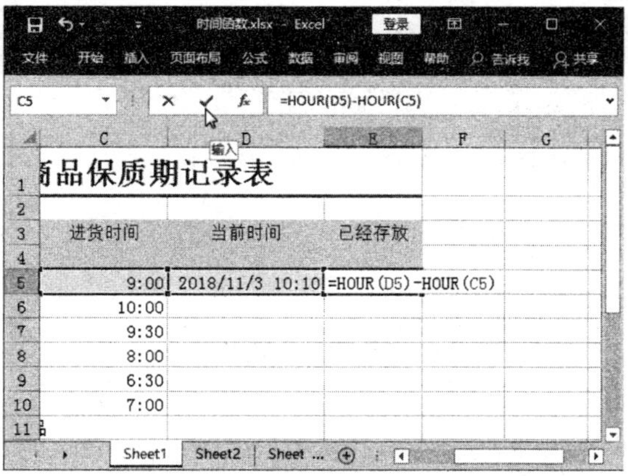

图 6-78 输入公式

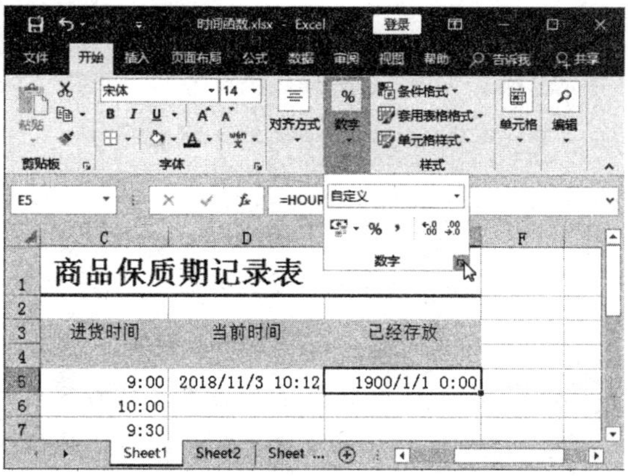

图 6-79 单击扩展按钮

Step 05 弹出“设置单元格格式”对话框，在“数字”选项卡下选择“数值”分类，分别设置“小数位数”和“负数”，然后单击“确定”按钮，如图 6-80 所示。

Step 06 将鼠标指针移至 E5 单元格右下角的填充柄上，当指针呈十字形状时按住鼠标左键向下拖至 E10 单元格复制公式，结果如图 6-81 所示。

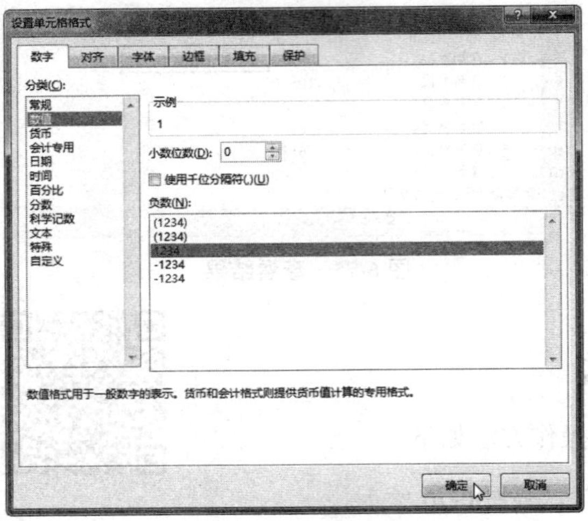

图 6-80 “设置单元格格式”对话框

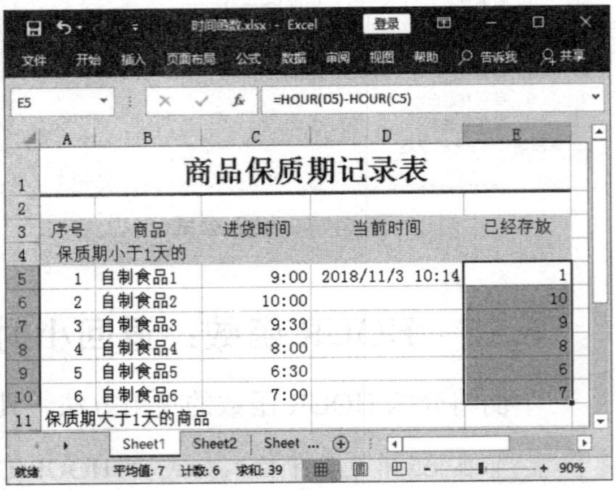

图 6-81 复制公式

6.5.4 DAYS360 函数：计算两日期之间的天数

下面将介绍 DAYS360 函数的使用方法，具体操作方法如下。

Step 01 打开“素材文件/第 6 章/日期函数应用.xlsx”，在 E12 单元格中输入“=DAYS360（”，选择 C12 单元格，如图 6-82 所示。

Step 02 在公式后输入“，”，然后选择 D12 单元格，如图 6-83 所示。

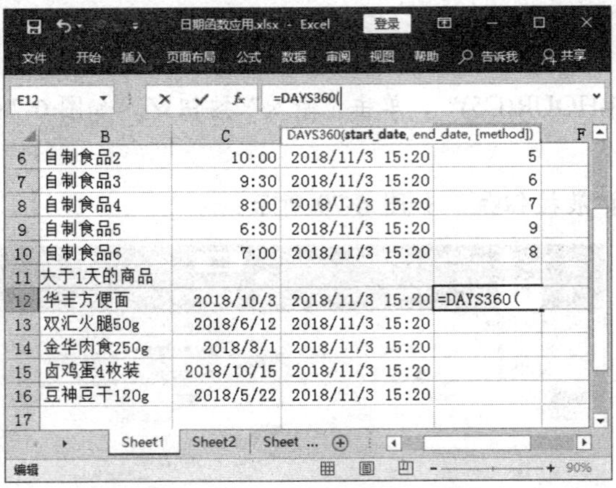

图 6-82 输入公式

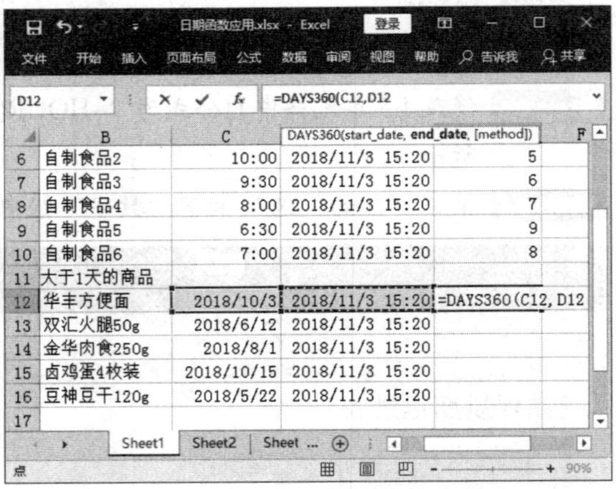

图 6-83 选择单元格

Step 03 在单元格中继续输入右括号，然后单击“输入”按钮✓，如图 6-84 所示。

Step 04 将鼠标指针移至 E12 单元格右下角的填充柄上，当指针呈十字形状时按住鼠标左键向下拖至 E16 单元格复制公式，结果如图 6-85 所示。

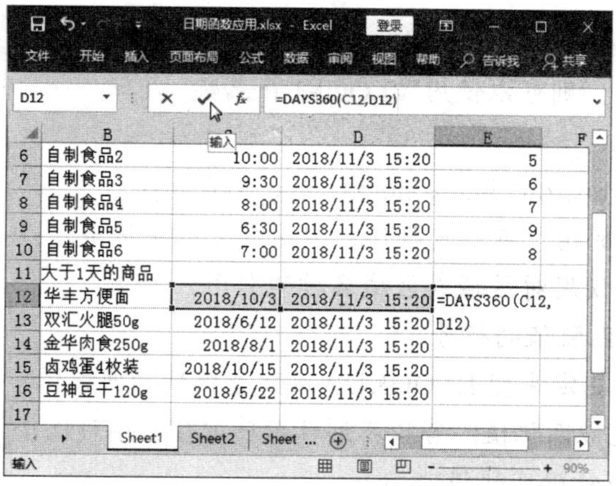

图 6-84 输入右括号

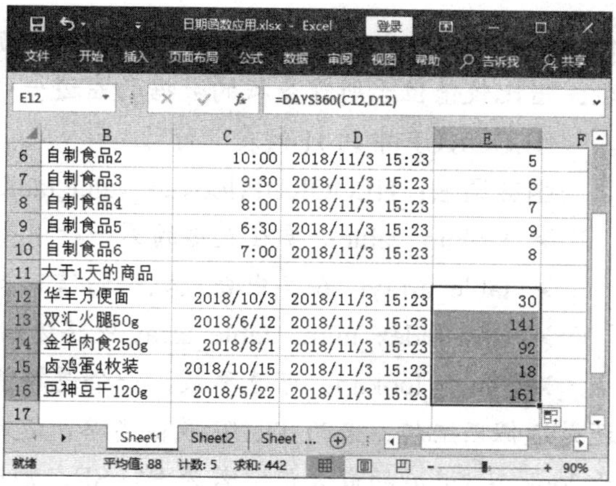

图 6-85 复制公式

6.6 查找与引用函数

查找与引用函数用于按照指定的要求对数据进行查找操作，并返回需要的值或引用。下面将介绍常用的查找与引用函数的应用方法。

6.6.1 常用查找与引用函数

常用的查找与引用函数主要包括 VLOOKUP、HLOOKUP、INDEX、MATCH、INDIRECT、OFFSET、ROW、COLUMN、CHOOSE 等函数，下面将介绍其具体作用和语法。

1. VLOOKUP 函数

作用：用于在表格或区域中按行查找内容。可以使用 VLOOKUP 函数搜索某个单元格区域的第一列，然后返回该区域相同行上任何单元格中的值。

函数语法：VLOOKUP(lookup_value,table_array,col_index_num,[range_lookup])

➢ lookup_value：要在表格或区域的第一列中搜索的值。lookup_value 参数可以是值或引用。

➢ table_array：包含数据的单元格区域。table_array 第一列中的值是由 lookup_value 搜索的值，可以是文本、数字或逻辑值。文本不区分大小写。

➢ col_index_num：table_array 参数中必须返回的匹配值的列号。

➢ range_lookup：可选参数，一个逻辑值，指定希望 VLOOKUP 函数查找精确匹配值还是近似匹配值。若 range_lookup 为 TRUE 或被省略，返回精确匹配值或近似匹配值；若找不到精确匹配值，则返回小于 lookup_value 的最大值，且必须按升序排列 table_array 第一列中的值，否则 VLOOKUP 函数可能无法返回正确的值；若 range_lookup 为 FALSE，则不需对 table_array 第一列中的值进行排序，VLOOKUP 函数将只查找精确匹配值。

2. HLOOKUP 函数

作用：在表格的首行或数值数组中搜索值，然后返回表格或数组中指定行的所在列中的值。当比较值位于数据表格的首行时，若要向下查看指定的行数，则可以使用 HLOOKUP 函数；当比较值位于所需查找的数据的左边一列时，则可以使用 VLOOKUP 函数。

HLOOKUP 中的 H 代表“行”。

函数语法：HLOOKUP(lookup_value,table_array,row_index_num,[range_lookup])

➢ lookup_value：要在表格的第一行中查找的值，可以是数值、引用或文本字符串。

➢ table_array：在其中查找数据的信息表。使用对区域或区域名称的引用。

➢ row_index_num：table_array 中将返回的匹配值的行号。

➢ range_lookup：可选参数。一个逻辑值，指定希望 HLOOKUP 函数查找精确匹配值，还是近似匹配值。若为 TRUE 或被省略，返回近似匹配值；若找不到精确匹配值，则返回小于 lookup_value 的最大值；若为 FALSE，则查找精确匹配值。

3．INDEX 函数

作用：返回表格或区域中的值或值的引用。

INDEX 函数有两种形式：**数组形式和引用形式**。当 INDEX 函数的第一个参数为数组常量时，使用数组形式。

数组形式的语法：INDEX(array,row_num,[column_num])

➢ array：单元格区域或数组常量，若为单行或单列，则参数 row_num 或 column_num 可省略一个；若数组有多行和多列，但只使用 row_num 或 column_num，则返回数组中的整行或整列，且返回值也为数组。

➢ row_num：数组中的行序号，函数从该行返回数值。若省略 row_num，则必须有 column_num。

➢ column_num：可选参数。代表数组中的列序号，函数从该列返回数值。若省略 column_num，则必须有 row_num。row_num 和 column_num 可以是数值，也可以是其他函数的返回值。

引用形式的语法：INDEX(reference,row_num,[column_num],[area_num])

➢ reference：一个或多个单元格区域的引用。

➢ row_num：引用中某行的行号，函数从该行返回一个引用。

➢ column_num：可选参数，代表引用中某列的列标，函数从该列返回一个引用。

➢ area_num：可选参数，代表选择引用中的一个区域，以从中返回 row_num 和 column_num 的交叉区域。选中或输入的第一个区域序号为 1，第二个为 2，依此类推。若省略 area_num，则使用区域 1。

4．MATCH 函数

作用：在单元格区域中搜索指定项，然后返回该项在单元格区域中的相对位置。例如，若 A1:A3 单元格区域包含值 5、25 和 38，则公式“=MATCH(25,A1:A3,0)”会返回数字 2，因为值 25 是单元格区域中的第二项。

若需要获得单元格区域中某个项目的位置而不是项目本身，则应该使用 MATCH 函数。MATCH 函数和 INDEX 函数的组合应用可实现类似 VLOOKUP 函数的应用，使其更加灵活。例如，可以使用 MATCH 函数为 INDEX 函数的 row_num 参数提供值。

函数语法：MATCH(lookup_value,lookup_array,[match_type])

➢ lookup_value：需要在 lookup_array 中查找的值。

➢ lookup_array：要搜索的单元格区域。

➢ match_type：可选参数。默认值为 1，MATCH 函数会查找小于或等于 lookup_value 的最大值，lookup_array 参数中的值必须按升序排列。若 match_type 为 0，MATCH 函数会查找等于 lookup_value 的第一个值；若 match_type 为-1，MATCH 函数会查找大于或等于 lookup_value 的最小值，lookup_array 参数中的值必须按降序排列。例如，TRUE、FALSE、Z-A、...2, 1,0,-1,-2,...。

5. INDIRECT 函数

作用：返回由文本字符串指定的引用。此函数立即对引用进行计算，并显示其内容。若需要更改公式中对单元格的引用，而不更改公式本身，可以使用 INDIRECT 函数。

函数语法：INDIRECT(ref_text,[a1])

➢ ref_text：对单元格的引用，此单元格包含 A1 样式的引用，R1C1 样式的引用，定义为引用的名称或对作为文本字符串的单元格的引用。若 ref_text 不是合法的单元格引用，则 INDIRECT 函数返回错误值。

若 ref_text 是对另一个工作簿的引用（外部引用），则被引用的工作簿必须已打开。若源工作簿没有打开，则 INDIRECT 函数返回错误值#REF!。

若 ref_text 引用的单元格区域超出 1 048 576 这一行限制或 16 384(XFD)这一列限制，则 INDIRECT 函数返回错误值#REF!。

➢ a1：可选参数，一个逻辑值，用于指定包含在单元格 ref_text 中的引用类型。

若 a1 为 TRUE 或被省略，ref_text 被解释为 A1 样式的引用。

若 a1 为 FALSE，则将 ref_text 解释为 R1C1 样式的引用。

6. OFFSET 函数

作用：以指定的引用为参照系，通过给定偏移量得到新的引用。返回的引用可以为一个单元格或单元格区域，并可以指定返回的行数或列数。

函数语法：OFFSET(reference,rows,cols,[height],[width])

➢ reference：要以其为偏移量的底数的引用，只能是单元格引用，不能是数组。

➢ rows：需要左上角单元格引用的向上或向下行数。例如，使用 2 作为 rows 参数，可以指定引用中的左上角单元格为引用下方的 2 行。rows 可以为正数（表示在起始引用的下方）或负数（表示在起始引用的上方）。

➢ cols：需要结果的左上角单元格引用的从左到右的列数。例如，使用 5 作为 cols 参数，可以指定引用中的左上角单元格为引用右侧的 5 列。cols 可以为正数（这意味着在起始引用的右侧）或负数（这意味着在起始引用的左侧）。rows 和 cols 参数用于指定目标单元格区域大小，若不指定则目标引用尺寸与源引用相同。

➢ height：可选参数。需要返回的引用的行高，可以使用负数作为参数。

➢ width：可选参数。需要返回的引用的列宽，可以使用负数作为参数。

7. ROW 和 ROWS 函数

（1）ROW 函数

作用：返回引用的行号。例如，公式“ROW(E8)”返回 8。

函数语法：ROW([reference])。

reference 为需要返回其行号的单元格或单元格区域。若省略，则是对 ROW 函数所在单元格的引用。

（2）ROWS 函数

作用：返回引用或数组的行数。

函数语法：ROWS(array)。

array 为需要计算其行数的数组、数组公式或对单元格区域的引用。例如，公式“ROWS(B2:C8)”返回 7。

8. COLUMN 和 COLUMNS 函数

（1）COLUMN 函数

作用：返回指定单元格引用的列号。例如，公式“COLUMN(E8)”返回 5，因为列 E 为第 5 列。

函数语法：COLUMN([reference])。

reference 为需要返回其列号的单元格或单元格区域，若被省略则是对 COLUMN 函数所在单元格的引用。参数 reference 不能引用多个区域。

（2）COLUMNS 函数

作用：返回数组或引用的列数。

函数语法：COLUMNS(array)。

array 为需要计算其列数的数组、数组公式或对单元格区域的引用。例如，公式“COLUMNS(B1:F6)”返回 5。

9. CHOOSE 函数

作用：使用指定的值参数返回数值参数列表中的数值。

函数语法：CHOOSE(index_num,value1,[value2],...)

➢ index_num：所选定的值参数。index_num 必须为 1~254 之间的数字，或者为公式对包含 1~254 之间某个数字单元格的引用。

➢ value1,value2, ...: value1 是必需的，后续值是可选的，代表 1~254 个数值参数。CHOOSE 函数基于 index_num，从这些值参数中选择一个数值或一项要执行的操作。参数可以为数字、单元格引用、已定义名称、公式、函数或文本。

6.6.2 使用 VLOOKUP 函数计算年龄所属分段

下面使用 VLOOKUP 函数的模糊查找功能计算年龄所属分段，具体操作方法如下。

Step 01 打开“素材文件/第 6 章/VLOOKUP 模糊查找得到年龄分段.xlsx”，在 E1:F6 单元格区域制作年龄分段表，划分年龄分段区间，年龄临界点按升序排序，如图 6-86 所示。

Step 02 选择 C2 单元格，在编辑栏中输入公式“=VLOOKUP(B2,$E$2:$F$6,2,1)”，然后单击“输入”按钮✔，如图 6-87 所示。

图 6-86 制作年龄分段表

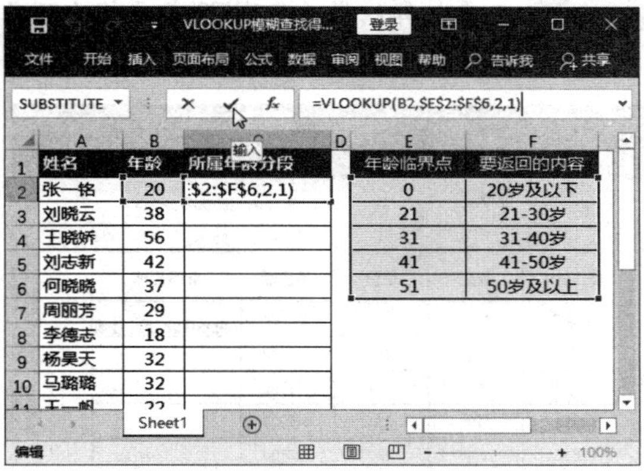

图 6-87 输入公式

Step 03 通过拖动 C2 单元格右下角的填充柄复制公式至 C18 单元格，结果如图 6-88 所示。

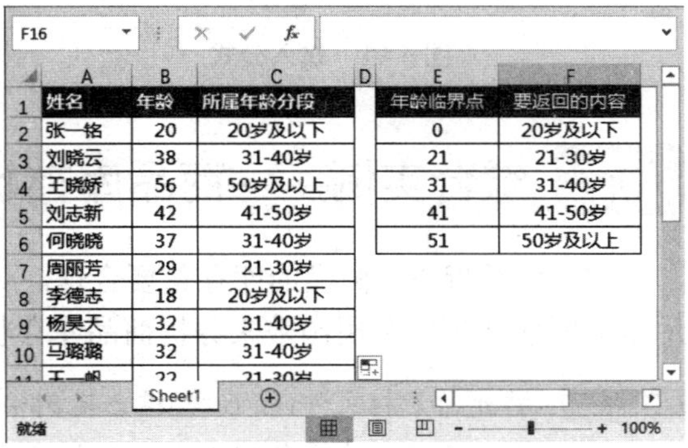

图 6-88 查看年龄分段结果

6.6.3 使用 HLOOKUP 函数模糊查找计算提成

下面将介绍如何使用 HLOOKUP 函数的模糊查找功能计算业绩提成，具体操作方法如下。

Step 01 打开“素材文件/第 6 章/HLOOKUP 函数模糊查找计算提成.xlsx”，选择 H2:M3 单元格区域，按【Ctrl+F3】组合键打开“名称管理器”对话框，单击“新建”按钮，如图 6-89 所示。

Step 02 弹出“新建名称”对话框，输入名称“提成率”，然后单击“确定”按钮，如图 6-90 所示。

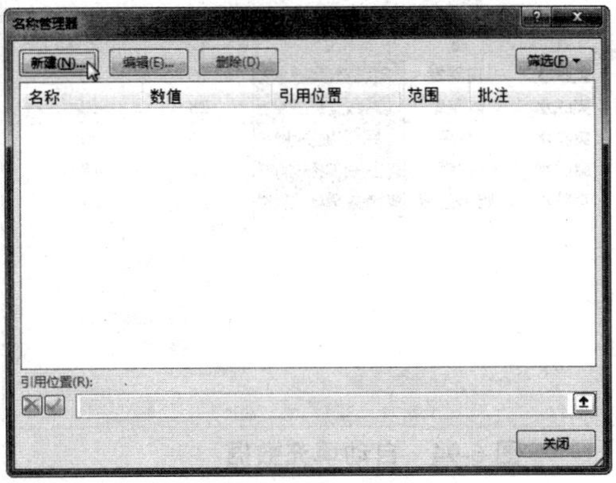

图 6-89 “名称管理器”对话框

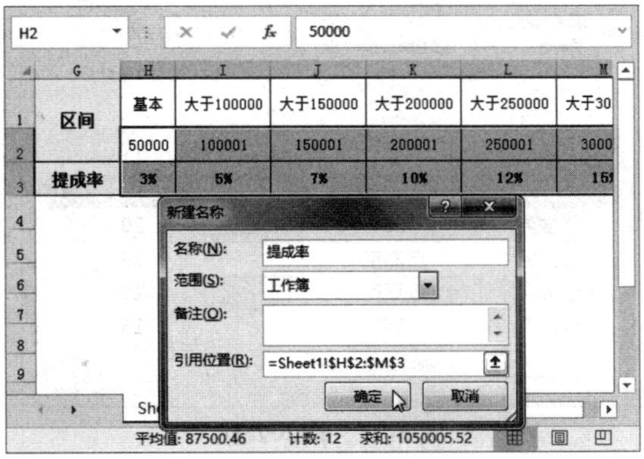

图 6-90 输入名称

Step 03 选择 E2 单元格，在编辑栏中输入公式“=HLOOKUP(D2,提成率,2)*D2”，然后单击“输入”按钮✔，如图 6-91 所示。

Step 04 查看计算结果，拖动 E2 单元格右下角的填充柄复制公式至 E6 单元格，即可完成提成计算，结果如图 6-92 所示。

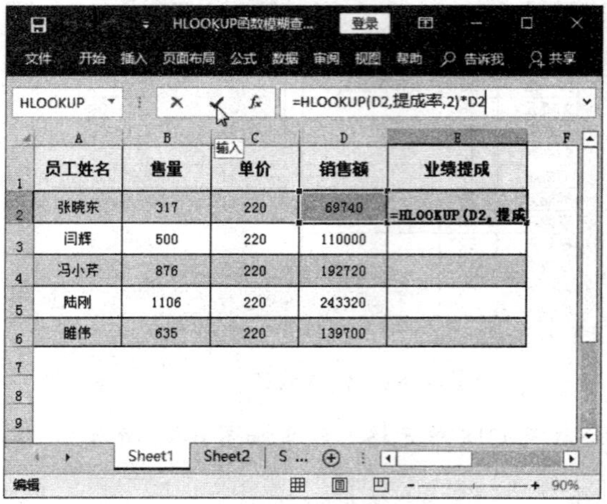

图 6-91 输入公式

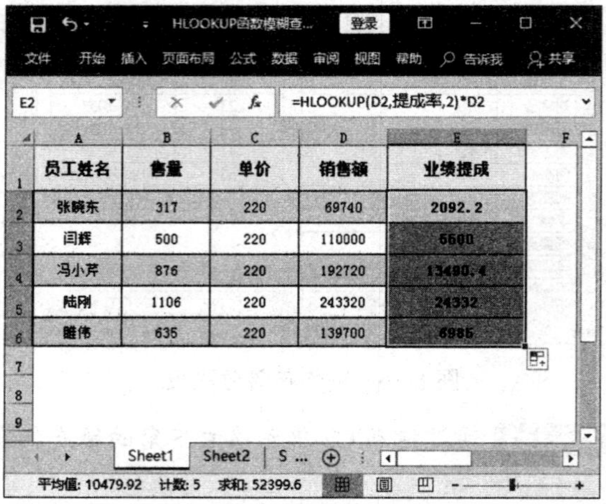

图 6-92 复制公式

6.7 综合实例——商品库存状态分析

在正常情况下，商品的库存量要合理，不能有太多的积压。下面将综合运用本章所学知识，利用函数来分析商品库存状态，具体操作方法如下。

Step 01 打开“素材文件\第 6 章\综合实例——商品库存状态分析.xlsx”，选择 C2 单元格，在编辑栏中输入公式“=B2&"("&A2&")"”，并按【Enter】键确认，如图 6-93 所示。

Step 02 拖动 C2 单元格右下角的填充柄至 C13 单元格，复制公式。单击“自动填充选项”下拉按钮，选择“不带格式填充”选项，如图 6-94 所示。

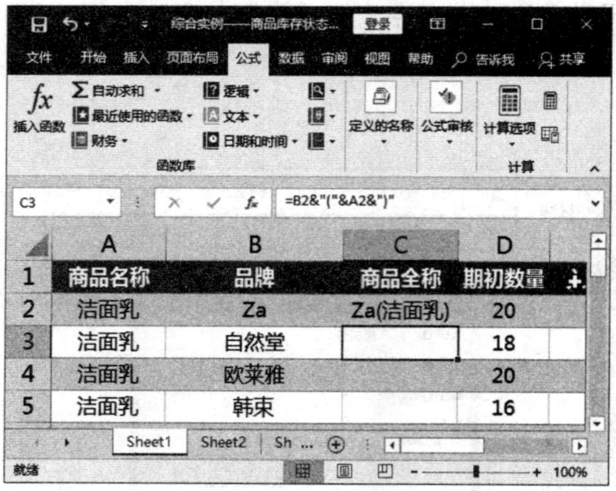

图 6-93 输入公式

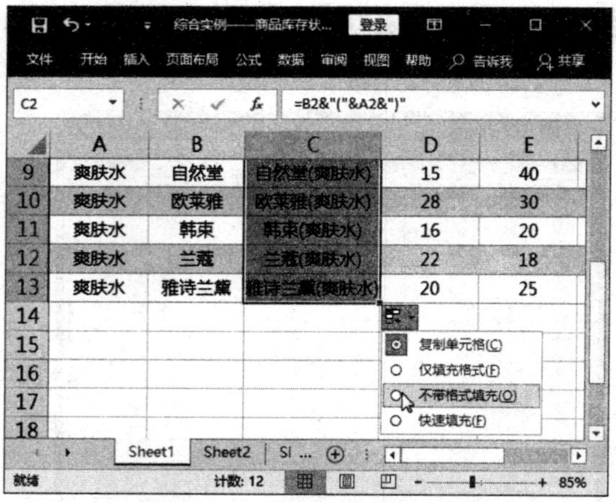

图 6-94 自动填充数据

Step 03 选择 B21 单元格，选择“数据”选项卡，在“数据工具”组中单击“数据验证”按钮，如图 6-95 所示。

Step 04 弹出“数据验证”对话框，在“允许”下拉列表框中选择“序列”选项，然后单击“来源”文本框右侧的折叠按钮，如图 6-96 所示。

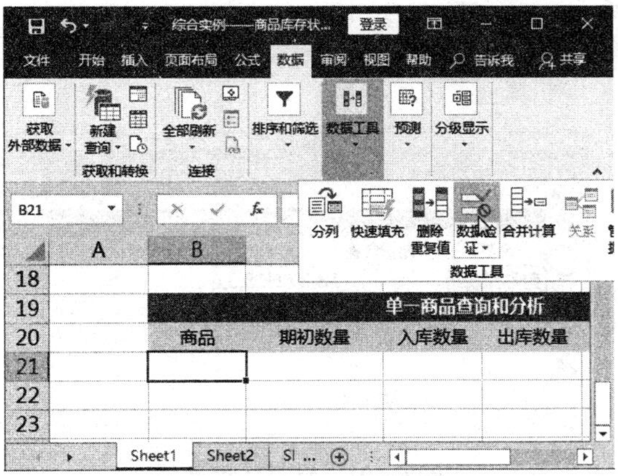

图 6-95 单击“数据验证”按钮

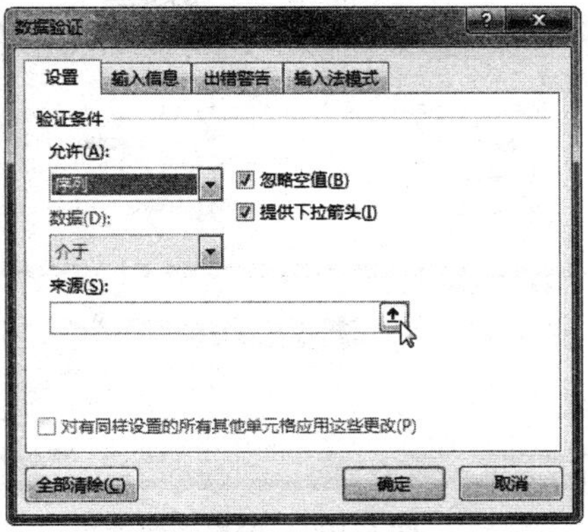

图 6-96 “数据验证”对话框

Step 05 在工作表中选择 C2:C13 单元格区域，单击展开按钮，如图 6-97 所示。

Step 06 返回“数据验证”对话框，单击“确定”按钮，如图 6-98 所示。

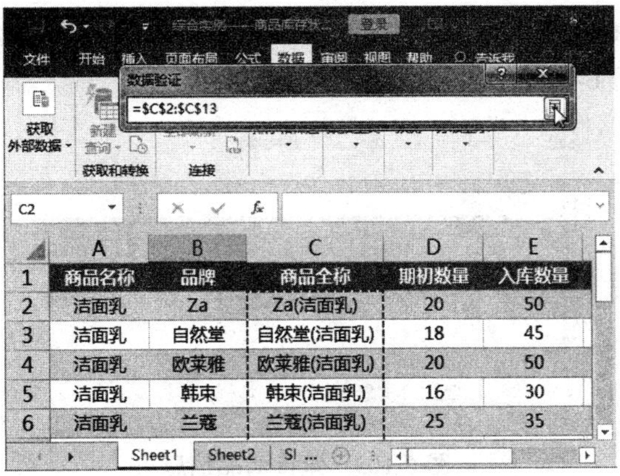

图 6-97 设置有效性数据来源

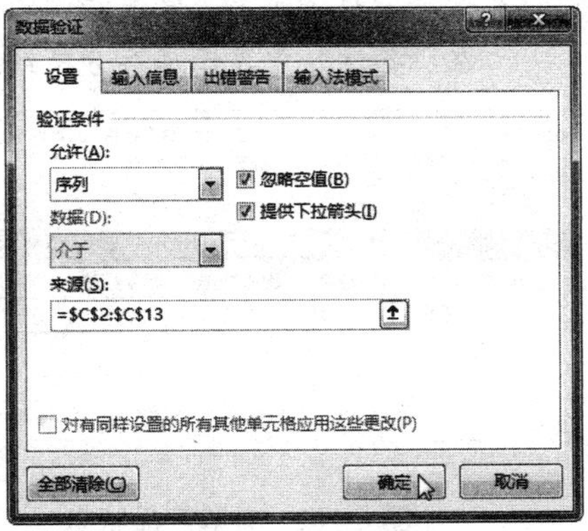

图 6-98 “数据验证”对话框

Step 07 选择 C21 单元格，选择“公式”选项卡，在“函数库”组中单击“查找与引用”下拉按钮，选择 VLOOKUP 函数，如图 6-99 所示。

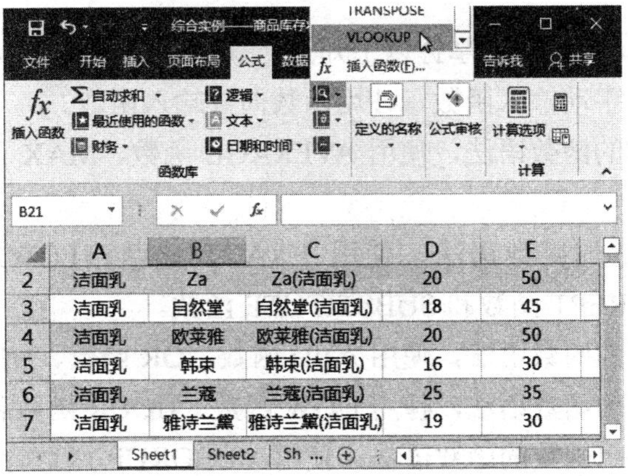

图 6-99 插入函数

Step 08 弹出“函数参数”对话框，设置函数参数，然后单击“确定”按钮，如图 6-100 所示。

Step 09 复制 C21 单元格中的公式，选择 D21 单元格，在编辑栏中粘贴公式，并将函数的 col_index_num 参数修改为 3，如图 6-101 所示。

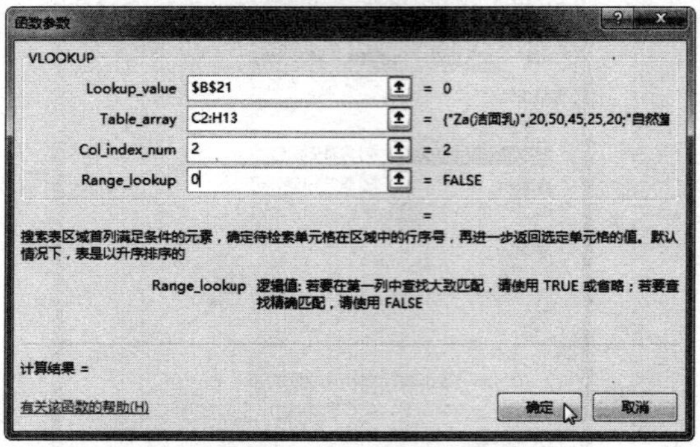

图 6-100 设置函数参数

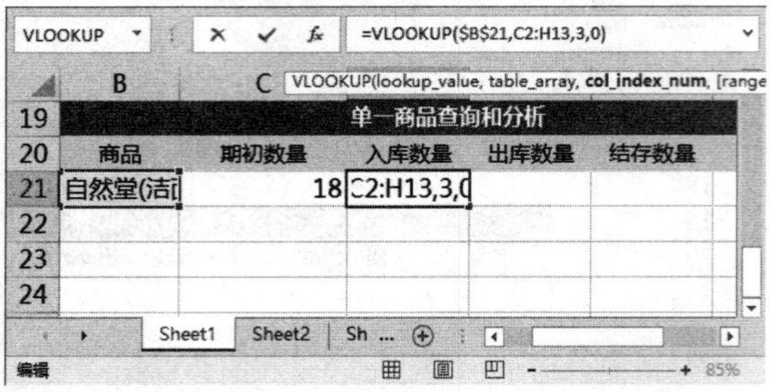

图 6-101 计算入库数量

Step 10 采用同样的方法，依次在 E21 和 F21 单元格中复制公式，并将 col_index_num 参数的值分别修改为 4 和 5。选择 G21 单元格，在编辑栏中输入公式“=IF(F21<=10,"需要补货",IF(F21>=30,"库存商品积压","正常"))”，并按【Enter】键确认，如图 6-102 所示。

Step 11 选择 B21 单元格，单击右侧的筛选按钮，选择商品名称，即可显示该商品的相关信息，在“备注”中显示库存分析结果，如图 6-103 所示。

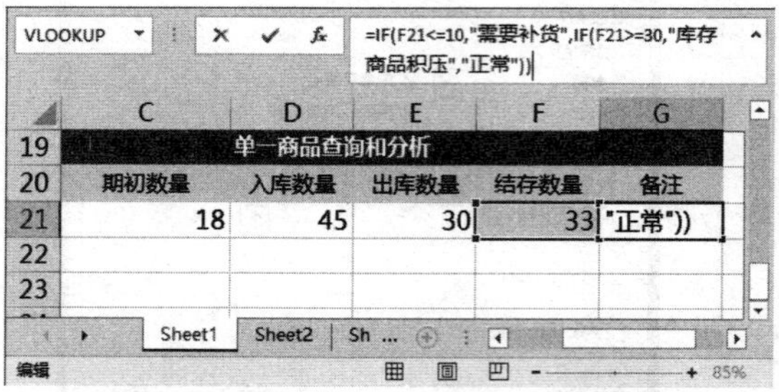

图 6-102 计算产品状态

图 6-103 查询商品信息

本章小结

通过对本章的学习，读者应该掌握以下知识。

（1）函数的分类，手动输入函数，使用函数向导输入函数。

（2）常用统计函数的函数语法，使用 AVERAGE 函数、MAX 函数、COUNTA 函数和 COUNT 函数。

（3）常用文本函数的函数语法，使用 EXACT 函数、LOWER 与 UPPER 函数、CONCATENATE 函数、REPT 函数和 SUBSTITUTE 函数。

（4）常用逻辑函数的函数语法，使用 AND 函数、OR 函数、NOT 函数和 IF 函数。

（5）常用日期函数的函数语法，使用 NOW 函数、HOUR 函数和 DAYS360 函数。

（6）常用查找与引用函数的函数语法，使用 VLOOKUP 函数计算年龄所属分段，使用 HLOOKUP 函数模糊查找计算提成。

课后习题

一、选择题

1．在 Excel 中，函数 SUM（A1:A4）等价于（　）。

A．SUM（A1*A4）　　B．SUM（A1+A4）

C．SUM（A1/A4）　　D．SUM（A1+A2+A3+A4）

2．AVERAGE 函数属于哪种函数类型？（　）

A．文本函数　　B．查找与引用函数

C．统计函数　　D．逻辑函数

3．VLOOKUP 函数的参数顺序为（　）。

① col_index_num　② lookup_value　③ range_lookup　④ table_array

A．②④①③　　B．④②③①

C．①②④③　　D．③①②④

二、填空题

1．使用________函数可以根据指定的字符数返回文本字符串中第一个字符或前几个字符。

2．使用________函数用于计算天数、月或两个日期之间的年数。

3．使用________函数可以捕获和处理公式中的错误。

三、实操题

打开“素材文件/第 6 章/员工生日提醒.xlsx”，当员工在本月、本日或未来几天过生日时，使用日期函数在表格中设置生日提醒，效果如图 6-104 所示。

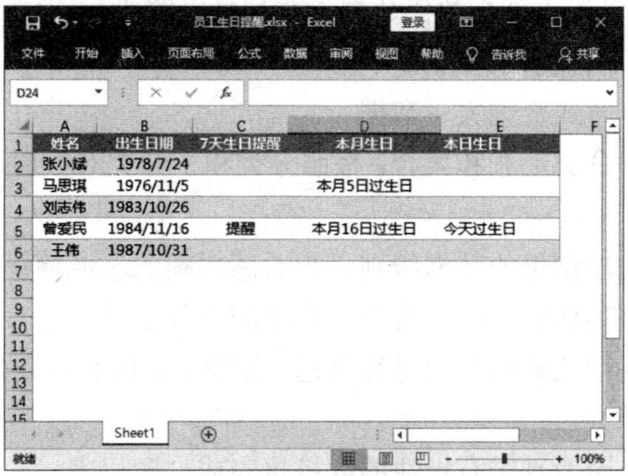

图 6-104　员工生日提醒

操作提示：

（1）在“7 天生日提醒”列应用函数“=IF(DATEDIF(B2-7,TODAY(),"YD")<=7,"提醒","")”。

（2）在“本月生日”列应用函数“=IF(MONTH(B2)=MONTH(TODAY()),"本月"&DAY(B2)&"日过生日","")”。

（3）在“本日生日”列应用函数“=IF(AND(MONTH(B2)=MONTH(TODAY()),DAY(B2)=DAY系统(TODAY())),"今天过生日","")”。

第 7 章
创建数据透视表与数据透视图

【学习目标】

- 掌握数据透视表的基本操作。
- 掌握更改数据透视表布局的方法。
- 掌握设置数据透视表字段的方法。
- 掌握使用数据透视表筛选数据的方法。
- 掌握使用数据透视图的方法。

数据透视表是一种交互式表格，它能够对大量数据快速汇总，是查询与分析数据、深入挖掘数据内部信息的重要工具。它有机地综合了数据排序、筛选和分类汇总等数据分析的优点，可以方便地调整分类汇总的方式。数据透视图则是数据透视表的图形展示。本章将学习如何创建数据透视表和数据透视图。

7.1 数据透视表的基本操作

下面首先介绍数据透视表的用途，然后学习数据透视表的基本操作，如在新工作表中创建数据透视表，在当前工作表中创建数据透视表，以及移动与删除数据透视表。

7.1.1 数据透视表的用途

使用数据透视表可以深入分析数值数据，并且可以解决一些预计不到的数据问题。数据透视表是针对以下用途而特别设计的。

➢ 以多种用户友好方式查询大量数据。

➢ 对数值数据进行分类汇总和聚合，按照分类和子分类对数据进行汇总，创建自定义计算和公式。

➢ 展开或折叠要关注结果的数据级别，查看感兴趣的区域摘要数据的明细。

➢ 将行移到列或将列移到行，以查看源数据的不同汇总。

➢ 对最有用和最关注的数据子集进行筛选、排序、分组和有条件地设置格式，使用户能够关注所需的信息。

➢ 提供简明、有吸引力且带有批注的联机报表或打印报表。

若要分析相关的汇总值，尤其是在要合计较大的数字列表并对每个数字进行多种比较时，通常需要使用数据透视表。

7.1.2 在新工作表中创建数据透视表

用户可以在新工作表中直接创建数据透视表，具体操作方法如下。

Step 01 打开“素材文件\第 7 章\销售记录表.xlsx”，选择任一数据单元格，在“插入”选项卡下的“表格”组中单击“数据透视表”按钮，如图 7-1 所示。

Step 02 弹出“创建数据透视表”对话框，此时将自动选择表区域，选中“新工作表”单选按钮，然后单击“确定”按钮，如图 7-2 所示。

Step 03 此时，即可在新工作表中创建一个空的数据透视表，并显示字段窗格。将“销售地区”字段拖至“行”区域中，如图 7-3 所示。

图 7-1　单击“数据透视表”按钮

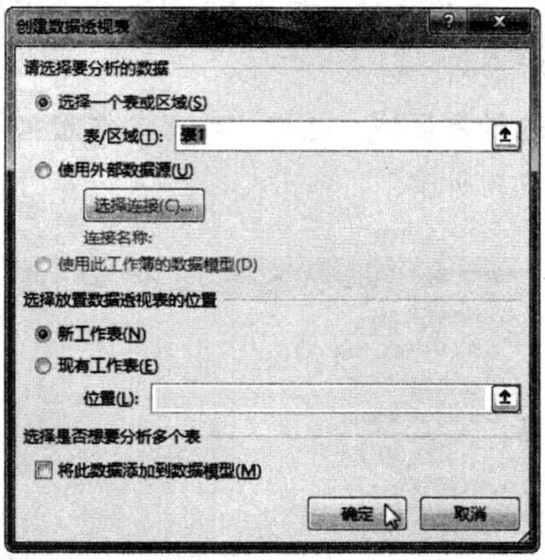

图 7-2　“创建数据透视表”对话框

图 7-3　添加“销售地区”字段

Step 04 此时，即在数据透视表中添加了行标签，如图 7-4 所示。

Step 05 将“产品名称”字段拖至“销售地区”字段下方，松开鼠标，即可在行标签中添加字段，如图 7-5 所示。

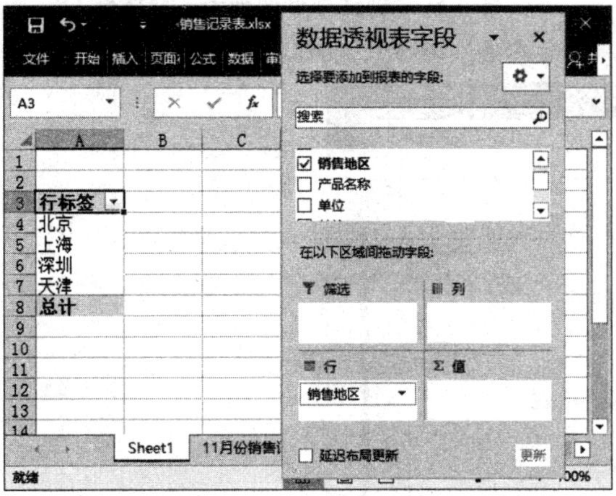

图 7-4　添加行标签

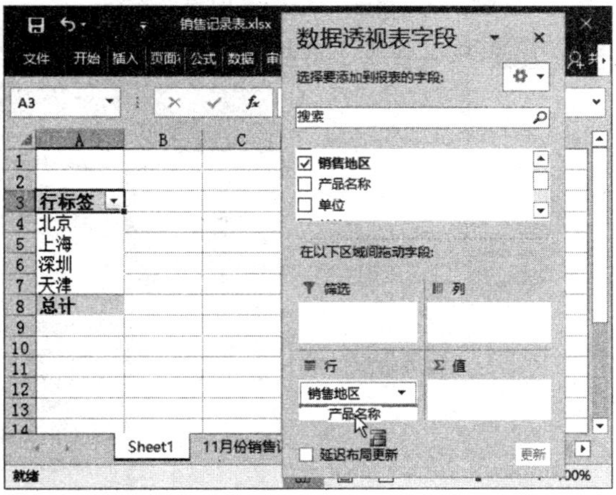

图 7-5　在行标签中添加字段

Step 06 将“销售额”字段拖至“值”区域中，在“值”区域中添加字段，如图 7-6 所示。需要注意的是，可以将一个字段多次添加到“值”区域中，以对值应用多种汇总方式。

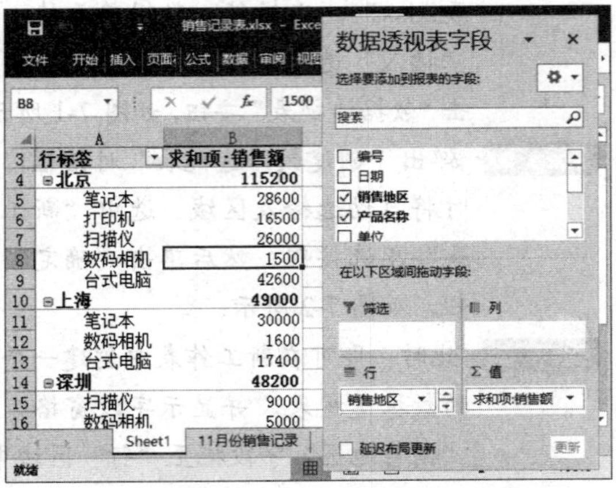

图 7-6 在“值”区域添加字段

7.1.3 在当前工作表中创建数据透视表

用户可以在当前工作表中直接创建数据透视表，具体操作方法如下。

Step 01 打开“素材文件\第 7 章\销售记录表 1.xlsx”，在工作表中选择任一数据单元格，在“插入”选项卡下的“表格”组中单击“数据透视表”按钮，如图 7-7 所示。

Step 02 弹出“创建数据透视表”对话框，此时将自动选择表区域。选中“现有工作表”单选按钮，并将光标定位到“位置”文本框中，如图 7-8 所示。

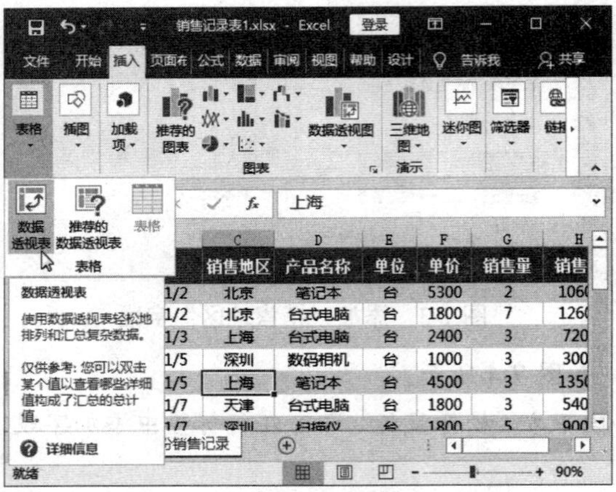

图 7-7 单击“数据透视表”按钮

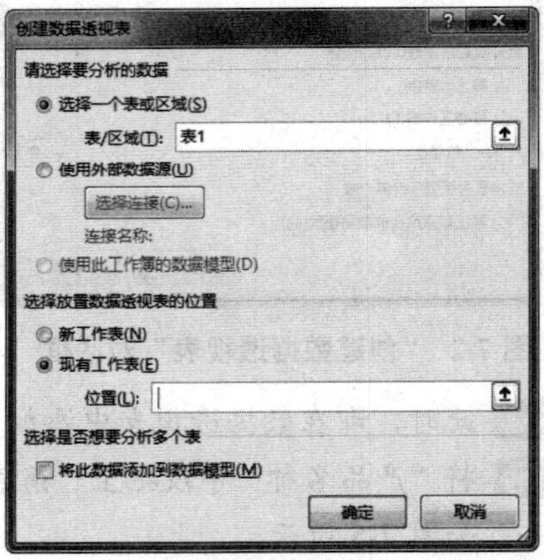

图 7-8 “创建数据透视表”对话框

Step 03 在工作表中选择放置数据透视表的位置，然后单击“确定”按钮，如图 7-9 所示。

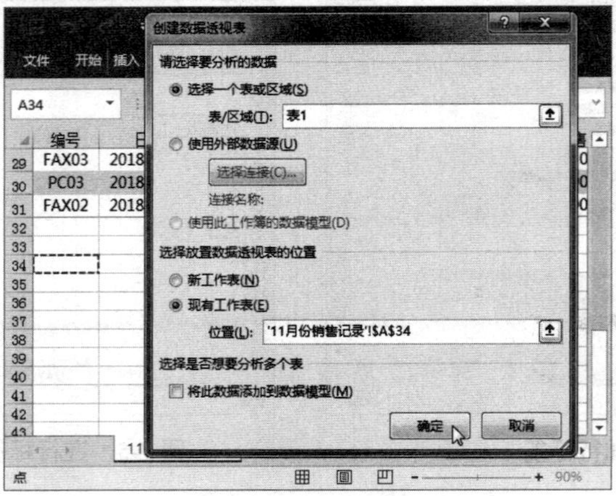

图 7-9 选择位置

Step 04 此时，即可创建数据透视表。将“产品名称”字段拖至“行”区域中，将“销售地区”字段拖至“列”区域中，将“销售额”字段拖至“值”区域中，结果如图 7-10 所示。

图 7-10　创建数据透视表

7.1.4　移动数据透视表

为了便于在数据透视表的当前位置插入工作表单元格、行或列，可以移动数据透视表的位置。移动数据透视表的具体操作方法如下。

Step 01 选择数据透视表中的任一单元格，在“分析”选项卡下的“操作”组中单击“移动数据透视表”按钮，如图 7-11 所示。

Step 02 弹出“移动数据透视表”对话框，选中“现有工作表”单选按钮，然后单击“位置”文本框右侧的折叠按钮，如图 7-12 所示。

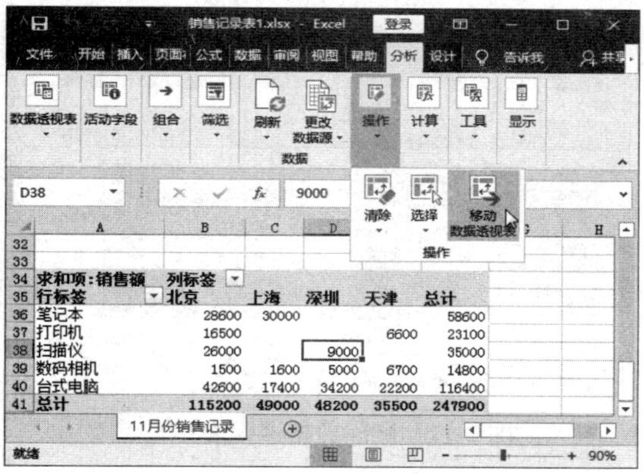

图 7-11　单击“移动数据透视表”按钮

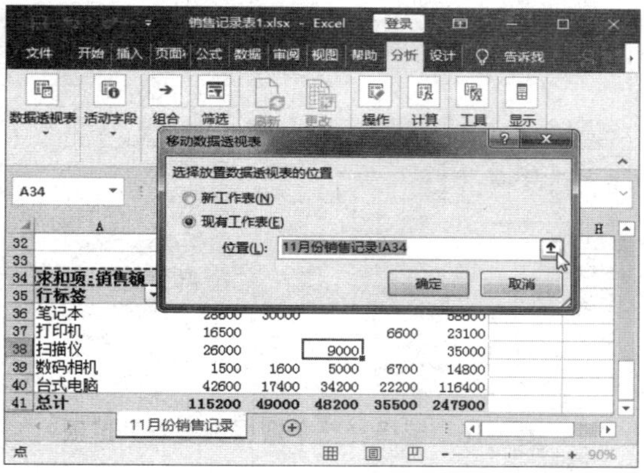

图 7-12　单击折叠按钮

Step 03 在工作表中选择位置，然后单击折叠按钮，如图 7-13 所示。

Step 04 返回“移动数据透视表”对话框，单击“确定”按钮，如图 7-14 所示。

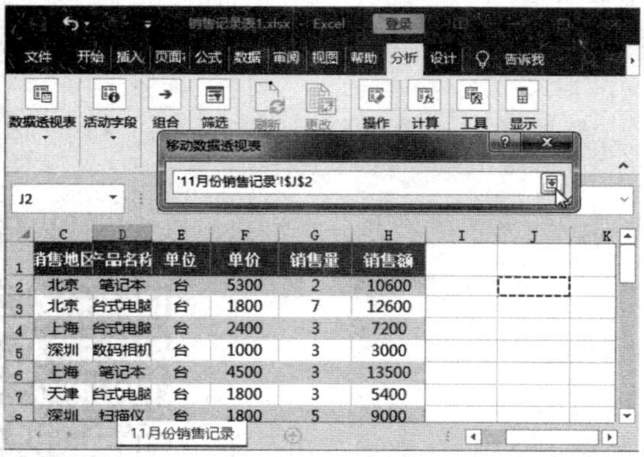

图 7-13　选择位置

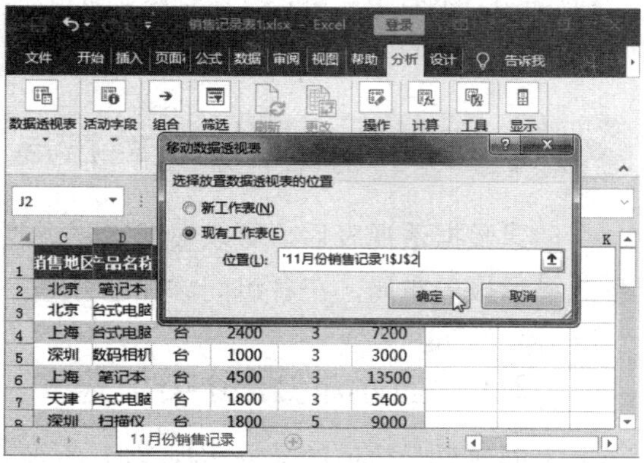

图 7-14　移动数据透视表

Step 05 此时，即可移动数据透视表的位置，效果如图 7-15 所示。

图 7-15 移动数据透视表位置效果

7.1.5 删除数据透视表

当不再需要数据透视表时，可以将其删除。删除数据透视表的具体操作方法如下。

Step 01 打开"素材文件\第 7 章\销售记录表 3.xlsx"，选择数据透视表中的任一单元格，在"分析"选项卡下的"操作"组中单击"选择"下拉按钮，选择"整个数据透视表"选项，如图 7-16 所示。

Step 02 此时，即可将整个数据透视表选中，按【Delete】键即可删除数据透视表，如图 7-17 所示。

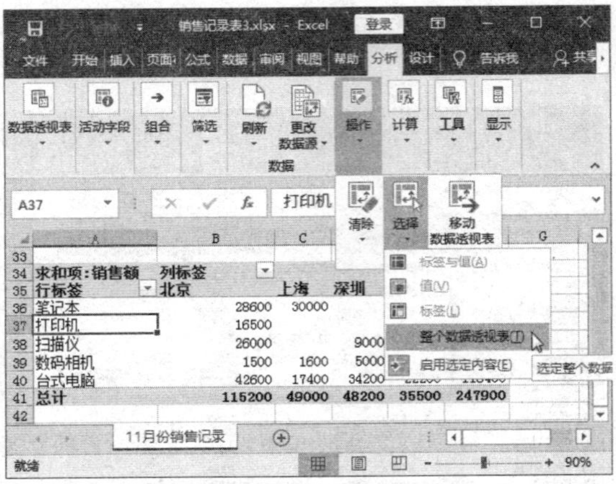

图 7-16 选择"整个数据透视表"选项

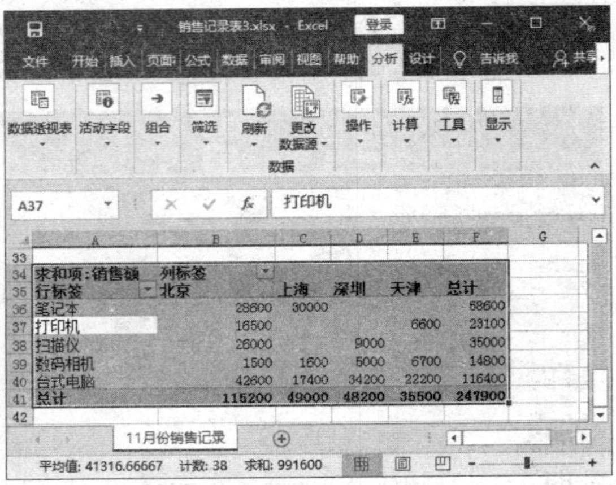

图 7-17 删除数据透视表

课堂解疑

若数据透视表的数据源数据发生更改时，则需右击数据透视表，选择"刷新"命令。若要使数据透视表自动刷新，可以将源数据创建为 Excel 表格。

7.2 更改数据透视表的布局

创建数据透视表后，可以根据需要更改其布局，如显示或隐藏分类汇总，以大纲或表格形式显示报表布局，在各组间添加空行等。

7.2.1 显示/隐藏分类汇总

当创建显示数值的数据透视表时，系统会自动显示金额、分类汇总和总计，但用户也可调整其显示位置或将其隐藏，具体操作方法如下。

Step 01 打开“素材文件\第 7 章\销售记录表 5.xlsx”，选择数据透视表中的任一单元格，选择“设计”选项卡，在“布局”组中单击“分类汇总”下拉按钮，选择“在组的底部显示所有分类汇总”选项，如图 7-18 所示。

Step 02 此时，即可在每组底部显示分类汇总结果，如图 7-19 所示。

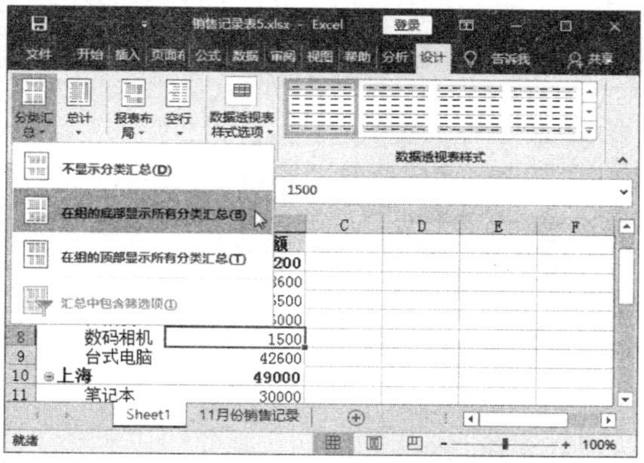

图 7-18 设置显示分类汇总

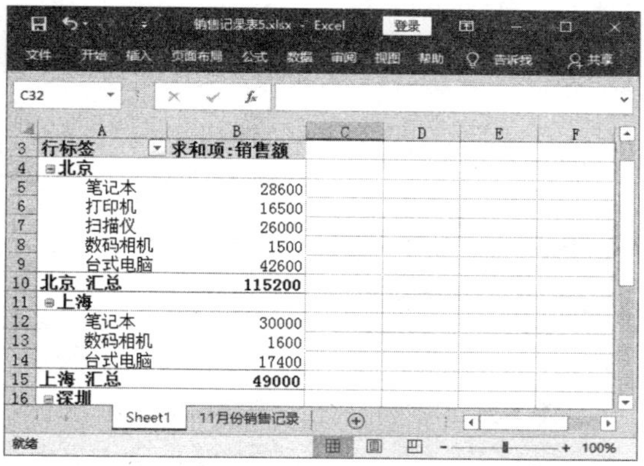

图 7-19 显示分类汇总结果

7.2.2 设置报表布局

用户可以更改数据透视表及其各个字段的形式：压缩、大纲或表格，还可在每个项目后插入或删除空行，具体操作方法如下。

Step 01 选择数据透视表中的任一单元格，选择“设计”选项卡，单击“报表布局”下拉按钮，选择“以大纲形式显示”选项，如图 7-20 所示。

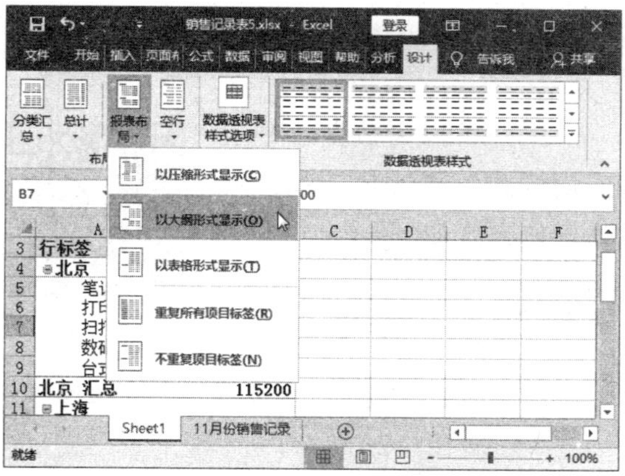

图 7-20 设置以大纲形式显示报表

Step 02 此时，可以大纲形式显示数据透视表，效果如图 7-21 所示。

Step 03 单击“报表布局”下拉按钮，选择“以表格形式显示”选项，如图 7-22 所示。

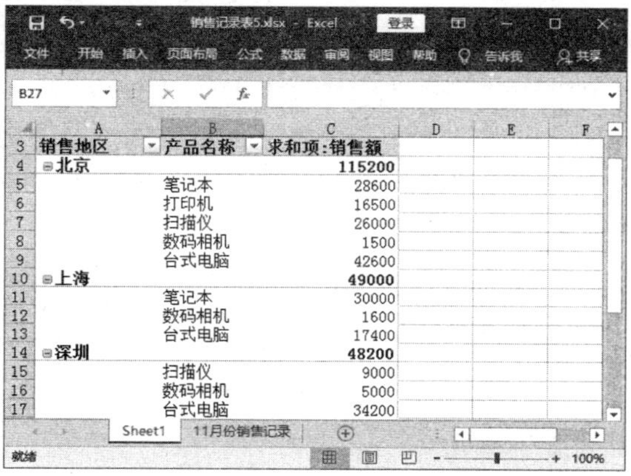

图 7-21 以大纲形式显示数据透视表

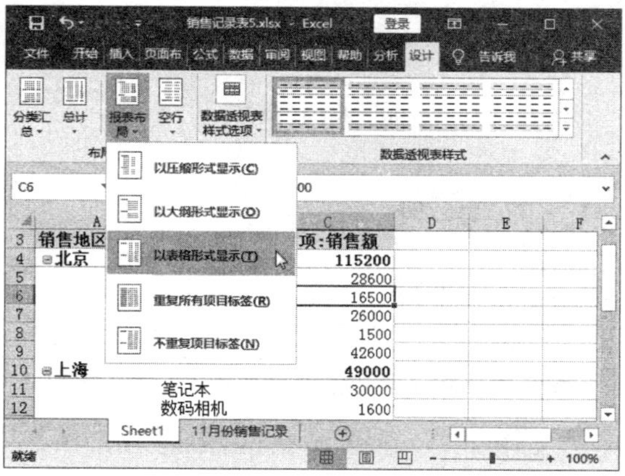

图 7-22 设置以表格形式显示报表

Step 04 此时，即可在数据透视表中自动添加表格线，如图 7-23 所示。

Step 05 单击“空行”下拉按钮，选择“在每个项目后插入空行”选项，如图 7-24 所示。

图 7-23 以表格形式显示数据透视表

图 7-24 设置插入空行

Step 06 此时，即可在每个行标签项目后添加一个空行，效果如图 7-25 所示。

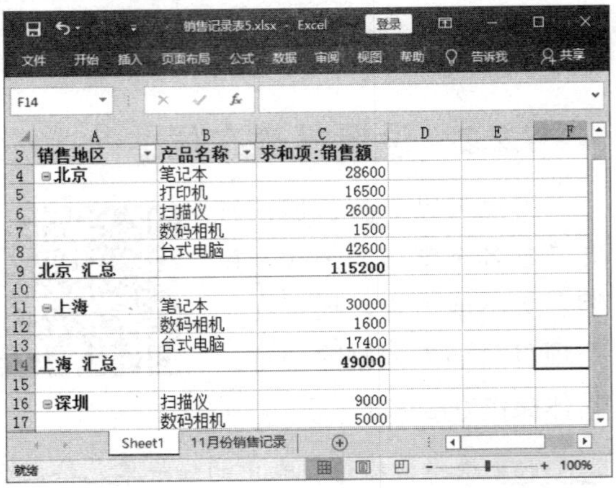

图 7-25 添加空行效果

7.2.3 更改数据透视表样式

用户可以为数据透视表应用样式以更改其外观，具体操作方法如下。

Step 01 选择数据透视表中任一单元格，选择“设计”选项卡，单击“数据透视表样式”下拉按钮，如图 7-26 所示。

Step 02 弹出数据透视表样式列表，从中选择所需的样式，如图 7-27 所示。

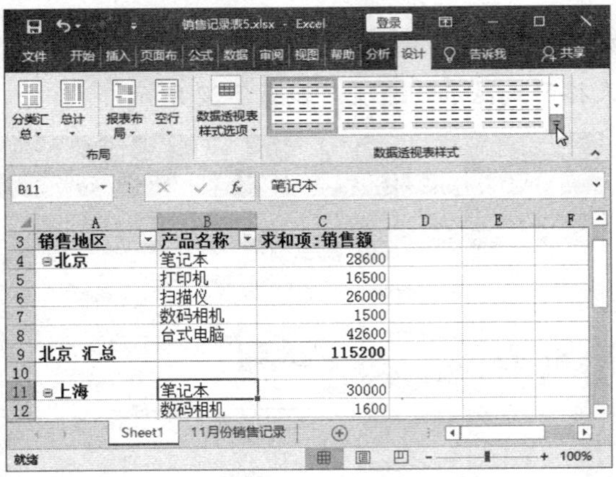

图 7-26 单击“数据透视表样式”下拉按钮

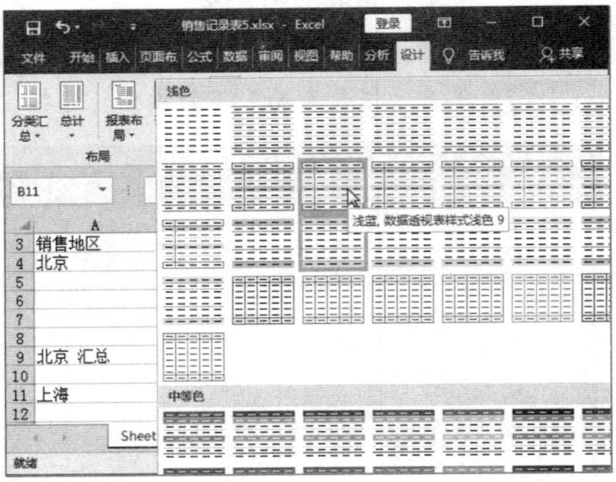

图 7-27 选择样式

Step 03 此时，即可为数据透视表应用样式，效果如图 7-28 所示。

Step 04 在“数据透视表样式选项”组中选中“镶边行”复选框，查看报表效果，如图 7-29 所示。

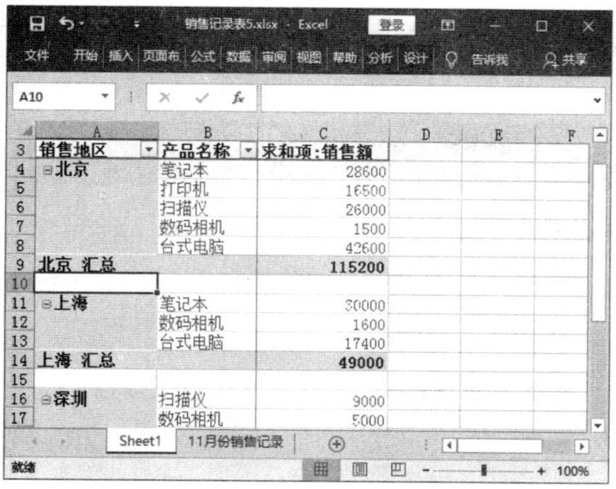

图 7-28　应用样式

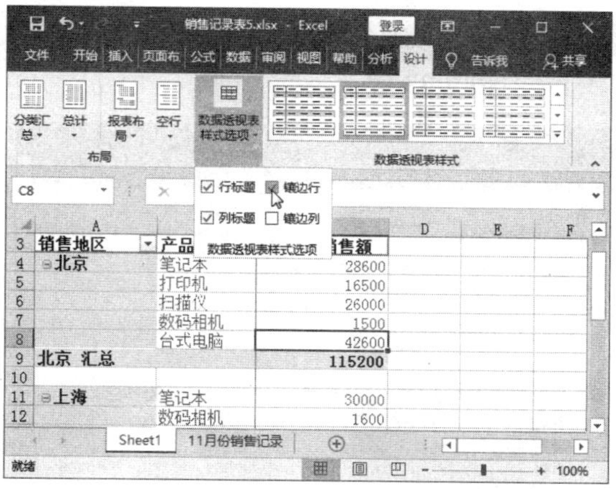

图 7-29　设置数据透视表样式选项

7.3 设置数据透视表字段

在数据透视表中，用户可以根据需要重命名各字段，还可更改值的汇总方式及数据的显示方式，下面将介绍如何进行字段设置。

7.3.1 更改字段名称

数据透视表中的字段名称是根据工作表自动生成的，用户可以根据需要更改字段名称，具体操作方法如下。

Step 01 打开“素材文件\第 7 章\销售统计表.xlsx”，在数据透视表中选择“求和项：第一季度”字段单元格，在“分析”选项卡下的“活动字段”组中单击“字段设置”按钮，如图 7-30 所示。

Step 02 弹出“值字段设置”对话框，在“自定义名称”文本框中输入名称，然后单击“确定”按钮，如图 7-31 所示。

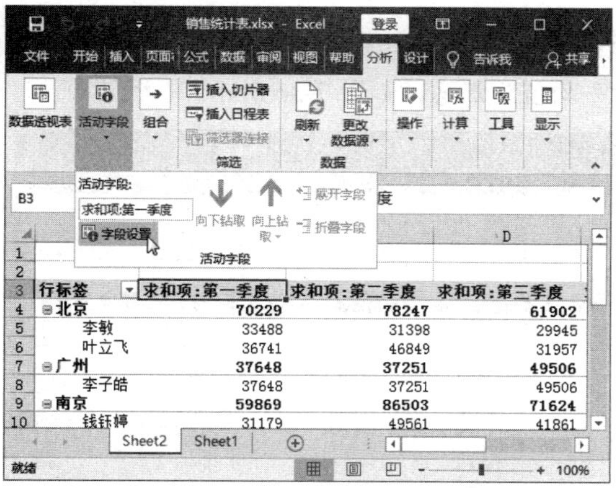

图 7-30　单击“字段设置”按钮

图 7-31　自定义字段名称

Step 03 此时，即可更改字段名称，如图 7-32 所示。

Step 04 若要修改字段名称，还可选中字段后，直接在“活动字段”文本框中输入新的名称，如图 7-33 所示。

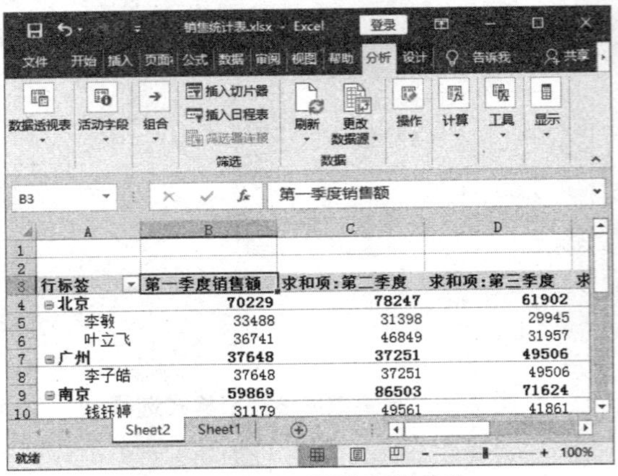

图 7-32 更改字段名称

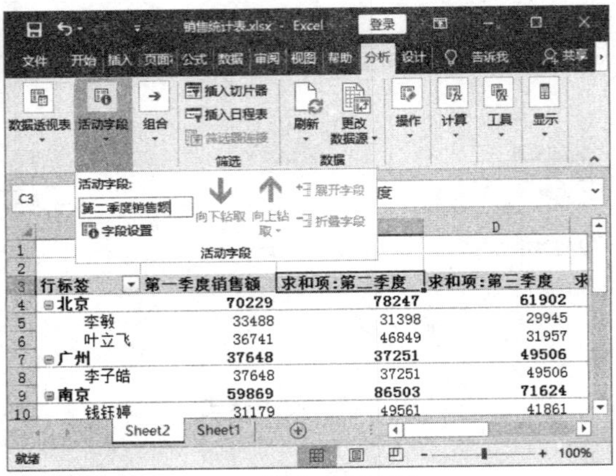

图 7-33 修改字段名称

7.3.2 更改值的汇总方式

在数据透视表中，默认的值汇总方式为求和，用户可以根据需要将其更改为平均值、计数、最大/小值或乘积，具体操作方法如下。

Step 01 在数据透视表中选择“求和项：第三季度”字段单元格，在“分析”选项卡下的“活动字段”组中单击“字段设置”按钮，如图 7-34 所示。

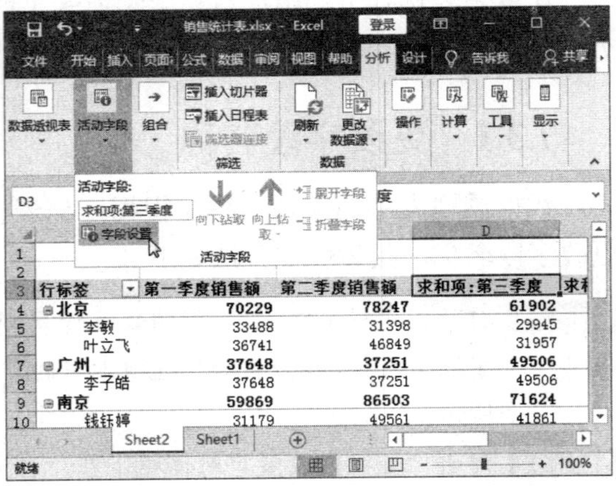

图 7-34 单击“字段设置”按钮

Step 02 弹出“值字段设置”对话框，在“值汇总方式”列表框中选择“平均值”选项，然后单击“确定”按钮，如图 7-35 所示。

Step 03 此时，该列中值的汇总方式即可更改为“平均值”汇总，如图 7-36 所示。

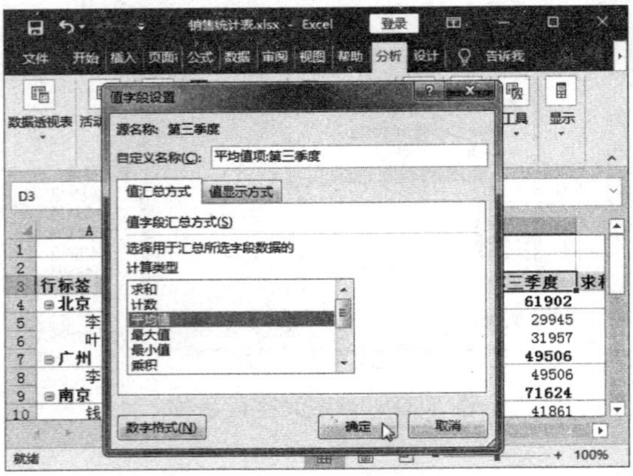

图 7-35 选择计算类型

图 7-36 更改汇总方式

Step 04 若要更改汇总方式，还可右击单元格，选择“值汇总依据”命令，在其子菜单中选择所需的汇总方式，如图 7-37 所示。

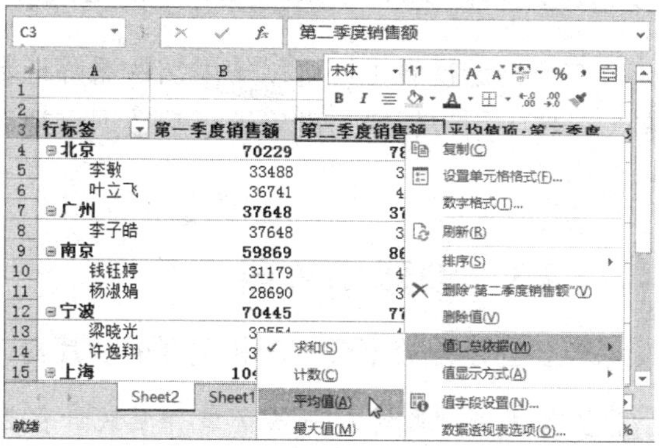

图 7-37　选择汇总方式

7.3.3　以百分比显示数据

用户可以将字段中值的显示方式更改为选定基本项的值的百分比。例如，将各地区第一季度的销售额与北京地区第一季度的销售额比较并求百分比，具体操作方法如下。

Step 01 打开“素材文件\第 7 章\销售统计表 1.xlsx”，单击各地区前的⊟按钮折叠行标签，如图 7-38 所示。

Step 02 右击第一季度“北京”的总计数据，选择“值显示方式”|“百分比”命令，如图 7-39 所示。

图 7-38　折叠行标签

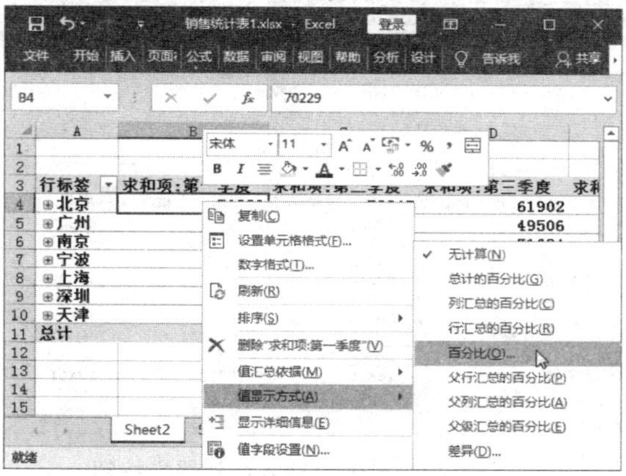

图 7-39　选择“百分比”命令

Step 03 弹出“值显示方式(求和项：第一季度)”对话框，设置“基本字段”为“地区”，“基本项”为“北京”，然后单击“确定”按钮，如图 7-40 所示。

Step 04 此时，即可将北京第一季度的总计数据作为 100%，其他各地区与其对比并求百分比，如图 7-41 所示。

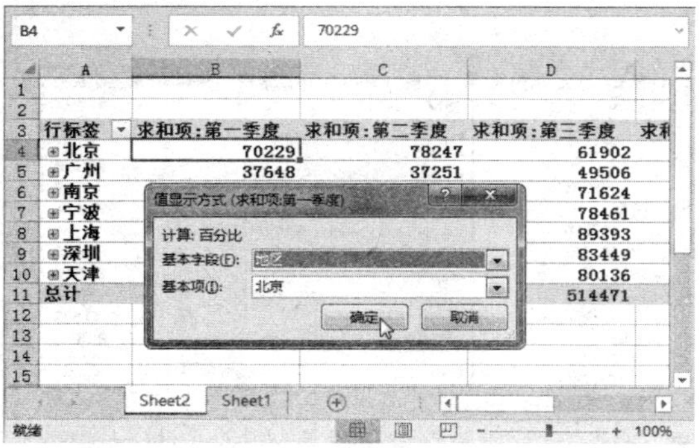

图 7-40　设置百分比参数

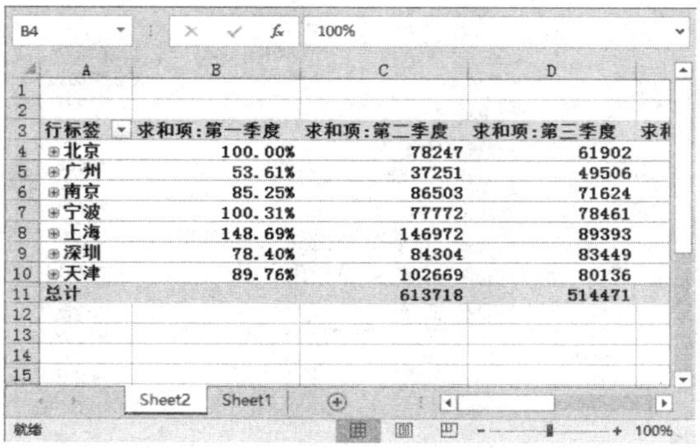

图 7-41　以百分比显示数据

7.4 使用数据透视表筛选数据

在数据透视表中，可以使用切片器筛选数据。除了筛选数据外，还可指示当前的筛选状态，以便于用户轻松、准确地了解数据透视表中所显示的内容。下面将详细介绍如何使用切片器。

7.4.1 创建切片器

若要创建与数据透视表相关联的切片器，具体操作方法如下。

Step 01 打开“素材文件\第 7 章\销售统计表 2.xlsx”，选择数据透视表中的任一单元格，在“分析”选项卡下的“筛选”组中单击“插入切片器”按钮，如图 7-42 所示。

Step 02 弹出“插入切片器”对话框，选中要为其创建切片器的数据透视表字段的复选框，然后单击“确定”按钮，如图 7-43 所示。

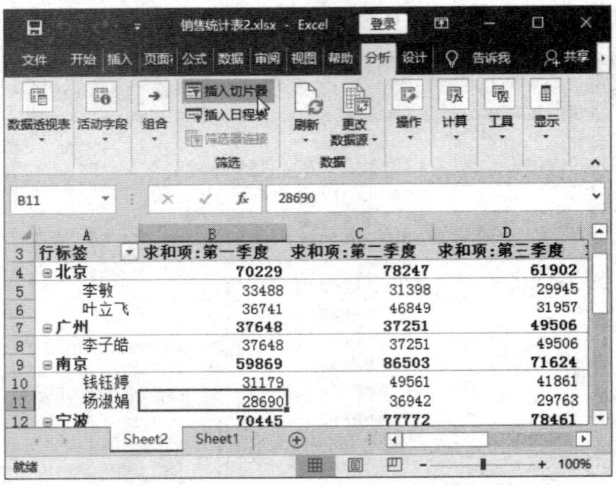

图 7-42 单击“插入切片器”按钮

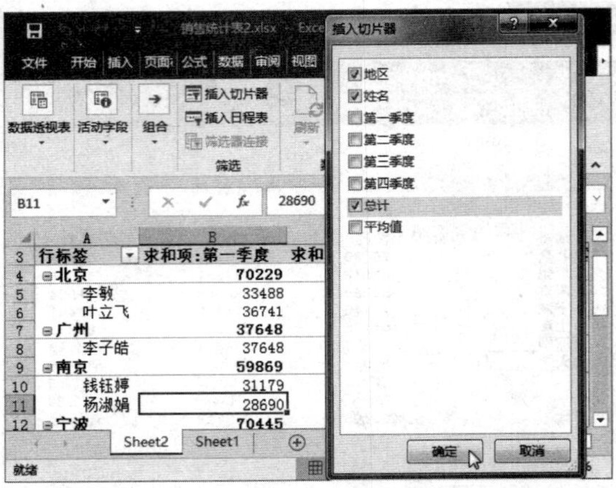

图 7-43 选择字段

Step 03 此时，即可为选择的每个字段创建一个切片器。右击“地区”切片器，选择“置于顶层”命令，如图 7-44 所示。

Step 04 此时，即可将“地区”切片器置于顶层，效果如图 7-45 所示。

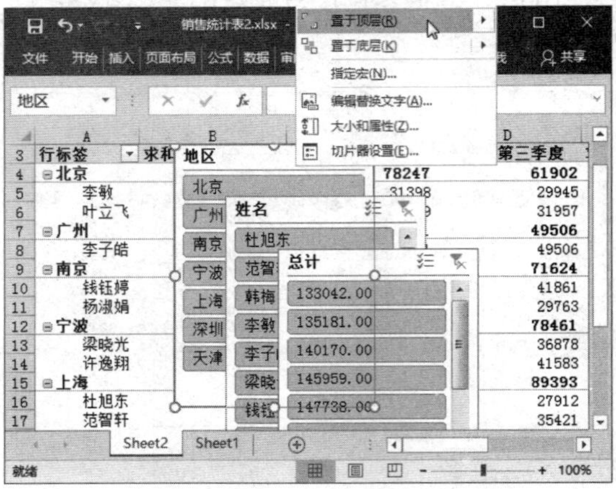

图 7-44 选择“置于顶层”命令

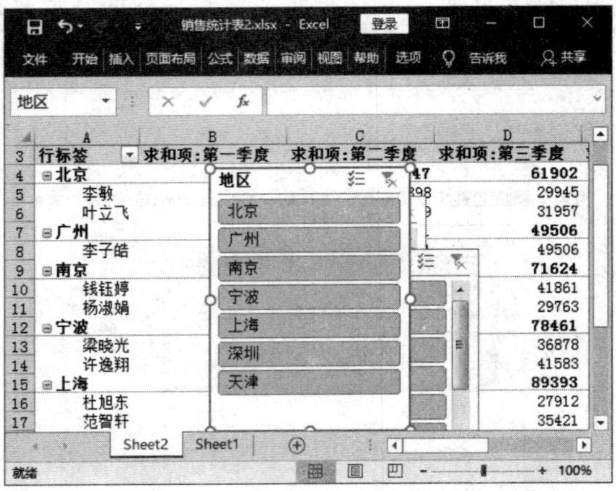

图 7-45 更改切片器层次

7.4.2　使用切片器筛选数据

单击切片器中的按钮，可以快速筛选数据，而无须打开筛选器的下拉列表进行设置。在切片器中可以清晰地标记已应用的筛选器，并提供详细信息，以便能够轻松地了解显示在已筛选的数据透视表中的数据。使用切片器筛选数据的具体操作方法如下。

Step 01 在“地区”切片器上单击“北京”按钮，即可将北京地区的数据筛选出来，在其他切片器中同样指示出当前的筛选状态，如图 7-46 所示。

Step 02 在“姓名”切片器上选择姓名，即可筛选出该姓名的相关数据，如图 7-47 所示。

图 7-46　筛选地区

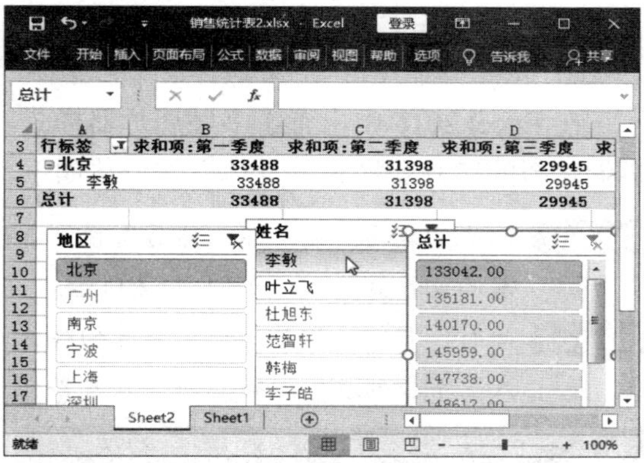

图 7-47　筛选姓名

Step 03 若要取消数据筛选，则单击切片器右上方的“清除筛选器”按钮，如图 7-48 所示。

Step 04 在切片器中按住【Ctrl】键的同时单击按钮，可以添加多个筛选项目。例如，在“地区”切片器中按住【Ctrl】键的同时单击“广州”按钮，即可增加筛选地区，如图 7-49 所示。

图 7-48　取消数据筛选

图 7-49　增加筛选地区

7.4.3　删除切片器

当不再需要某个切片器时可以将其删除，具体操作方法如下。

Step 01 右击“总计”切片器，选择“删除‘总计’”命令，如图 7-50 所示。

Step 02 此时，即可删除该切片器，效果如图 7-51 所示。

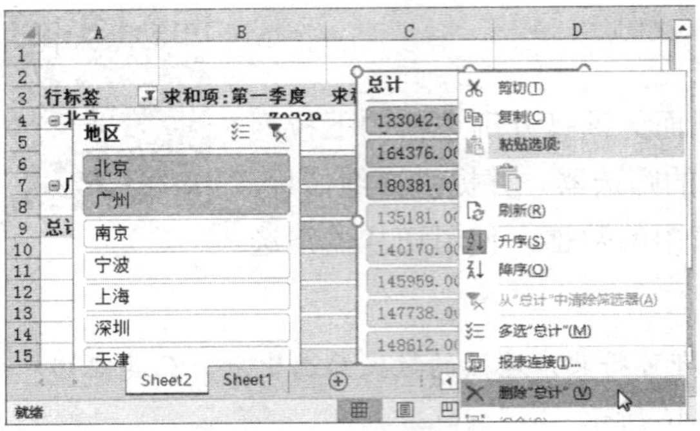

图 7-50 删除切片器

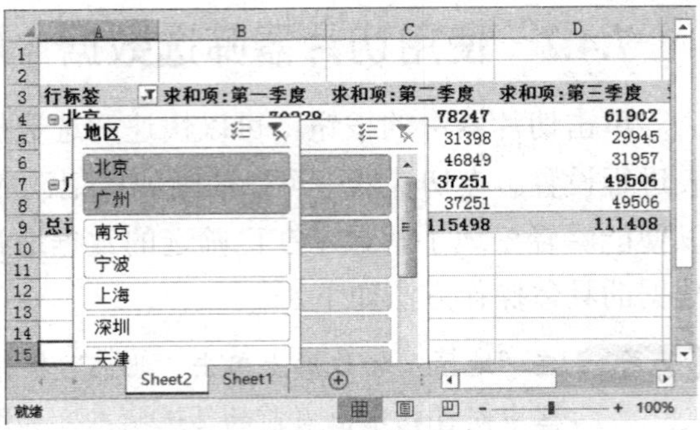

图 7-51 删除切片器效果

7.4.4 更改切片器样式

在 Excel 2016 中内置了多种切片器样式，用户可以直接应用，也可根据需要创建新的切片器样式，具体操作方法如下。

Step 01 选择“地区”切片器，然后选择“选项”选项卡，单击“快速样式”下拉按钮，选择所需的切片器样式，如图 7-52 所示。

Step 02 此时，即可为切片器应用所选的样式。用户还可根据需要新建切片器样式，在“快速样式”下拉列表中选择“新建切片器样式”选项，如图 7-53 所示

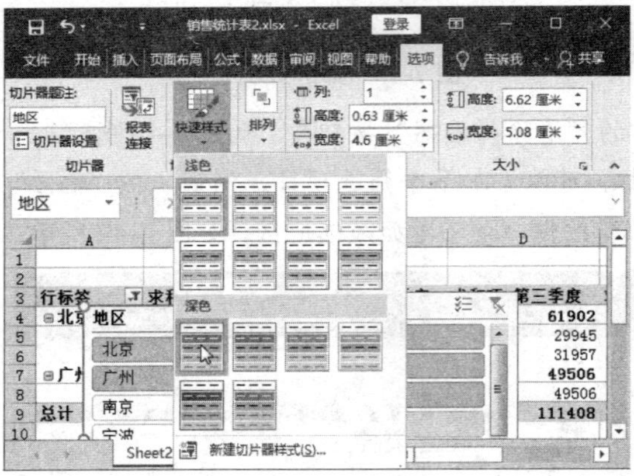

图 7-52 选择切片器样式

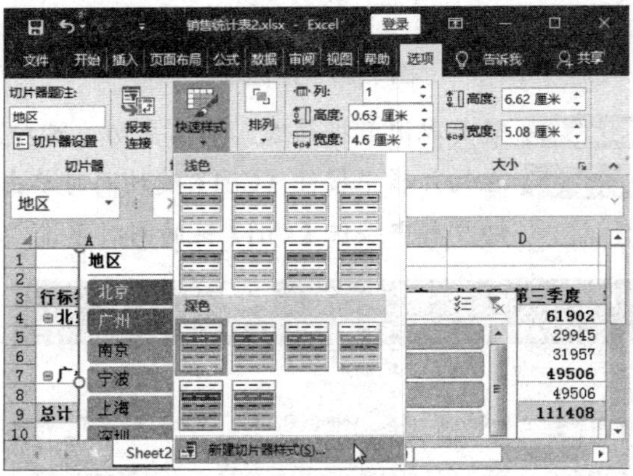

图 7-53 选择“新建切片器样式”选项

Step 03 弹出“新建切片器样式”对话框，在“切片器元素”列表框中选择“页眉”选项，然后单击“格式”按钮，如图 7-54 所示。

Step 04 弹出“格式切片器元素”对话框，选择“填充”选项卡，设置图案颜色和样式，然后单击“确定”按钮，如图 7-55 所示。

Step 05 返回“新建切片器样式”对话框，选择“已选择带有数据的项目”元素，单击“格式”按钮，如图 7-56 所示。

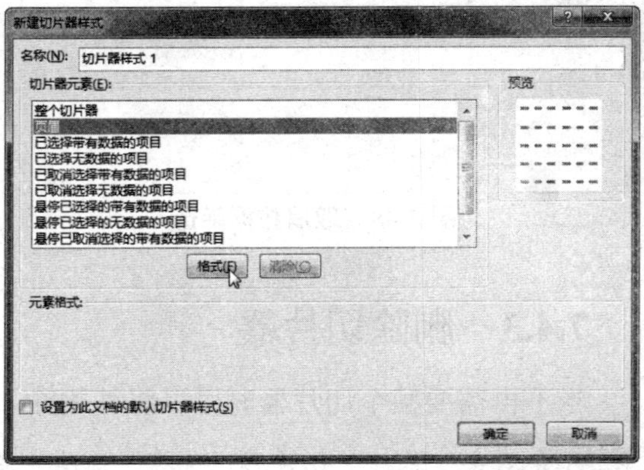

图 7-54 单击“格式”按钮

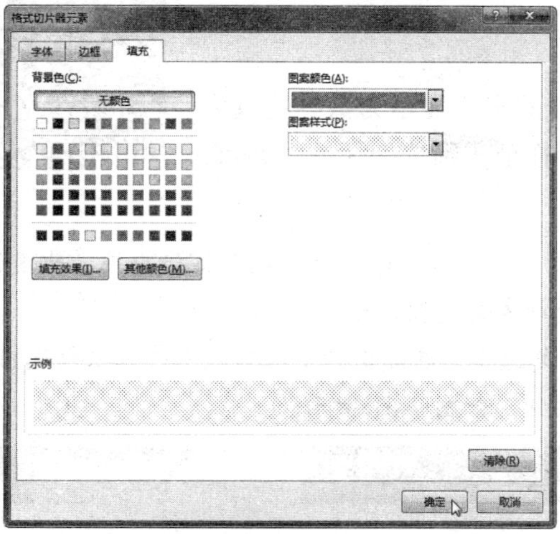

图 7-55 设置图案填充

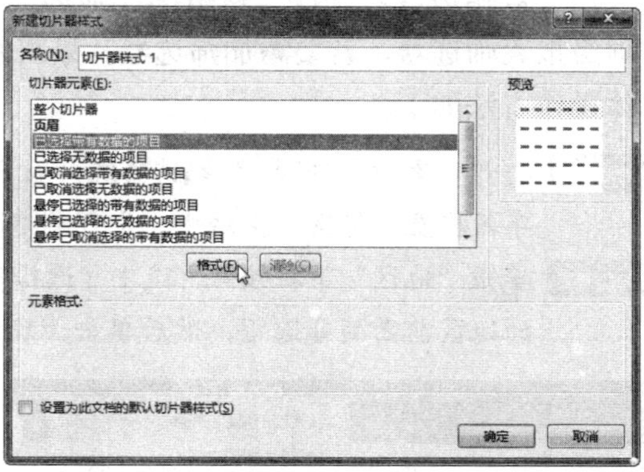

图 7-56 “新建切片器样式”对话框

Step 06 弹出“格式切片器元素”对话框，选择“填充”选项卡，从中选择背景色，然后依次单击“确定”按钮，如图 7-57 所示。

Step 07 选择要应用样式的切片器，单击“快速样式”下拉按钮，选择自定义的切片器样式，如图 7-58 所示。

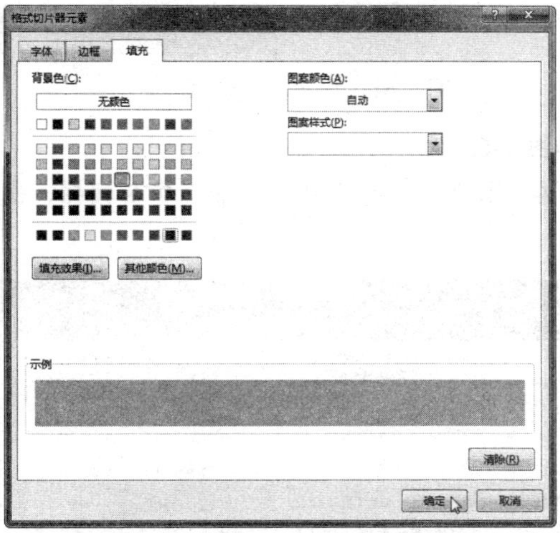

图 7-57 选择背景色

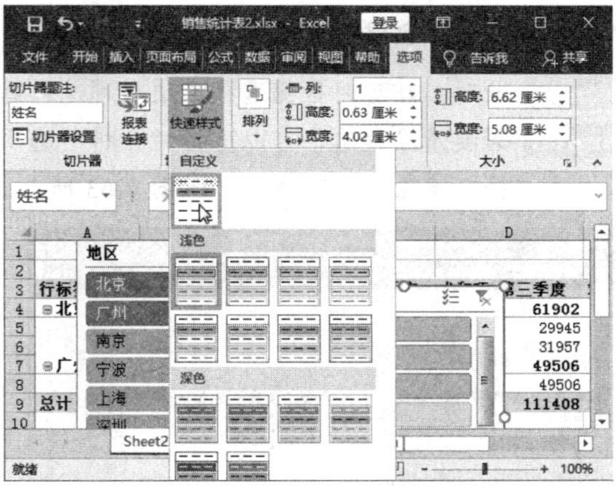

图 7-58 选择自定义的切片器样式

Step 08 此时，即可为切片器应用自定义的样式，效果如图 7-59 所示。

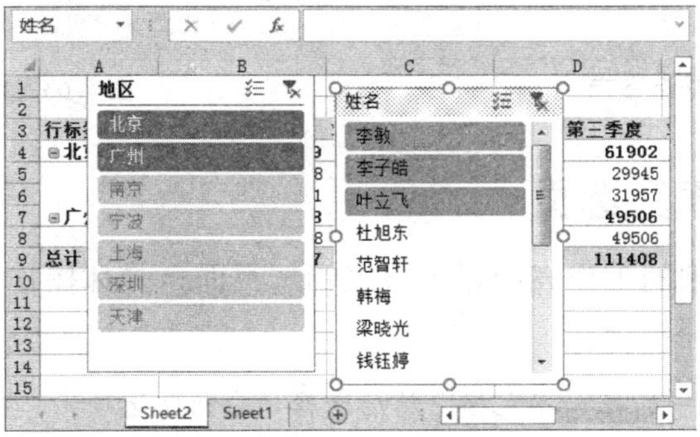

图 7-59 应用自定义样式

7.4.5 添加筛选器

在“数据透视表字段”窗格的“筛选”区域中的字段显示为数据透视表的顶级报表筛选器，若要添加筛选器，只需将字段拖至“筛选”区域中即可，具体操作方法如下。

Step 01 打开“素材文件\第 7 章\销售统计表 3.xlsx”，在“数据透视表字段”窗格中将“地区”字段拖至“筛选”区域中，即可创建数据透视表筛选器，如图 7-60 所示。

Step 02 单击“地区”下拉按钮，选中“选择多项”复选框，在弹出的下拉列表中选中要筛选出的地区前面的复选框，然后单击“确定”按钮，如图 7-61 所示。

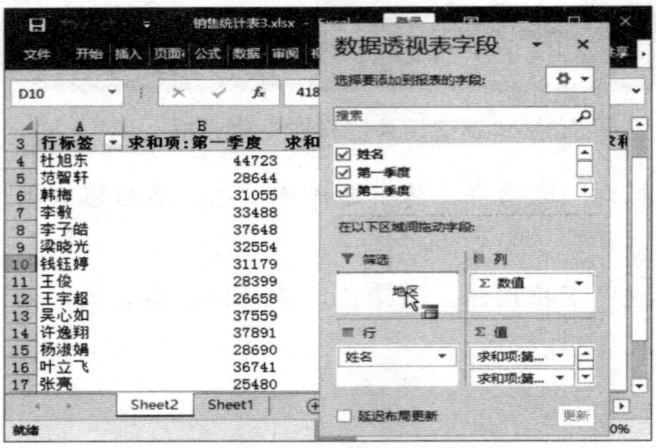

图 7-60 创建数据透视表筛选器

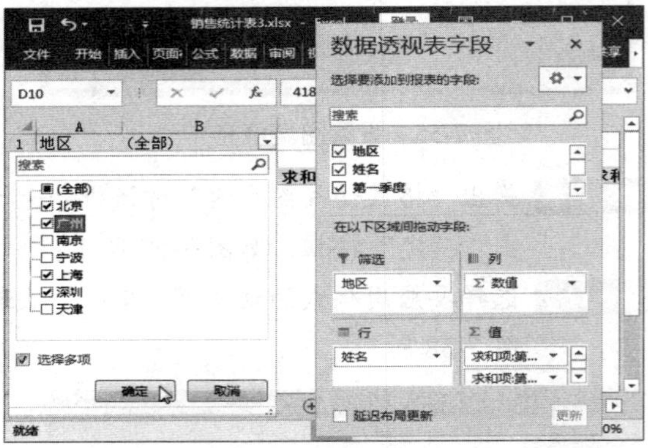

图 7-61 设置筛选选项

Step 03 此时，即可对数据透视表进行筛选，结果如图 7-62 所示。

Step 04 若要清除筛选，可以选择“分析”选项卡，在“操作”组中单击“清除”下拉按钮，选择“清除筛选”选项，如图 7-63 所示。

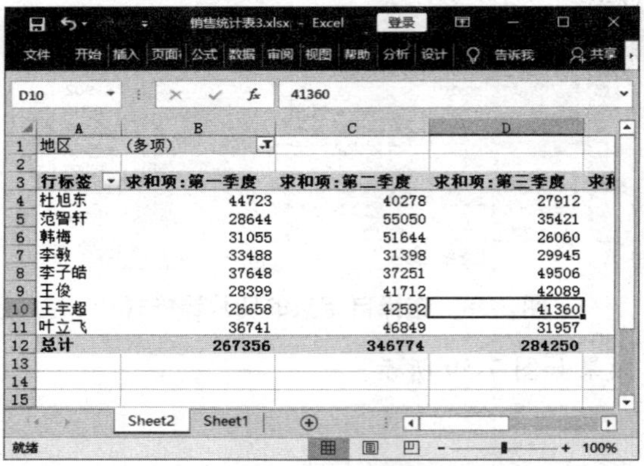

图 7-62 筛选数据

图 7-63 清除筛选

7.4.6 显示报表筛选页

用户可以设置在单独的工作表中显示报表筛选页面，具体操作方法如下。

Step 01 选择数据透视表中的任一单元格，然后选择“分析”选项卡，在“数据透视表”组中单击“选项”下拉按钮，选择“显示报表筛选页”选项，如图 7-64 所示。

Step 02 弹出“显示报表筛选页”对话框，选择要显示的字段，然后单击“确定”按钮，如图 7-65 所示。

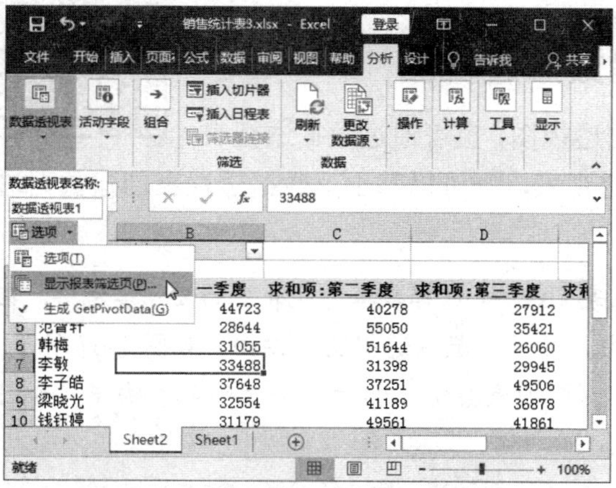

图 7-64　选择“显示报表筛选页”选项

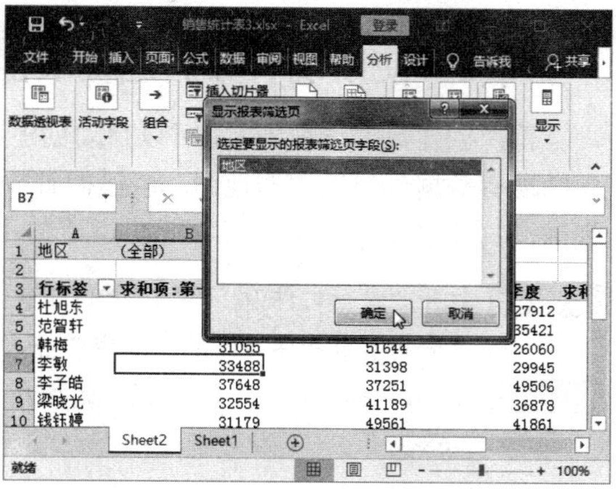

图 7-65　选择字段

Step 03 此时，即可在工作表中显示出所选字段的各个筛选页，如图 7-66 所示。

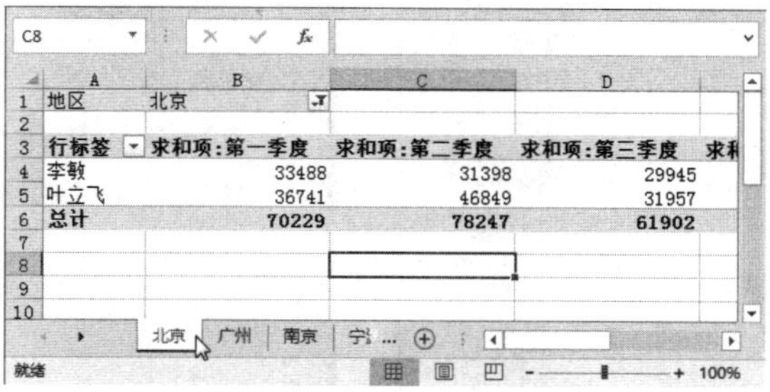

图 7-66　显示报表筛选页

7.5 使用数据透视图

当数据透视表中的数据非常多或较为复杂时，通过数据透视表便很难纵观全局，此时可以创建数据透视图。就像标准图表一样，数据透视图显示数据系列、类别和图表坐标轴，还在图表上向用户提供交互式筛选控件，使用户可以快速分析数据子集。

7.5.1 认识数据透视图

在数据透视图中，除了具有标准图表的系列、分类、数据标记和坐标轴以外，还有一些特殊的元素，如报表筛选字段、值字段、系列字段、项和分类字段等，其中：

➢ **报表筛选字段**：用于根据特定项筛选数据的字段。使用报表筛选字段是在不修改系列和分类信息的情况下汇总并快速集中处理数据子集的捷径。

➢ **值字段**：来自基本源数据的字段，提供进行比较或计算的数据。

➢ **系列字段**：数据透视图中为系列方向指定的字段，字段中的项提供单个数据系列。

➢ **项**：代表一个列或行字段的唯一条目，且出现在报表筛选字段、分类字段和系列字段的下拉列表中。

➢ **分类字段**：分配到数据透视图分类方向上的源数据中的字段，为那些用于绘图的数据点提供单一分类。

7.5.2　使用现有数据透视表创建数据透视图

首次创建数据透视表时，可以自动创建数据透视图，也可通过数据透视表中的现有数据创建数据透视图。若已拥有数据透视表，则可以基于该数据透视表创建数据透视图，具体操作方法如下。

Step 01 打开“素材文件\第 7 章\11 月份销售记录表.xlsx”，选择数据透视表中的任一单元格，在“分析”选项卡下单击“工具”下拉按钮，单击“数据透视图”按钮，如图 7-67 所示。

Step 02 弹出“插入图表”对话框，选择簇状柱形图图表类型，然后单击“确定”按钮，如图 7-68 所示。

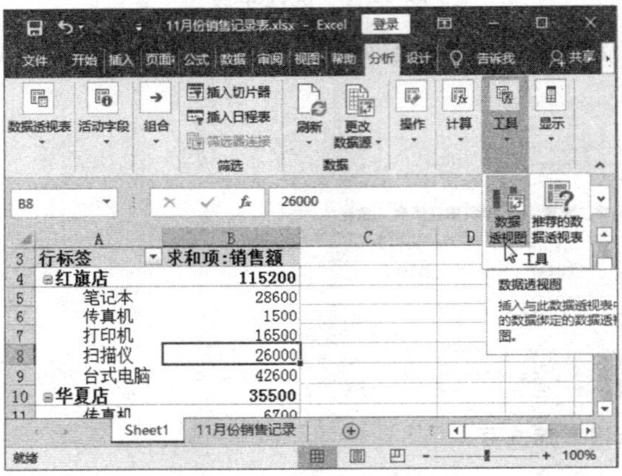

图 7-67　单击“数据透视图”按钮

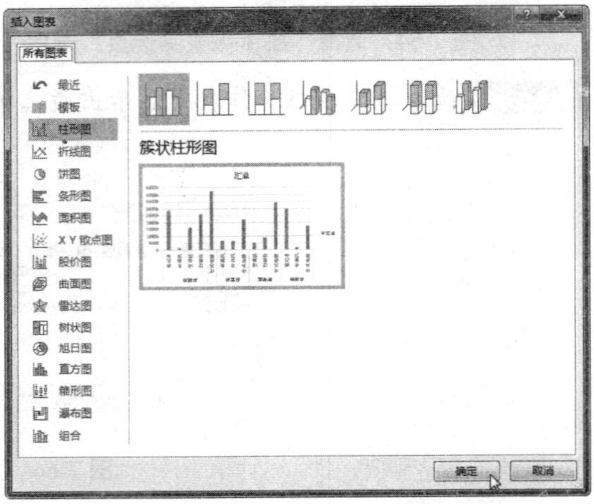

图 7-68　选择图表类型

Step 03 此时，即可创建数据透视图，它与数据透视表相关联，如图 7-69 所示。

Step 04 选择数据透视图，在“设计”选项卡下单击“快速样式”下拉按钮，选择所需的样式，如图 7-70 所示。

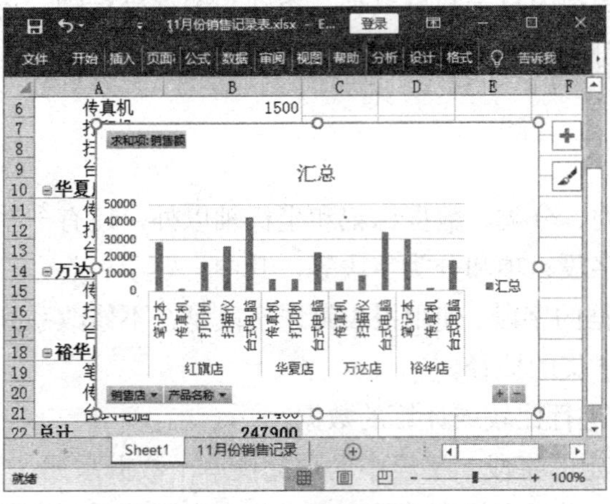

图 7-69　创建数据透视图

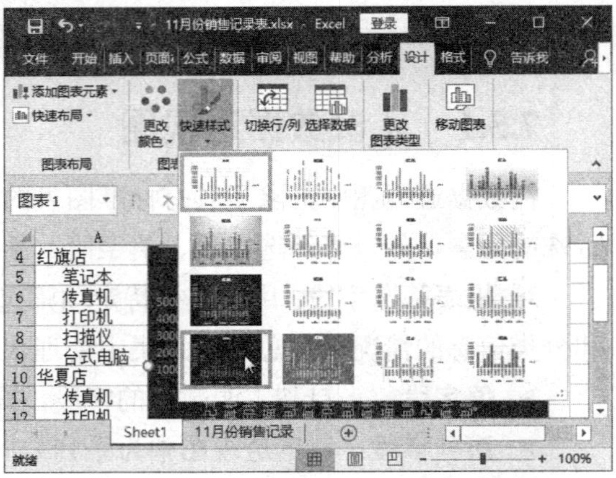

图 7-70　选择样式

Step 05 打开“数据透视图字段”窗格，将“产品名称”字段拖至“销售店”字段上方，此时在数据透视图中产品名称转变为主要横坐标轴，如图 7-71 所示。

Step 06 在“数据透视图字段”窗格中将“产品名称”字段拖至“图例”区域中，此时在数据透视图中产品名称转变为图例项，如图 7-72 所示。

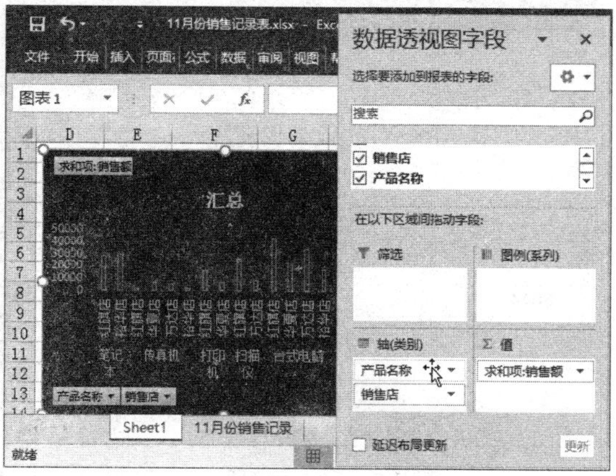

图 7-71　调整字段顺序

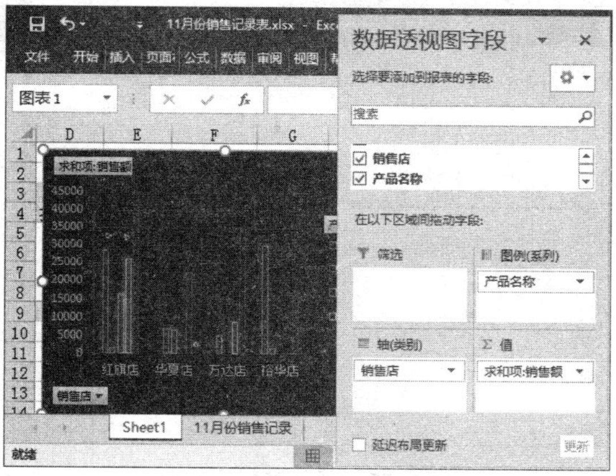

图 7-72　拖动字段

7.5.3　创建全新数据透视图

对于工作表数据，可以创建全新的数据透视图，而无须先创建数据透视表。创建全新的数据透视图后，Excel 2016 将自动创建一个与其相关联的数据透视表。创建全新数据透视图的具体操作方法如下。

Step 01 打开“素材文件\第 7 章\11 月份销售记录表 1.xlsx”，选择工作表中的任一数据单元格，选择“插入”选项卡，单击“数据透视图”按钮，如图 7-73 所示。

Step 02 弹出“创建数据透视图”对话框，选中“新工作表”单选按钮，然后单击“确定”按钮，如图 7-74 所示。

图 7-73　单击“数据透视图”按钮

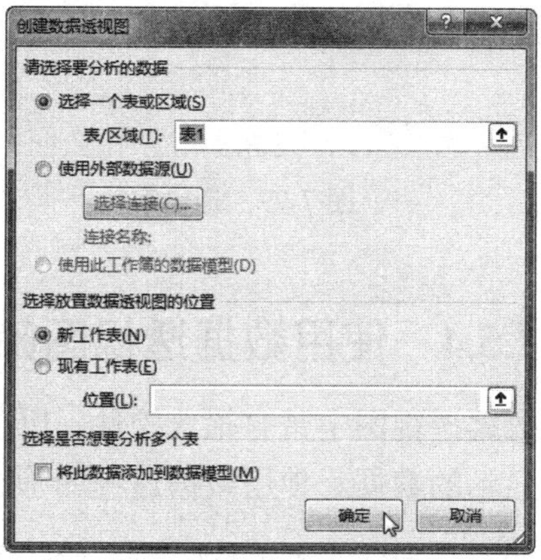

图 7-74　“创建数据透视图”对话框

Step 03 此时，即可创建一个空的数据透视表和数据透视图，如图 7-75 所示。

Step 04 在“数据透视图字段”窗格中将“产品名称”字段拖至“轴”区域中，将“销售店”字段拖至“图例”区域中。此时，可以看到在数据透视图中显示出了横坐标轴和图例项，如图 7-76 所示。

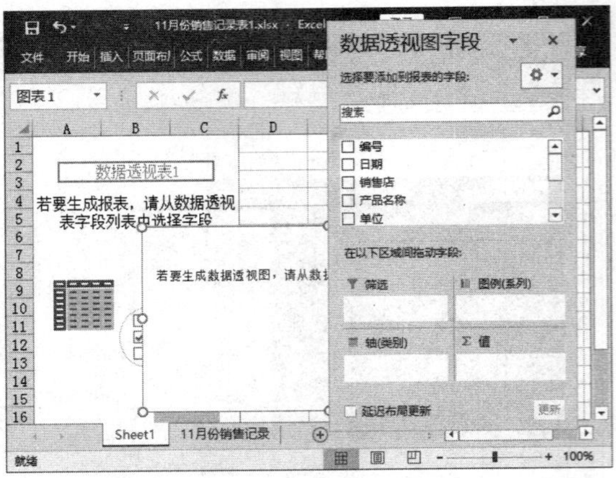

图 7-75 创建数据透视图

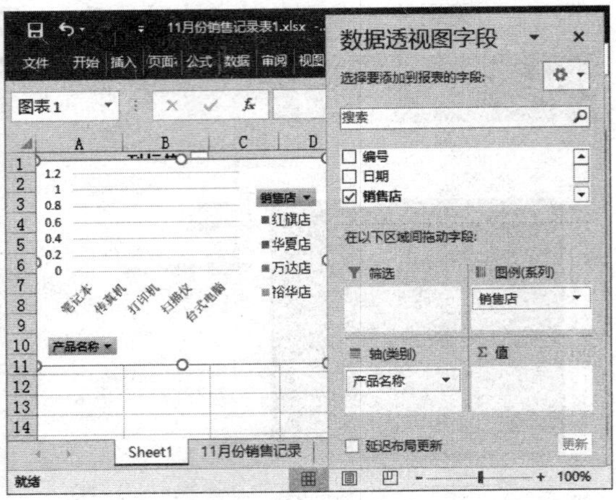

图 7-76 拖动字段

Step 05 将“销售额”字段拖至“值”区域中，此时即可生成数据系列，如图 7-77 所示。

Step 06 选择数据透视图，在“设计”选项卡下单击“切换行/列”按钮，即可对分类和图例进行转换，如图 7-78 所示。

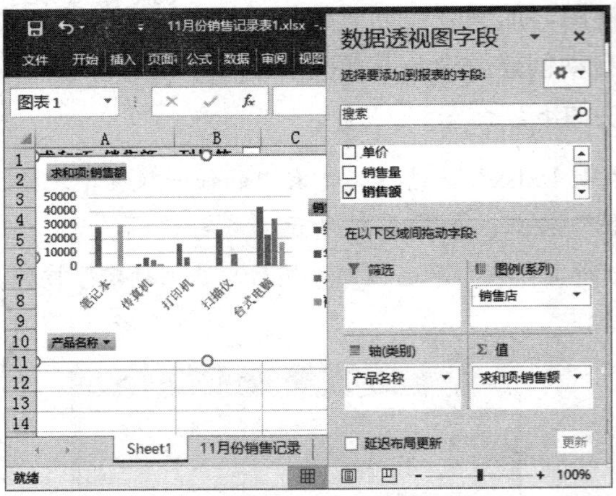

图 7-77 拖动字段

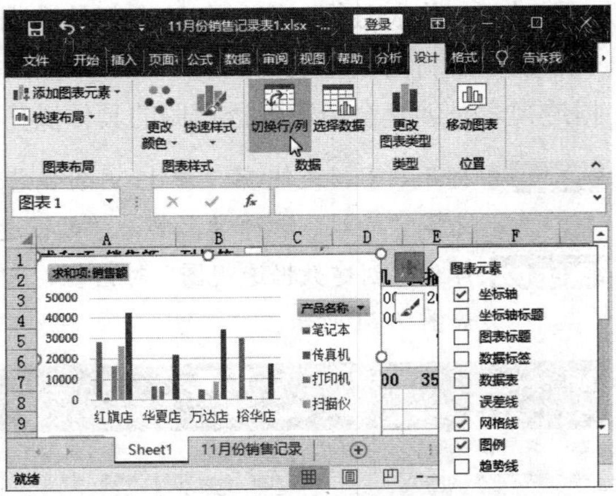

图 7-78 切换行/列

7.5.4 使用数据透视图筛选数据

数据透视图中带有筛选控件，用于筛选数据透视表中的数据，以更改图表中显示的数据。使用数据透视图筛选数据的具体操作方法如下。

Step 01 单击数据透视图右侧的“图表元素”按钮+，在弹出的列表中选中“数据标签”复选框，如图 7-79 所示。

Step 02 单击横坐标轴左下方的“产品名称”下拉按钮，在弹出的列表中对产品名称进行筛选。单击“确定”按钮，如图 7-80 所示。

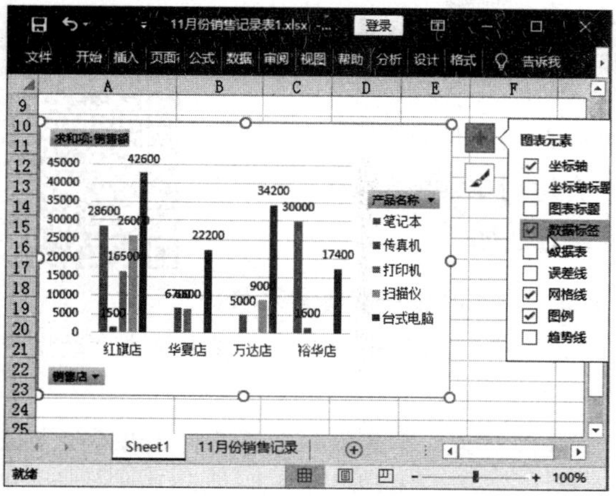

图 7-79 添加数据标签

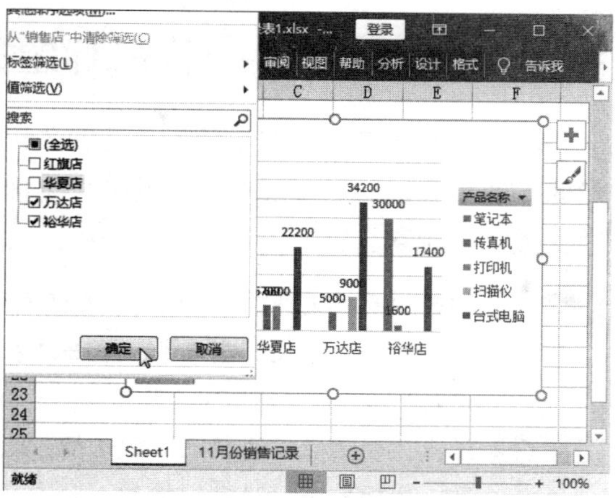

图 7-80 筛选数据

Step 03 此时，即可对数据透视表的数据进行筛选，结果如图 7-81 所示。

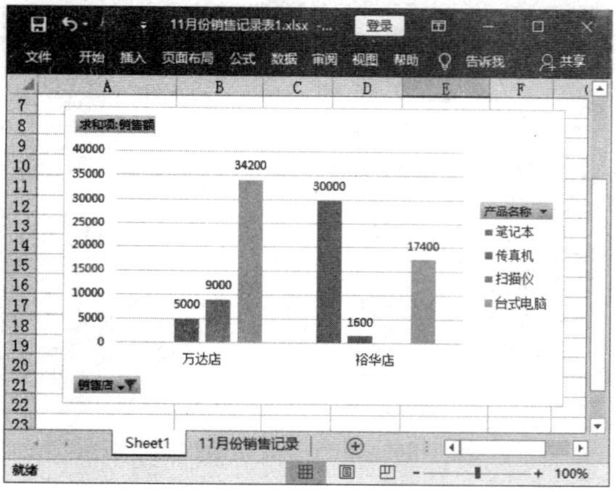

图 7-81 筛选数据结果

7.5.5 转换为标准图表

若要将数据透视图转换为标准图表，可以删除与数据透视图相关联的数据透视表，这样用户将无法再透视或更新该图表，具体操作方法如下。

Step 01 打开“素材文件\第 7 章\11 月份销售记录表 2.xlsx”，选择数据透视表中的任一单元格，在“分析”选项卡下的“操作”组中单击“选择”下拉按钮，选择“整个数据透视表”选项，如图 7-82 所示。

Step 02 按【Delete】键即可将数据透视表删除，此时数据透视图转换为标准图表，如图 7-83 所示。

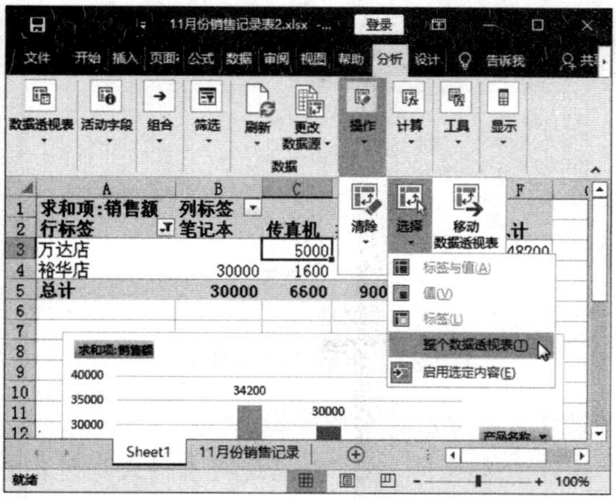

图 7-82 选择“整个数据透视表”选项

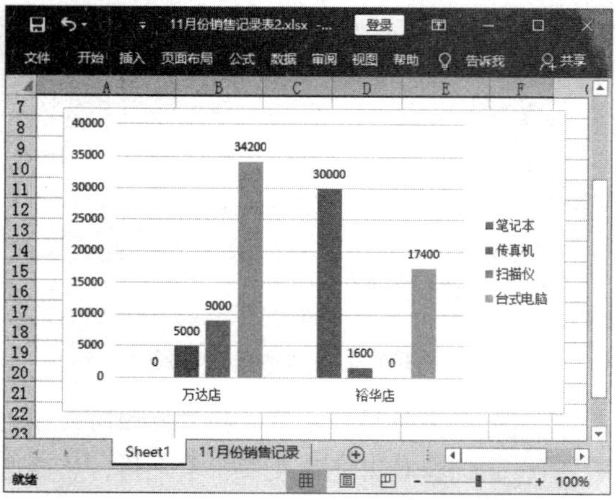

图 7-83 将数据透视图转换为标准图表

7.6 综合实例——商品标题关键词分析

电商卖家在宝贝标题中使用合适的关键词可以在买家搜索商品时得到更多的入选机会，同时增加成交的几率。下面将综合运用本章所学知识，利用数据透视表对商品标题关键词进行分析，具体操作方法如下。

Step 01 打开“素材文件\第 7 章\搜索关键词统计.xlsx”，选择任一数据单元格，然后选择“插入”选项卡，单击“表格”下拉按钮，在弹出的下拉列表中单击“数据透视表”按钮，如图 7-84 所示。

Step 02 弹出“创建数据透视表”对话框，选中“现有工作表”单选按钮，并设置数据透视表位置，然后单击“确定”按钮，如图 7-85 所示。

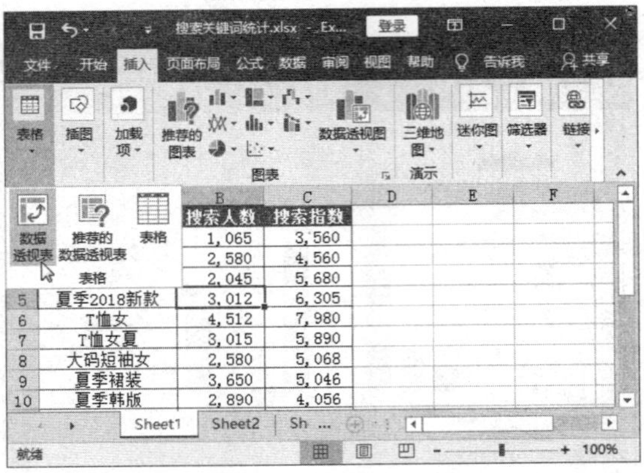

图 7-84 单击“数据透视表”按钮

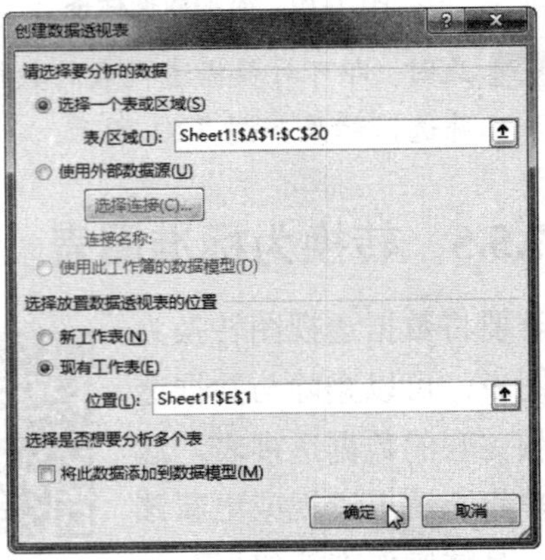

图 7-85 设置数据透视表位置

Step 03 打开“数据透视表字段”窗格，添加“关键词”和“搜索指数”字段，如图 7-86 所示。

Step 04 选择 E2:E5 单元格区域，选择“分析”选项卡，单击“组合”下拉按钮，选择“分组选择”选项，如图 7-87 所示。

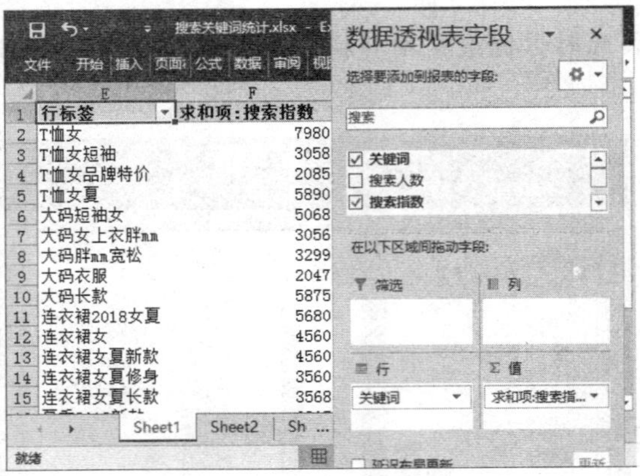

图 7-86 添加报表字段

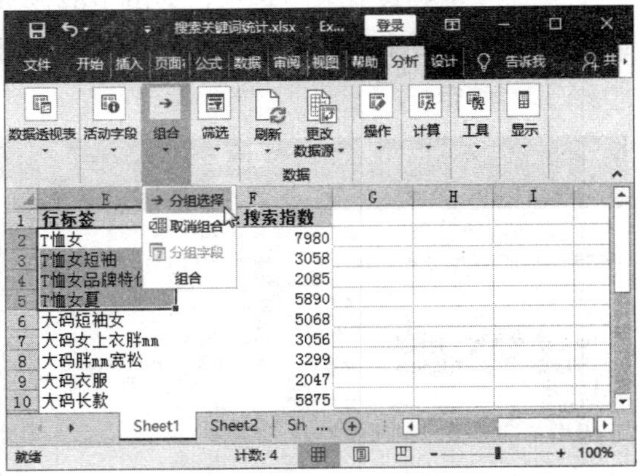

图 7-87 将所选内容分组

Step 05 采用同样的方法，将其他相同或相近的关键词进行分组，如图 7-88 所示。

Step 06 选择数据透视表任一单元格，然后选择“设计”选项卡，在“数据透视表样式”列表中选择需要的样式，如图 7-89 所示。

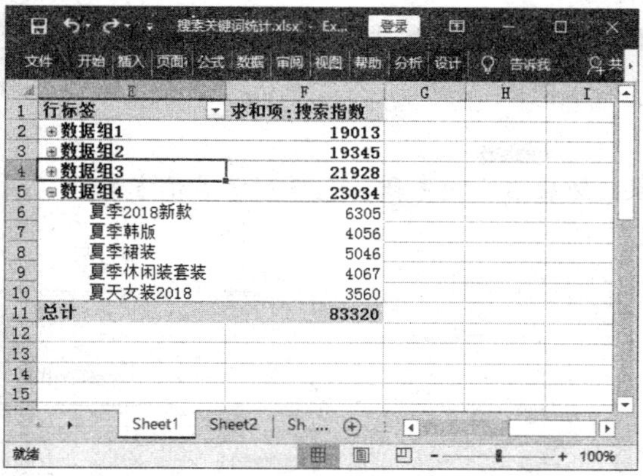

图 7-88　将其他关键词分组

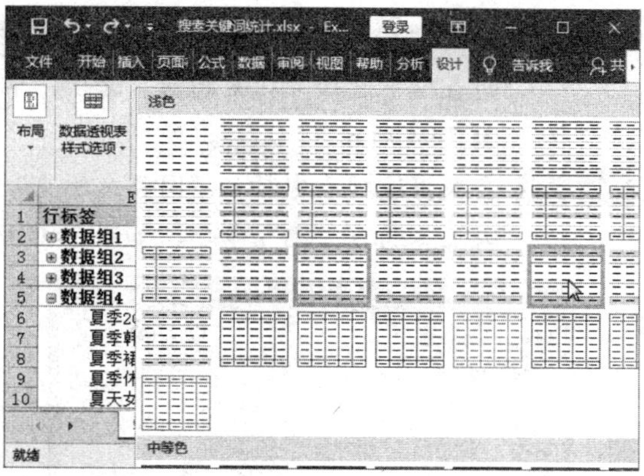

图 7-89　选择数据透视表样式

Step 07 在“布局”组中单击“报表布局”下拉按钮，选择“以大纲形式显示”选项，如图 7-90 所示。

Step 08 在“布局”组中单击“分类汇总”下拉按钮，选择“在组的底部显示所有分类汇总”选项，如图 7-91 所示。

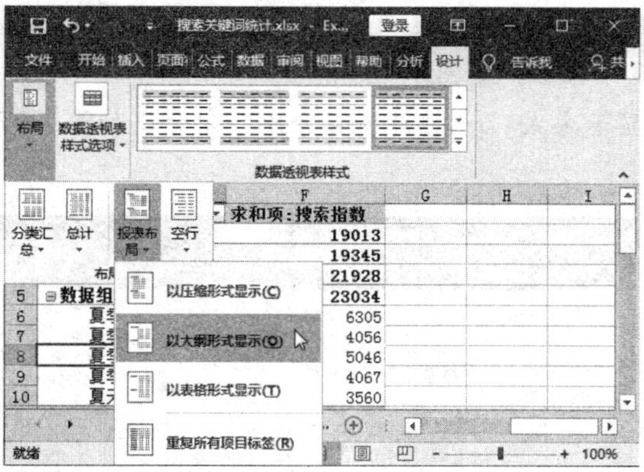

图 7-90　设置报表布局形式

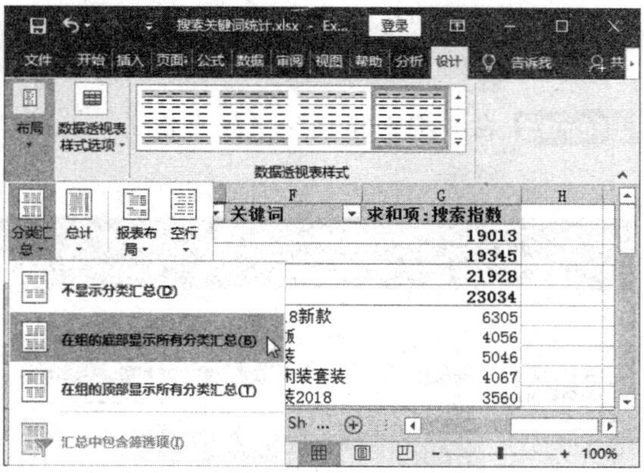

图 7-91　设置分类汇总选项

Step 09 选择 E1 单元格，在编辑栏中更改行标签名称并按【Enter】键确认，如图 7-92 所示。

Step 10 选择“分析”选项卡，在“计算”组中单击“字段、项目和集”下拉按钮，选择“计算字段”选项，如图 7-93 所示。

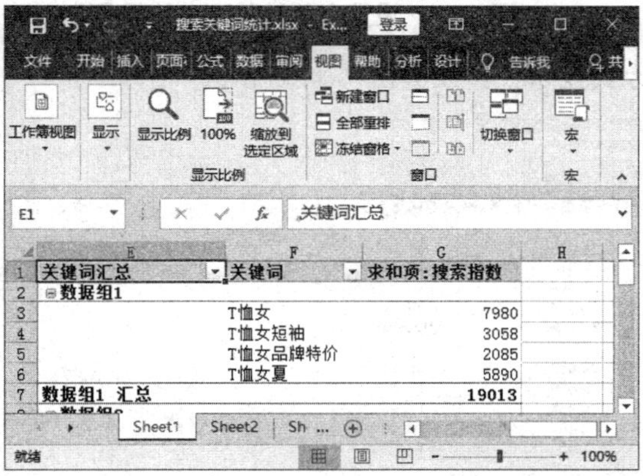

图 7-92　更改行标签名称

图 7-93　选择“计算字段”选项

Step 11 弹出“插入计算字段”对话框，在“名称”文本框中输入“同类名比重”，在“字段”列表框中选择“搜索指数”选项，单击“插入字段”按钮，然后单击“确定”按钮，如图 7-94 所示。

Step 12 在数据透视表中插入“同类名比重”字段，然后右击该字段，选择“值显示方式”|“父级汇总的百分比”命令，如图 7-95 所示。

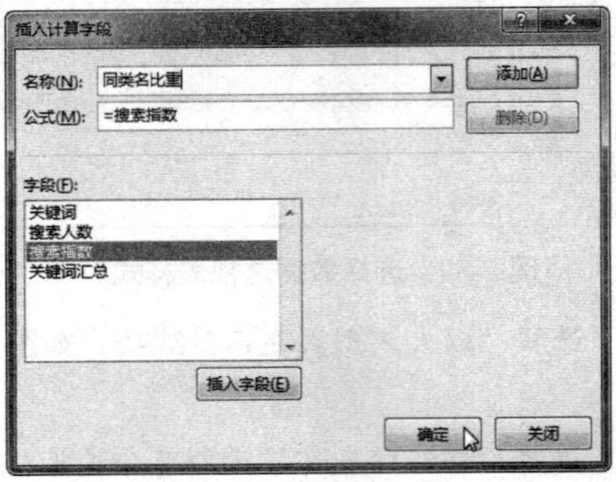

图 7-94 插入计算字段

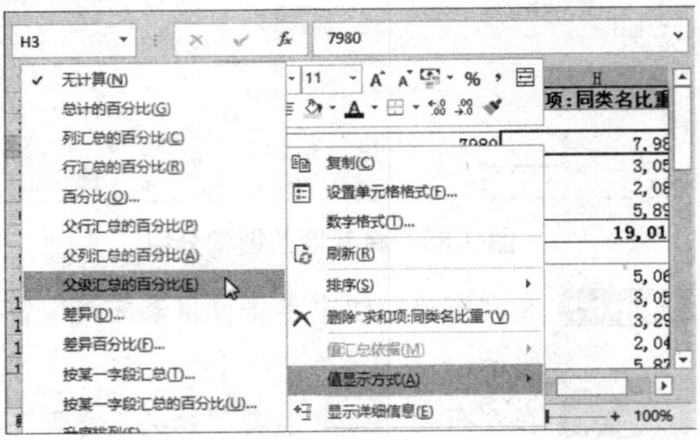

图 7-95 设置父级汇总的百分比显示

Step 13 弹出“值显示方式（求和项：同类名比重）”对话框，在“基本字段”下拉列表框中选择“关键词汇总”选项，然后单击“确定”按钮，如图 7-96 所示。

Step 14 在“搜索指数”字段上右击，选择“值显示方式”|“总计的百分比”命令，如图 7-97 所示。

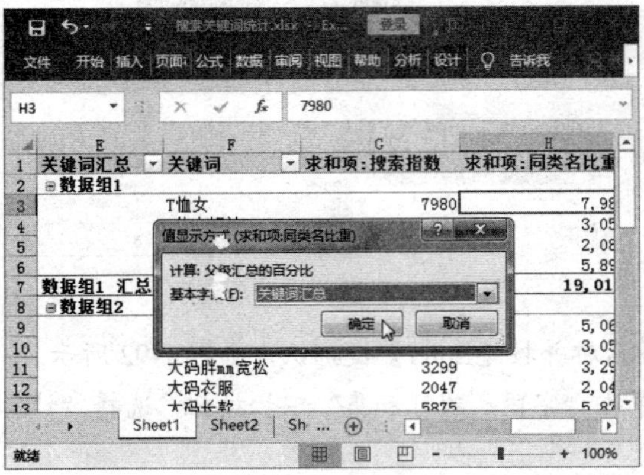

图 7-96 设置基本字段

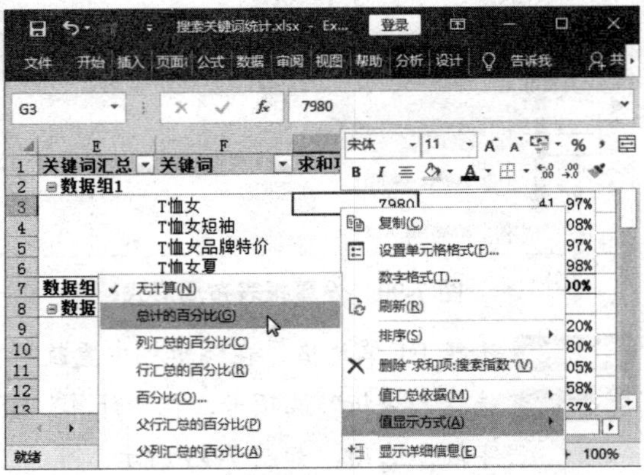

图 7-97 设置以总计的百分比显示

Step 15 此时，“搜索指数”字段数据以百分比方式显示，结果如图 7-98 所示。

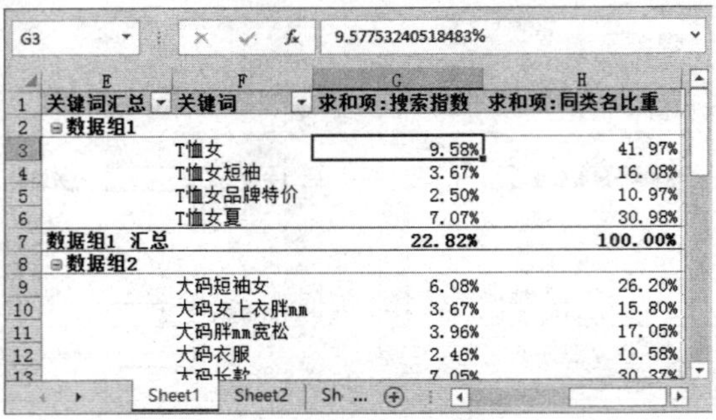

图 7-98 以百分比方式显示数据

课堂解疑

在一个数据透视表中可以同时分析多个表格中的数据，而无需将这些字段合并到一个表格中。首先需要将源数据转换为表格，多个表格中必须至少包含一个相同字段，用于连接两个表格。为主表创建数据透视表后，在字段列表中单击“更多表格”超链接，然后为两个表格创建关系即可。

本章小结

通过对本章的学习，读者应该掌握以下知识。

（1）数据透视表的用途，创建数据透视表，移动与删除数据透视表。

（2）在数据透视表中显示与隐藏分类汇总，设置报表布局，更改数据透视表样式。

（3）在数据透视表中更改字段名称，更改值汇总方式，更改值显示方式。

（4）创建切片器，使用切片器筛选数据，更改切片器样式。

（5）在数据透视表中添加筛选器，显示报表筛选页。

（6）创建数据透视图，使用数据透视图筛选数据。

课后习题

一、选择题

1. 下面哪项不是数据透视表的用途？（　）

A．以多种友好方式查询大量数据

B．对数值进行分类汇总和聚合

C．对工作表数据进行有效保护

D．对最有用和最关注的数据子集进行筛选、排序、分组等设置

2. 下面哪项不是数据透视表的值汇总方式？（　）

A．求和　　B．中值　　C．计数　　D．最大值

3. 下面说法错误的是（　）。

A．在数据透视表中可以删除数据

B．在数据透视表中，可以将一个字段多次添加到“值”区域中

C．通过数据透视表可以创建数据透视图

D．数据透视图可以转换为普通图表

二、填空题

1. 要删除数据透视表，需要先________________，然后按【Delete】键。

2. 数据透视表报表布局方式包括______________、______________、______________、______________和不重复项目标签。

3. 切片器中按住________键的同时单击按钮，可以添加多个筛选项目。

三、实操题

打开“素材文件\第 7 章\各部门第一季度销售统计.xlsx”，为其创建数据透视表和数据透视图，并美化数据透视图，效果如图 7-99 所示。

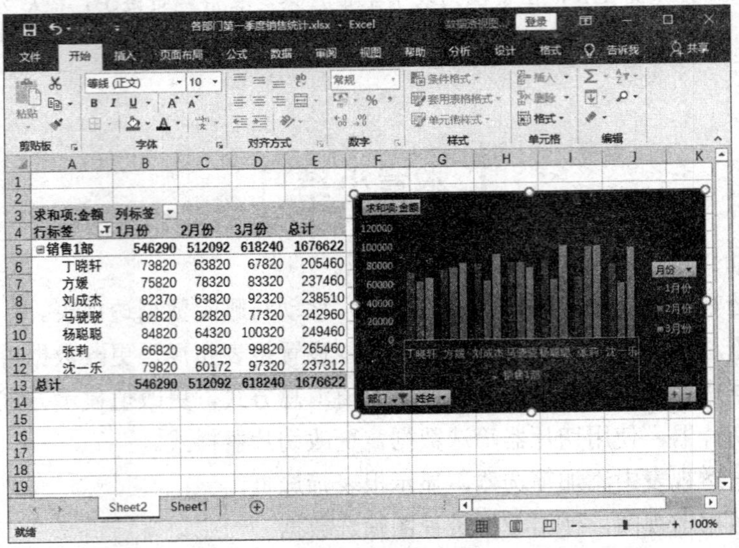

图 7-99　各部门第一季度销售统计表

操作提示：

（1）将“部门”和“姓名”字段添加到行区域中，将“月份”字段添加到列区域中，将“金额”字段添加到值区域中。

（2）筛选行标签，只显示“销售 1 部”数据。

（3）插入数据透视图，并设置图表样式。

第 8 章 使用图表实现数据可视化

【学习目标】

- 了解图表的结构与类型。
- 掌握图表的创建方法。
- 掌握编辑图表数据和元素的方法。
- 掌握美化图表的方法。

Excel 图表是数据的一种可视化的表示形式，可以图形的格式显示系列数值数据。使用图表可以直观地显示工作表中的数据，从而形象地反映数据的差异、发展趋势及预测走向等。本章将学习 Excel 图表的结构与类型，以及如何创建、编辑与美化图表等知识。

8.1 认识图表

图表是 Excel 2016 中重要的数据分析工具，运用 Excel 2016 的图表功能能够以图表的方式显示数据，从而使数据更加清晰，更容易理解。此外，图表还具有帮助用户分析数据，查看数据的差异、走势预测和发展趋势等功能。

8.1.1 图表的结构

图表主要由图表标题、图表区、绘图区、数值轴、分类轴、数据系列、图例和网格线等组成，如图 8-1 所示。

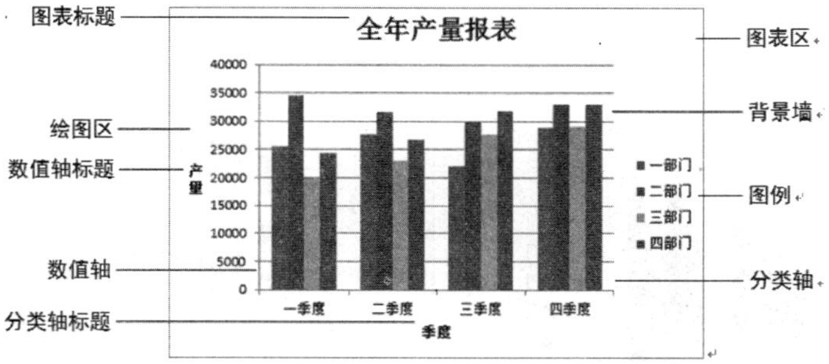

图 8-1 图表结构

➢ **图表标题**：在图表中起到说明的作用，是图表性质的大致概括和内容总结，相当于一篇文章的标题，用它来定义图表的名称。它可以自动与坐标轴对齐或居中排列于图表的最顶端。

➢ **图表区**：在 Excel 2016 中，图表区包含绘制的整张图表及图表中的元素区域。若要复制或移动图表，就必须先选择图表区。

➢ **绘图区**：图表中的整个区域就是绘图区。二维图表和三维图表的绘图区有一些不同。二维图表的绘图区是以坐标轴为界，并包括全部数据系列的区域；三维图表的绘图区是以坐标轴为界，并包含数据系列、分类名称、刻度线和坐标轴标题的区域。

➢ **数值轴标题和分类轴标题**：数值轴标题位于图表的左侧，标记数值轴的名称；分类轴标题位于图表的下方，标记分类轴的名称。

➢ **数值轴与分类轴**：数值轴与分类轴是分别位于图表左侧与下方的坐标轴。

➢ **背景墙和基底**：背景墙和基底是三维图表的组成部分，它以 *X* 轴、*Y* 轴和 *Z* 轴所构成的平面为背景墙，以 *X* 轴和 *Y* 轴所构成的平面为基底。

➢ **图例**：图例是包含“图例项标示”和“图例项”的方框，每个图例项标示和图表中相应数据系列的颜色及图案一致。

8.1.2 图表的类型

Excel 2016 提供了多种类型的图表，如柱形图、折线图、饼图、条形图、面积图、*XY* 散点图、曲面图、圆环图、气泡图和雷达图等。下面将详细介绍各种图表类型。

1. 柱形图

柱形图是系统默认的图表类型，也是用户使用较多的一类图表。它以垂直的柱状图形来表示数据点，柱形的高度代表着数值的大小，如图 8-2 所示。柱形图通常用于不同时期或不同类别数据之间的比较，也可用来反映不同时期和不同类别数据的差异。

柱形图的分类轴（水平轴）用来表示时间或类别；数值轴（垂直轴）用来参照数据值的大小。对于相同时期或类别上的不同系列，则可以通过图例和颜色来区分。

2. 折线图

折线图是用来表示数据随时间推移而变化的一类图表，其以点状图形为数据点，并由左向右用直线将各点连接成为折线形状，折线的起伏可以反映出数据的变化趋势，如图 8-3 所示。

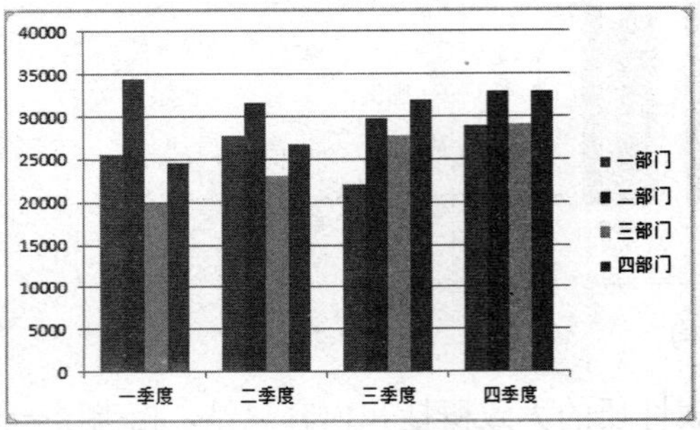

图 8-2 柱形图

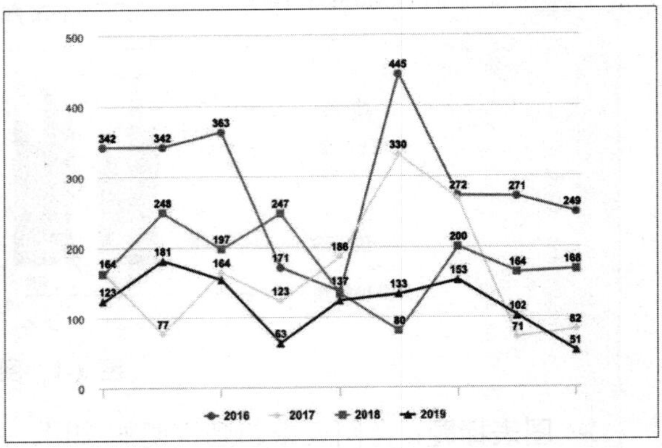

图 8-3 折线图

折线图用一条或多条折线来绘制一组或多组数据。通过观察可以判断每一组数据的峰值与谷值，以及折线变化的方向、速率和周期等。对于多条折线，还可观察各折线的变化趋势是否相近或相异，并据此说明问题。

在折线图中，分类轴（水平轴）表示时间的推移，数据轴（垂直轴）则用于参照在折线上与某个时刻对应特定点的数值大小。

3．饼图

饼图通常只有一个数据系列，它将一个圆划分为若干个扇形，每个扇形代表数据系列中的一项数据值，扇形的大小表示相应数据项占该数据系列总和的比例值，如图 8-4 所示。饼图通常用来描述构成比例方面的信息。

4．条形图

条形图可以看作是水平放置的柱形图，它以水平的条状图形表示数据点，条形的长度代表数值的大小，如图 8-5 所示。条形图主要用于比较不同类别数据之间的差异。

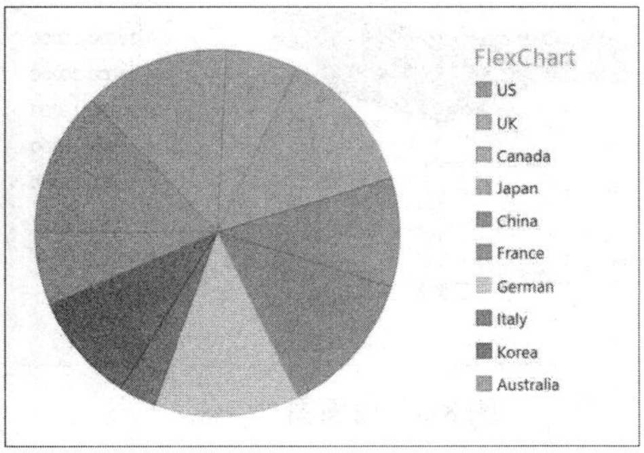

图 8-4 饼图

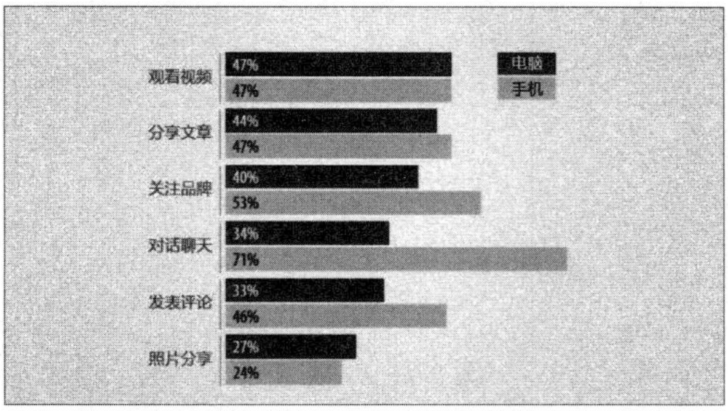

图 8-5 条形图

与柱形图相反，条形图以垂直方向的坐标轴为分类轴，以水平方向的坐标轴为数值轴。若分类刻度标签较长，使用此类图表可以避免刻度标签的文字拥挤在一起。

5．面积图

面积图实际上是折线图的另一种表现形式，它利用各系列的折线与坐标轴间围成的图形来表达各系列数据随时间推移的变化趋势，用于强调各系列同其总体之间存在的部分与整体的关系，如图 8-6 所示。

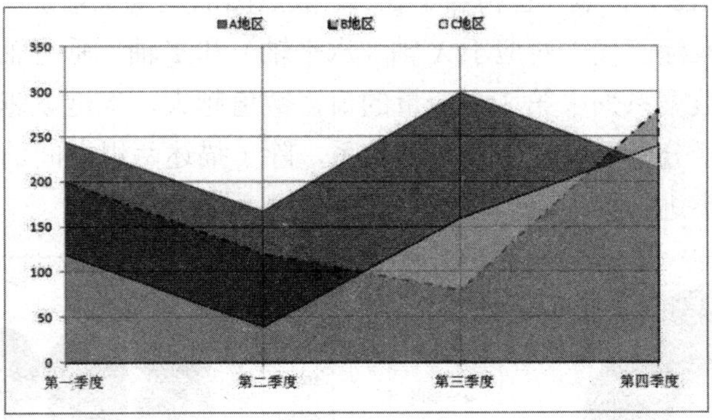

图 8-6 面积图

6．*XY* 散点图

XY 散点图可用来说明一组或多组变量间的相互关系，其每一个数据点都由两个分别对应于 *XY* 坐标轴的变量构成，每一组数据构成一个数据系列。*XY* 散点图的数据点一般呈簇状不

规则分布，可用线段将数据点连接在一起，也可仅用数据点来说明数据的变化趋势、离散程度以及不同系列数据间的相关性，如图 8-7 所示。

7．曲面图

曲面图实际上是折线图和面积图的另一种形式，它有 3 个坐标轴，分别代表分类、系列和数值。曲面图通过跨两维（分类和系列）的曲面图形来表示数据的变化趋势，曲面图形的颜色代表其取值范围，如图 8-8 所示。通过拖放曲面图的坐标轴，可以方便地变换观察图表的角度。

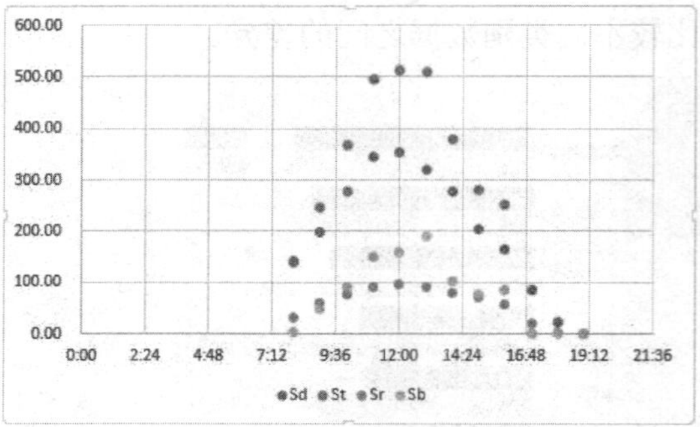

图 8-7　*XY* 散点图

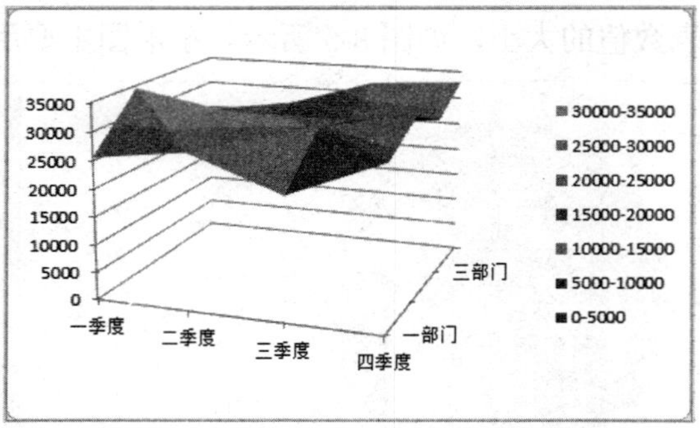

图 8-8　曲面图

8．圆环图

圆环图与饼图类似，也用来描述构成比例的信息，但它可以有多个数据系列。圆环图由一个或多个同心的圆环组成，每个圆环表示一个数据系列，并划分为若干个环形段，每个环形段的长度代表一个数据值在相应数据系列中所占的比例，如图 8-9 所示。环形图常用来比较不同性质但相关联的多组数据的构成比例关系。

9．气泡图

气泡图是 *XY* 散点图的扩展，它相当于在 *XY* 散点图的基础上增加了第 3 个变量，即气泡的尺寸。气泡所处的坐标值代表对应于 *X* 轴（水平轴）和 *Y* 轴（垂直轴）的两个变量值，气泡的大小则用来表示数据系列中第 3 个变量的值，数值越大，气泡就越大，如图 8-10 所示。因此，气泡图可以用于分析更为复杂的数据关系，除了描述两组之间的关系外，还可对另一组相关指标的数值大小进行描述。

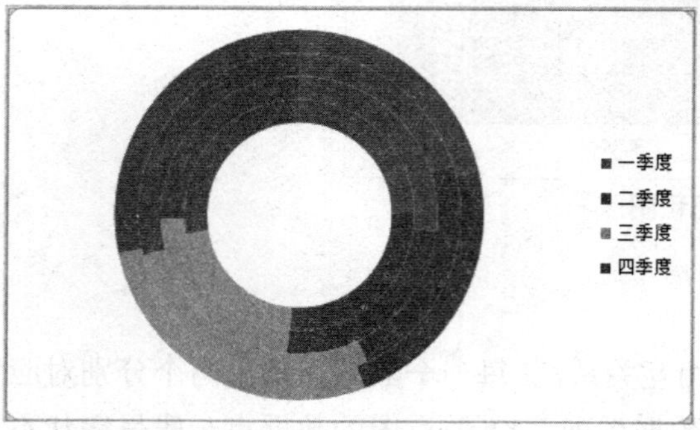

图 8-9　圆环图

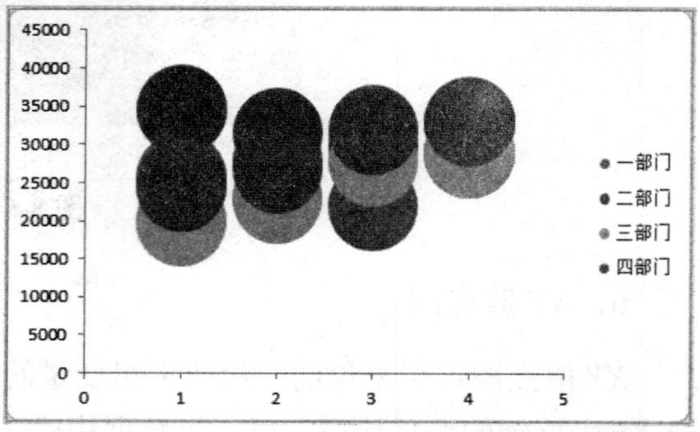

图 8-10　气泡图

10. 雷达图

雷达图常用于多项指标的全面分析，具有完整、清晰和直观的优点。雷达图的每个分类都有一个独立的坐标轴，各轴由图表中心向外辐射，同一系列的数据点绘制在坐标轴上，以折线参考值绘制成图表的几个系列，并与用实际值绘制成的系列进行比较，使图表的阅读者能够对各项指标的变动情况及好坏趋向一目了然，如图 8-11 所示。

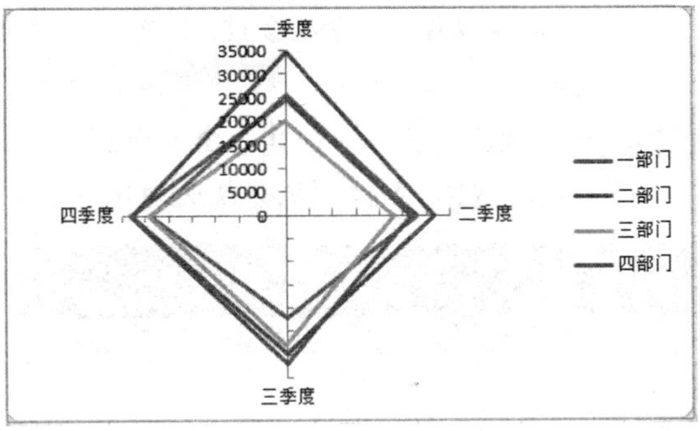

图 8-11　雷达图

8.2 创建图表

通过为工作表创建图表可以直观地显示工作表中的数据，以便于数据的分析与处理。在 Excel 2016 中，可以方便、快捷地创建多种类型的图表。对于多数图表来说，可以将工作表的行或列中排列的数据绘制在图表中，但某些图表类型则需要特定的数据排列方式。下面将详细介绍如何创建图表。

8.2.1 创建基本图表

使用 Excel 2016 创建基本图表时，用户只需选择图表的类型便可以完成操作，具体操作方法如下。

Step 01 打开“素材文件\第 8 章\下半年销量走势.xlsx”，选择任一数据单元格，然后选择“插入”选项卡，单击“图表”组中的“插入柱形图或条形图”下拉按钮，选择“簇状柱形图”选项，如图 8-12 所示。

Step 02 此时，即可查看新创建的簇状柱形图表效果，如图 8-13 所示。

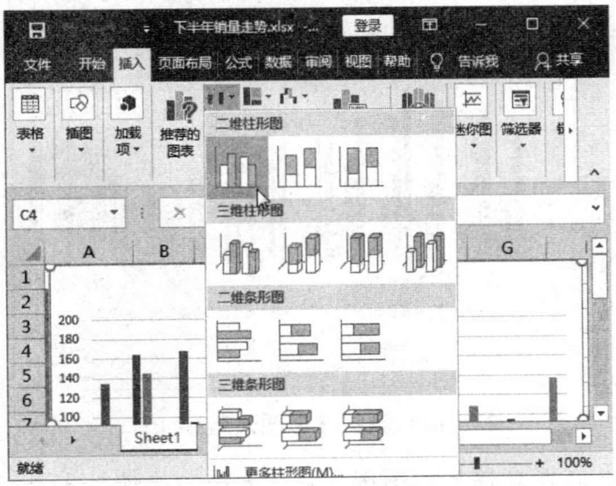

图 8-12　选择“簇状柱形图”选项

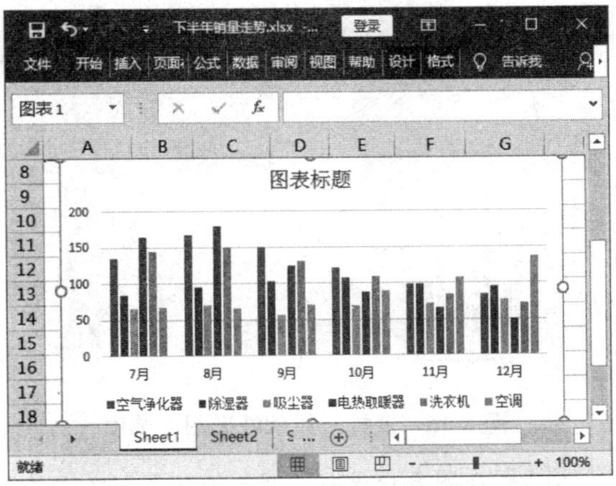

图 8-13　簇状柱形图表效果

另外，使用快捷键也可快速创建基于默认图表类型的图表，具体操作方法如下。

Step 01 打开“素材文件\第 8 章\下半年销量走势 1.xlsx”，选择任一数据单元格，按【Alt+F1】组合键，即可在工作表中创建一个柱形图表，如图 8-14 所示。

Step 02 在默认情况下，创建的图表会嵌入到工作表中。若要创建图表工作表，则按【F11】键，就会默认创建一个名称为 Chart1 的图表工作表，如图 8-15 所示。

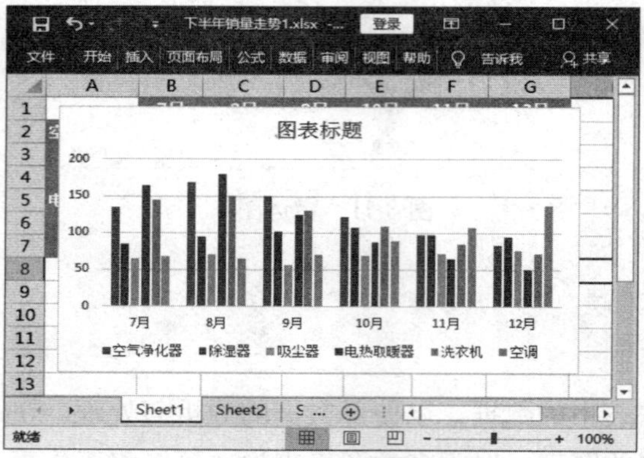

图 8-14 创建柱形图表

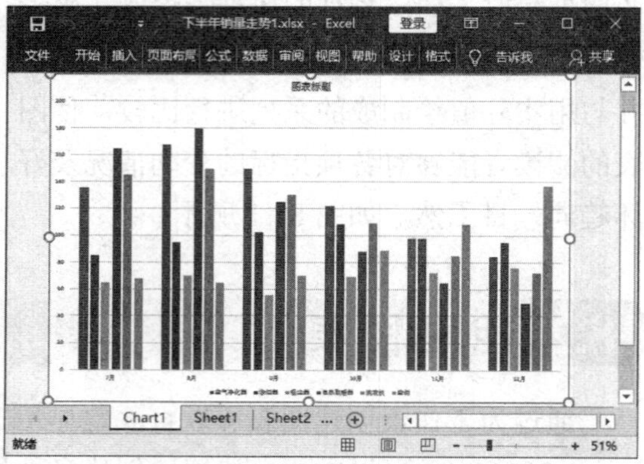

图 8-15 创建图表工作表

8.2.2 创建组合图表

组合图表就是利用两种或多种类型的图表来强调图表中包含的不同类型的信息。创建组合图表的具体操作方法如下。

Step 01 打开“素材文件\第 8 章\下半年销量走势 2.xlsx”，选择“插入”选项卡，单击“图表”组中的“插入柱形图或条形图”下拉按钮，选择“簇状柱形图”选项，如图 8-16 所示。

Step 02 此时，即可查看插入簇状柱形图后的图表效果，如图 8-17 所示。

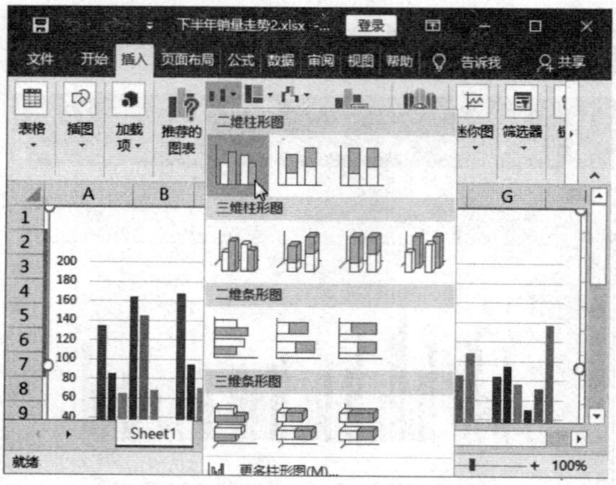

图 8-16 选择“簇状柱形图”选项

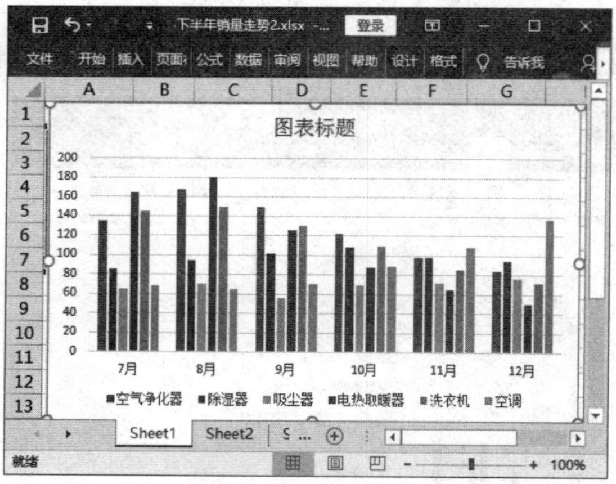

图 8-17 簇状柱形图表效果

Step 03 在图表中选择“空气净化器”数据系列，此时在数据系列周围出现控制点。选择“设计”选项卡，单击“类型”组中的“更改图表类型”按钮，如图 8-18 所示。

Step 04 弹出“更改图表类型”对话框，在“图表类型”下拉列表中选择“带数据标记的折线图”选项，如图 8-19 所示。

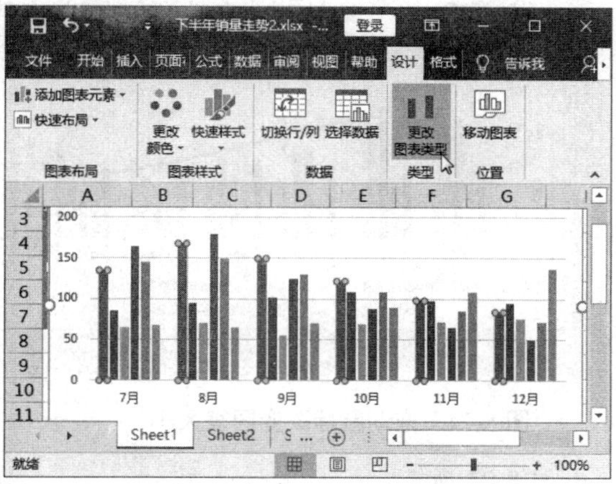

图 8-18 单击“更改图表类型”按钮

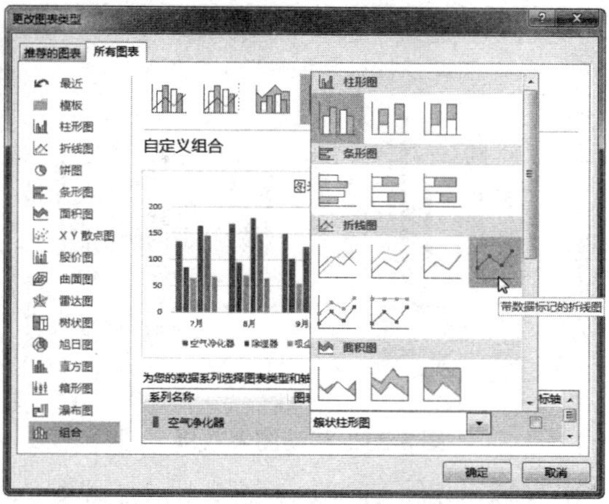

图 8-19 选择图表类型

Step 05 预览更改效果，然后单击“确定”按钮，如图 8-20 所示。

Step 06 此时，即可查看创建的组合图表效果，如图 8-21 所示。

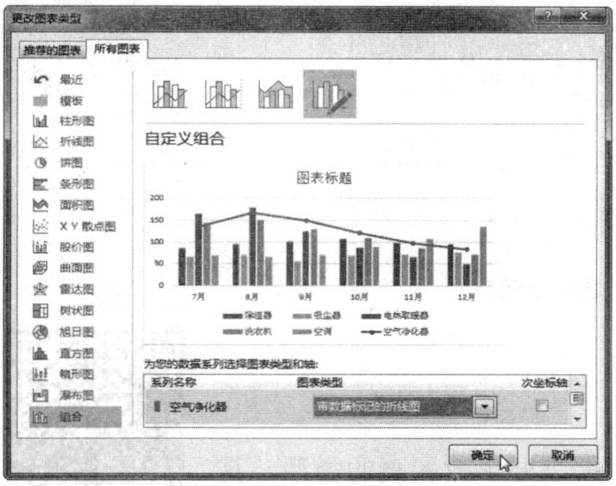

图 8-20 预览更改效果

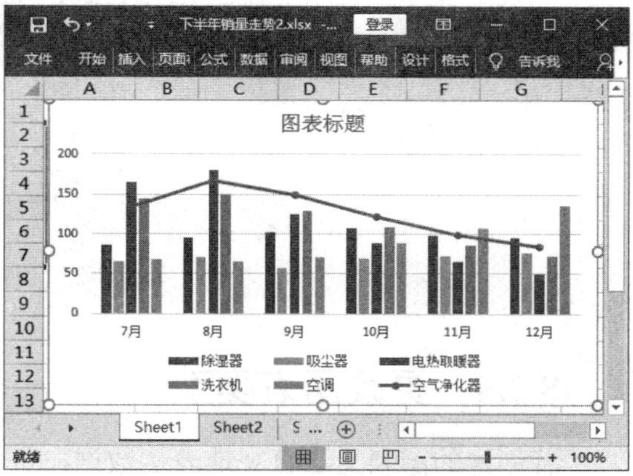

图 8-21 组合图表效果

8.2.3 调整图表的位置和大小

若创建的图表位于工作表上面，就会掩盖工作表中的数据，此时可以将创建的图表移到合适的位置并调整大小，具体操作方法如下。

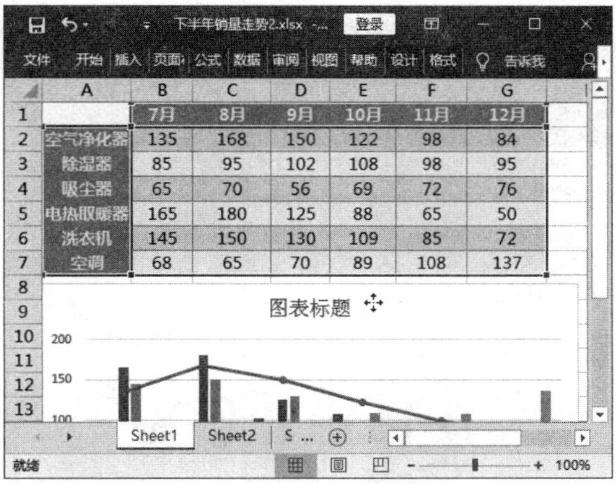

图 8-22 拖动图表

Step 01 选择需要移动的图表，将鼠标指针放到该图表上，拖动鼠标至合适的位置，如图 8-22 所示。

Step 02 松开鼠标，即可移动图表，效果如图 8-23 所示。

Step 03 将鼠标指针移到图表边框上，当指针变为双向箭头时按住并拖动鼠标至合适的大小时松开，如图 8-24 所示。

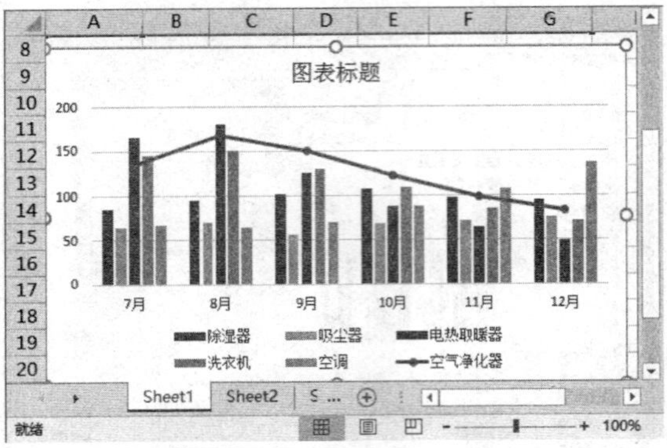

图 8-23　移动图表效果

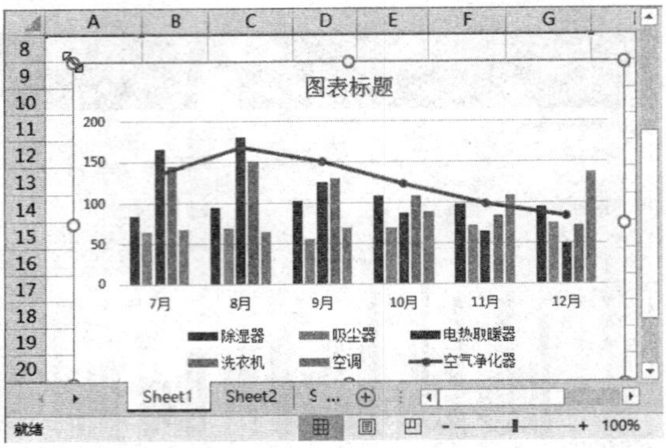

图 8-24　拖动鼠标改变图表大小

Step 04 此时，即可查看调整大小后的图表效果，如图 8-25 所示。

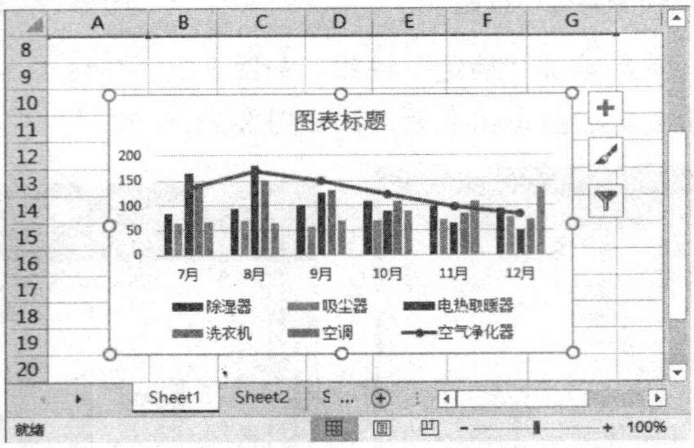

图 8-25　调整图表大小效果

8.2.4　更改图表类型

若创建的图表无法直观地表达数据，可以根据需要更改图表的类型，具体操作方法如下。

Step 01 选择图表，然后选择“设计”选项卡，单击“更改图表类型”按钮，如图 8-26 所示。

Step 02 弹出“更改图表类型”对话框，选择“推荐的图表”选项卡，在左侧选择要更改的图表类型，在右侧可以预览图表效果，然后单击“确定”按钮，如图 8-27 所示。

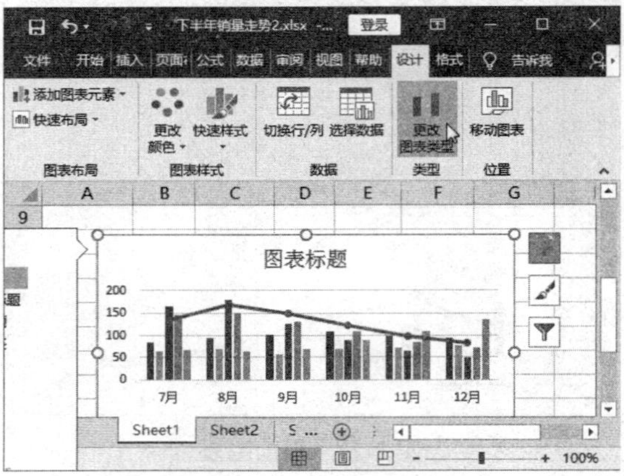

图 8-26　单击“更改图表类型”按钮

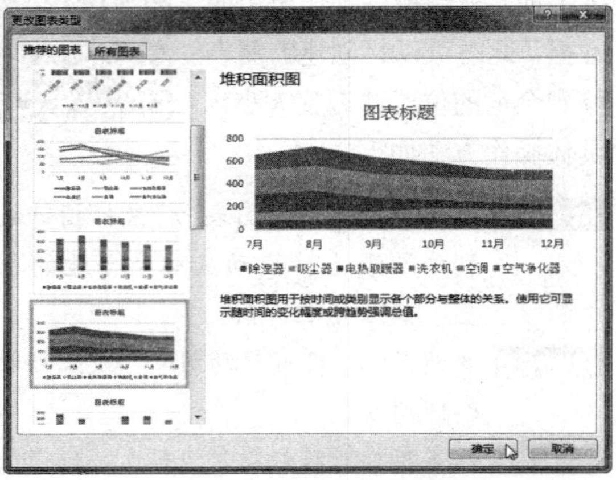

图 8-27　选择更改图表类型

Step 03 此时，即可更改图表的类型，效果如图 8-28 所示。

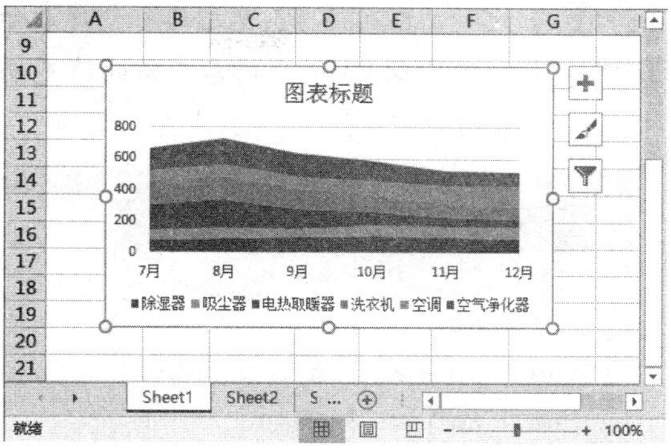

图 8-28　更改图表类型效果

8.2.5　创建迷你图

迷你图是工作表单元格中直观表示数据的微型图表，使用迷你图可以以系列值显示趋势，或突出显示最大值和最小值。下面将介绍如何创建迷你图。

1．创建迷你折线图

若要创建迷你折线图，具体操作方法如下。

Step 01 打开“素材文件\第 8 章\迷你图.xlsx”，选择“插入”选项卡，在“迷你图”组中单击“折线”按钮，如图 8-29 所示。

Step 02 弹出“创建迷你图”对话框，将光标定位到“数据范围”文本框中，如图 8-30 所示。

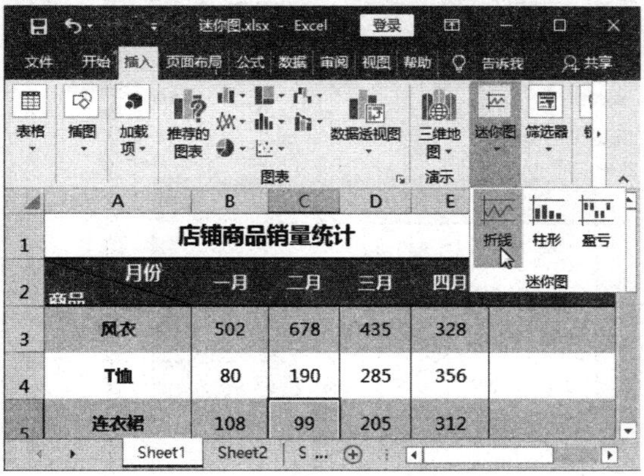

图 8-29　单击“折线”按钮

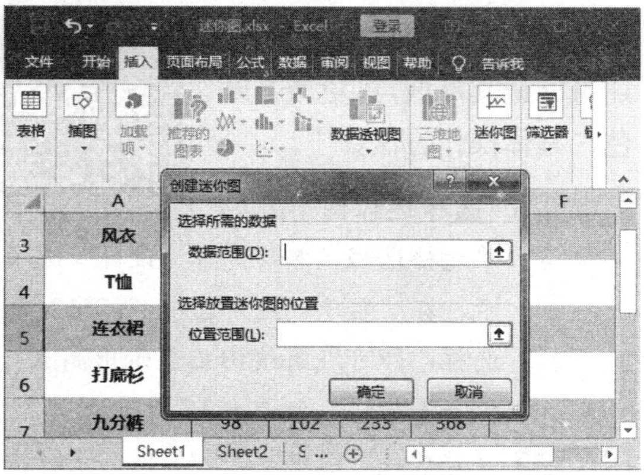

图 8-30　“创建迷你图”对话框

Step 03 在工作表中选择 B3:D3 单元格区域，如图 8-31 所示。

Step 04 将光标定位到“位置范围”文本框中，选择迷你图放置位置 F3 单元格，然后单击“确定”按钮，如图 8-32 所示。

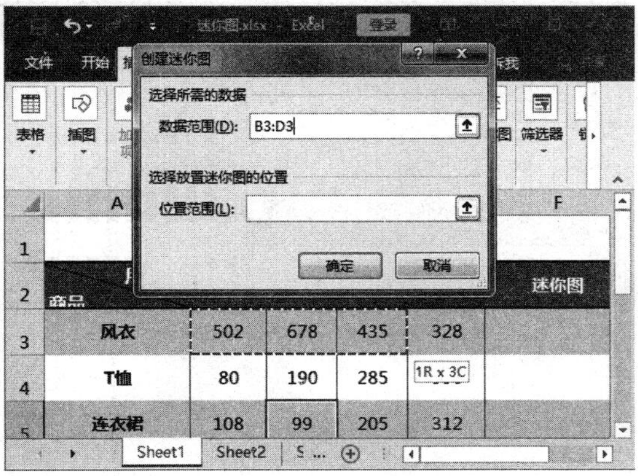

图 8-31　选择数据范围

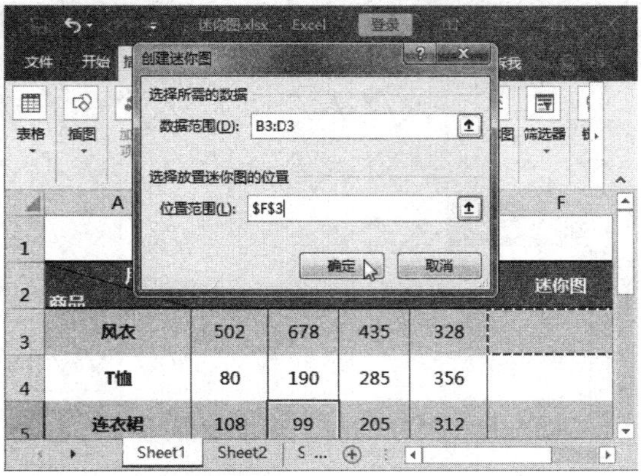

图 8-32　选择迷你图放置位置

Step 05 此时，即可在 F3 单元格中创建表示变化趋势的迷你折线图，效果如图 8-33 所示。

Step 06 向下拖动 F3 单元格右下角的填充柄，在 F4:F9 单元格区域中填充迷你折线图，效果如图 8-34 所示。

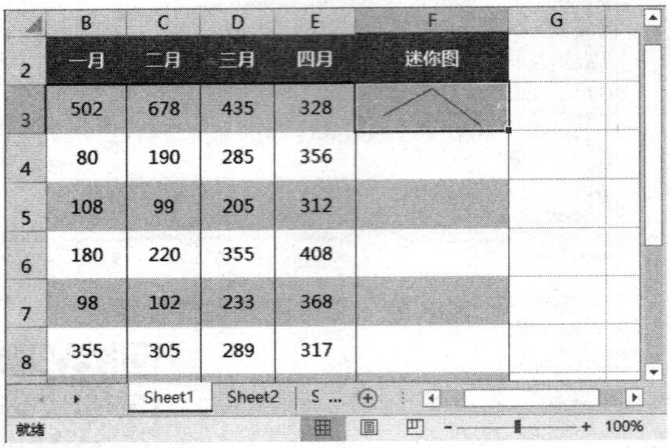

图 8-33 创建迷你折线图

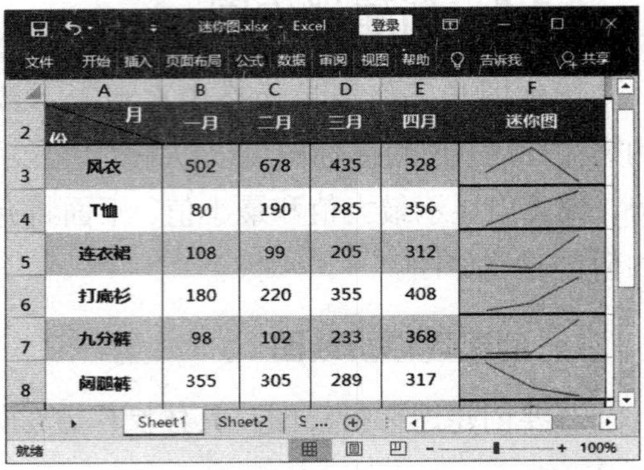

图 8-34 填充迷你折线图

2. 编辑迷你折线图

在创建迷你折线图之后，还可标记其高低点，更改其颜色，具体操作方法如下。

Step 01 选择迷你图所在的单元格区域，然后选择“设计”选项卡，在“显示”组中选中“标记”复选框，即可在折线图上显示出高点、低点等标记，如图 8-35 所示。

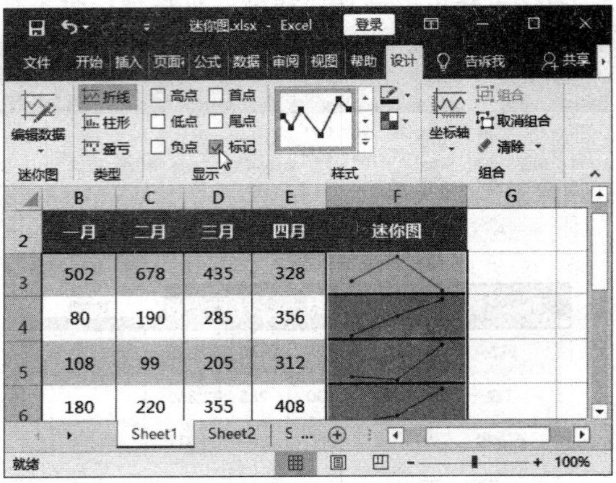

图 8-35 显示标记

Step 02 在“样式”组中单击“其他”下拉按钮，在弹出的下拉列表中选择所需的迷你图样式，如图 8-36 所示。

Step 03 在“样式”组中单击“迷你图颜色”下拉按钮，在弹出的颜色面板中选择所需的颜色，如图 8-37 所示。

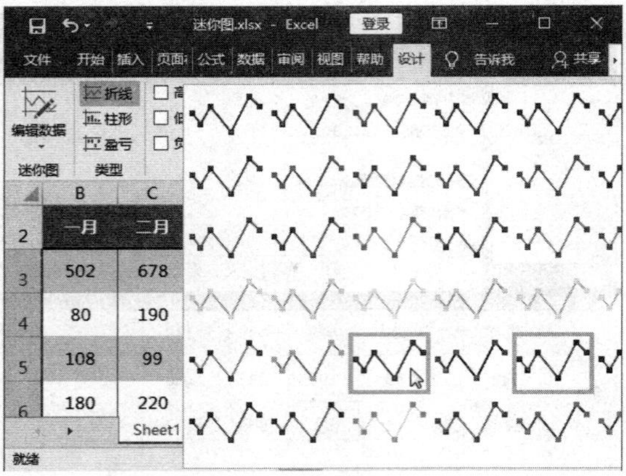

图 8-36 选择迷你图样式

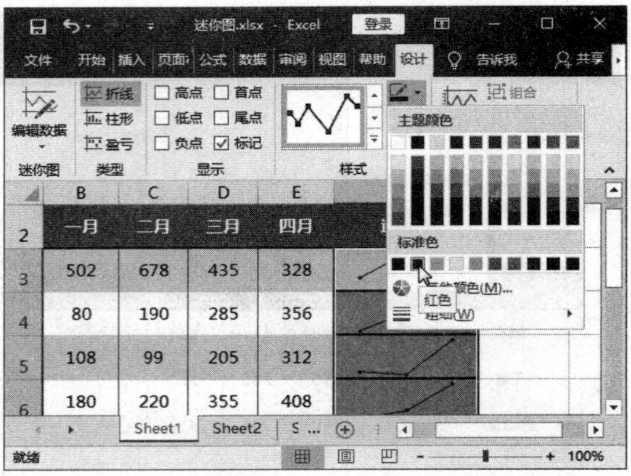

图 8-37 设置迷你图颜色

Step 04 此时，即可更改折线迷你图的颜色，效果如图 8-38 所示。

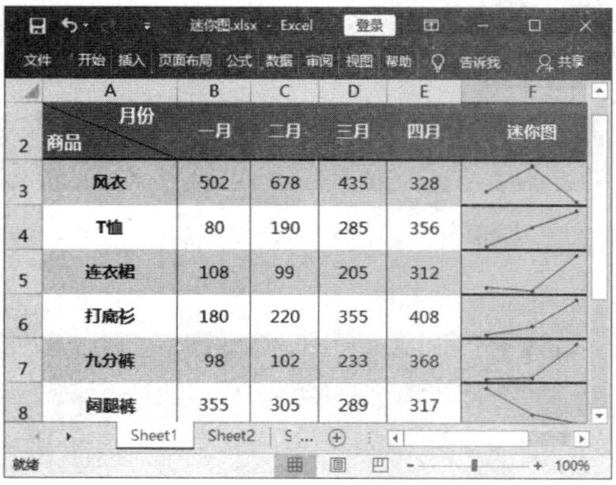

图 8-38　更改迷你图颜色效果

3．创建迷你柱形图

迷你柱形图用于显示一段时间内的数据变化，或显示各项数据之间的比较情况。若要创建迷你柱形图，具体操作方法如下。

Step 01 打开"素材文件\第 8 章\迷你图 2.xlsx"，选择 F3 单元格，然后选择"插入"选项卡，单击"迷你图"下拉按钮，选择"柱形"选项，如图 8-39 所示。

Step 02 弹出"创建迷你图"对话框，设置"数据范围"为 B3:E3 单元格区域，"位置范围"为 F3 单元格，然后单击"确定"按钮，如图 8-40 所示。

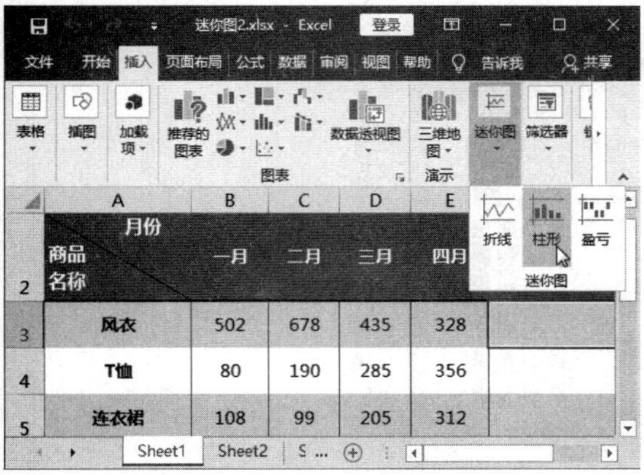

图 8-39　选择"柱形"选项

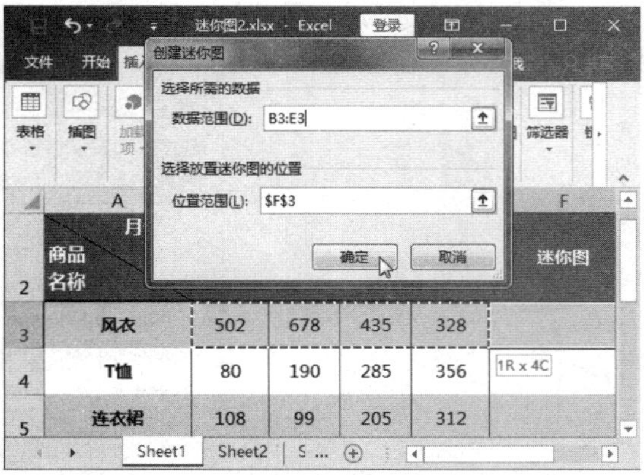

图 8-40　设置数据范围与位置范围

Step 03 选择"设计"选项卡，单击"坐标轴"下拉按钮，在"纵坐标轴的最小值选项"中选择"自定义值"选项，如图 8-41 所示。

Step 04 弹出"迷你图垂直轴设置"对话框，在"输入垂直轴的最小值"文本框中输入 0.0，然后单击"确定"按钮，如图 8-42 所示。

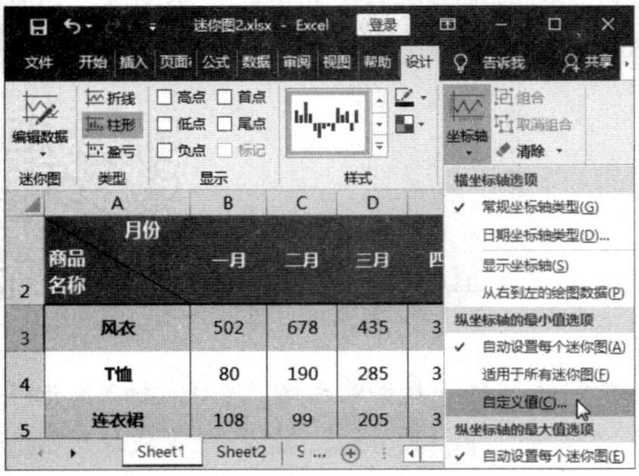

图 8-41　选择"自定义值"选项

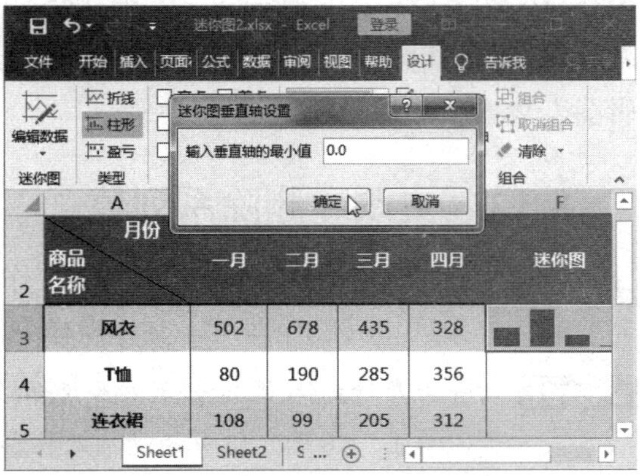

图 8-42　设置垂直轴的最小值

Step 05 在“显示”组中选中“高点”复选框，如图 8-43 所示。

Step 06 在“样式”组中单击“其他”下拉按钮，选择需要的样式，如图 8-44 所示。

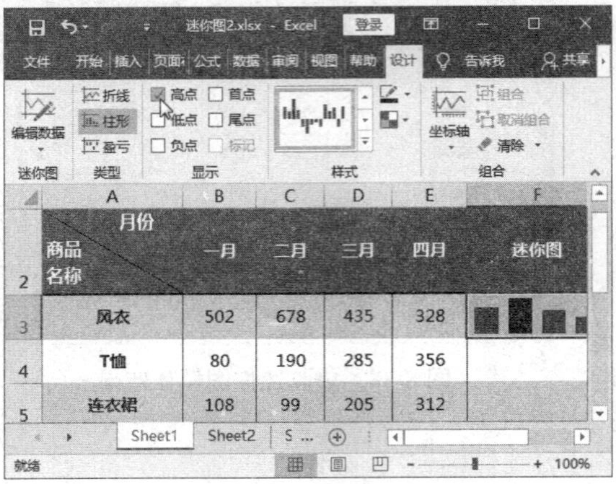

图 8-43　显示最高点

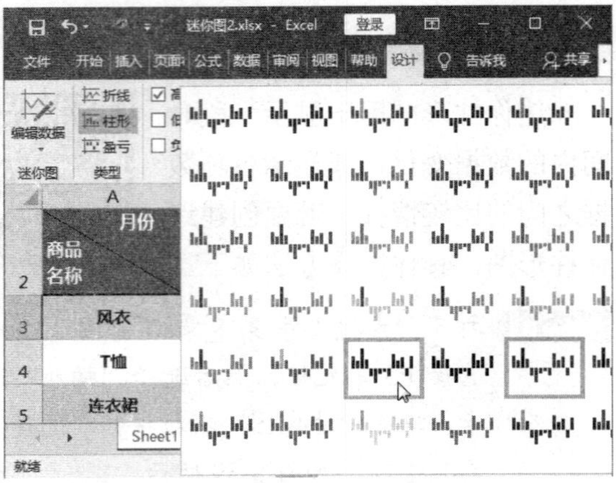

图 8-44　选择样式

Step 07 将鼠标指针置于 F3 单元格右下角的填充柄上，向下拖动鼠标至 F9 单元格填充迷你图，如图 8-45 所示。

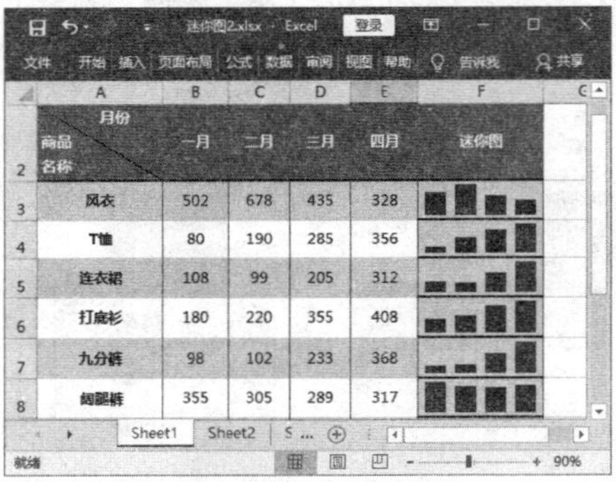

图 8-45　填充迷你图

8.3　编辑图表数据和元素

图表是以图形的形式反映工作表数据的，当更改工作表数据的值时，图表也会相应地发生变化。图表中包含多种元素，在默认情况下只显示一部分元素，如图表区、绘图区、坐标轴、图例、网格线等。若要显示图表的其他元素，则需要进行添加。下面将详细介绍如何编辑图表数据和元素。

8.3.1　更改和删除系列值

若要更改图表中的系列值，只需在工作表中更改系列值即可，而对于不需要的数据系列将其删除即可，具体操作方法如下。

Step 01 打开“素材文件\第 8 章\第四季度销量.xlsx”，选择任一数据单元格，选择“插入”选项卡，单击“图表”组中的“插入柱形图或条形图”下拉按钮，选择“簇状柱形图”选项，如图 8-46 所示。

Step 02 将图表放置到合适的位置，并调整图表的大小，如图 8-47 所示。

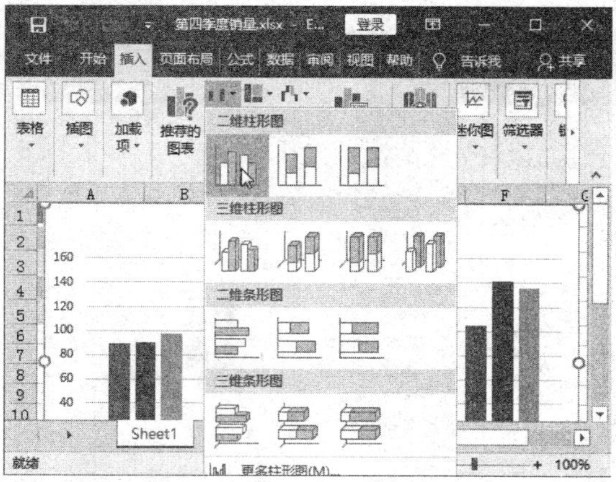

图 8-46 插入图表

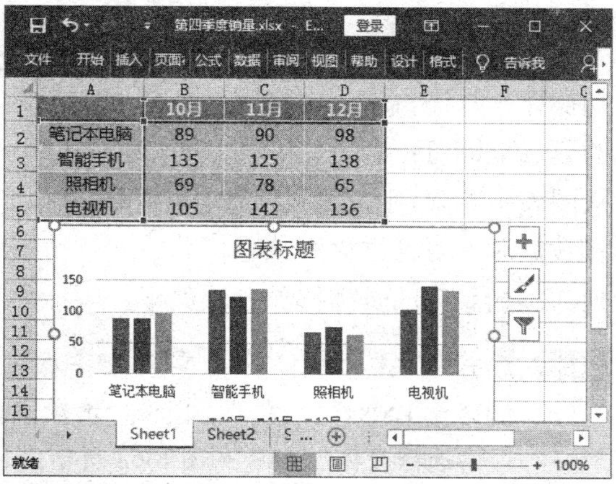

图 8-47 调整图表位置和大小

Step 03 在图表中选择 10 月份的“笔记本电脑”数据点，在工作表中将自动选中与数据系列相对应的单元格，如图 8-48 所示。

Step 04 在工作表中修改数值，可以看到该系列长度将实时发生变化，效果如图 8-49 所示。

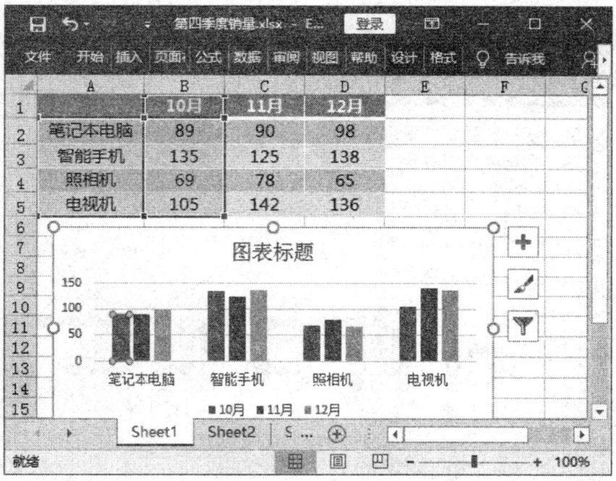

图 8-48 选中“笔记本电脑”数据点

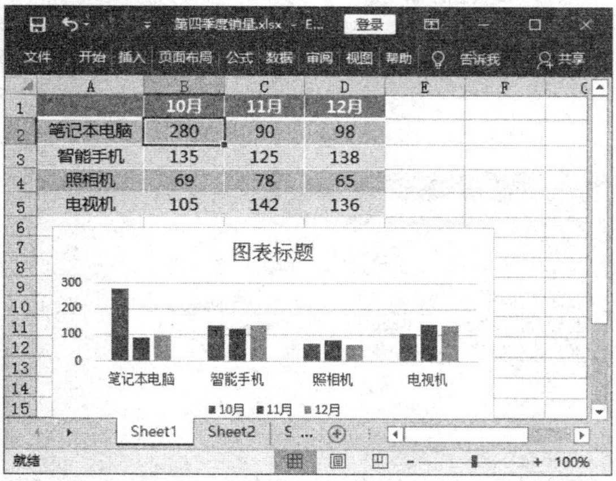

图 8-49 更改系列值

Step 05 在图表的绘图区中右击“10 月”数据系列，选择“删除”命令，如图 8-50 所示。

Step 06 此时，即可删除该系列，相应的图例项也将自动删除，效果如图 8-51 所示。

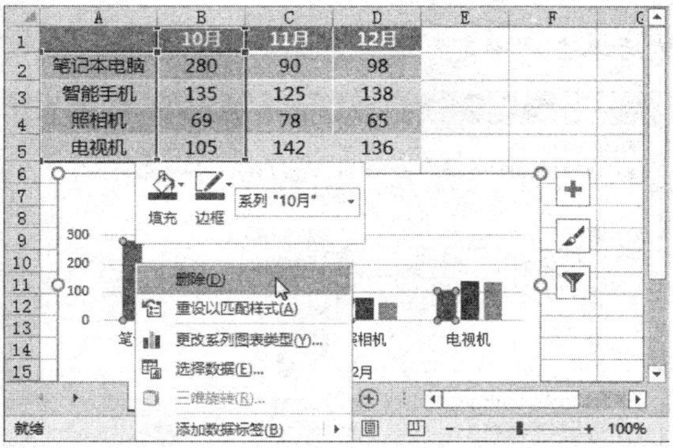

图 8-50 选择“删除”命令

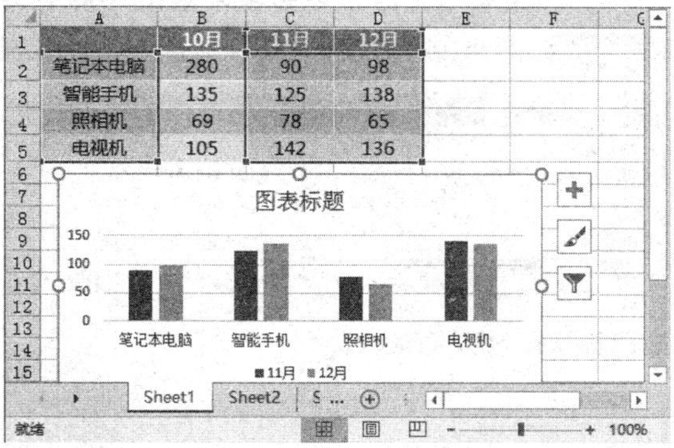

图 8-51 删除系列

8.3.2 添加系列

将系列隐藏后要进行添加操作，只需再次选中相应的复选框即可；若已将系列从图表中删除，则需通过“选择数据源”对话框来添加系列。添加系列的具体操作方法如下。

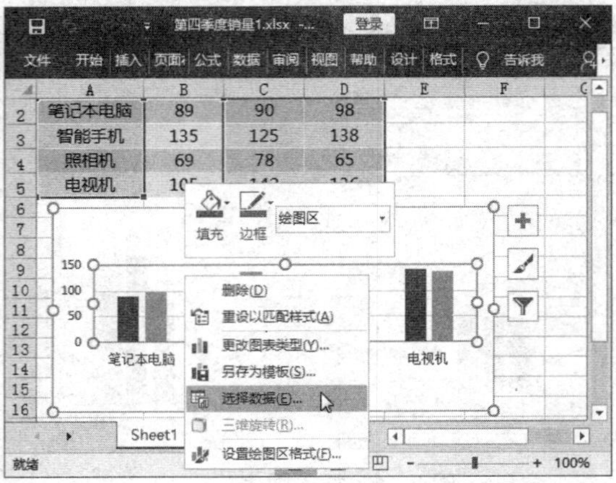

图 8-52 选择“选择数据”命令

Step 01 打开“素材文件\第 8 章\第四季度销量 1.xlsx”，右击绘图区，选择“选择数据”命令，如图 8-52 所示。

Step 02 弹出“选择数据源”对话框，在“图例项”列表中单击“添加”按钮，如图 8-53 所示。

Step 03 弹出“编辑数据系列”对话框，设置系列名称和系列值，然后单击“确定”按钮，如图 8-54 所示。

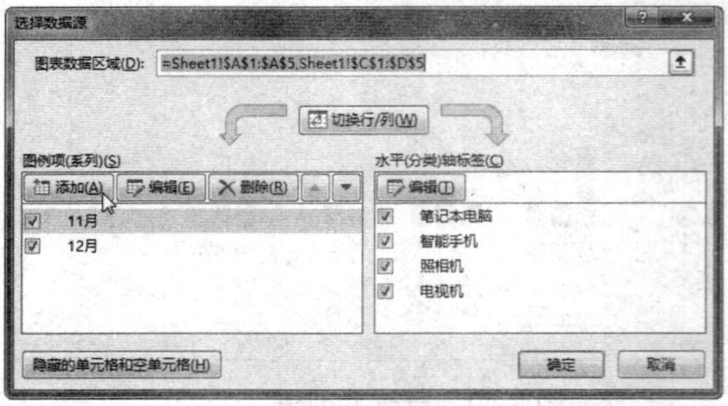

图 8-53 “选择数据源”对话框

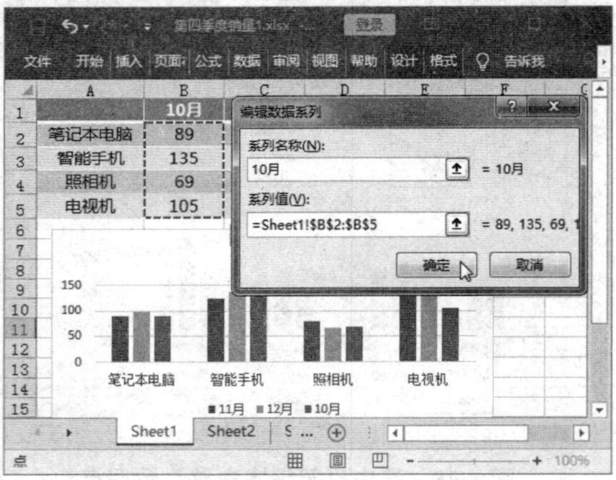

图 8-54 编辑数据系列

Step 04 返回“选择数据源”对话框，可以看到图例项已经添加，选中“10 月”图例项，然后单击“上移”按钮，如图 8-55 所示。

Step 05 将“10 月”图例项移到最上面的位置，然后单击“确定”按钮，如图 8-56 所示。

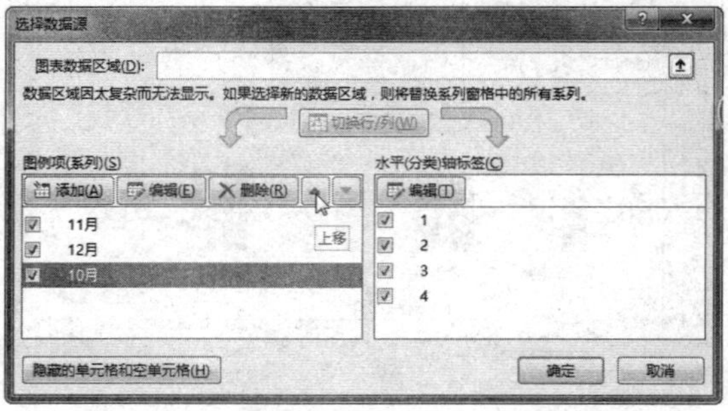

图 8-55 单击“上移”按钮

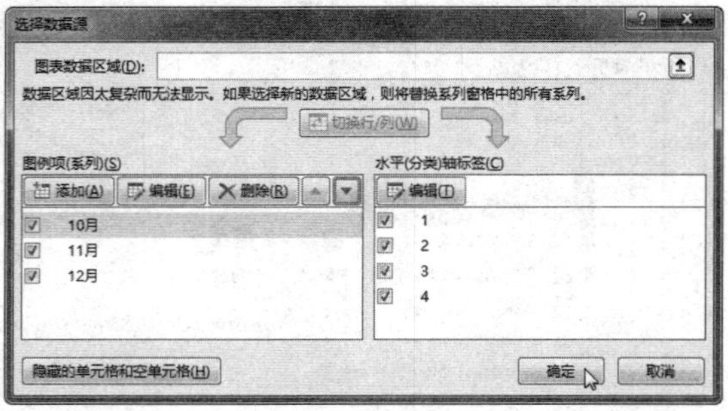

图 8-56 调整图例项顺序

Step 06 此时，可以看到“10 月”系列添加成功，效果如图 8-57 所示。

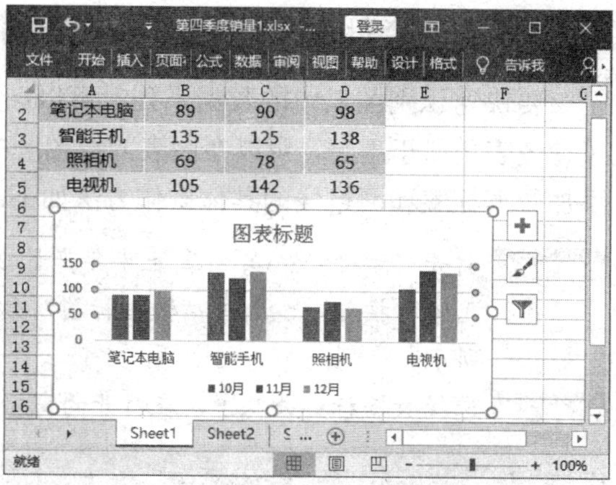

图 8-57 添加系列效果

8.3.3 重新选择图表数据区域

在创建图表后，还可重新选择图表数据区域来更改图表数据，具体操作方法如下。

Step 01 打开“素材文件\第 8 章\第四季度销量 2.xlsx”，打开“选择数据源”对话框，将“图表数据区域”文本框中的数据删除，并将光标定位到该文本框中，然后单击折叠按钮，如图 8-58 所示。

Step 02 在工作表中拖动鼠标重新选择数据区域，然后单击展开按钮，如图 8-59 所示。

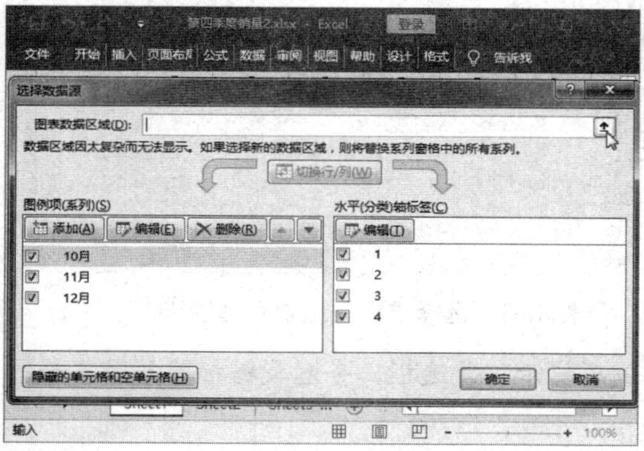

图 8-58 设置图表数据区域

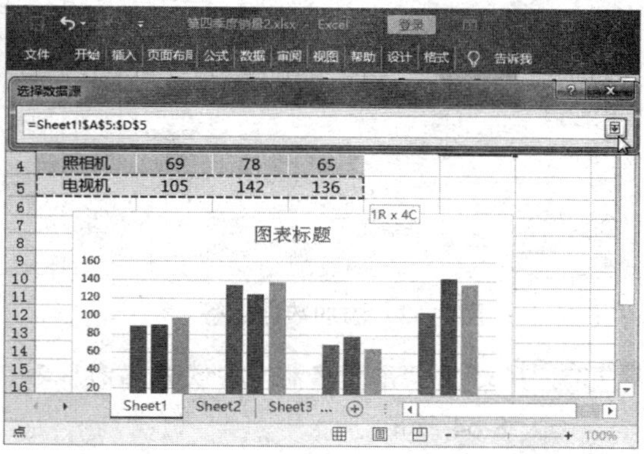

图 8-59 重新选择数据区域

Step 03 返回“选择数据源”对话框，即可看到新的图表数据区域，单击“确定”按钮，如图 8-60 所示。

Step 04 此时，即可查看重新选择数据区域的图表效果，如图 8-61 所示。

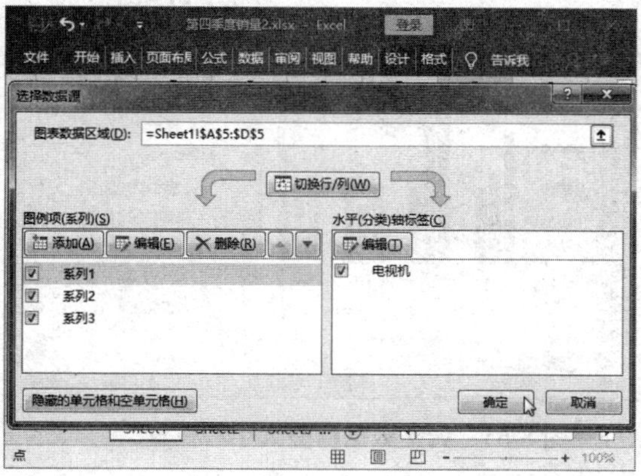

图 8-60 确认图表数据区域

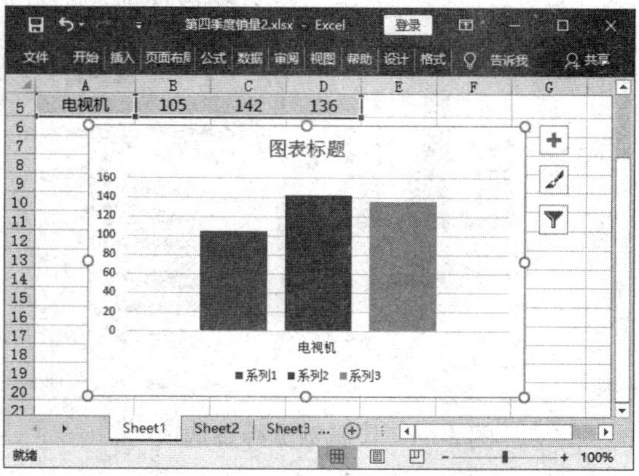

图 8-61 重新选择数据区域图表效果

8.3.4 添加数据标签和网格线

要快速识别图表中的数据系列，可以向图表的数据点添加数据标签。为了使图表更易于理解，可以在图表的绘图区中显示水平或垂直的图表网格线。添加数据标签和网格线的具体操作方法如下。

Step 01 打开“素材文件\第 8 章\上半年产量报表.xlsx”，在图表中选择单个系列值，单击“图表元素”按钮+，选中“数据标签”复选框，即可为该系列值添加数据标签，如图 8-62 所示。

Step 02 选择数据标签并双击，在打开的窗格中选择“标签选项”选项卡，如图 8-63 所示。

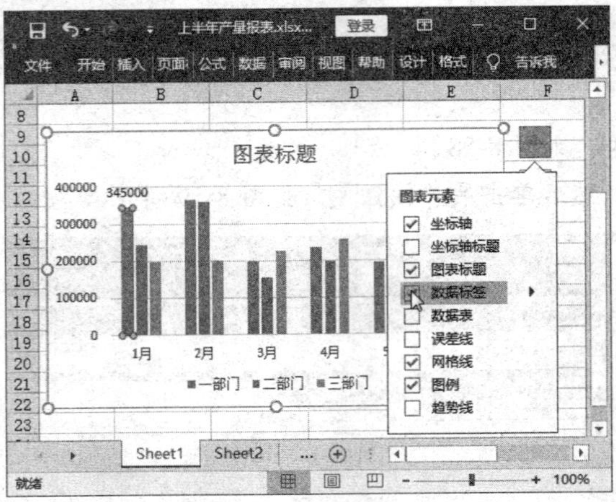

图 8-62 添加数据标签

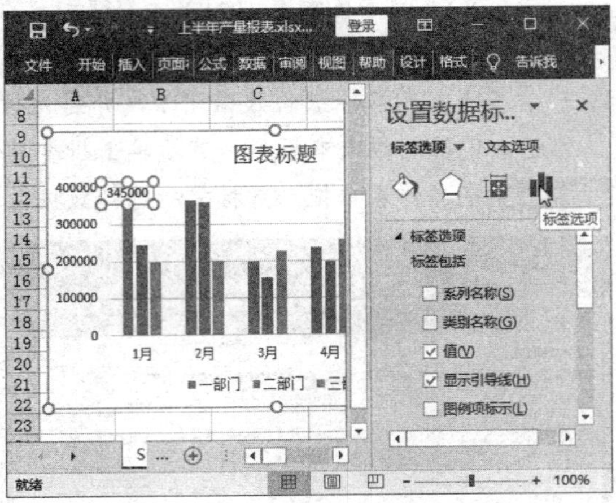

图 8-63 选择“标签选项”选项卡

Step 03 选中“系列名称”“类别名称”和“图例项标示”复选框，查看数据标签效果，如图 8-64 所示。

Step 04 用鼠标拖动数据标签移动其位置，将显示出引导线，根据需要调整数据标签文本框的大小和位置，如图 8-65 所示。

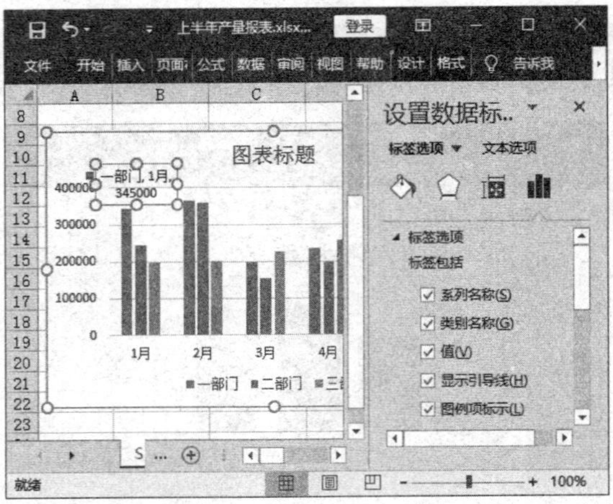

图 8-64 设置数据标签选项

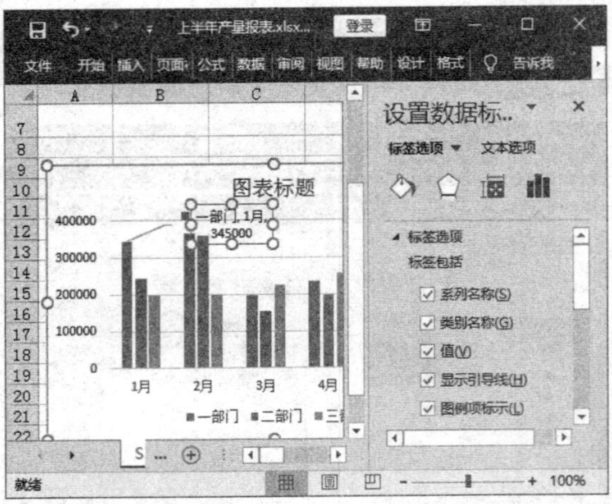

图 8-65 调整数据标签大小和位置

Step 05 关闭格式设置窗格，选择图表，在“设计”选项卡下单击“添加图表元素”下拉按钮，选择“网格线”|“主轴次要水平网格线”选项，如图 8-66 所示。

Step 06 双击主要网格线，在打开的窗格中选择网格线颜色，如图 8-67 所示。

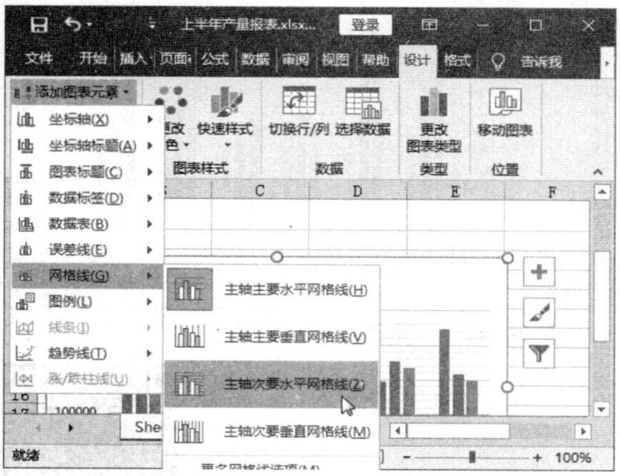

图 8-66 添加主轴次要水平网格线

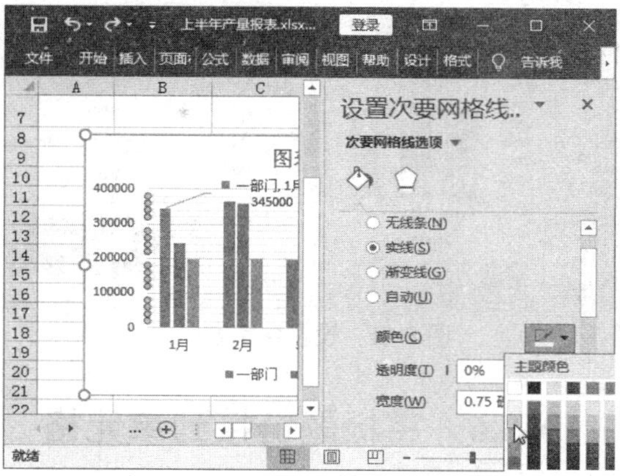

图 8-67 设置网格线颜色

Step 07 在“开始箭头类型”下拉列表中选择箭头前端类型，如图 8-68 所示。

Step 08 关闭窗格，查看图表效果，如图 8-69 所示。

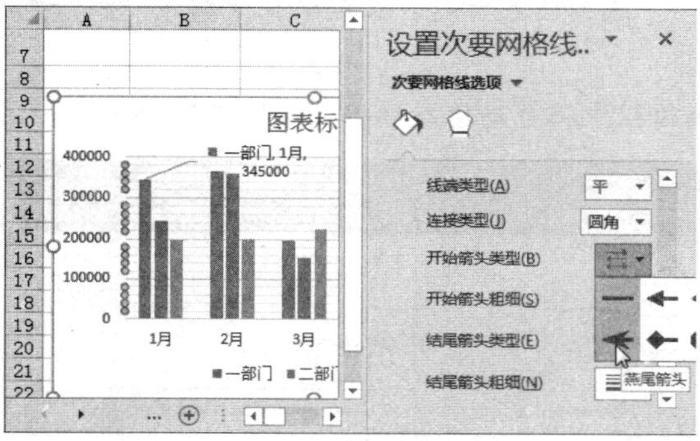

图 8-68 设置开始箭头类型

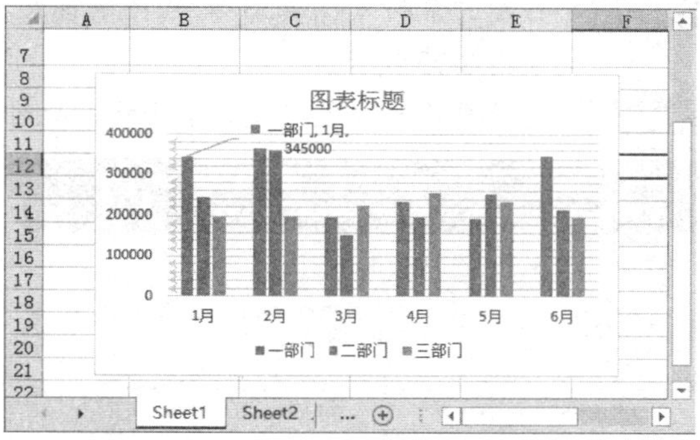

图 8-69 查看图表效果

8.3.5 添加坐标轴标题

为了帮助阐明图表中坐标轴的信息，可以在图表中添加坐标轴标题，具体操作方法如下。

Step 01 选择图表，单击“图表元素”按钮，选择“坐标轴标题”|“主要纵坐标轴”选项，如图 8-70 所示。

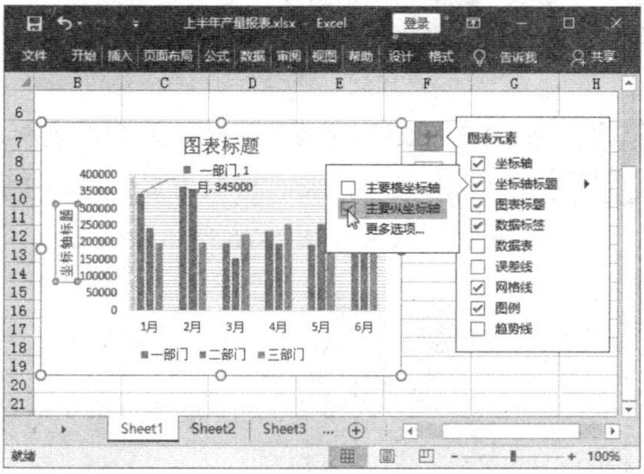

图 8-70 添加主要纵坐标轴

Step 02 此时，即可添加纵坐标轴标题。选择并双击纵坐标轴标题，在右侧窗格的“大小属性”选项卡下单击“文字方向”下拉按钮，选择“竖排”选项。效果如图 8-71 所示。

Step 03 此时，即可将纵坐标轴标题文字以竖排显示。双击图表标题，更改图表标题文本，最终效果如图 8-72 所示。

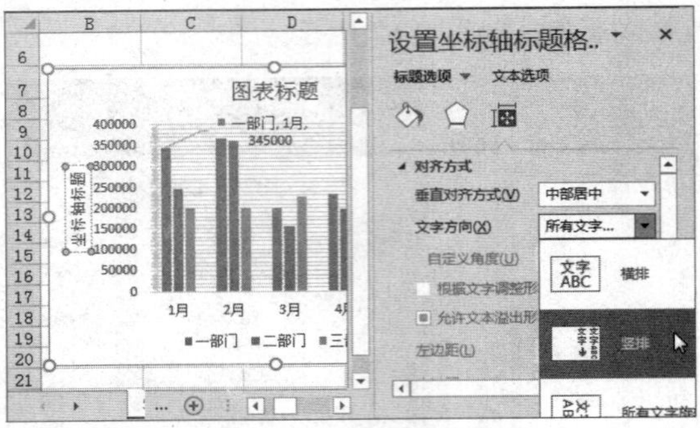

图 8-71　设置文字方向

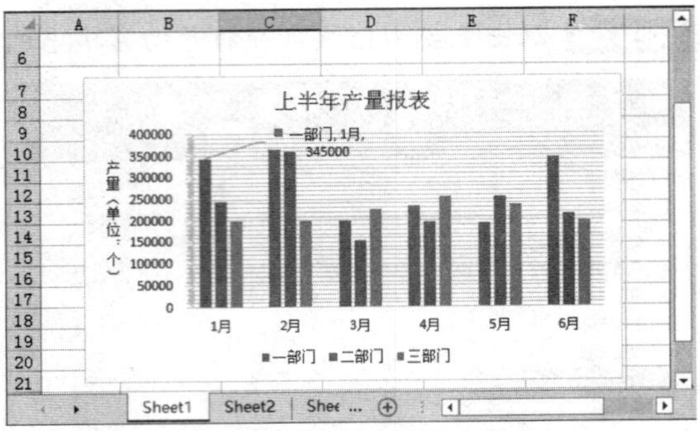

图 8-72　更改坐标轴标题文本

8.3.6　将标题链接到单元格

用户可以将单元格中的内容与图表标题或坐标轴标题链接起来，当单元格中的内容发生变化时，图表标题或坐标轴标题也将随之改变，无须重新输入，具体操作方法如下。

Step 01 打开“素材文件\第 8 章\软件销售表.xlsx”，选择图表标题，在编辑栏中输入“=”号，如图 8-73 所示。

Step 02 选择要作为图表标题的单元格，此时在编辑栏中将自动填充数据，如图 8-74 所示。

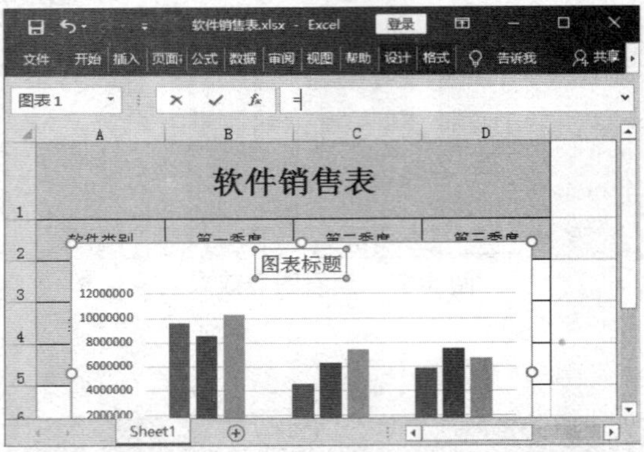

图 8-73　输入“=”号

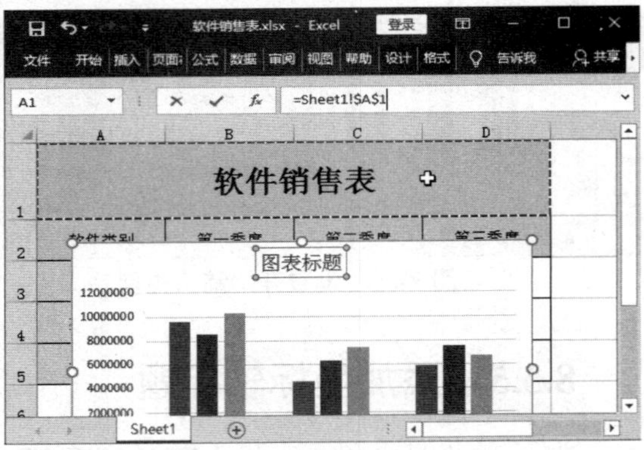

图 8-74　选择单元格

Step 03 按【Enter】键确认，可以看到图表标题文字已自动转换为单元格内容，如图 8-75 所示。

Step 04 双击标题单元格，修改内容，并按【Enter】键确认，此时可以看到图表标题文字也随之修改，效果如图 8-76 所示。

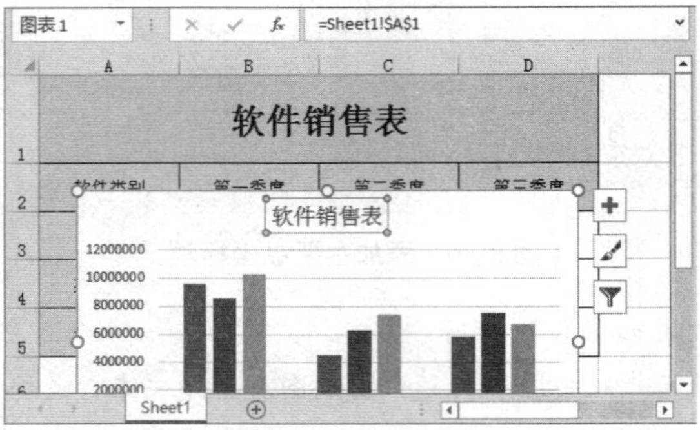

图 8-75　图表标题文字自动转换为单元格内容

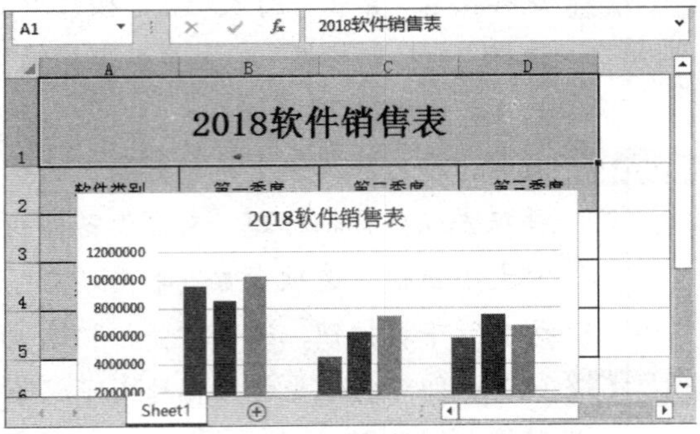

图 8-76　修改图表标题

8.4 美化图表

在创建图表后，用户可以为图表应用预设样式，或单独设置各图表元素的格式，还可在图表中插入形状、图片等。通过对图表进行格式设置，可以更改其外观样式，达到美化图表的目的。下面将详细介绍如何对图表进行美化处理。

8.4.1 应用图表样式

Excel 2016 中提供了多种颜色方案和图表样式供用户选择，能够快速美化图表，具体操作方法如下。

Step 01 打开“素材文件\第 8 章\软件销售表 2.xlsx”，选择图表，在“设计”选项卡下单击“更改颜色”下拉按钮，选择所需的颜色，如图 8-77 所示。

Step 02 选择图表，在“设计”选项卡下单击“快速样式”下拉按钮，选择所需的图表样式，如图 8-78 所示。

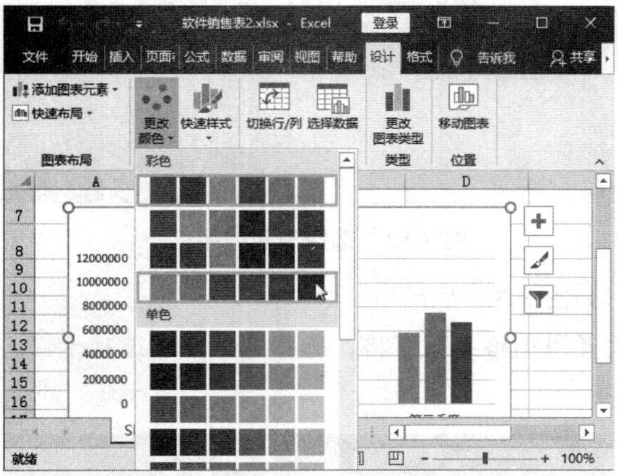

图 8-77　选择颜色

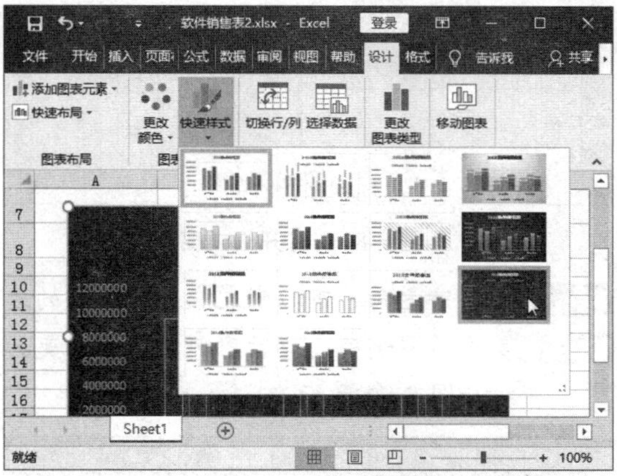

图 8-78　选择图表样式

Step 03 此时，即可查看应用新样式后的图表效果，如图 8-79 所示。

Step 04 单击图表右侧的“图表样式”按钮，在弹出的列表中可以选择样式或更改颜色，如图 8-80 所示。

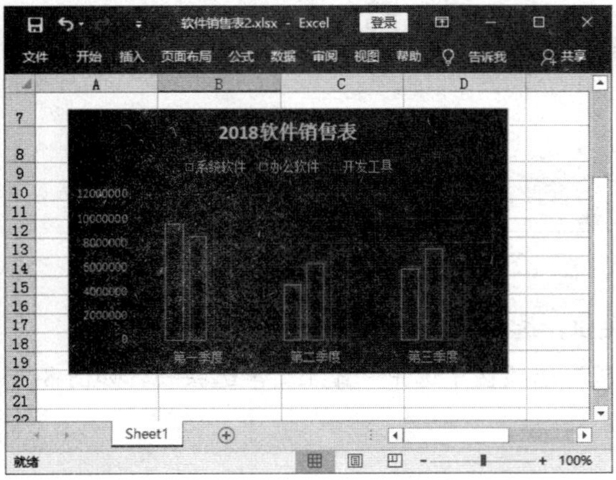

图 8-79　应用新图表样式效果

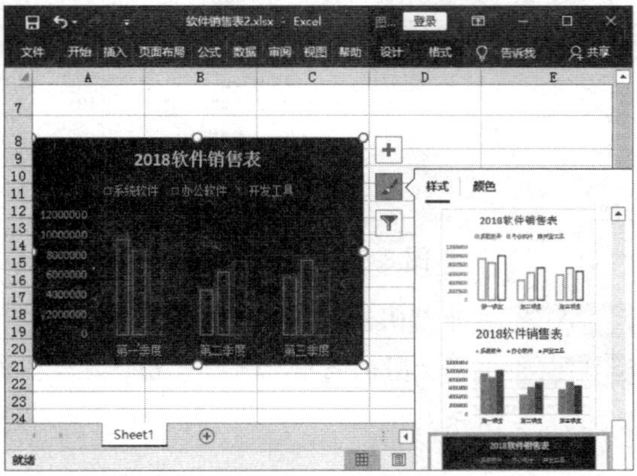

图 8-80　选择图表样式

8.4.2 通过格式窗格设置图表格式

每种图表元素都有一个与其对应的格式窗格，用于对其填充、线条、效果及参数进行设置。通过格式窗格设置图表格式的具体操作方法如下。

Step 01 打开“素材文件\第 8 章\软件销售表 3.xlsx”，双击图表，打开“设置图表区格式”窗格，如图 8-81 所示。

Step 02 选择“填充”选项卡，选中“渐变填充”单选按钮，然后单击“预设渐变”下拉按钮，选择所需的渐变效果，如图 8-82 所示。

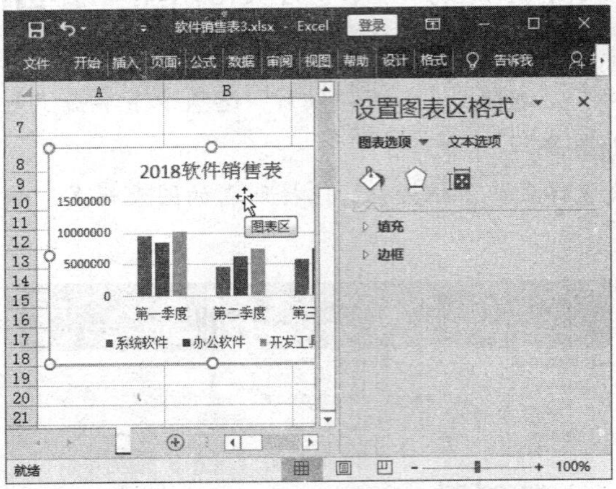

图 8-81 打开格式窗格

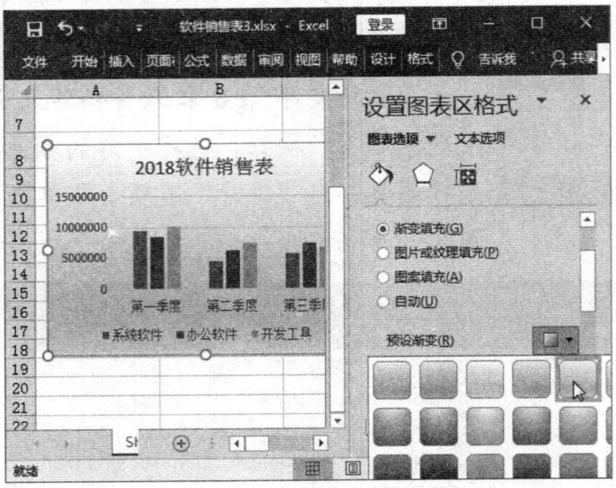

图 8-82 选择渐变效果

Step 03 在“方向”下拉列表中选择需要的选项，如图 8-83 所示。

Step 04 选择图例项，此时右侧窗格自动变为“设置图例格式”窗格，选择“效果”选项卡，如图 8-84 所示。

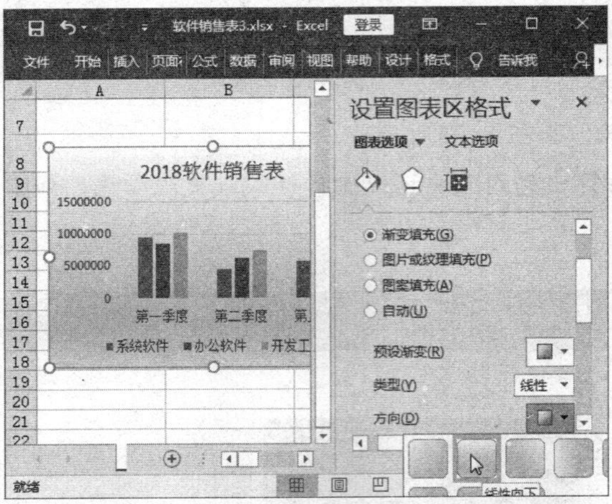

图 8-83 设置渐变类型

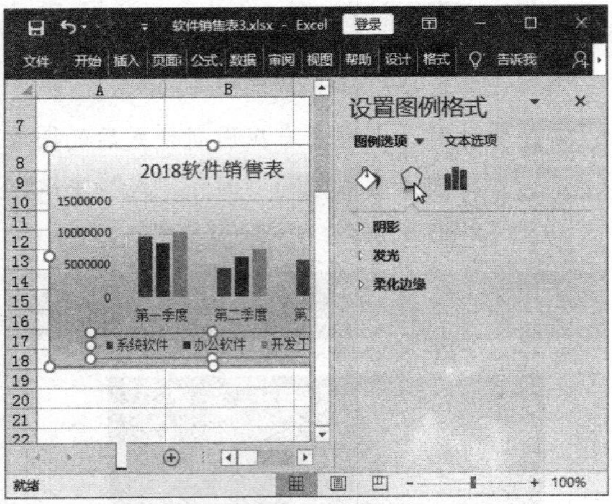

图 8-84 选择图例项

Step 05 展开“阴影”选项，单击“预设”下拉按钮，选择阴影效果，如图 8-85 所示。

Step 06 选择“图例选项”选项卡，在“图例位置”选项区中选中“靠上”单选按钮，如图 8-86 所示。

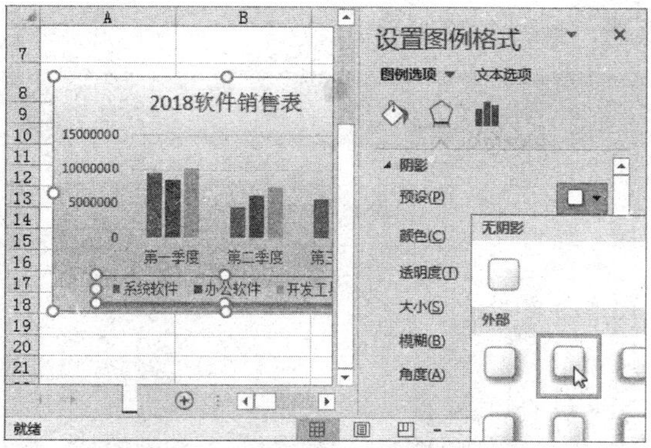

图 8-85　选择阴影效果

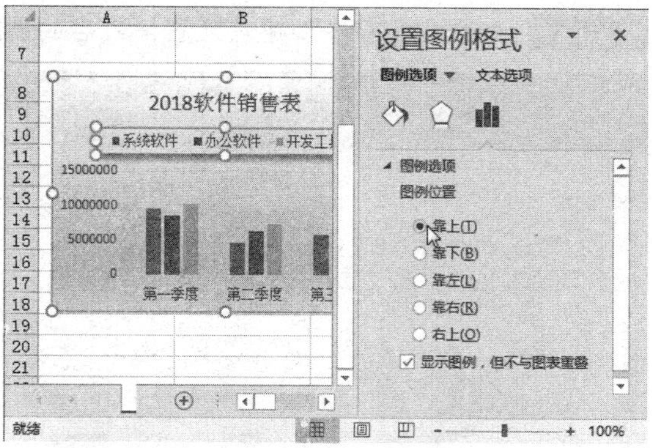

图 8-86　设置图例位置

Step 07 在图表中单击“图表元素”按钮，选择“坐标轴标题”|“主要纵坐标轴”选项，如图 8-87 所示。

Step 08 在图表中选择纵坐标轴标题，在格式窗格中选择“大小属性”选项卡，单击“文字方向”下拉按钮，选择“竖排”选项，如图 8-88 所示。

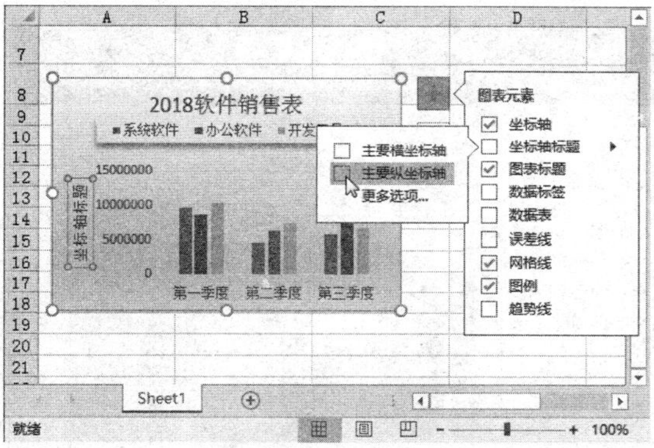

图 8-87　添加主要纵坐标轴

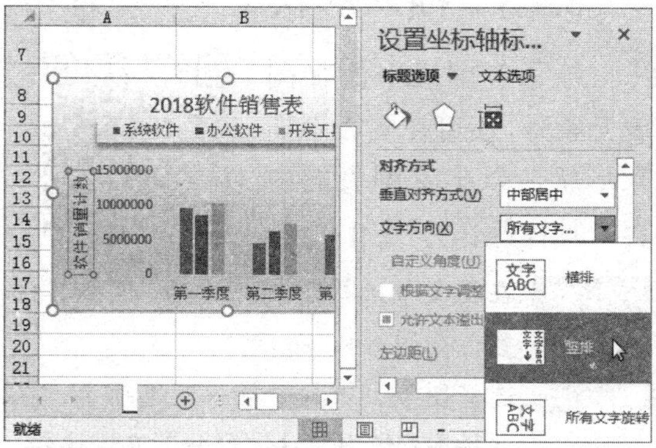

图 8-88　设置坐标轴文字方向

Step 09 选择“填充与线条”选项卡，设置纵坐标轴的填充颜色和边框样式，如图 8-89 所示。

Step 10 在图表中选择纵坐标轴，在右侧格式窗格中选择“坐标轴选项”选项卡，单击“显示单位”下拉按钮，选择“百万”选项，然后选中“在图表上显示单位标签”复选框，如图 8-90 所示。

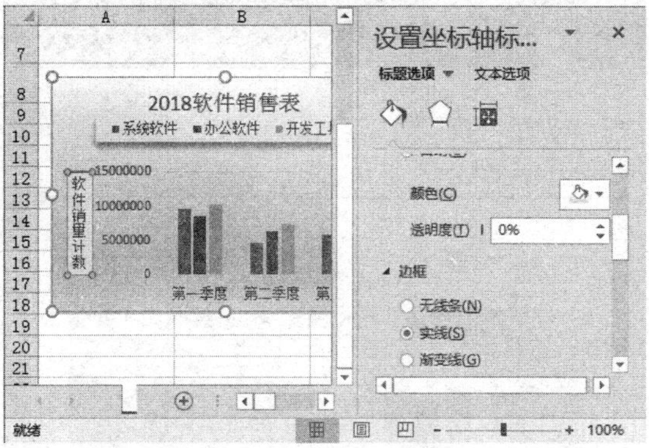

图 8-89　设置纵坐标轴标题效果

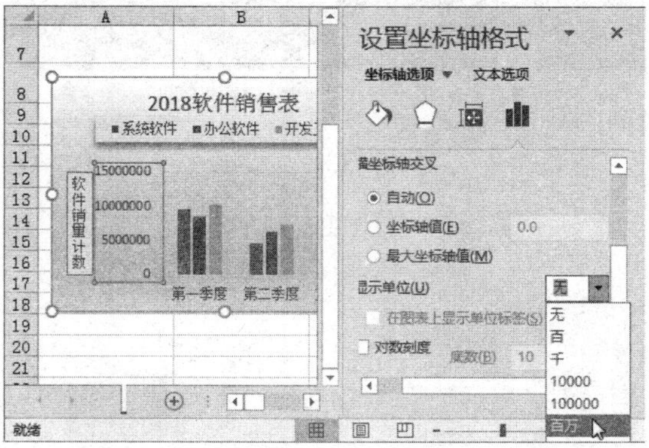

图 8-90　设置纵坐标轴单位

Step 11 展开“刻度线”选项，分别设置“主刻度线类型”和“次刻度线类型”为“内部”，如图 8-91 所示。

Step 12 关闭格式窗格，查看设置格式后的图表效果，如图 8-92 所示。

图 8-91　添加纵坐标轴刻度标记

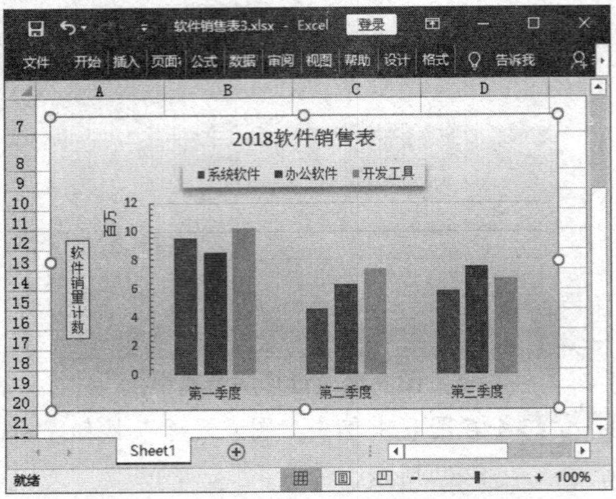

图 8-92　设置格式后的图表效果

8.4.3　插入形状

除了在图表中添加图表元素外，还可在图表中插入形状，以丰富图表的内容，具体操作方法如下。

Step 01 在图表中选择图例并拖动，调整其位置，如图 8-93 所示。

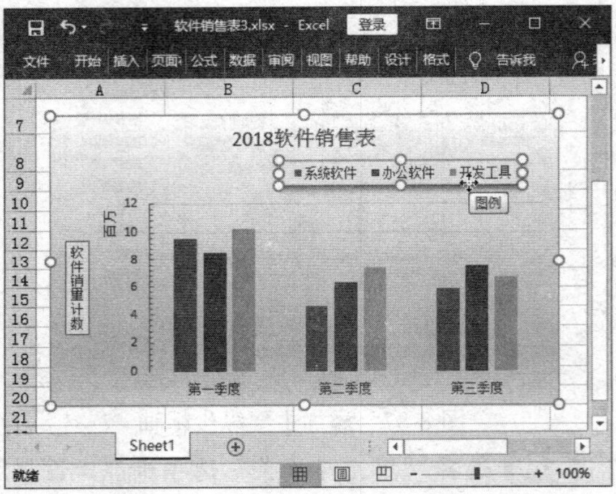

图 8-93　调整图例位置

Step 02 选择图表，选择"插入"选项卡，在"插图"组中单击"形状"下拉按钮，选择形状样式，如图 8-94 所示。

Step 03 在图表上拖动鼠标绘制形状，然后选择形状，输入所需的文本，如图 8-95 所示。

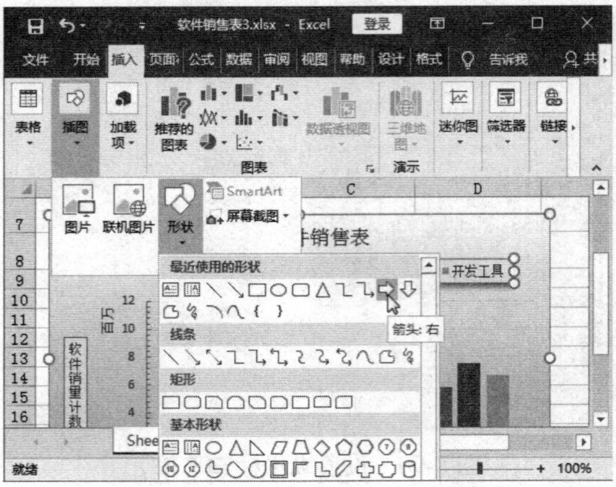

图 8-94　选择形状样式

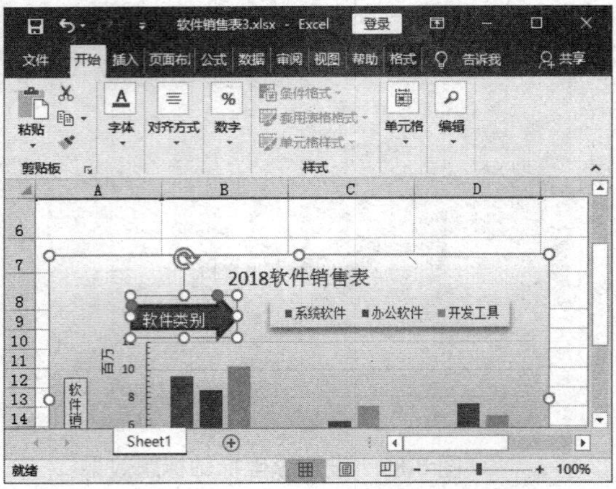

图 8-95　绘制形状

Step 04 单击“形状轮廓”下拉按钮，在弹出的列表中选择线条粗细，如图 8-96 所示。

Step 05 单击“形状样式”下拉按钮，选择需要的形状样式，如图 8-97 所示。

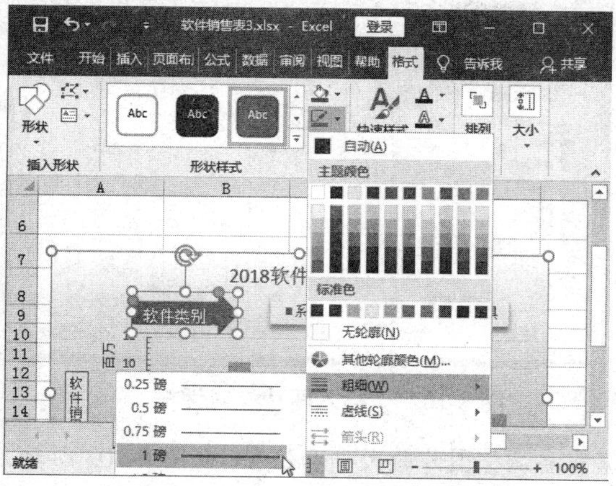

图 8-96　设置轮廓线条粗细

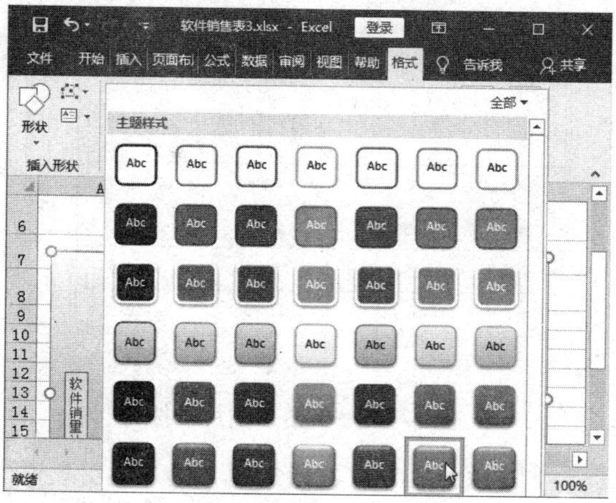

图 8-97　选择形状样式

Step 06 选择形状并右击，选择“设置对象格式”命令，如图 8-98 所示。

Step 07 打开“设置形状格式”窗格，在“大小属性”选项卡下分别设置“上边距”和“下边距”，如图 8-99 所示。

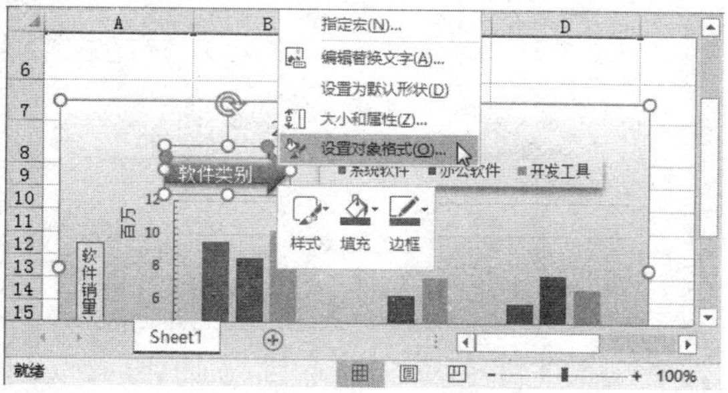

图 8-98　选择“设置对象格式”命令

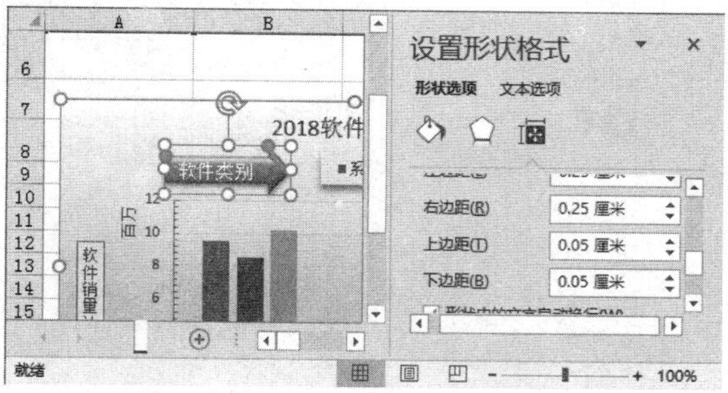

图 8-99　设置形状边距

Step 08 在“艺术字样式”组中单击“快速样式”下拉按钮，选择一种艺术字样式，如图 8-100 所示。

8.4.4　插入图片

用户可以根据需要将图片插入到图表中，使其成为图表的一部分，具体操作方法如下。

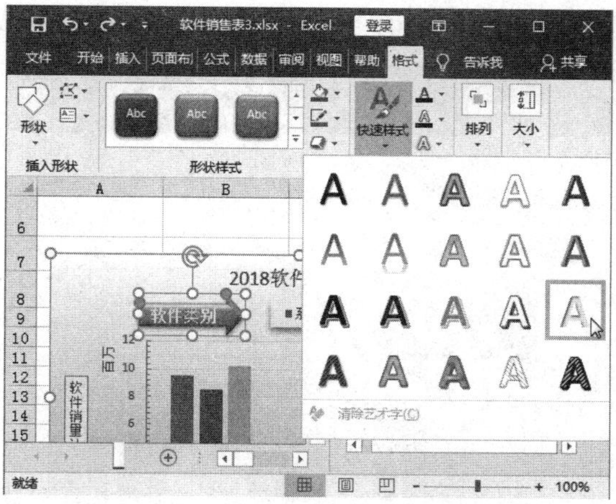

图 8-100　设置艺术字样式

Step 01 选择图表，然后选择“插入”选项卡，在“插图”组中单击“图片”按钮，如图 8-101 所示。

Step 02 弹出“插入图片”对话框，选择要插入的图片文件，然后单击“插入”按钮，如图 8-102 所示。

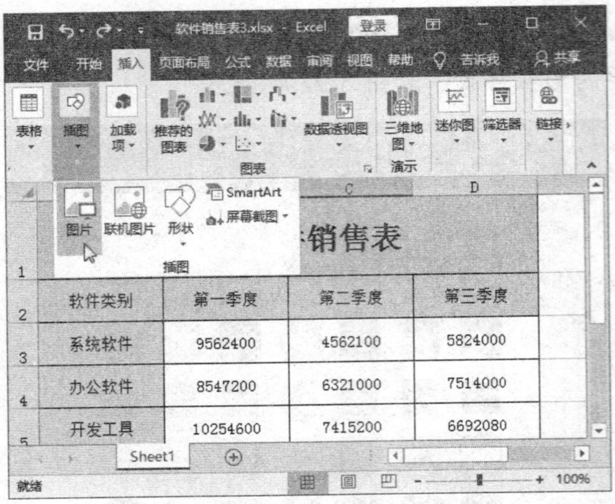

图 8-101　单击“图片”按钮

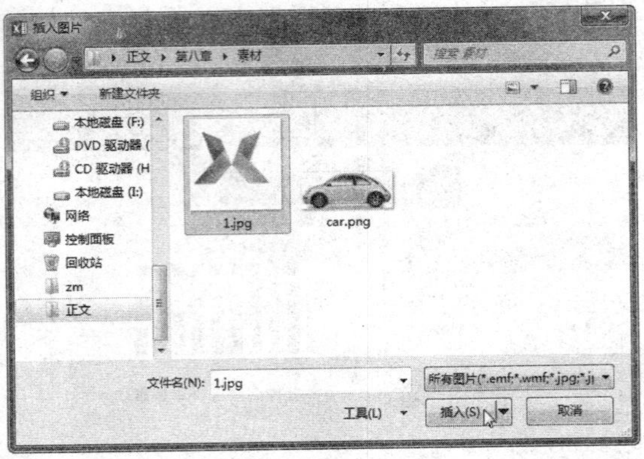

图 8-102　“插入图片”对话框

Step 03 此时，即可将所选图片插入到图表中，根据需要调整图片的大小和位置，如图 8-103 所示。

Step 04 选择“格式”选项卡，单击“删除背景”按钮，如图 8-104 所示。

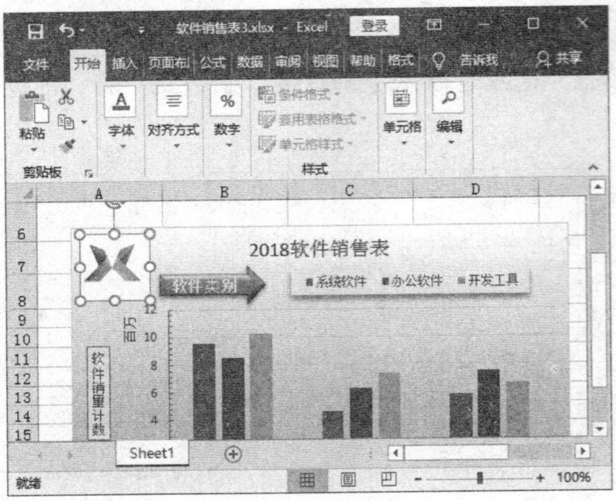

图 8-103　插入图片

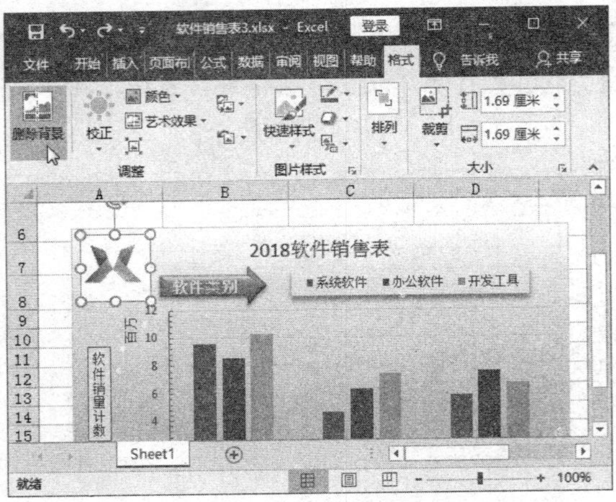

图 8-104　单击“删除背景”按钮

Step 05 自动切换到“背景消除”选项卡，单击“保留更改”按钮，如图 8-105 所示。

Step 06 此时，即可查看删除图片背景后的图表效果，如图 8-106 所示。

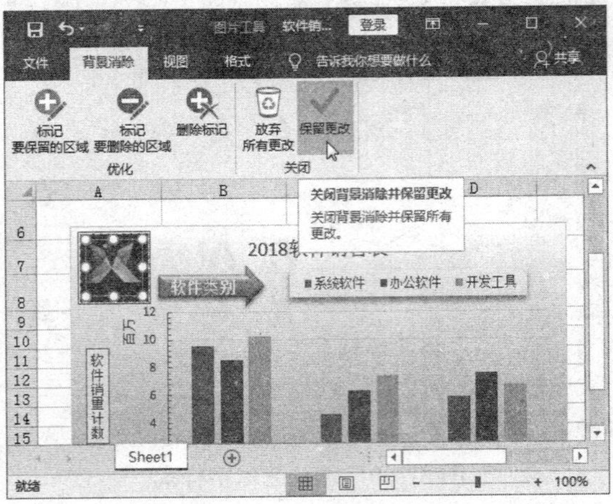

图 8-105　保留更改

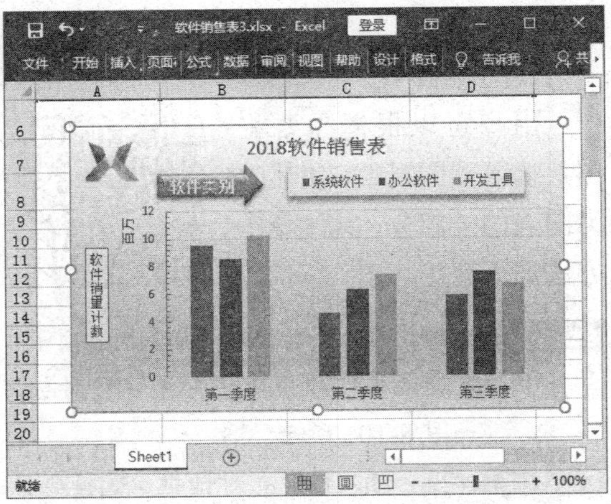

图 8-106　删除图片背景

8.4.5　设置图片填充

除了可以在图表中插入单独的图片外，还可将图片作为填充应用到图表中。下面以设置数据系列图片填充为例进行介绍，具体操作方法如下。

Step 01 在图表中选择“系统软件”数据系列并右击，选择“设置数据系列格式”命令，如图 8-107 所示。

Step 02 打开“设置数据系列格式”窗格，在“填充与线条”选项卡下选中“图片或纹理填充”单选按钮，然后单击“文件”按钮，如图 8-108 所示。

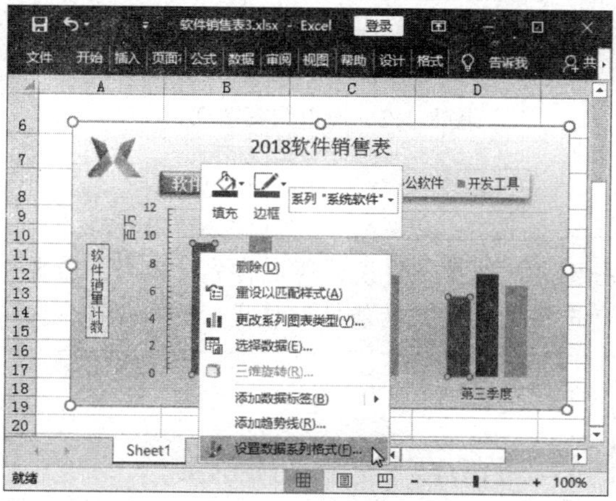

图 8-107　选择“设置数据系列格式”选项

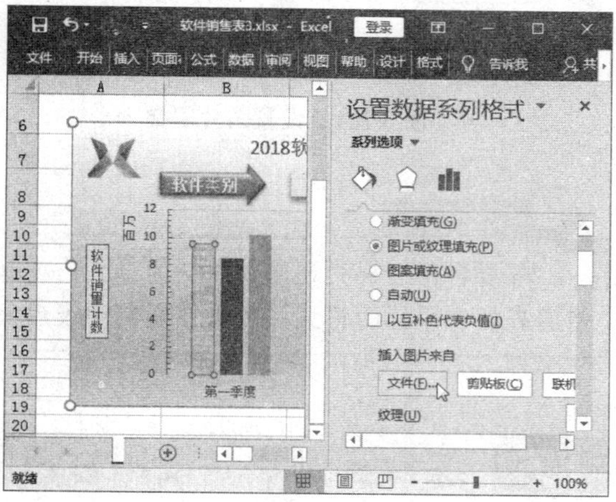

图 8-108　设置图片填充

Step 03 弹出“插入图片”对话框，选择图片文件，然后单击“插入”按钮，如图 8-109 所示。

Step 04 此时，即可将图片作为形状填充插入到图表中，如图 8-110 所示。

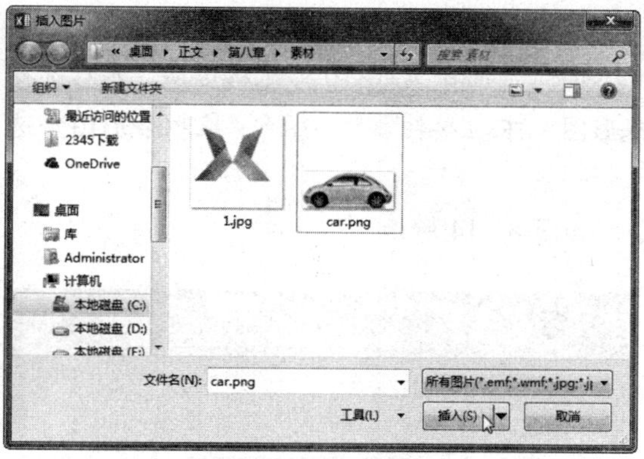

图 8-109　选择图片

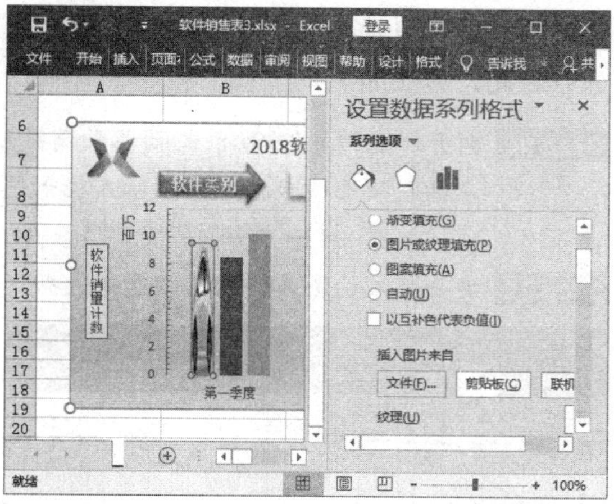

图 8-110　插入图片

Step 05 在“设置数据系列格式”窗格中选中“层叠”单选按钮，此时图片填充效果如图 8-111 所示。

Step 06 还可用同样的方法设置图案填充，效果如图 8-112 所示。

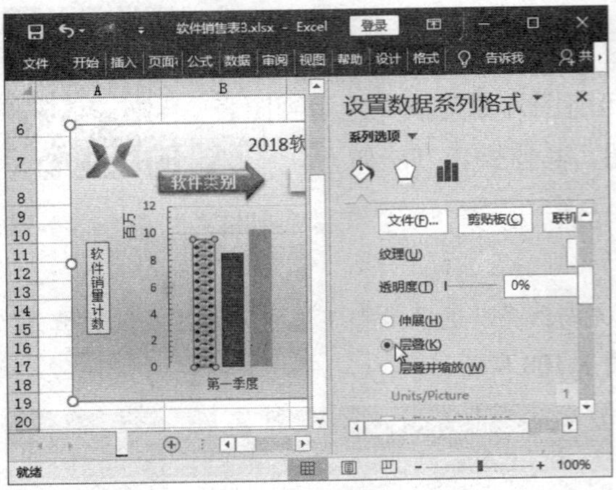

图 8-111　设置图片层叠

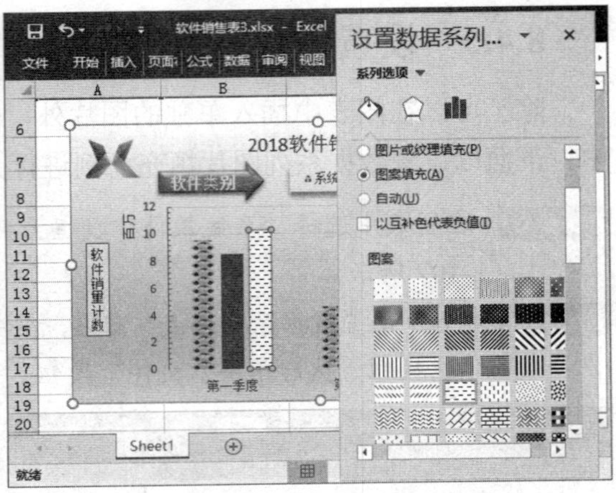

图 8-112　设置图案填充

课堂解疑

若要将图表样式还原为默认的样式，可以右击图表，选择“重设以匹配样式”命令；若要使图表拥有同样的格式，可以在复制图表后使用“选择性粘贴”功能粘贴格式。

8.5 综合实例——使用甘特图制作商品营销策划流程

甘特图是由基本的条形图衍生而来的，它是以图示的方式通过活动列表和时间刻度形象地表示出特定项目的活动顺序与持续时间。横坐标轴表示时间，纵坐标轴表示项目，线条表示期间计划和实际完成情况，直观地表明计划何时进行，以及进展与要求的对比情况。下面依据产品营销策划流程表创建甘特图，方法如下。

Step 01 打开“素材文件\第 8 章\商品营销策划流程.xlsx”，选择 A3:B10 单元格区域，然后选择“插入”选项卡，单击“插入柱形图或条形图”下拉按钮，选择“堆积条形图”选项，如图 8-113 所示。

Step 02 右击插入的图表，选择“选择数据”命令，如图 8-114 所示。

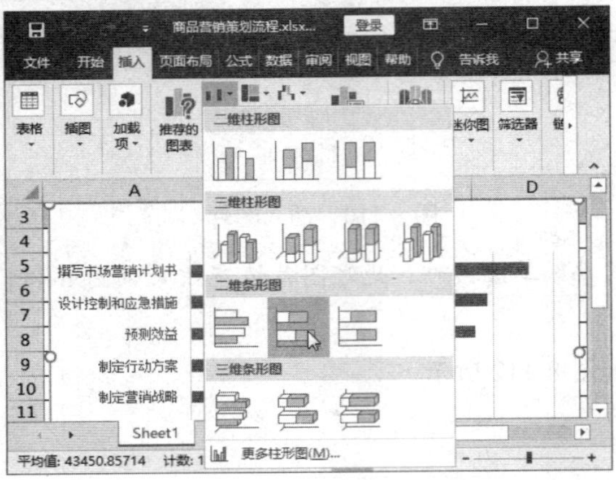

图 8-113　插入堆积条形图

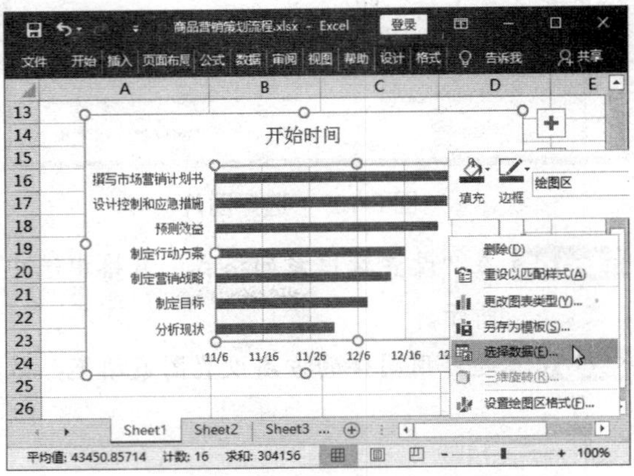

图 8-114　选择“选择数据”命令

Step 03 弹出“选择数据源”对话框，单击“编辑”按钮，如图 8-115 所示。

Step 04 弹出“编辑数据系列”对话框，在“系列名称”文本框中输入“系列 1”，然后单击“确定”按钮，如图 8-116 所示。

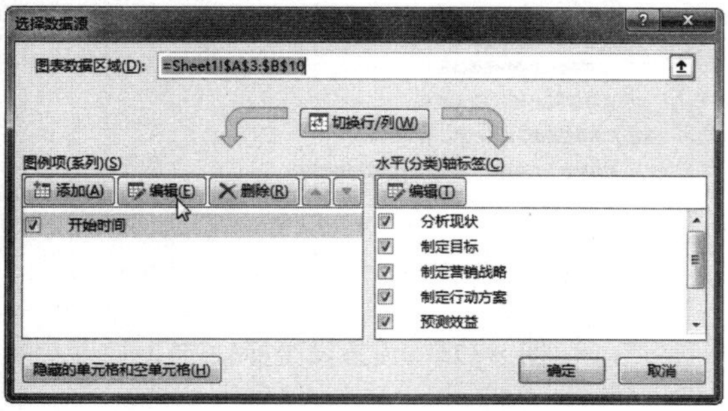

图 8-115 “选择数据源”对话框

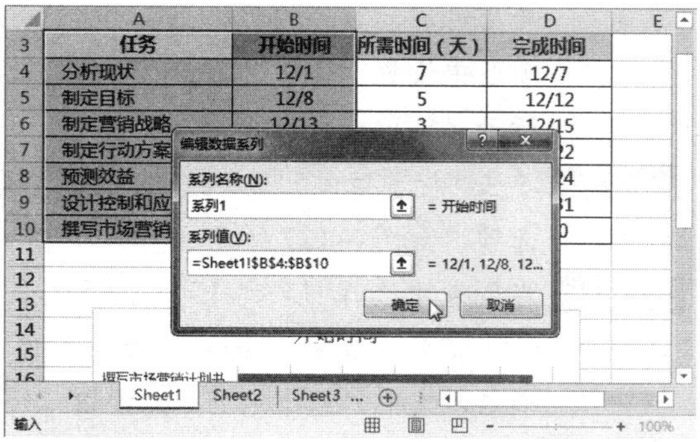

图 8-116 修改系列名称

Step 05 返回“选择数据源”对话框，单击“添加”按钮，如图 8-117 所示。

Step 06 弹出“编辑数据系列”对话框，在“系列名称”对话框中输入“系列 2”，设置“系列值”为 C4:C10 单元格区域，然后依次单击“确定”按钮，如图 8-118 所示。

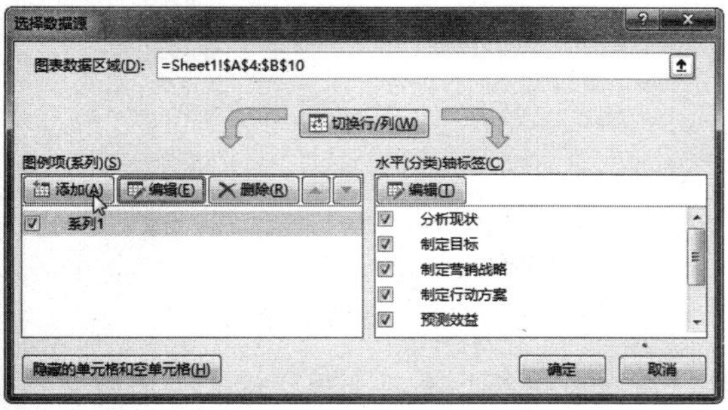

图 8-117 添加数据系列

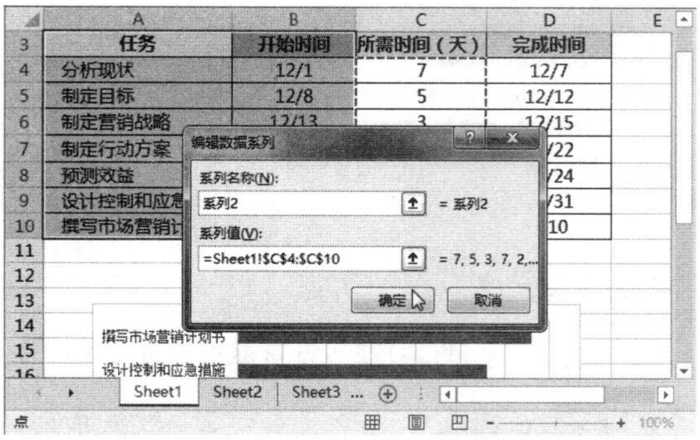

图 8-118 编辑数据系列

Step 07 右击纵坐标轴，选择“设置坐标轴格式”命令，如图 8-119 所示。

Step 08 打开“设置坐标轴格式”窗格，在“坐标轴”选项卡下选中“逆序类别”复选框，如图 8-120 所示。

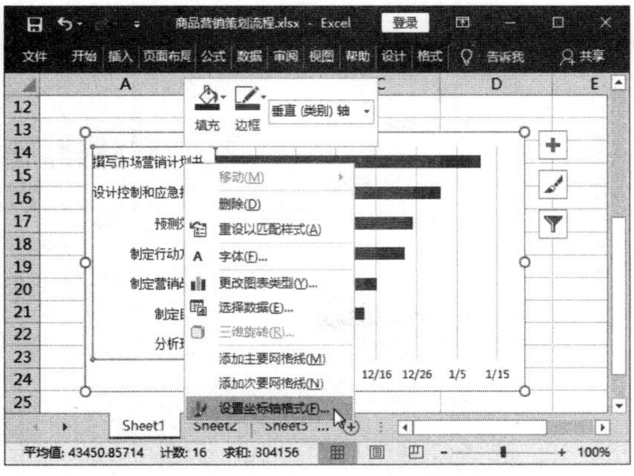

图 8-119 选择“设置坐标轴格式”命令

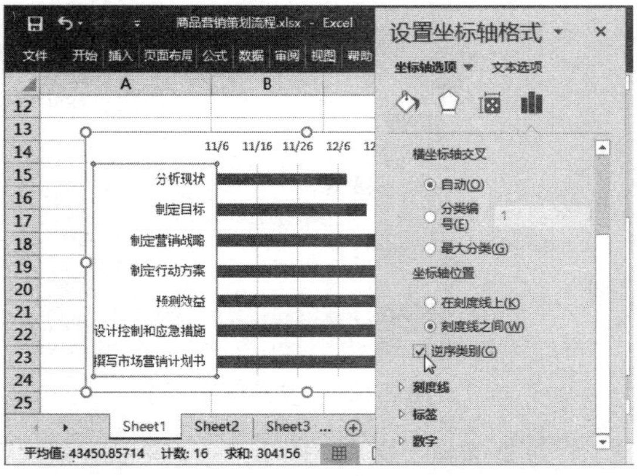

图 8-120 设置逆序类别

Step 09 在图表中选择横坐标轴，在“边界”选项区中设置“最小值”为 2018/12/1，“最大值”为 2019/1/10，日期将自动变为对应的数字格式，并在“单位”选项区中设置“大”为 5.0，如图 8-121 所示。

Step 10 单击“标签位置”下拉按钮，选择“高”选项，如图 8-122 所示。

Step 11 在图表中选择“系列 1”数据系列，在格式窗格中选择“填充与线条”选项卡，选中“无填充”单选按钮，如图 8-123 所示。

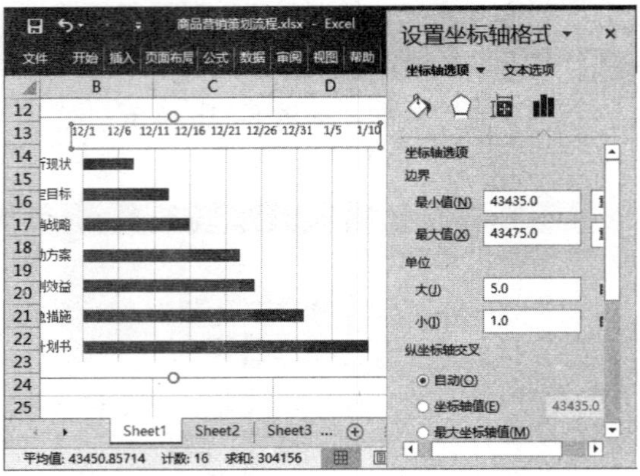

图 8-121 设置横坐标轴选项

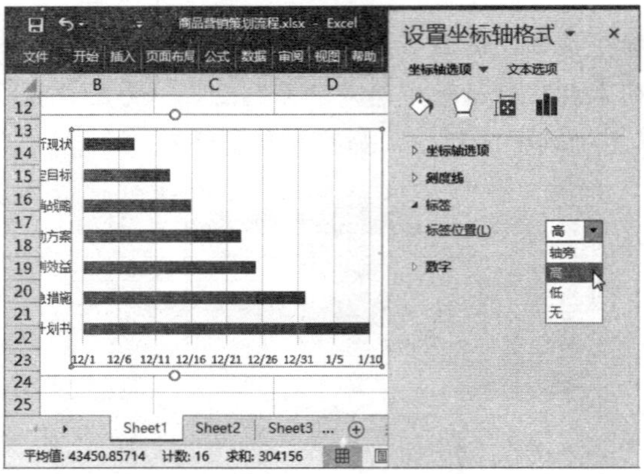

图 8-122 设置标签位置

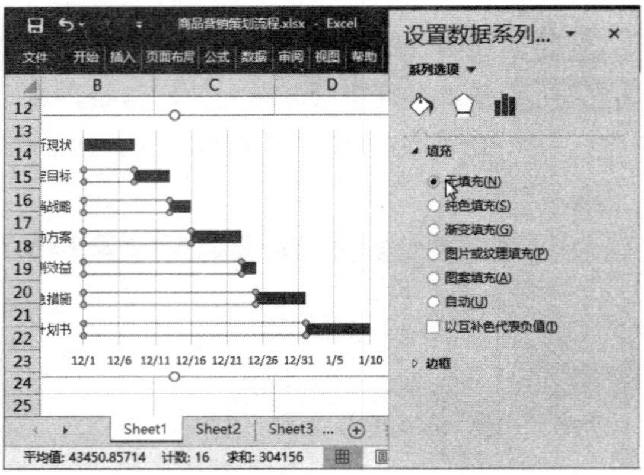

图 8-123 设置无填充

Step 12 在图表中选择“系列 2”数据系列，选择“坐标轴选项”选项卡，设置“间隙宽度”为 60%，如图 8-124 所示。

Step 13 选择“填充”选项卡，设置填充颜色，如图 8-125 所示。

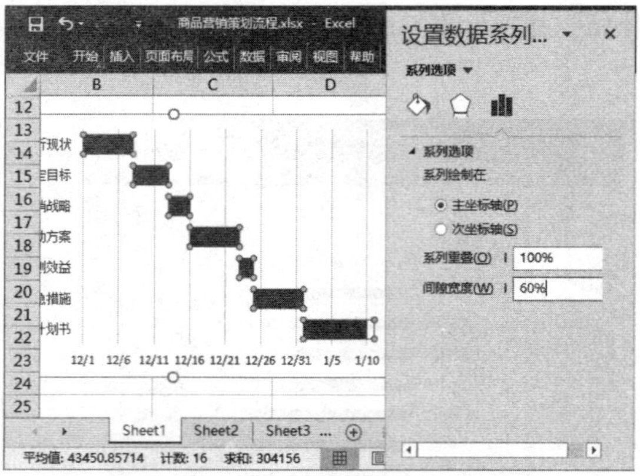

图 8-124 设置间隙宽度

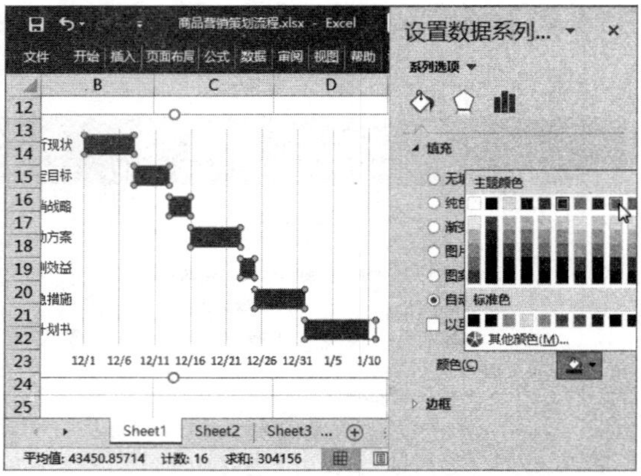

图 8-125 设置填充颜色

Step 14 选择“效果”选项卡，单击“预设”下拉按钮，选择需要的阴影样式，如图 8-126 所示。

Step 15 选择图表区，设置图表区的填充颜色，如图 8-127 所示。

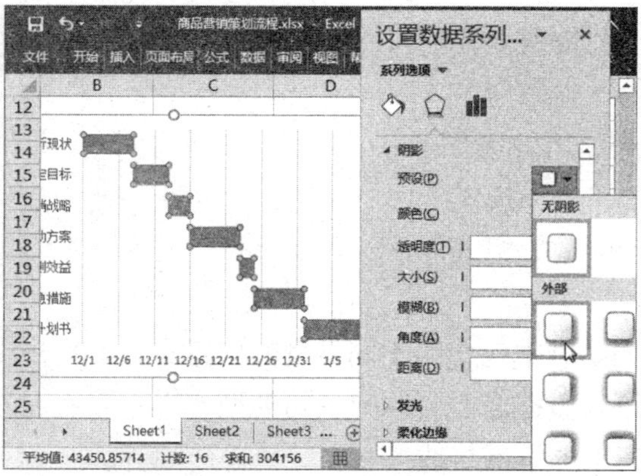

图 8-126 添加阴影样式

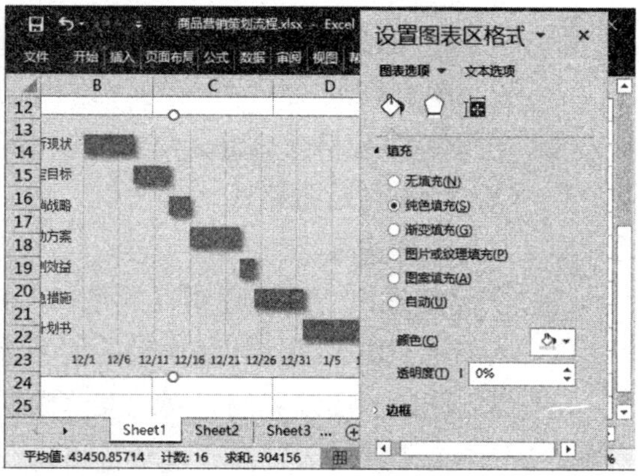

图 8-127 设置图表区填充颜色

Step 16 添加图表标题和数据标签，并设置图表中的字体格式，最终效果如图 8-128 所示。

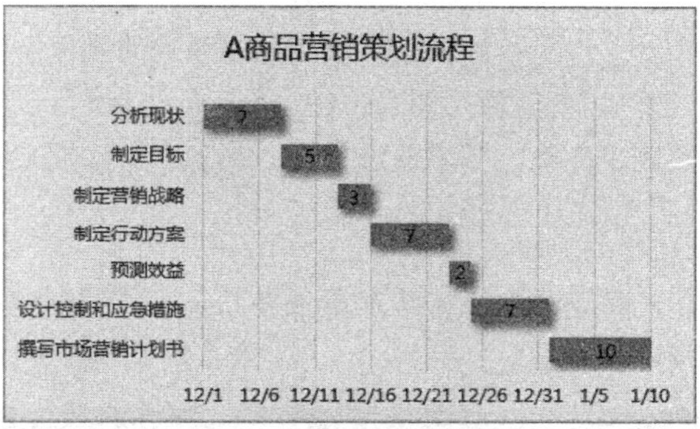

图 8-128 最终图表效果

本章小结

通过对本章的学习，读者应该掌握以下知识。

（1）图表的结构，图表的类型。

（2）创建基本图表，创建组合图表，更改图表类型。

（3）创建与编辑迷你图。

（4）更改和删除系列值，添加系列，重新选择图表数据区域。

（5）在图表中添加数据标签和网格线，添加坐标轴标题，将标题链接到单元格。

（6）应用图表样式，设置图表元素格式。

（7）在图表中插入形状与图片，设置图表填充格式。

课后习题

一、选择题

1. 以下哪项不属于图表元素？（　）

A．坐标轴　　B．数据标签
C．图表颜色　　D．绘图区

2．在设置系列格式时，无法设置以下哪种格式？（　）
A．填充与边框格式　　B．效果格式
C．系列选项　　D．数字格式

3．关于图表，下列表述错误的是（　）。
A．组合图表使用两种类型的图表来强调图表中包含的不同类型的信息
B．创建的图表无法直观地表达数据，可以根据需要更改图表的类型
C．为了使图表更易于理解，可以在图表中显示网格线
D．将图表标题链接到单元格后，标题会随单元格内容的变化而自动更改

二、填空题

1．在图表中，每个＿＿＿＿＿和图表中相应数据系列的颜色及图案一致。
2．按＿＿＿＿＿键可以创建柱形图表，按＿＿＿＿＿键可以创建图表工作表。
3．若已将系列从图表中删除，则需通过＿＿＿＿＿对话框来添加系列。

三、实操题

打开“素材文件\第 8 章\习题：上半年产量报表.xlsx”，在表中创建图表，并设置图表样式，效果如图 8-129 所示。

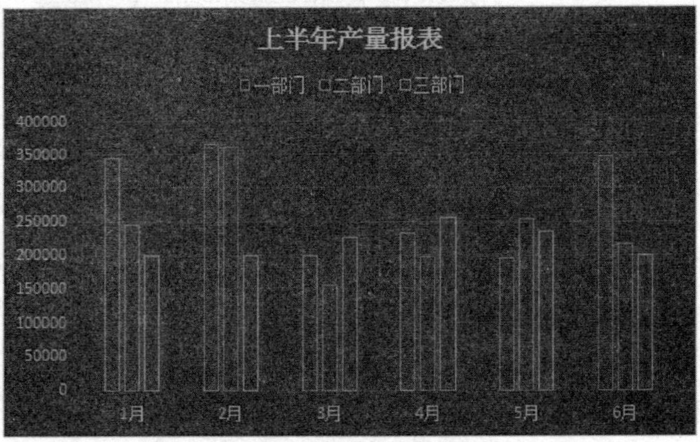

图 8-129　上半年产量报表

操作提示：

（1）选择数据源，新建图表。
（2）应用图表快速样式。

第 9 章 创建链接与引用

【学习目标】

- 掌握在工作表中创建与删除链接的方法。
- 掌握在工作表中嵌入与链接文件的方法。
- 掌握在工作表中引用数据的方法。

在 Excel 工作表中可以包含多种多样的链接，就像网页超链接一样，如对其他工作簿或工作表中单元格数据的引用链接，以及对象的链接等。本章将学习如何在工作表中创建链接与引用，其中包括创建链接，数据引用，以及嵌入与链接文件等。

9.1 创建链接

为了在工作表中快速访问另一个文件中或网页上的信息，可以在单元格中创建链接。此外，还可为特定的图表元素或图像创建链接。下面将详细介绍如何在工作表中创建各种类型的链接，并对其进行编辑操作。

9.1.1 创建指向现有文件的链接

在工作表中可以创建指向现有文件的链接，具体操作方法如下。

Step 01 打开“素材文件\第 9 章\新员工名单.xlsx”，选择 E3 单元格，然后选择“插入”选项卡，在“链接”组中单击“链接”按钮，如图 9-1 所示。

Step 02 弹出“插入超链接”对话框，在“链接到”列表中单击“现有文件或网页”按钮，在“查找范围”下拉列表框右侧单击“浏览文件”按钮，如图 9-2 所示。

图 9-1　单击“链接”按钮

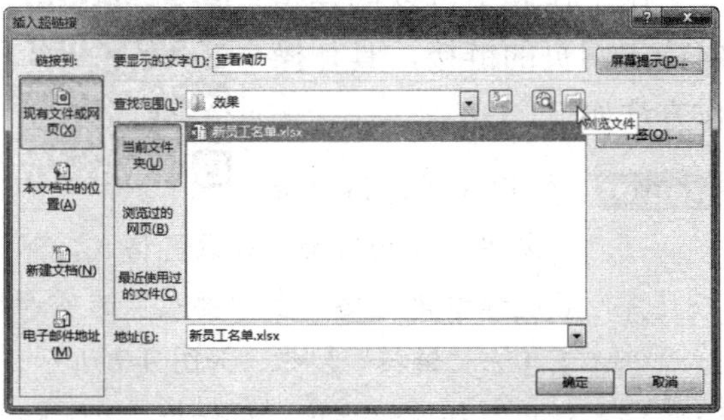

图 9-2　“插入超链接”对话框

Step 03 弹出“链接到文件”对话框，选择要链接的文件，然后单击“确定”按钮，如图 9-3 所示。

Step 04 返回“插入超链接”对话框，在“地址”文本框中可以看到链接文件的路径，单击“确定”按钮，如图 9-4 所示。

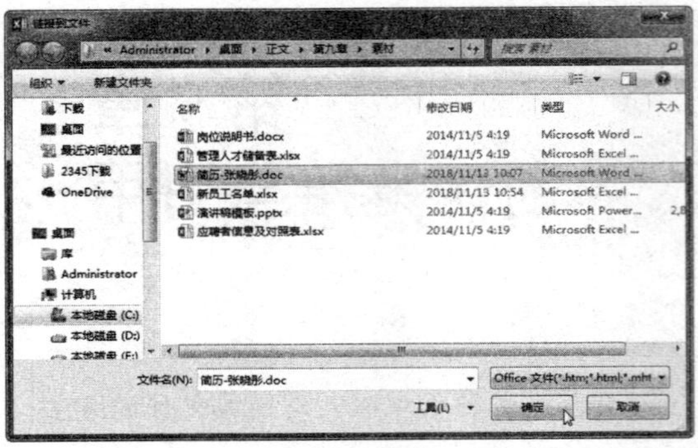

图 9-3　选择链接文件

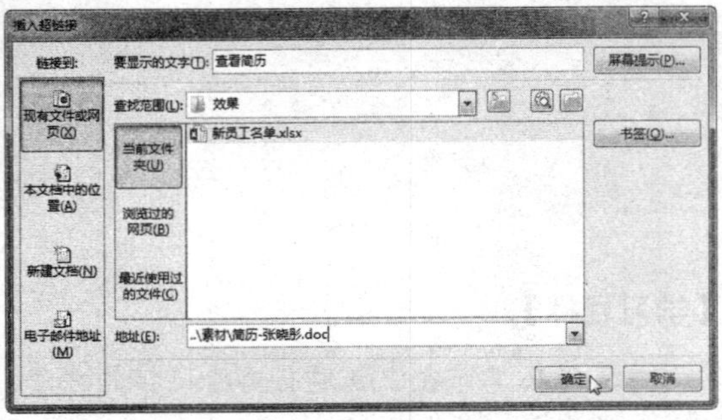

图 9-4　查看链接文件路径

Step 05 此时，即可创建文件链接。将鼠标指针指向超链接文字上，当指针变为手形时单击鼠标左键，如图 9-5 所示。要编辑超链接单元格的内容，可以右击单元格，然后进行编辑。

Step 06 此时，即可打开链接文件，如图 9-6 所示。

图 9-5　单击文字超链接

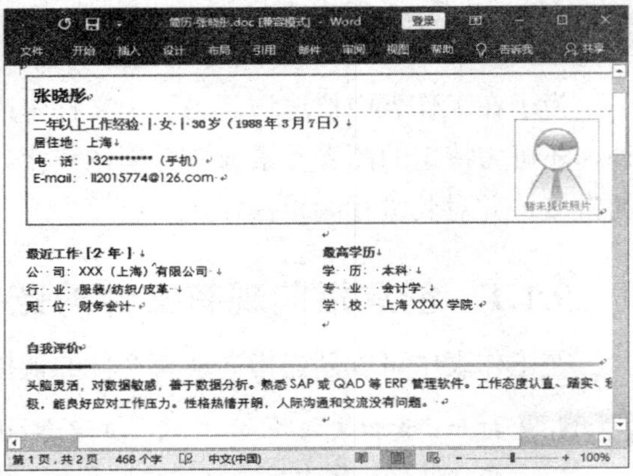

图 9-6　打开链接文件

9.1.2　创建指向特定网页的链接

在工作表中可以创建指向特定网页的链接，具体操作方法如下。

Step 01 在 B13 单元格中输入文字“百度搜索”并设置格式，然后选择该单元格，在“插入”选项卡下单击“链接”按钮，如图 9-7 所示。

图 9-7　单击“链接”按钮

Step 02 弹出“插入超链接”对话框，在“链接到”列表中单击“现有文件或网页”按钮，在“地址”文本框中输入百度首页网址，然后单击“确定”按钮，如图 9-8 所示。

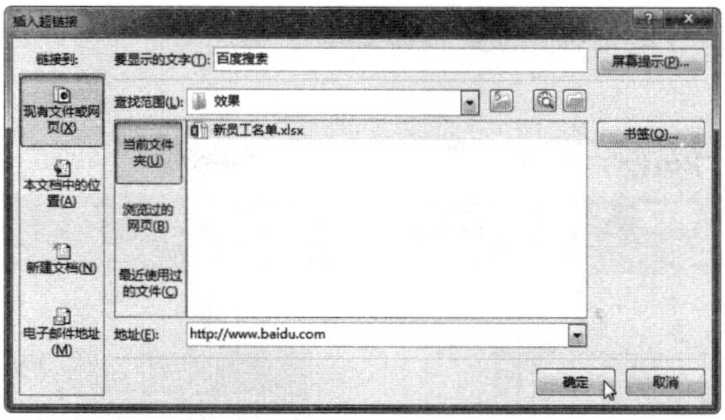

图 9-8　输入网址

Step 03 此时，即可创建网页超链接。将鼠标指针置于超链接文字上，当指针变为手形时单击鼠标左键，如图 9-9 所示。

Step 04 此时，即可打开链接的网页，如图 9-10 所示。

图 9-9　单击文字超链接

图 9-10　打开网页

9.1.3　创建指向工作表的链接

在工作表中可以将超链接链接到工作簿中指定的工作表，具体操作方法如下。

Step 01 右击工作表中的图片，选择“链接”命令，如图 9-11 所示。

Step 02 弹出“插入超链接”对话框，在“链接到”列表中单击“本文档中的位置”按钮，在右侧列表中选择要链接到的工作表，并输入单元格引用，单击“确定”按钮，如图 9-12 所示。

图 9-11　选择“链接”命令

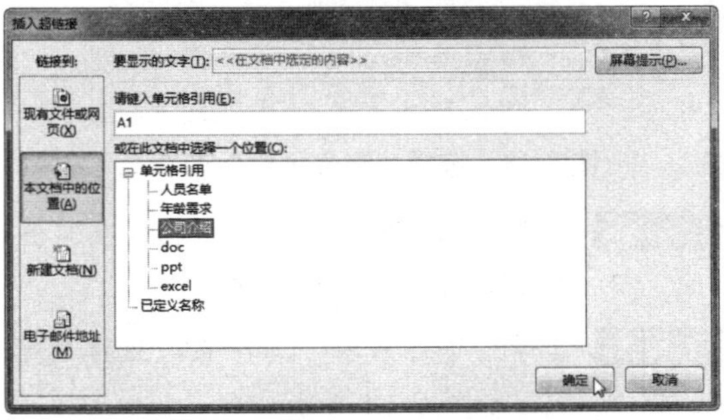

图 9-12　“插入超链接”对话框

Step 03 此时，即可创建图片超链接。将鼠标指针置于图片上，当指针变为手形时单击鼠标左键，如图 9-13 所示。

Step 04 此时，即可打开链接的工作表，如图 9-14 所示。

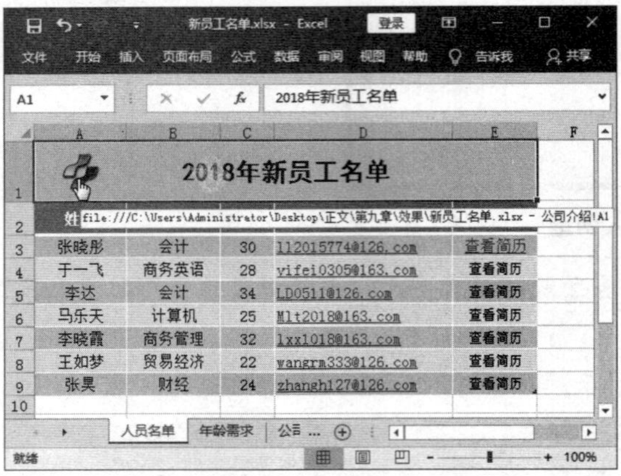

图 9-13 单击图片超链接

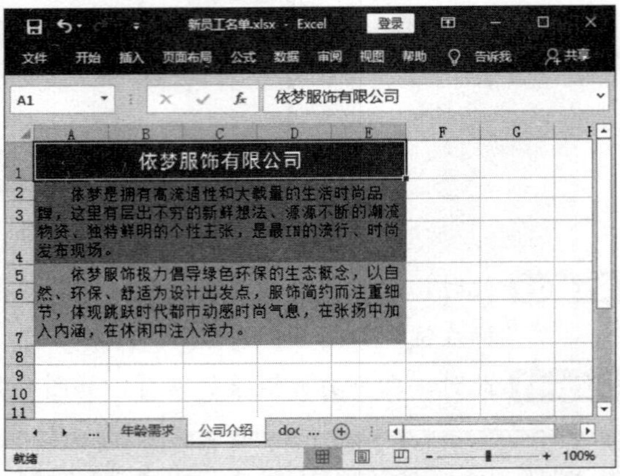

图 9-14 打开工作表

9.1.4 创建指向特定单元格的链接

若要指向工作表中的特定位置，应先对该位置进行命名，然后再创建链接，具体操作方法如下。

Step 01 选择 A5:E5 单元格区域，然后在按住【Ctrl】键的同时选择 A7:E7 单元格区域，选择“公式”选项卡，单击“定义的名称”下拉按钮，选择“定义名称”选项，如图 9-15 所示。

Step 02 弹出“新建名称”对话框，在“名称”文本框中输入文本，然后单击“确定”按钮，如图 9-16 所示。

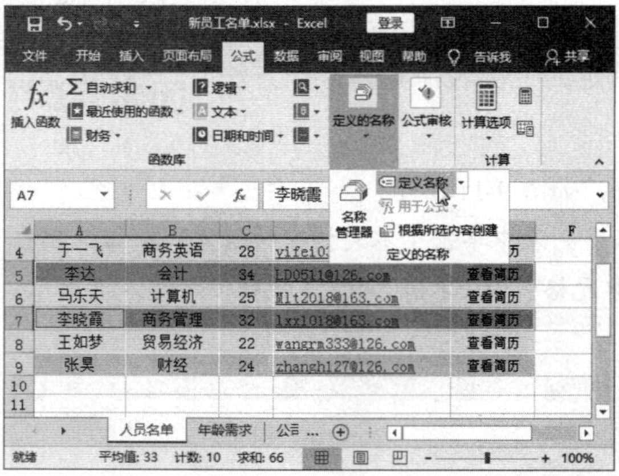

图 9-15 选择“定义名称”选项

图 9-16 新建名称

Step 03 单击名称框右侧的下拉按钮，在弹出的下拉列表中选择前面定义的名称，即可选择相应的单元格，如图 9-17 所示。

Step 04 选择“年龄需求”工作表，然后选择 A5 单元格，在“插入”选项卡下单击“链接”按钮，如图 9-18 所示。

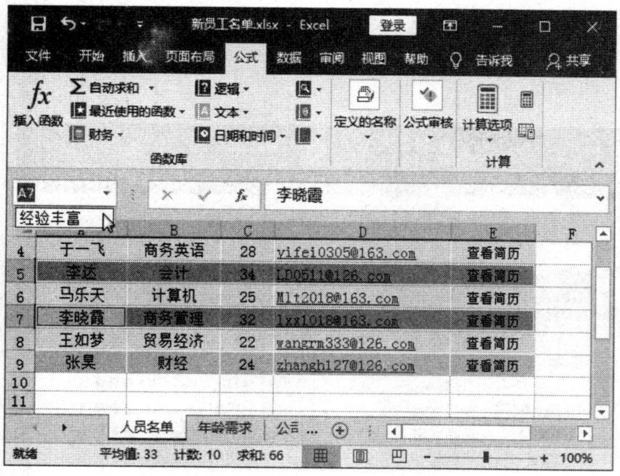

图 9-17　选择名称

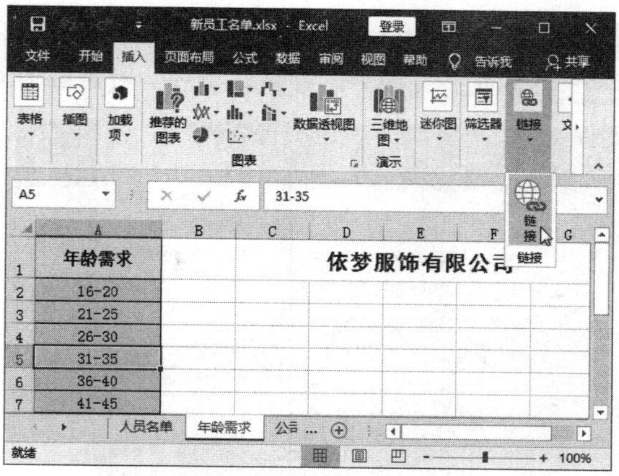

图 9-18　单击“链接”按钮

Step 05 弹出“插入超链接”对话框，在“链接到”列表中单击“本文档中的位置”按钮，在右侧列表中选择已定义的名称，然后单击“确定”按钮，如图 9-19 所示。

Step 06 此时，即可创建单元格名称超链接。单击该超链接，如图 9-20 所示。

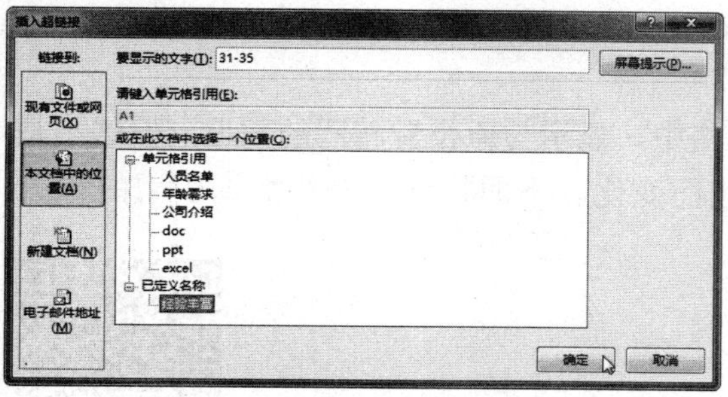

图 9-19　“插入超链接”对话框

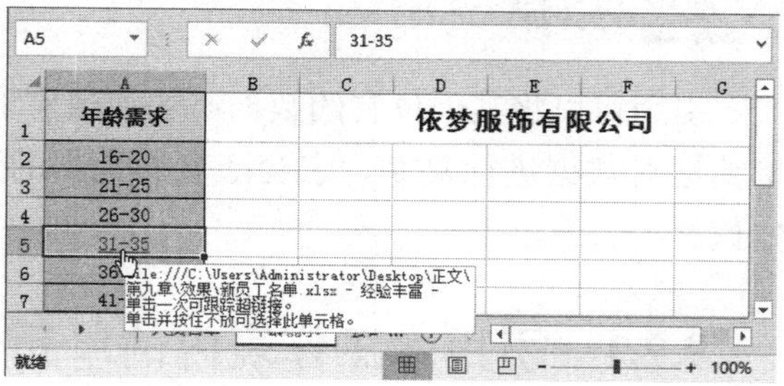

图 9-20　单击超链接

Step 07 此时，即可跳转到该名称所在的工作表中，并选择相应的单元格，如图 9-21 所示。

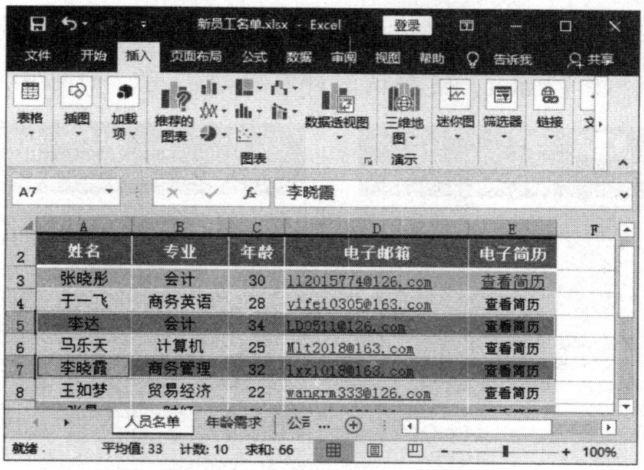

图 9-21　链接单元格效果

9.1.5　删除链接

在工作表中，用户可以将不需要的超链接删除。下面以删除指向电子邮件的链接为例进行介绍，具体操作方法如下。

Step 01 选择包含超链接的单元格区域并右击，选择“删除超链接”命令，如图 9-22 所示。

Step 02 此时，即可将超链接删除，效果如图 9-23 所示。

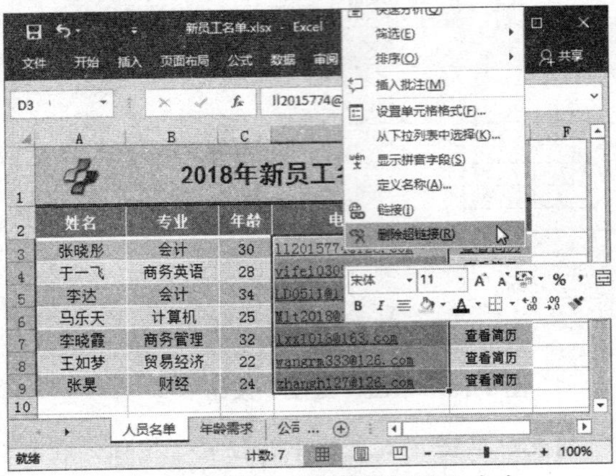

图 9-22 选择“删除超链接”命令

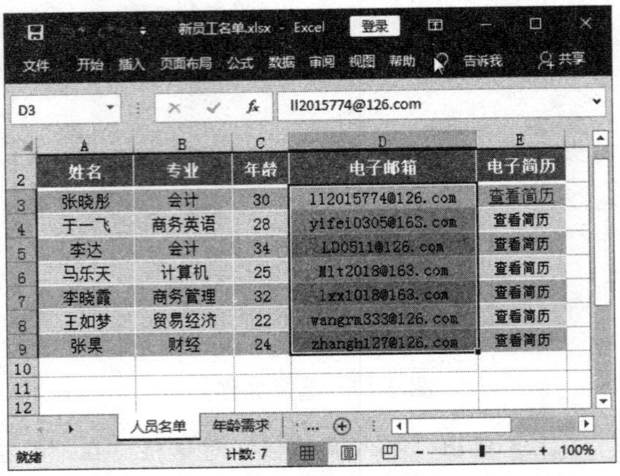

图 9-23 删除超链接

9.2 数据引用

引用可以将其他位置的数据添加到当前单元格中，显示与原位置相同的数据，但这不是单纯地对数据进行复制，它会随着原数据的变化而变化。下面将详细介绍数据引用的相关知识。

9.2.1 引用本工作表内的单元格

在同一工作表中进行数据的引用非常简单，具体操作方法如下。

Step 01 打开“素材文件\第 9 章\新员工名单 1.xlsx”，选择 B5 单元格，并输入等号“=”，如图 9-24 所示。

Step 02 选择 B3 单元格并按【Enter】键确认，即可创建引用，如图 9-25 所示。

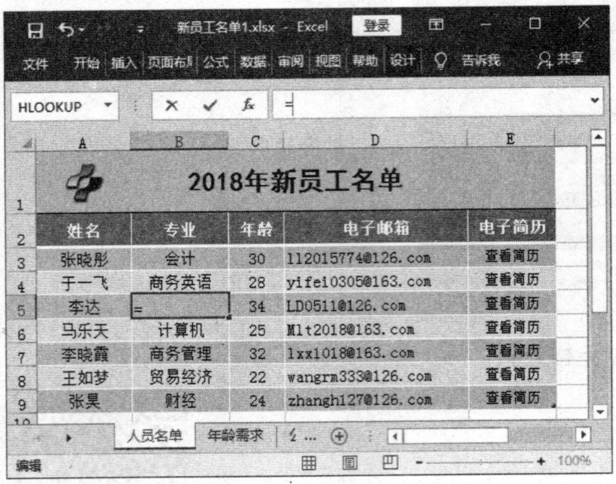

图 9-24 输入等号

图 9-25 选择引用单元格

Step 03 此时，可以看到 B5 单元格中已经填充了与 B3 单元格相同的数据，在编辑栏中可以看到其引用公式，如图 9-26 所示。

Step 04 修改 B3 单元格中的文本并按【Enter】键确认，可以看到 B5 单元格的文本也随之更改，如图 9-27 所示。

图 9-26　查看引用效果

图 9-27　更改数据

9.2.2　引用其他工作表的单元格

若要引用的单元格在同一个工作簿不同的工作表中，也可以进行引用，具体操作方法如下。

Step 01 在“人员名单”工作表中选择 A1 单元格，输入等号“=”，如图 9-28 所示。

Step 02 选择“公司介绍”工作表，然后选择 A1 单元格，如图 9-29 所示。

图 9-28　输入等号

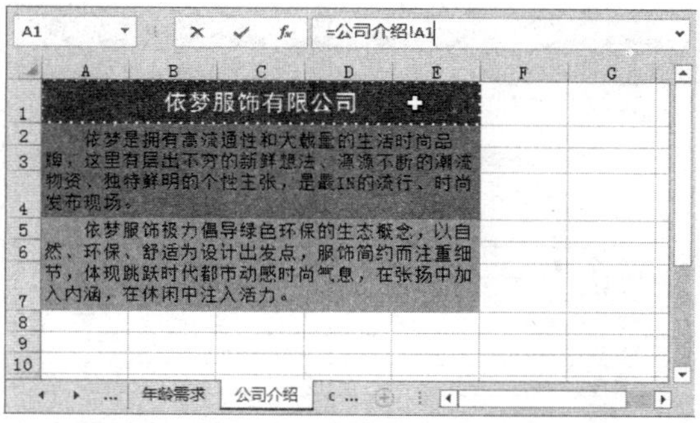

图 9-29　选择引用单元格

Step 03 按【Enter】键确认，即可引用指定的单元格，在工作表的编辑栏中可以查看其引用公式，如图 9-30 所示。

图 9-30　查看引用效果

Step 04 选择“公司介绍”工作表，更改 A1 单元格中的文本，如图 9-31 所示。

Step 05 选择“人员名单”工作表，可以看到 A1 单元格中的标题相应地发生变化，如图 9-32 所示。

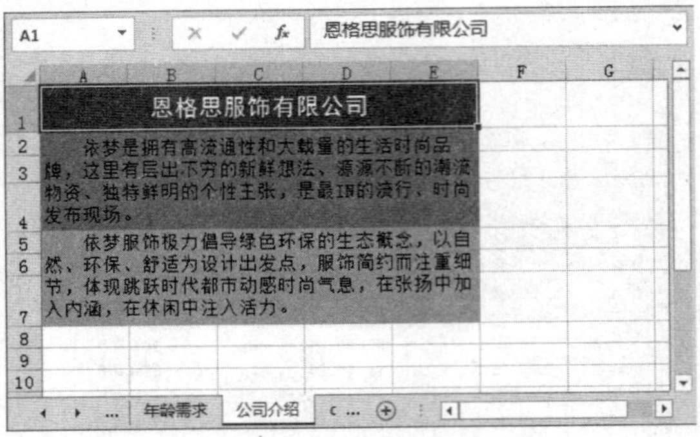

图 9-31　更改数据

图 9-32　查看数据变化

9.2.3　引用其他工作簿的单元格

在工作表中还可引用其他工作簿中的数据，具体操作方法如下。

Step 01 打开“素材文件\第 9 章\管理人才储备表.xlsx”和“新员工名单 1.xlsx”，在“管理人才储备表”工作簿中选择 B3 单元格，输入等号“=”，如图 9-33 所示。

Step 02 选择“视图”选项卡，在“窗口”组中单击“切换窗口”下拉按钮，选择“1 新员工名单 1.xlsx”选项，如图 9-34 所示。

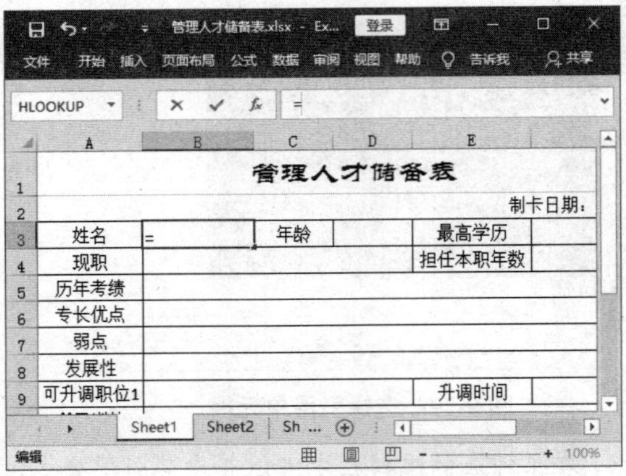

图 9-33　输入等号

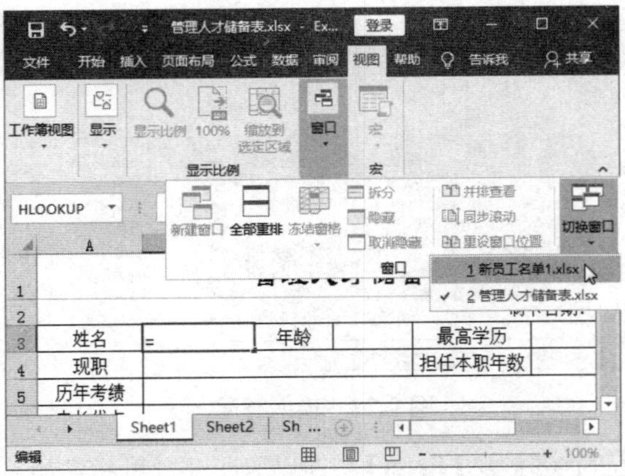

图 9-34　选择引用工作簿

Step 03 选择要引用的单元格并按【Enter】键确认，如图 9-35 所示。

图 9-35　选择引用单元格

Step 04 此时，即可创建其他工作簿的引用，在编辑栏中可以查看引用公式，如图 9-36 所示。

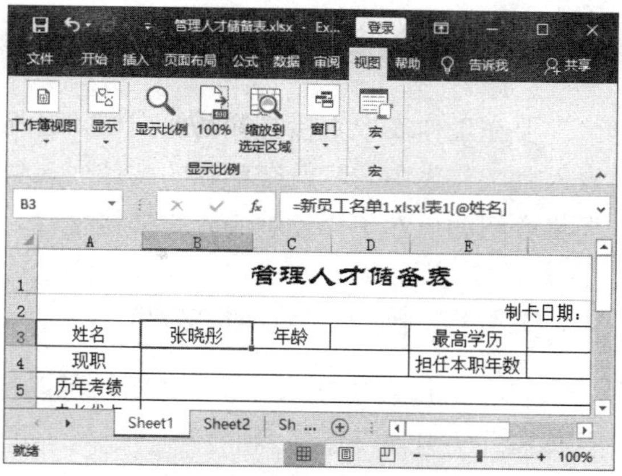

图 9-36 创建数据引用

9.2.4 粘贴引用链接

除了前面介绍的引用数据的方法外，用户还可通过复制/粘贴的方法来引用数据，具体操作方法如下。

Step 01 打开“素材文件\第 9 章\新员工名单 2.xlsx”，选择“公司介绍”工作表，然后选择 A1 单元格，在“剪贴板”组中单击“复制”按钮，如图 9-37 所示。

Step 02 选择“年龄需求”工作表，然后选择 C1 单元格，在“剪贴板”组中单击“粘贴”下拉按钮，选择“选择性粘贴”选项，如图 9-38 所示。

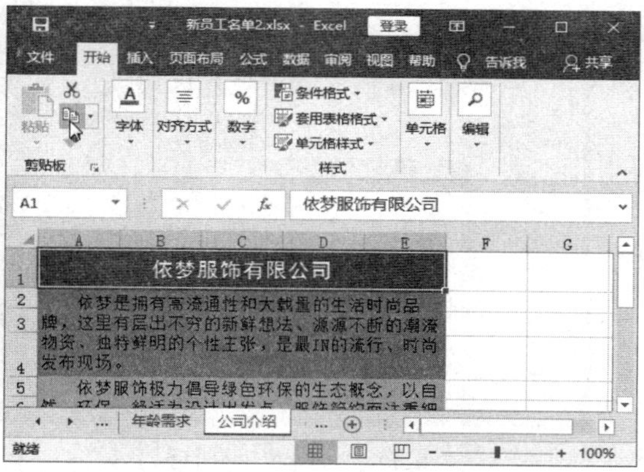

图 9-37 复制数据

图 9-38 选择“选择性粘贴”选项

Step 03 弹出“选择性粘贴”对话框，单击“粘贴链接”按钮，如图 9-39 所示。

Step 04 此时，即可粘贴数据链接，在编辑栏中可以看到相应的引用公式，如图 9-40 所示。

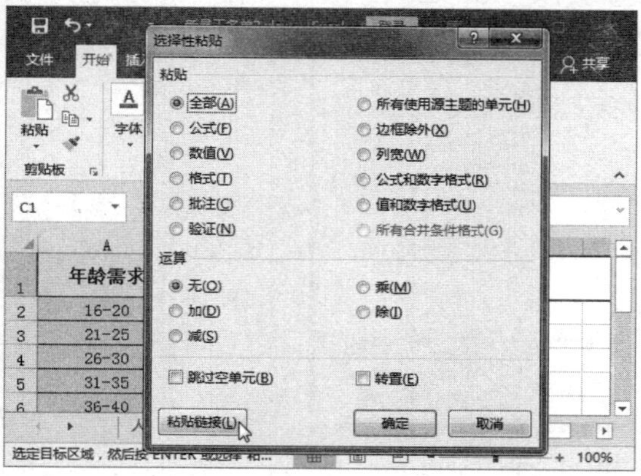

图 9-39 单击“粘贴链接”按钮

图 9-40 粘贴数据链接

9.3 嵌入与链接文件

要在工作表中直接打开其他文档，若不通过插入超链接的方式来实现，也可将这些文件嵌入到工作表中。将所有单独的文件嵌入到一个工作表中，比使用单独的文件更加方便。下面将介绍如何在工作表中嵌入与链接文件。

9.3.1 嵌入 Word 文档

若在工作表中嵌入 Word 文档，可以保持与源工作簿数据的同步更新，具体操作方法如下。

Step 01 打开“素材文件\第 9 章\新员工名单 3.xlsx”，选择“doc”工作表，然后选择“插入”选项卡，在“文本”组中单击“对象”按钮，如图 9-41 所示。

Step 02 弹出“对象”对话框，选择“由文件创建”选项卡，然后单击“浏览”按钮，如图 9-42 所示。

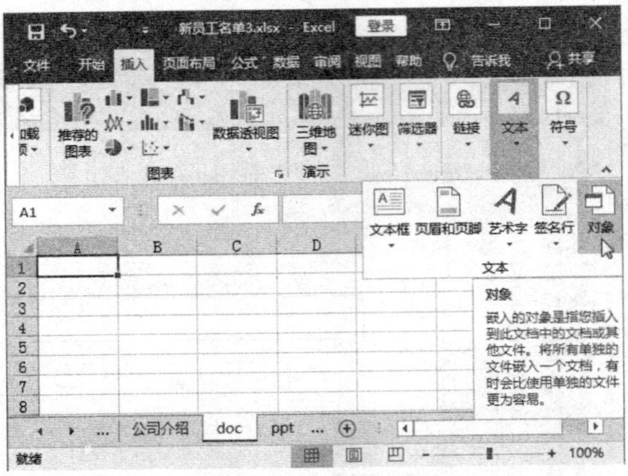

图 9-41 单击“对象”按钮

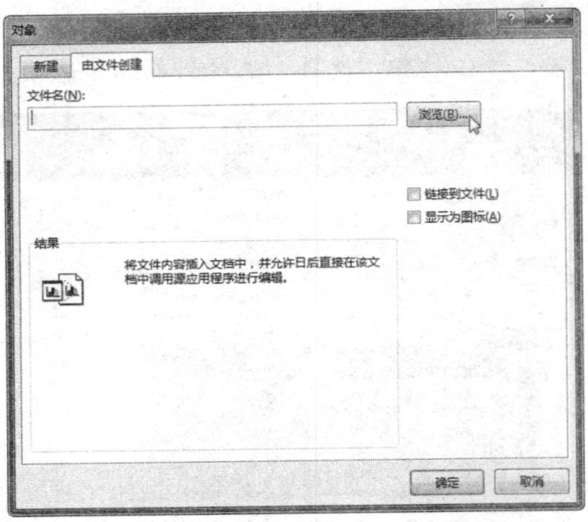

图 9-42 “对象”对话框

Step 03 弹出“浏览”对话框，选择要嵌入的 Word 文档，然后单击“插入”按钮，如图 9-43 所示。

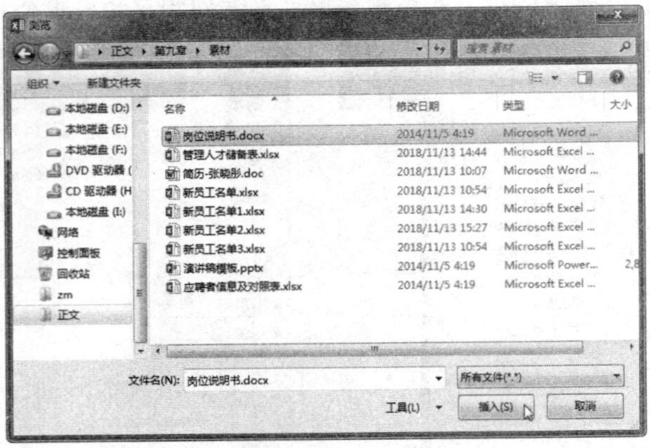

图 9-43 选择 Word 文档

Step 04 返回“对象”对话框，可以看到文件路径，取消选择“链接到文件”复选框，然后单击“确定”按钮，如图 9-44 所示。

Step 05 此时，即可将 Word 文档嵌入到工作表中，如图 9-45 所示。

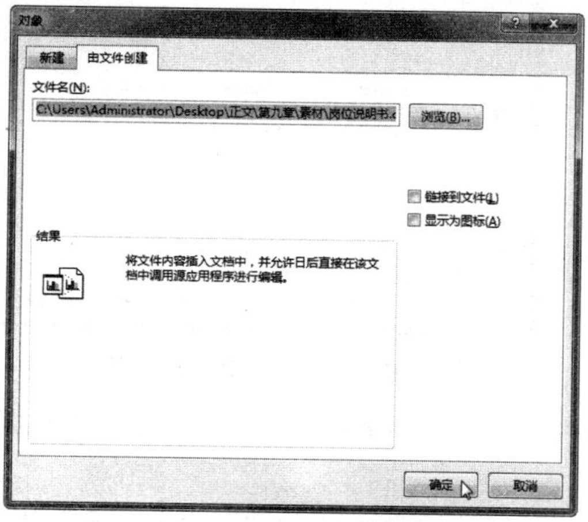

图 9-44　取消链接到文件

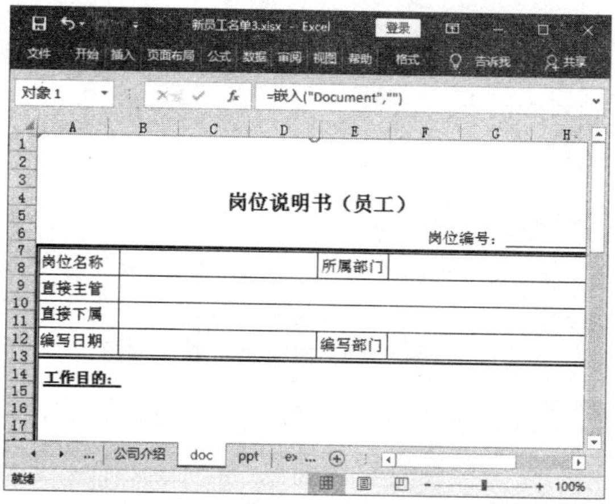

图 9-45　查看嵌入文档效果

Step 06 双击 Word 嵌入对象，将会出现 Word 程序的选项卡和工具，用于编辑 Word 文档，编辑完成后单击 Excel 单元格即可返回工作表，如图 9-46 所示。

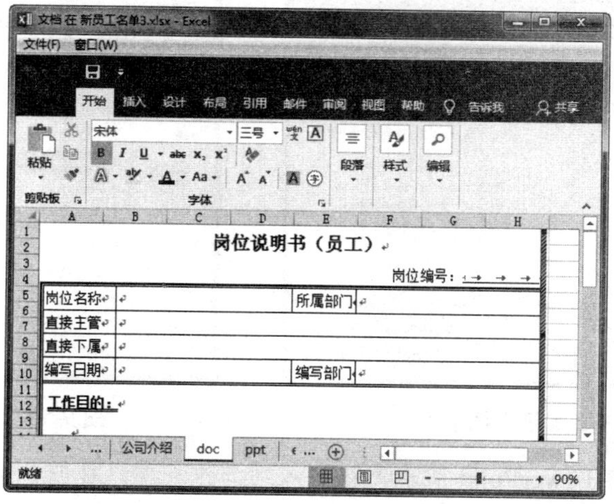

图 9-46　编辑 Word 文档

9.3.2　嵌入 PowerPoint 演示文稿

在工作表中嵌入 PowerPoint 演示文稿与嵌入 Word 文档的操作方法相同，嵌入到工作表中的演示文稿还可直接进行放映，具体操作方法如下。

Step 01 选择“ppt”工作表，然后选择“插入”选项卡，在“文本”组中单击“对象”按钮，如图 9-47 所示。

Step 02 弹出“对象”对话框，选择“由文件创建”选项卡，然后单击“浏览”按钮，如图 9-48 所示。

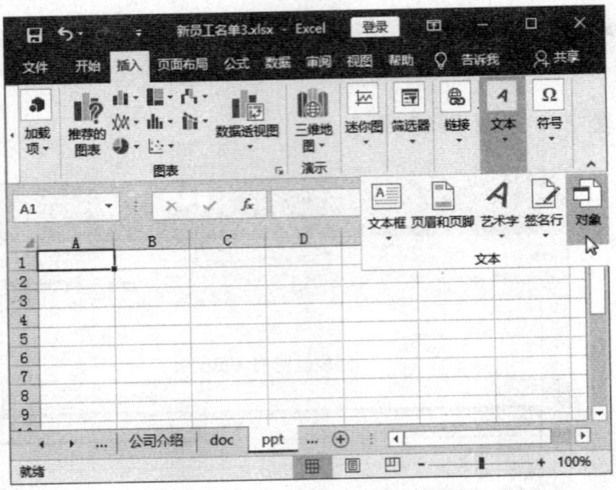

图 9-47 单击“对象”按钮

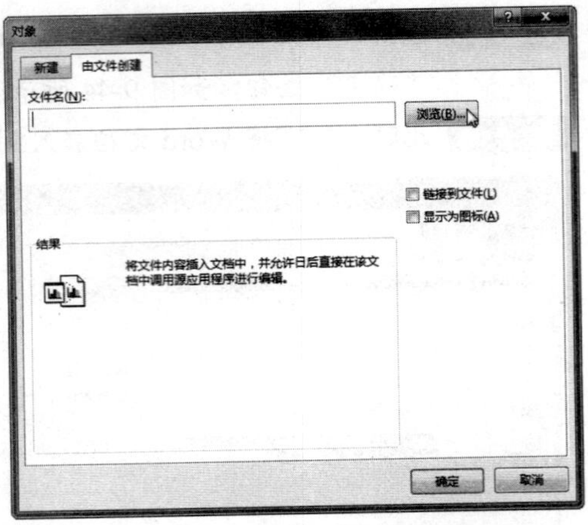

图 9-48 “对象”对话框

Step 03 弹出“浏览”对话框，选择要嵌入的 PowerPoint 演示文稿文件，然后单击“插入”按钮，如图 9-49 所示。

Step 04 返回“对象”对话框，可以看到文件路径，取消选择“链接到文件”复选框，然后单击“确定”按钮，如图 9-50 所示。

图 9-49 选择演示文稿文件

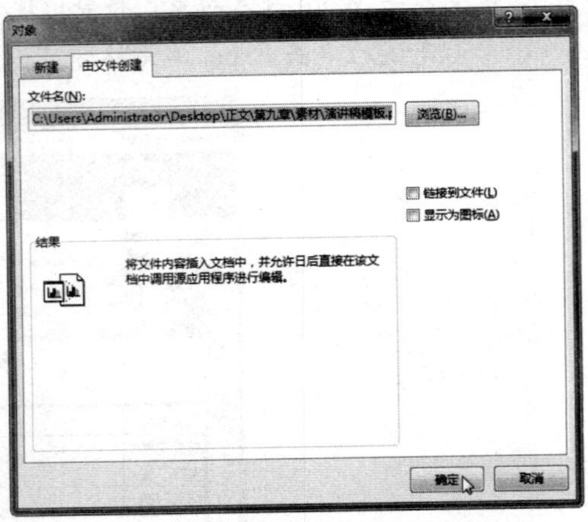

图 9-50 取消链接到文件

Step 05 此时，即可将 PowerPoint 演示文稿嵌入到工作表中。右击 PowerPoint 嵌入对象，选择“Presentation 对象”|“显示”命令，如图 9-51 所示。

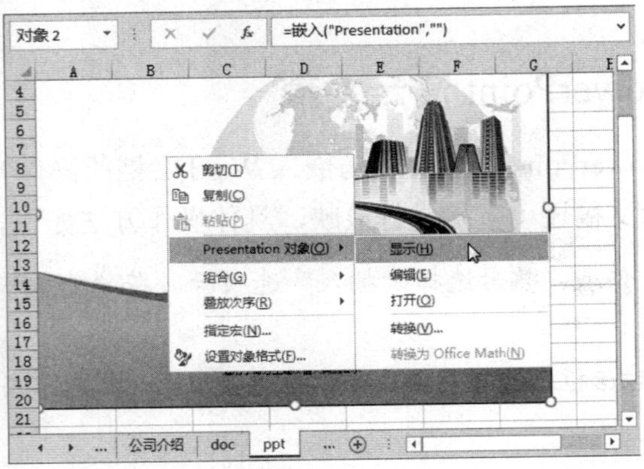

图 9-51 选择“显示”命令

Step 06 此时开始放映幻灯片，按空格键可以切换幻灯片，效果如图 9-52 所示。

图 9-52 放映幻灯片

9.3.3 链接 Excel 工作簿

除了可以在工作表中嵌入对象外，还可将对象作为链接插入到工作表中，当源文件发生变化时，链接对象也会随之更新。下面以链接 Excel 工作簿为例进行介绍，具体操作方法如下。

Step 01 切换到“excel”工作表，打开“对象”对话框，选择“由文件创建”选项卡，单击“浏览”按钮，如图 9-53 所示。

Step 02 弹出“浏览”对话框，选择 Excel 工作簿文件，然后单击“插入”按钮，如图 9-54 所示。

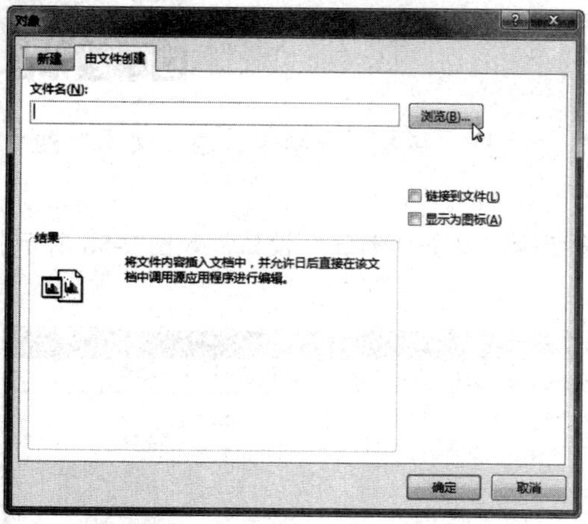

图 9-53 “对象”对话框

图 9-54 选择工作簿文件

Step 03 返回“对象”对话框，选中“链接到文件”复选框，然后单击“确定”按钮，如图 9-55 所示。

Step 04 此时，即可将 Excel 工作簿链接到工作表中。双击 Excel 工作簿对象，即可在 Excel 程序中打开该工作簿。若编辑工作表中的数据，链接的 Excel 工作簿对象也随之更新，如图 9-56 所示。

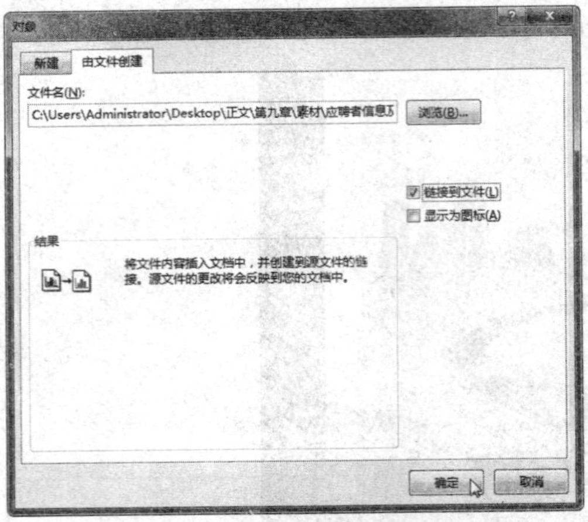

图 9-55　设置链接到文件

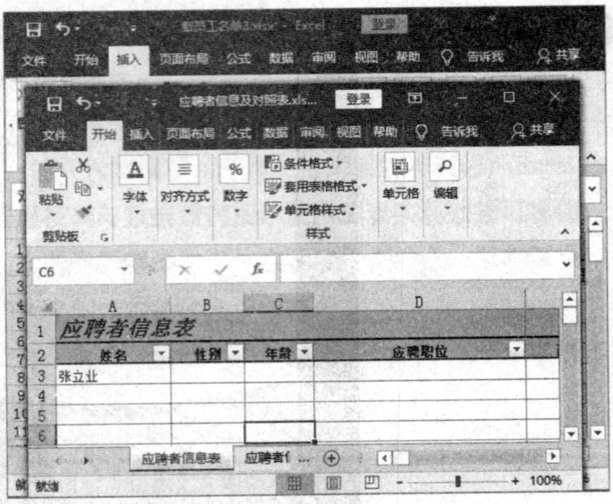

图 9-56　编辑工作表

课堂解疑

在工作表中嵌入 OLE 对象（如 Word 文档）后，右击对象，选择“Document 对象”|“Open”命令，可以在新窗口中使用 Word 程序打开对象；选择“Document 对象”|“转换”命令，可以更改对象类型。

9.4 综合实例——在 Word 中调用 Excel 工作表

Word 与 Excel 都是在日常办公中经常使用的软件，通过 Word 与 Excel 的协同合作能够提高工作效率，在 Word 中调用创建好的工作表，可以直接进行编辑，不用再在两个软件中来回切换。在 Word 中调用 Excel 工作表的具体操作方法如下。

Step 01 新建 Word 文档，将其重命名为“员工名单”。选择“插入”选项卡，在“文本”组中单击“对象”按钮，如图 9-57 所示。

Step 02 弹出“对象”对话框，选择“由文件创建”选项卡，单击“浏览”按钮，如图 9-58 所示。

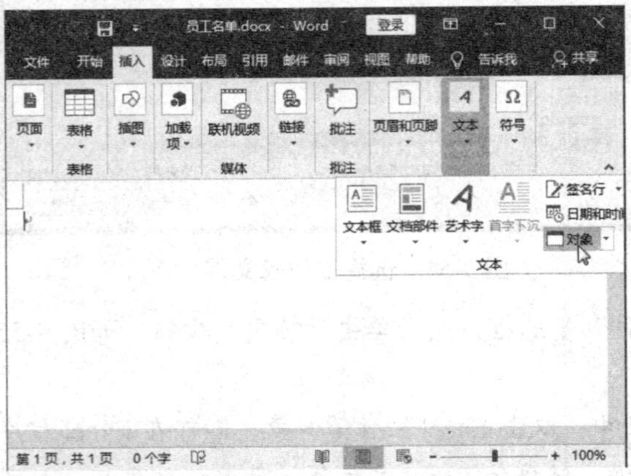

图 9-57　单击“对象”按钮

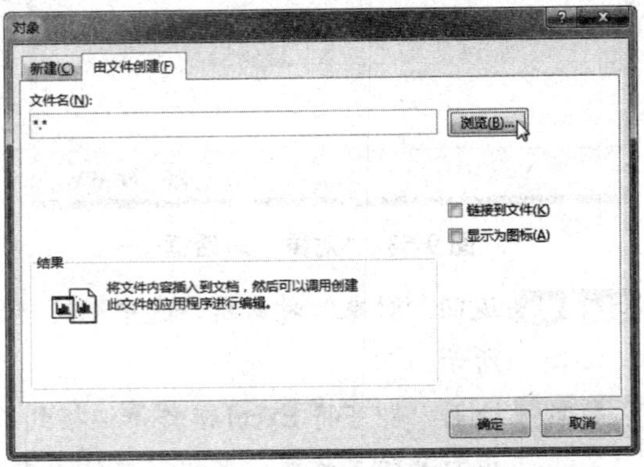

图 9-58　“对象”对话框

Step 03 弹出“浏览”对话框，选择要嵌入的工作簿文件，然后单击“插入”按钮，如图 9-59 所示。

Step 04 返回“对象”对话框，可以看到文件路径，取消选择“链接到文件”复选框，然后单击“确定”按钮，如图 9-60 所示。

图 9-59 选择 Excel 工作簿文件

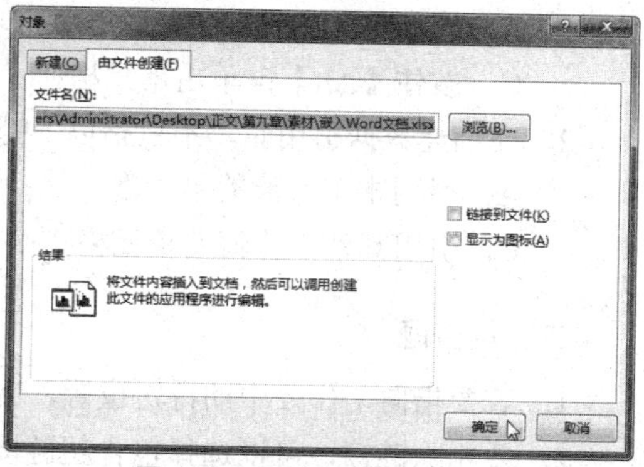

图 9-60 取消链接到文件

Step 05 此时，即可将 Excel 工作表嵌入到 Word 文档中。双击工作表，将会出现 Excel 程序的选项卡和工具，用于编辑 Excel 文档，编辑完成后单击 Word 文档区域即可返回 Word 工作窗口，如图 9-61 所示。

图 9-61 编辑工作表

本章小结

通过对本章的学习，读者应该掌握以下知识。

（1）在工作表中创建指向现有文件的链接，创建指向特定网页的链接，创建指向工作表的链接，创建指向特定单元格的链接。

（2）引用本工作表内的单元格，引用其他工作表的单元格，引用其他工作簿的单元格，粘贴引用链接。

（3）在工作表中嵌入 Word 文档，嵌入 PowerPoint 演示文稿，链接 Excel 工作簿。

课后习题

一、选择题

1．要编辑超链接单元格的内容，可以先（　），然后进行编辑。

A．双击单元格　　B．按住【Ctrl】键单击单元格

C．按住【Alt】键单击单元格　　D．右击单元格

2．在创建数据引用时，不包括以下哪种引用方法？（　）

A．引用本工作簿的单元格　　B．引用网络工作簿的单元格

C．引用其他工作簿的单元格　　D．复制粘贴链接

二、填空题

1．若要指向工作表中的特定位置，应先对该位置进行________，然后再创建链接。

2．要删除链接，可以选择包含超链接的单元格区域并右击，选择__________命令。

3．在工作表中嵌入 Word 文档，需要在“插入”选项卡下的“文本”组中单击________按钮。

三、实操题

打开“素材文件\第 9 章\上半年产量报表.xlsx”，在工作表中进行以下设置，最终效果如图 9-62 所示。

（1）将“一部门”“二部门”“三部门”链接到相对应的工作表中。

（2）为“上半年产量总结报告”文本添加超链接，链接到“上半年产量总结报告”Word 文档。

图 9-62　上半年产量报表

操作提示：

（1）设置部门链接到“本文档中的位置”。

（2）设置文本链接到“现有文件或网页”。

第 10 章 电子表格页面设置与打印

【学习目标】

- 掌握设置页面打印版式的方法。
- 掌握设置打印选项的方法。
- 掌握打印预览和打印的方法。
- 掌握分页符的使用方法。
- 掌握设置页眉和页脚的方法。
- 掌握为工作表添加水印效果的方法。

在制作好 Excel 电子表格之后，即可对其进行打印输出，以便于备份和查看。本章将学习如何对 Excel 电子表格进行页面设置与打印，主要包括设置页面打印版式，设置打印选项，打印预览与打印，使用分页符，设置页眉和页脚，以及添加水印效果等。

10.1 设置页面打印版式

在 Excel 2016 中，每个工作表都有其默认的页面版式，用于打印 Excel 工作表。但在实际打印过程中，经常需要根据实际情况需要设置页面版式，下面将介绍如何设置页面打印版式。

10.1.1 设置打印页面

在设置打印页面时，可以设置打印方向、纸张大小、缩放、打印质量等页面格式，具体操作方法如下。

Step 01 打开“素材文件\第 10 章\供货商信息表.xlsx”，单击“页面布局”选项卡下“页面设置”组中的扩展按钮，如图 10-1 所示。

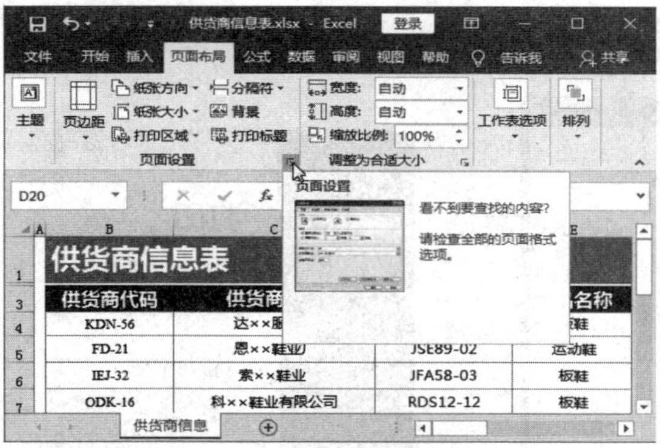

图 10-1 单击扩展按钮

Step 02 弹出“页面设置”对话框，在“页面”选项卡下选中“横向”单选按钮，在“缩放比例”数值框中输入 150，在“纸张大小”下拉列表框中选择 A4 选项，然后单击“打印预览”按钮，如图 10-2 所示。

Step 03 此时，即可预览设置 150%缩放比例后的打印效果，如图 10-3 所示。

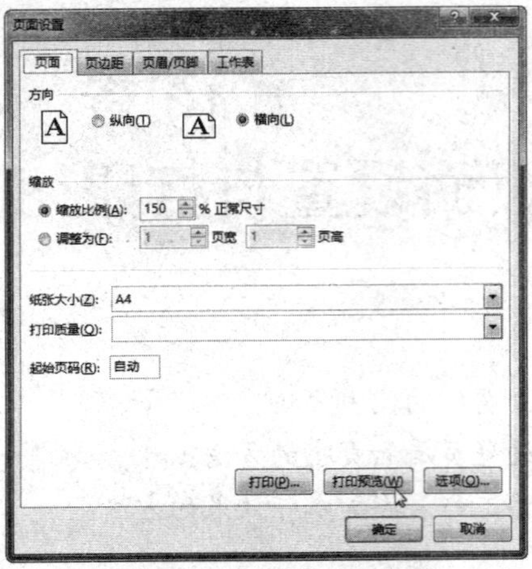

图 10-2 “页面设置”对话框

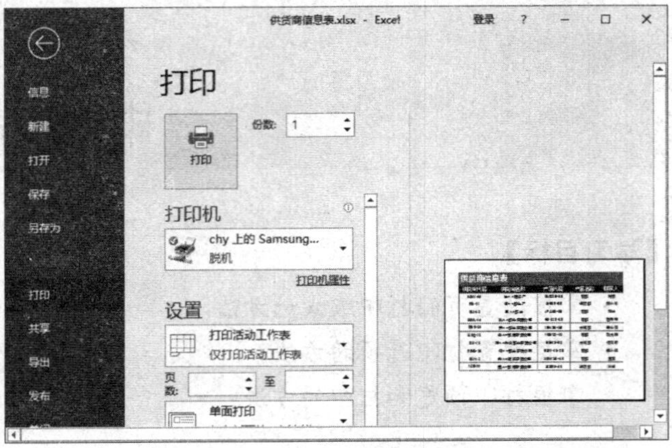

图 10-3 预览打印效果

10.1.2 设置页边距

设置页边距是打印文件时常用的基本设置，具体操作方法如下。

Step 01 打开“素材文件\第 10 章\设置页边距.xlsx”，单击“页面布局”选项卡下“页面设置”组中的扩展按钮，如图 10-4 所示。

Step 02 弹出“页面设置”对话框，选择“页边距”选项卡，在“上”“下”“左”“右”数值框中分别输入 2、2、2.2 和 2.2，然后单击“打印预览”按钮，如图 10-5 所示。

Step 03 此时，即可预览打印效果，如图 10-6 所示。

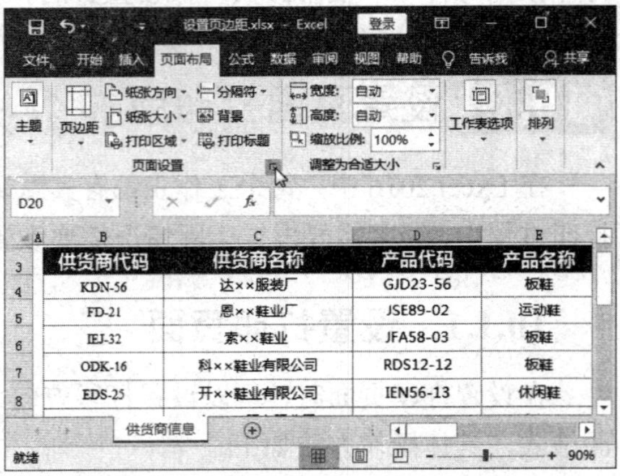

图 10-4 单击扩展按钮

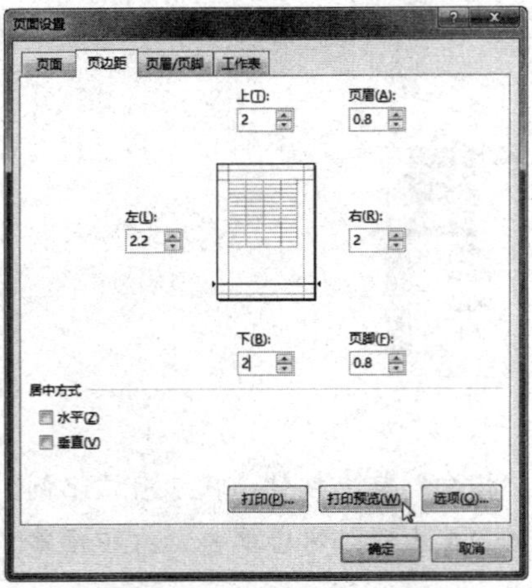

图 10-5 “页面设置”对话框

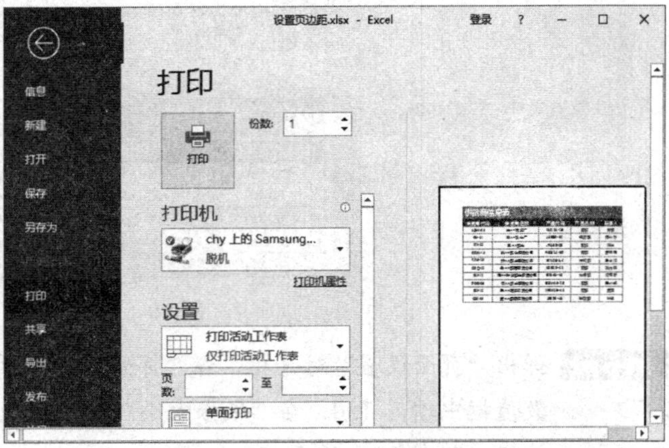

图 10-6 预览打印效果

10.2 设置打印选项

在 Excel 2016 中，除了可以设置页面版式外，还可设置工作表的打印选项，如设置打印区域，设置打印标题，设置打印行号和列标，设置草稿和单色方式打印，以及设置网格线打印等。下面将详细介绍如何设置打印选项。

10.2.1　设置打印区域

若打印的不是工作表的整个数据区域，可以打印一个选定的区域，具体操作方法如下。

Step 01 打开“素材文件\第 10 章\设置打印区域.xlsx”，单击“页面布局”选项卡下“页面设置”组中的扩展按钮，如图 10-7 所示。

Step 02 弹出“页面设置”对话框，选择“工作表”选项卡，单击“打印区域”文本框右侧的折叠按钮，如图 10-8 所示。

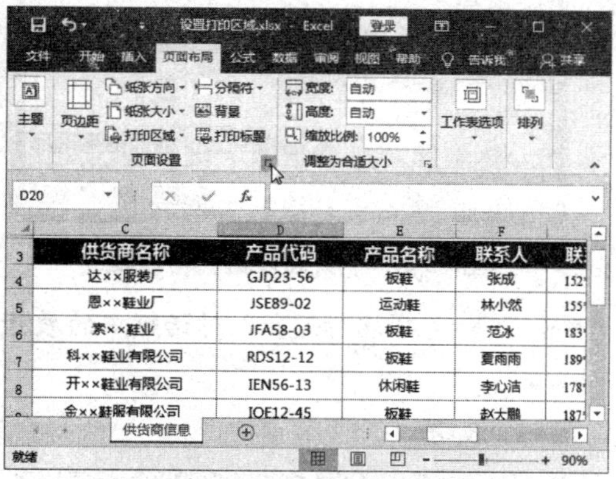

图 10-7　单击扩展按钮

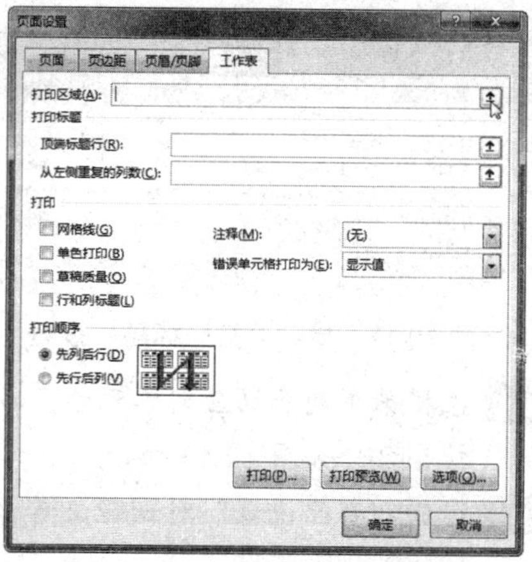

图 10-8　“页面设置”对话框

Step 03 选择打印区域，如 B1:J10 单元格区域，然后单击“页面设置 - 打印区域”对话框中的展开按钮，如图 10-9 所示。

Step 04 返回“页面设置”对话框，单击“打印预览”按钮，此时所选区域已经被设置为打印区域，预览效果如图 10-10 所示。

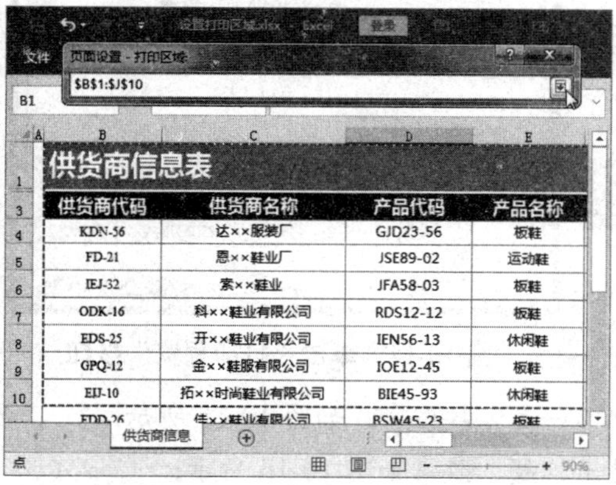

图 10-9　选择打印区域

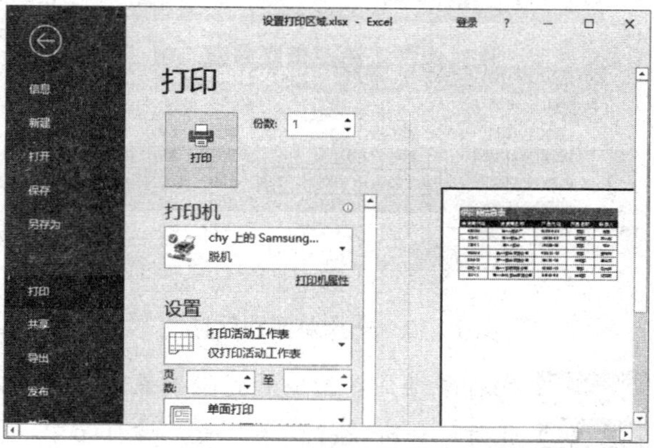

图 10-10　查看预览效果

10.2.2 设置打印标题

当工作表的打印页数大于 1 时，默认第 2 页以后将不出现顶端标题行。若需要在打印时在每一页中都包含顶端标题行，具体操作方法如下。

Step 01 打开“素材文件\第 10 章\设置打印标题.xlsx”，单击“页面布局”选项卡下“页面设置”组中的“打印标题”按钮，如图 10-11 所示。

Step 02 弹出“页面设置”对话框，选择“工作表”选项卡，单击“顶端标题行”文本框右侧的折叠按钮，如图 10-12 所示。

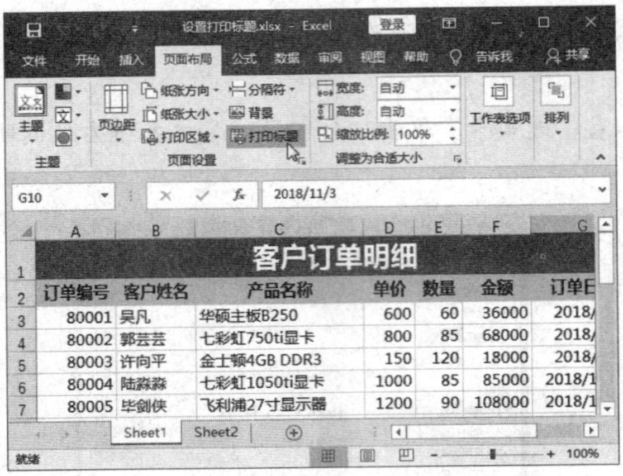

图 10-11 单击“打印标题”按钮

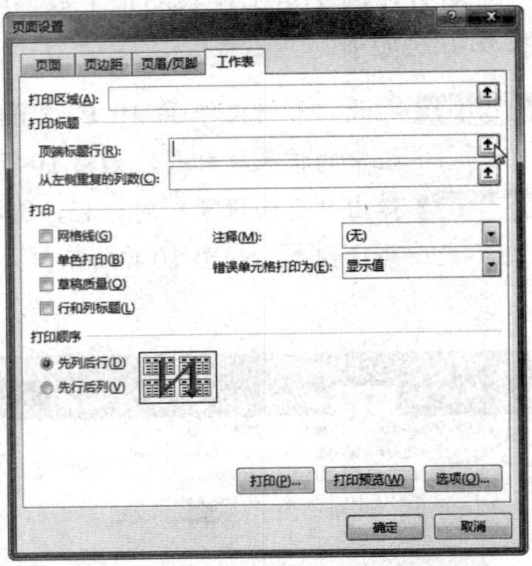

图 10-12 “页面设置”对话框

Step 03 选择第 1 列和第 2 列单元格区域，然后单击“页面设置 - 顶端标题行”对话框中的展开按钮，如图 10-13 所示。

Step 04 返回“页面设置”对话框，单击“打印预览”按钮，如图 10-14 所示。

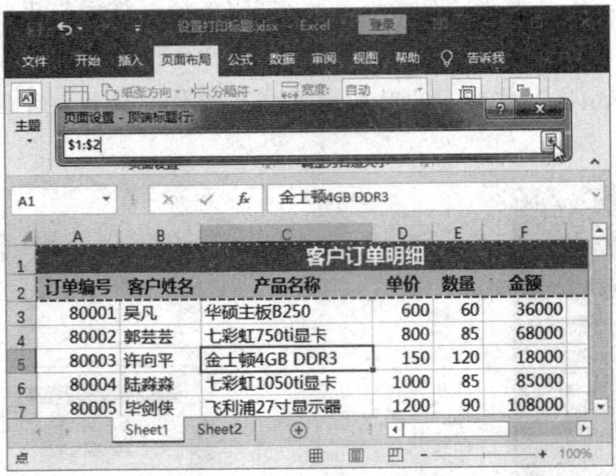

图 10-13 选择单元格区域

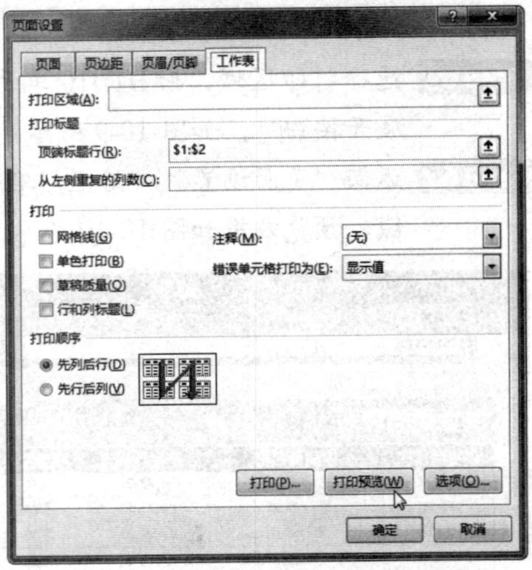

图 10-14 单击“打印预览”按钮

Step 05 在打印预览界面查看打印效果，单击底部“下一页”按钮，如图 10-15 所示。

Step 06 此时，即可跳转到第二页，该页面中也会显示标题，效果如图 10-16 所示。

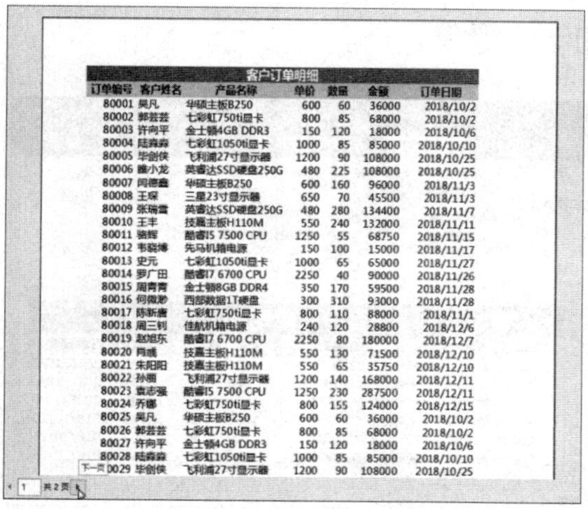

图 10-15　查看预览效果

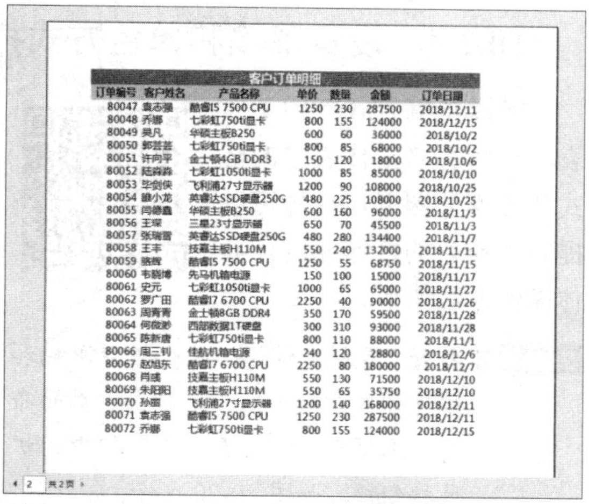

图 10-16　查看第二页效果

10.2.3　设置打印行号和列标

用户也可根据需要将工作表的行号或列标打印出来，具体操作方法如下。

Step 01 打开“素材文件\第 10 章\设置行号和列标.xlsx”，单击“页面布局”选项卡下“页面设置”组中的扩展按钮，如图 10-17 所示。

图 10-17　单击扩展按钮

Step 02 弹出“页面设置”对话框，选择“工作表”选项卡，选中“行和列标题”复选框，然后单击“打印预览”按钮，如图 10-18 所示。

Step 03 此时，即可打开预览窗口，可以看到行号和列标也被打印出来，效果如图 10-19 所示。

图 10-18　“页面设置”对话框

图 10-19　预览打印效果

10.2.4 设置草稿和单色方式打印

当以草稿方式打印工作表时，将忽略工作表中的格式和大部分图形，这样可以提高工作表的打印速度，具体操作方法如下。

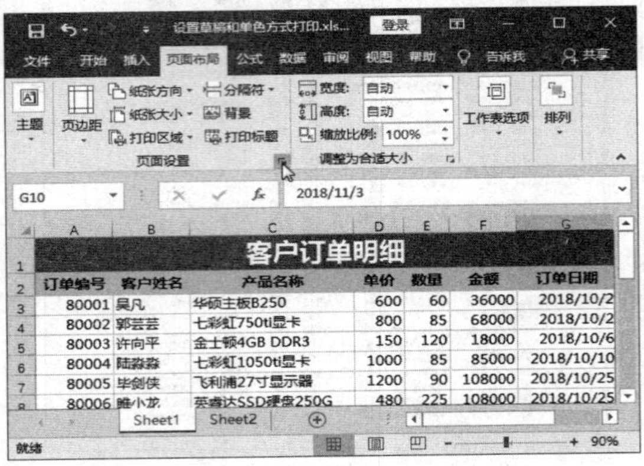

图 10-20 单击扩展按钮

Step 01 打开“素材文件\第 10 章\设置草稿和单色方式打印.xlsx”，单击“页面布局”选项卡下“页面设置”组中的扩展按钮，如图 10-20 所示。

Step 02 弹出“页面设置”对话框，选择“工作表”选项卡，选中“打印”选项区中的“单色打印”和“草稿质量”复选框，然后单击“打印预览”按钮，如图 10-21 所示。

Step 03 此时，即可预览打印效果，不仅是单色，也没有格式设置效果，如图 10-22 所示。

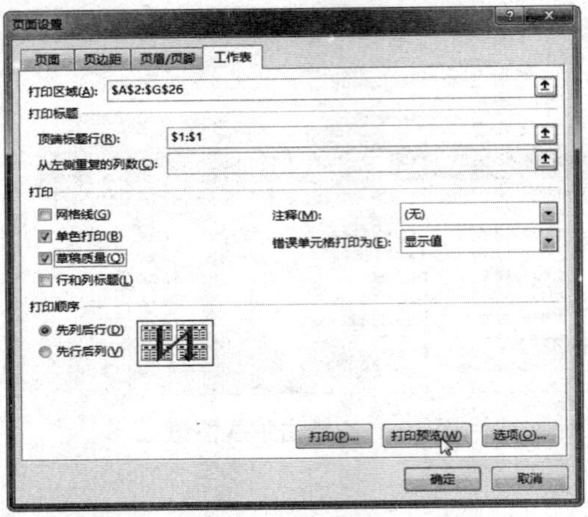

图 10-21 “页面设置”对话框

客户订单明细

订单编号	客户姓名	产品名称	单价	数量	金额	订单日期
80001	吴凡	华硕主板B250	600	60	36000	2018/10/2
80002	郭芸芸	七彩虹750ti显卡	800	85	68000	2018/10/2
80003	许向平	金士顿4GB DDR3	150	120	18000	2018/10/6
80004	陆淼淼	七彩虹1050ti显卡	1000	85	85000	2018/10/10
80005	毕剑侠	飞利浦27寸显示器	1200	90	108000	2018/10/25
80006	睢小龙	英睿达SSD硬盘250G	480	225	108000	2018/10/25
80007	闫德鑫	华硕主板B250	600	160	96000	2018/11/3
80008	王琛	三星23寸显示器	650	70	45500	2018/11/3
80009	张瑞雪	英睿达SSD硬盘250G	480	280	134400	2018/11/7
80010	王丰	技嘉主板H110M	550	240	132000	2018/11/11
80011	骆辉	酷睿I5 7500 CPU	1250	55	68750	2018/11/15
80012	韦晓博	先马机箱电源	150	100	15000	2018/11/17
80013	史元	七彩虹1050ti显卡	1000	65	65000	2018/11/27
80014	罗广田	酷睿I7 6700 CPU	2250	40	90000	2018/11/26
80015	周青青	金士顿8GB DDR4	350	170	59500	2018/11/28
80016	何微渺	西部数据1T硬盘	300	310	93000	2018/11/28
80017	陈新唐	七彩虹750ti显卡	800	110	88000	2018/11/1
80018	周三钊	佳航机箱电源	240	120	28800	2018/12/6
80019	赵旭东	酷睿I7 6700 CPU	2250	80	180000	2018/12/7
80020	肖彧	技嘉主板H110M	550	130	71500	2018/12/10
80021	朱阳阳	技嘉主板H110M	550	65	35750	2018/12/10
80022	孙丽	飞利浦27寸显示器	1200	140	168000	2018/12/11
80023	袁志强	酷睿I5 7500 CPU	1250	230	287500	2018/12/11
80024	乔娜	七彩虹750ti显卡	800	155	124000	2018/12/15

图 10-22 预览打印效果

10.2.5 设置网格线打印

若在工作表中没有设置单元格的边框，当打印工作表时单元格数据之间就没有边框，此时可以设置在打印工作表时为单元格添加网格线，具体操作方法如下。

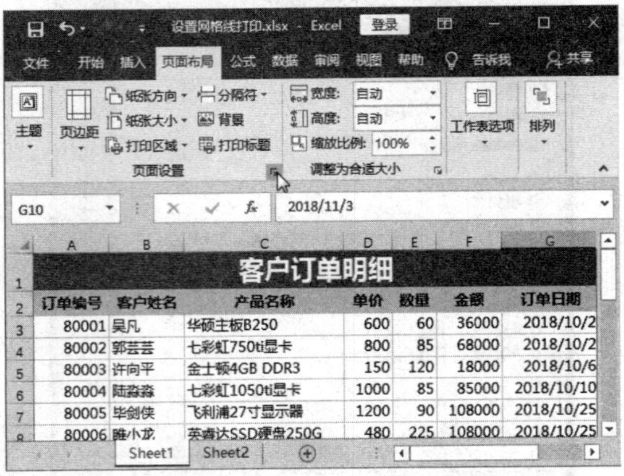

图 10-23 单击扩展按钮

Step 01 打开“素材文件\第 10 章\设置网格线打印.xlsx”，单击“页面布局”选项卡下“页面设置”组中的扩展按钮，如图 10-23 所示。

Step 02 弹出“页面设置”对话框，选择“工作表”选项卡，选中“网格线”复选框，然后单击“打印预览”按钮，如图 10-24 所示。

Step 03 此时，在打开的预览窗口中可以看到工作表中已经添加了网格线，效果如图 10-25 所示。

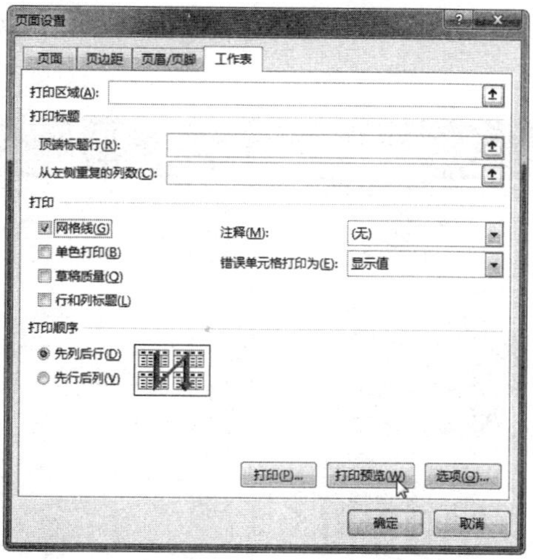

图 10-24 “页面设置”对话框

客户订单明细

订单编号	客户姓名	产品名称	单价	数量	金额	订单日期
80001	吴凡	华硕主板B250	600	60	36000	2018/10/2
80002	郭芸芸	七彩虹750ti显卡	800	85	68000	2018/10/2
80003	许向平	金士顿4GB DDR3	150	120	18000	2018/10/6
80004	陆淼淼	七彩虹1050ti显卡	1000	85	85000	2018/10/10
80005	毕剑侠	飞利浦27寸显示器	1200	90	108000	2018/10/25
80006	睢小龙	英睿达SSD硬盘250G	480	225	108000	2018/10/25
80007	闫德鑫	华硕主板B250	600	160	96000	2018/11/3
80008	王琛	三星23寸显示器	650	70	45500	2018/11/3
80009	张瑞雪	英睿达SSD硬盘250G	480	280	134400	2018/11/7
80010	王丰	技嘉主板H110M	550	240	132000	2018/11/11
80011	骆辉	酷睿I5 7500 CPU	1250	55	68750	2018/11/15
80012	韦晓博	先马机箱电源	150	100	15000	2018/11/17
80013	史元	七彩虹1050ti显卡	1000	65	65000	2018/11/27
80014	罗广田	酷睿I7 6700 CPU	2250	40	90000	2018/11/26
80015	周青青	金士顿8GB DDR4	350	170	59500	2018/11/28
80016	何微渺	西部数据1T硬盘	300	310	93000	2018/11/28
80017	陈新唐	七彩虹750ti显卡	800	110	88000	2018/11/1
80018	周三钊	佳航机箱电源	240	120	28800	2018/12/6
80019	赵旭东	酷睿I7 6700 CPU	2250	80	180000	2018/12/7
80020	肖彧	技嘉主板H110M	550	130	71500	2018/12/10
80021	朱阳阳	技嘉主板H110M	550	65	35750	2018/12/10
80022	孙丽	飞利浦27寸显示器	1200	140	168000	2018/12/11
80023	袁志强	酷睿I5 7500 CPU	1250	230	287500	2018/12/11
80024	乔娜	七彩虹750ti显卡	800	155	124000	2018/12/15

图 10-25 预览打印效果

10.2.6 打印不连续的行或列

若打印的内容不是连续的行或列，就是不连续打印。若要打印不连续的行或列，具体操作方法如下。

Step 01 打开“素材文件\第 10 章\打印不连续的行（或列）.xlsx”，按住【Ctrl】键的同时单击不需打印的行号（或列标），然后右击选择的行，选择“隐藏”命令，如图 10-26 所示。

Step 02 此时，当打印工作表时只打印显示的内容，而不打印隐藏的内容，如图 10-27 所示。

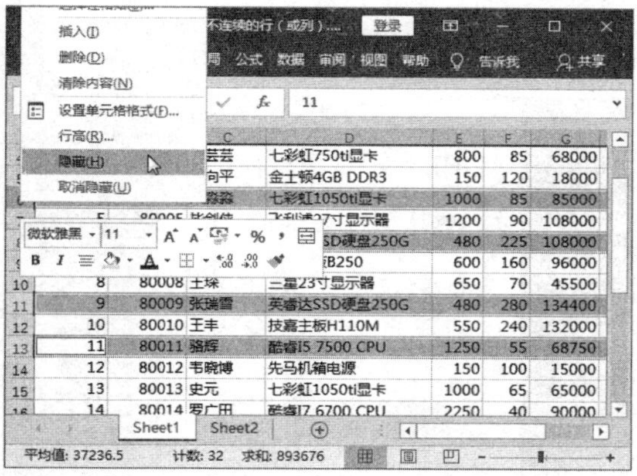

图 10-26 选择“隐藏”命令

客户订单明细

序号	订单编号	客户姓名	产品名称	单价	数量	金额	订单日期
1	80001	吴凡	华硕主板B250	600	60	36000	2018/10/2
2	80002	郭芸芸	七彩虹750ti显卡	800	85	68000	2018/10/2
3	80003	许向平	金士顿4GB DDR3	150	120	18000	2018/10/6
5	80005	毕剑侠	飞利浦27寸显示器	1200	90	108000	2018/10/25
7	80007	闫德鑫	华硕主板B250	600	160	96000	2018/11/3
8	80008	王琛	三星23寸显示器	650	70	45500	2018/11/3
10	80010	王丰	技嘉主板H110M	550	240	132000	2018/11/11
12	80012	韦晓博	先马机箱电源	150	100	15000	2018/11/17
13	80013	史元	七彩虹1050ti显卡	1000	65	65000	2018/11/27
14	80014	罗广田	酷睿I7 6700 CPU	2250	40	90000	2018/11/26
15	80015	周青青	金士顿8GB DDR4	350	170	59500	2018/11/28
16	80016	何微渺	西部数据1T硬盘	300	310	93000	2018/11/28
17	80017	陈新唐	七彩虹750ti显卡	800	110	88000	2018/11/1
18	80018	周三钊	佳航机箱电源	240	120	28800	2018/12/6
19	80019	赵旭东	酷睿I7 6700 CPU	2250	80	180000	2018/12/7
20	80020	肖彧	技嘉主板H110M	550	130	71500	2018/12/10
21	80021	朱阳阳	技嘉主板H110M	550	65	35750	2018/12/10
22	80022	孙丽	飞利浦27寸显示器	1200	140	168000	2018/12/11
23	80023	袁志强	酷睿I5 7500 CPU	1250	230	287500	2018/12/11
24	80024	乔娜	七彩虹750ti显卡	800	155	124000	2018/12/15

图 10-27 预览打印效果

10.2.7 取消图片打印

在打印 Excel 电子表格的过程中，工作表中包含的图片都会打印出来。

若不想打印工作表中的图片，将其隐藏即可，具体操作方法如下。

Step 01 打开“素材文件\第 10 章\取消图片打印.xlsx”，单击“页面布局”选项卡下“排列”组中的“选择窗格”按钮，如图 10-28 所示。

Step 02 打开“选择”窗格，单击列表中不需要打印的图片名称右侧的图标，此时该图标变成，图片被隐藏，如图 10-29 所示。若工作表中包含形状、文本框、图表等，也可以采用此方法将其隐藏起来。

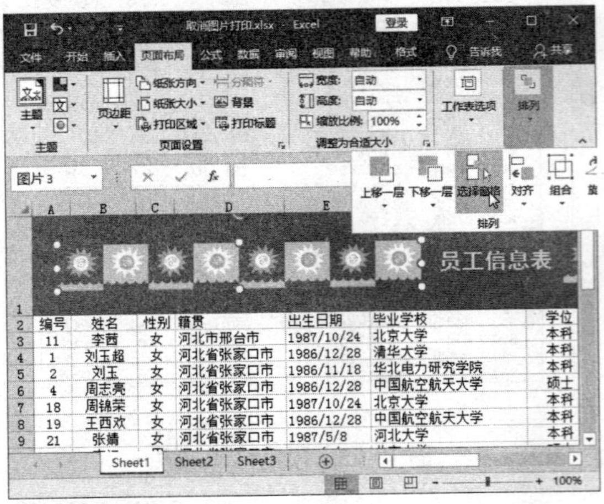

图 10-28 单击“选择窗格”按钮

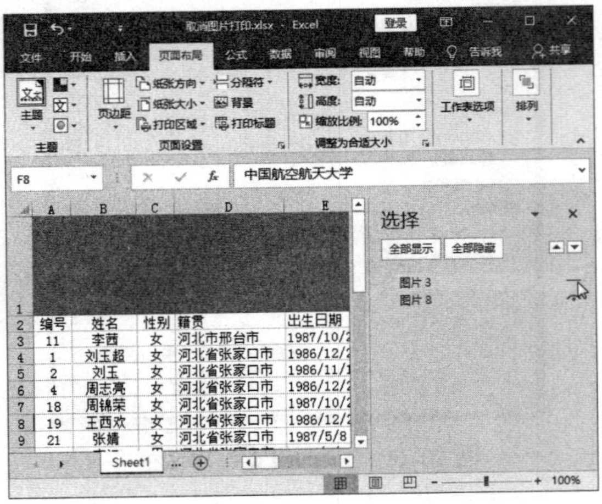

图 10-29 设置打印图形

10.2.8 打印设置

打印工作表时，可以根据需要设置一定的打印顺序，还可选择要使用的打印机、纸张方向等，具体操作方法如下。

Step 01 选择“文件”选项卡，在左侧选择“打印”选项，在右侧选择打印机的类型，如图 10-30 所示。

Step 02 单击“打印活动工作表”下拉按钮，选择要打印的区域，如图 10-31 所示。

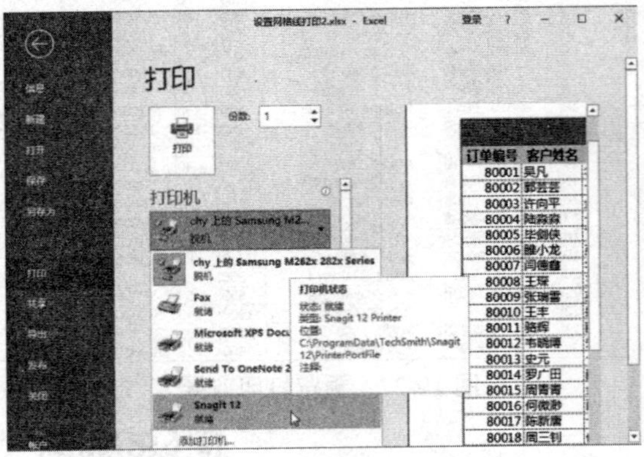

图 10-30 选择打印机类型

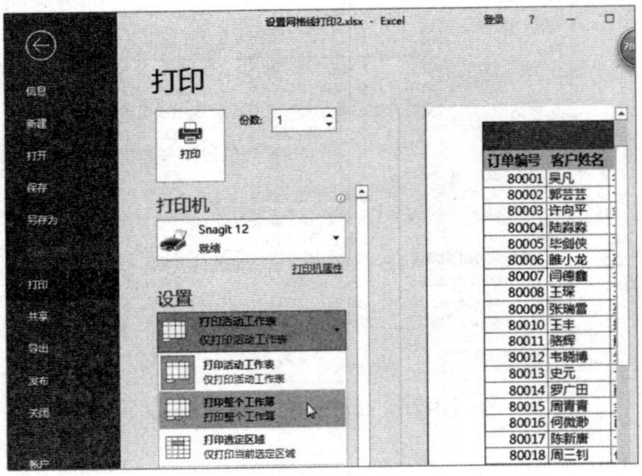

图 10-31 设置打印区域

Step 03 单击调整下拉按钮，选择“非对照”选项，如图 10-32 所示。

Step 04 单击纸张方向下拉按钮，选择“纵向”选项，如图 10-33 所示。

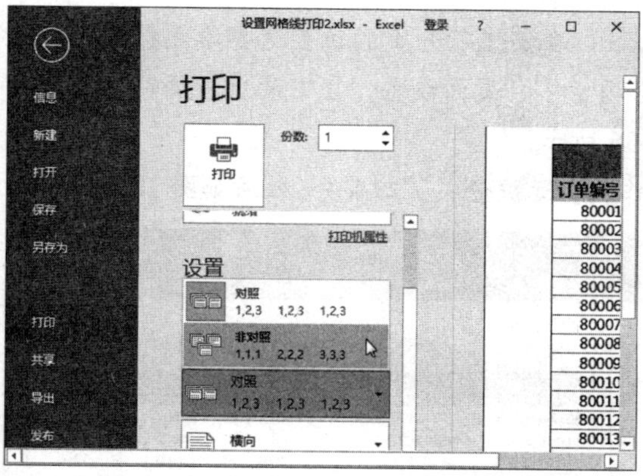

图 10-32 设置打印顺序

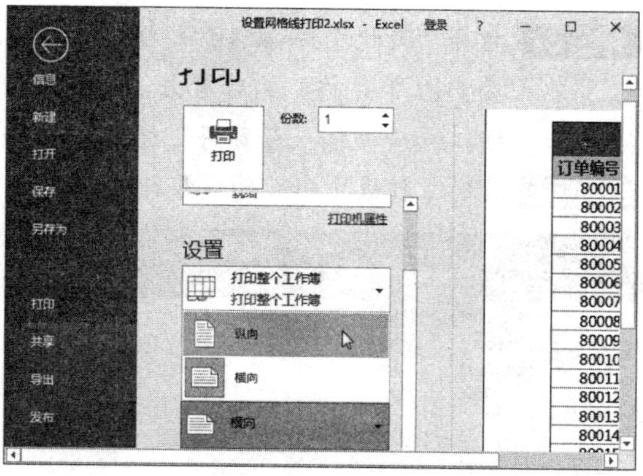

图 10-33 设置纸张方向

Step 05 单击缩放下拉按钮，选择缩放方式，在此选择“无缩放”选项，如图 10-34 所示。

Step 06 设置完成后，单击“打印”按钮，即可进行打印，如图 10-35 所示。

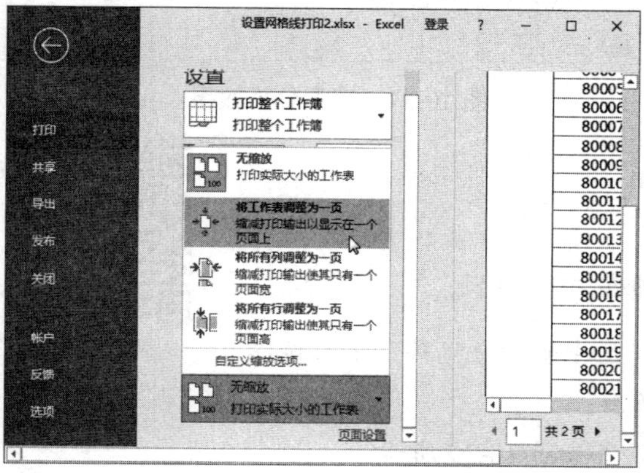

图 10-34 设置缩放方式

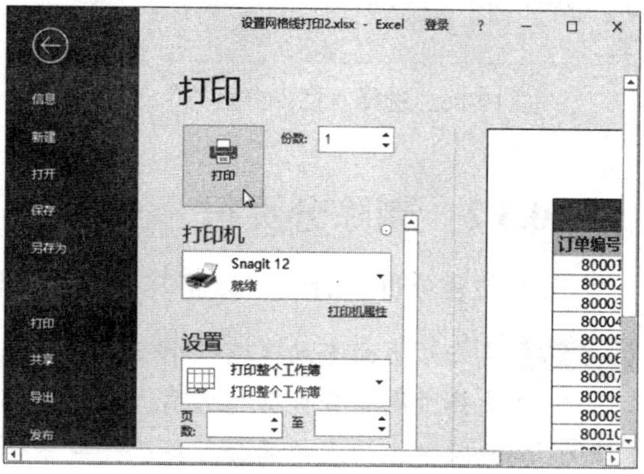

图 10-35 打印工作表

课堂解疑

要在工作表中设置多个打印区域，可以先按住【Ctrl】键选择要设置的多个单元格区域，然后在“页面布局”选项卡下单击“打印区域”下拉按钮，选择“设置打印区域”选项即可。

10.3 使用分页符

若要打印多页工作表，Excel 2016 将自动在其中插入分页符。分页符的位置取决于纸张的大小、页边距设置和设置的打印比例。当需要对表格进行强制分页时，可以插入分页符。下面将介绍如何使用分页符。

10.3.1 插入分页符

在需要进行分页的页面中，可以直接插入分页符，具体操作方法如下。

Step 01 打开“素材文件\第 10 章\插入分页符.xlsx”，在要进行分页的位置选择单元格，在此选择 D10 单元格，然后单击“页面布局”选项卡下“页面设置”组中的“分隔符”下拉按钮，选择“插入分页符”选项，如图 10-36 所示。

Step 02 此时工作表中出现的虚线即为分页符，工作表实际被分成了四部分，效果如图 10-37 所示。

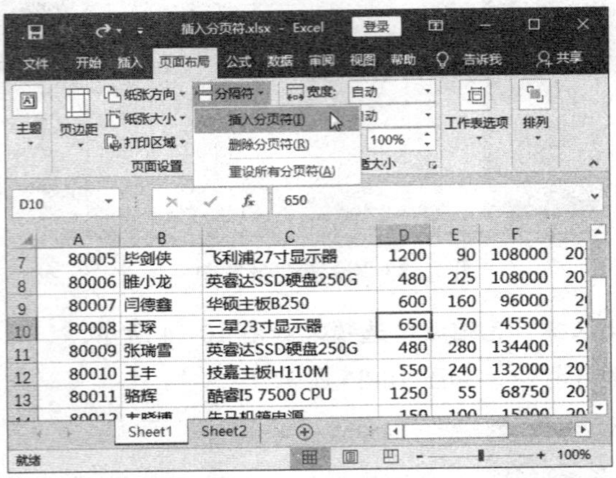

图 10-36　选择“插入分页符”选项

图 10-37　查看分页效果

10.3.2　删除分页符

当不需要分页符时，可以将其删除，具体操作方法如下。

Step 01 单击“页面布局”选项卡下“页面设置”组中的“分隔符”下拉按钮，选择“删除分页符”选项，如图 10-38 所示。

Step 02 此时，工作表中的分页符已经被删除，效果如图 10-39 所示。

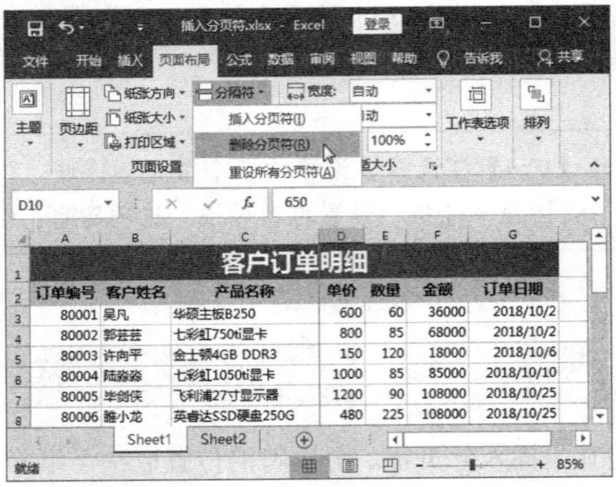

图 10-38　选择“删除分页符”选项

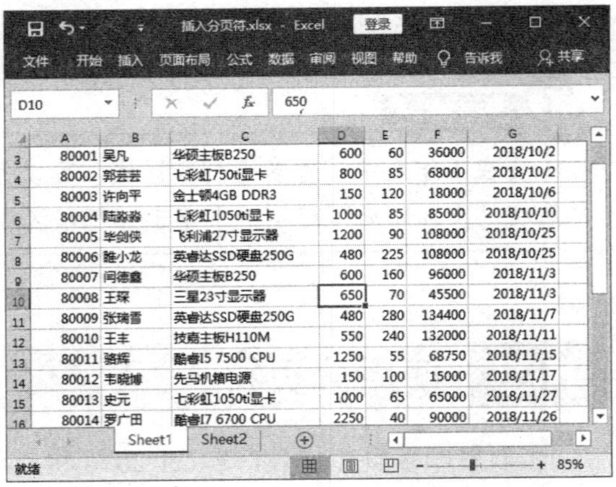

图 10-39　删除分页符效果

10.4　设置页眉和页脚

Excel 工作表中的页眉和页脚分别位于页面的顶端和底部，用于放置 Excel 表格名称、页码、作者名称或时间等。在 Excel 2016 中，既可使用内置的页眉和页脚，也可自定义页眉和页脚。下面将详细介绍如何在工作表中设置页眉和页脚。

10.4.1 使用内置的页眉和页脚

用户可以为每个工作表页面都使用内置的页眉和页脚，具体操作方法如下。

Step 01 打开“素材文件\第 10 章\选择内置的页眉和页脚.xlsx”，单击“插入”选项卡下“文本”组中的“页眉和页脚”按钮，如图 10-40 所示。

Step 02 此时就会出现页眉文本框，在该文本框中输入页眉文本，然后单击“设计”选项卡下“导航”组中的“转至页脚”按钮，如图 10-41 所示。

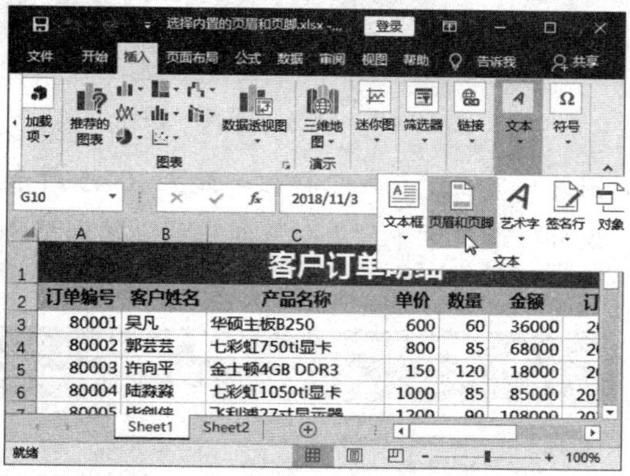

图 10-40 单击“页眉和页脚”按钮

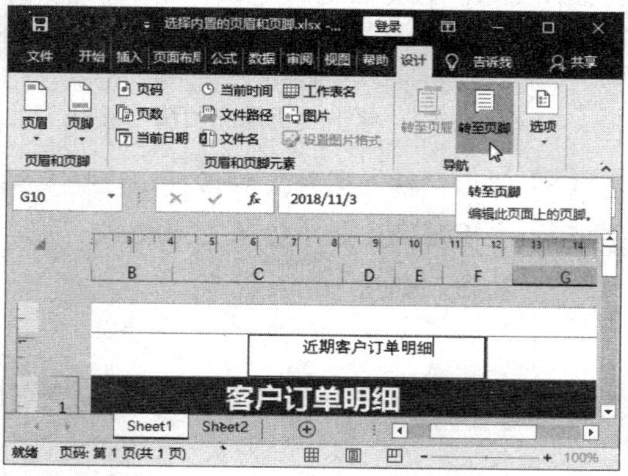

图 10-41 输入页眉文本

Step 03 此时光标就会跳转到页脚位置，在页脚文本框中输入页脚文本，然后双击任意单元格结束编辑操作即可，如图 10-42 所示。

图 10-42 输入页脚文本

10.4.2 自定义页眉和页脚

若对内置的页眉和页脚不满意，还可自定义页眉和页脚，具体操作方法如下。

Step 01 打开“素材文件\第 10 章\自定义页眉和页脚.xlsx”，单击“插入”选项卡下“文本”组中的“页眉和页脚”按钮，如图 10-43 所示。

Step 02 单击“设计”选项卡下“页眉和页脚元素”组中的“图片”按钮，如图 10-44 所示。

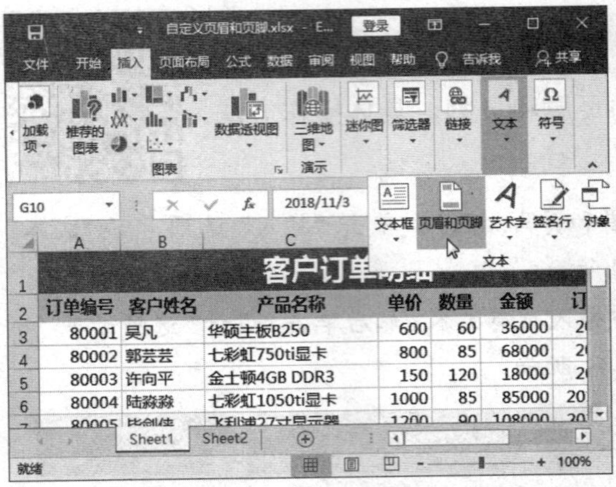

图 10-43 单击“页眉和页脚”按钮

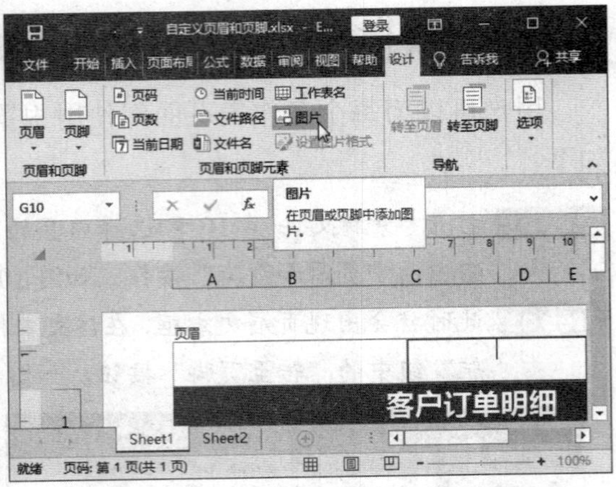

图 10-44 单击“图片”按钮

Step 03 弹出“插入图片”对话框，选择要插入的图片，单击“插入”按钮，如图 10-45 所示。

Step 04 在页眉文本框中输入页眉文本，并单击“设计”选项卡下“导航”组中的“转到页脚”按钮，如图 10-46 所示。

图 10-45 “插入图片”对话框

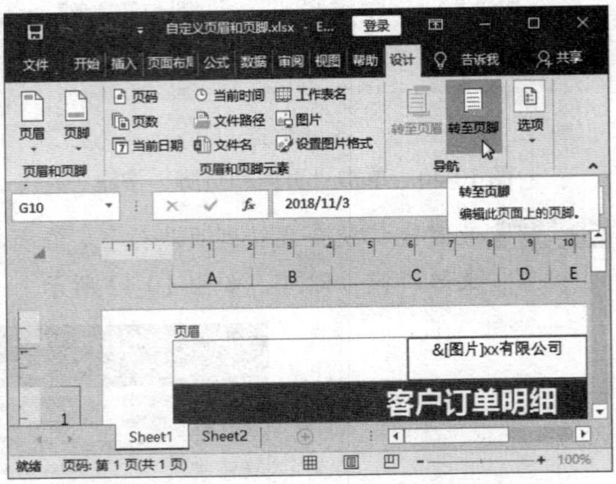

图 10-46 输入页眉文本

Step 05 在页脚文本框中输入页脚文本，如图 10-47 所示。

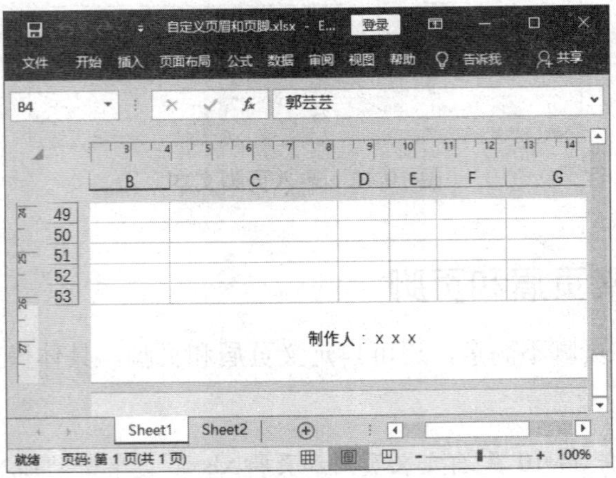

图 10-47 输入页脚文本

10.4.3　删除页眉和页脚

当不再需要工作表的页眉和页脚时，可以将其删除，方法如下。

方法 1：使用快捷键删除

Step 01 打开“素材文件\第 10 章\删除页眉和页脚.xlsx”，单击“插入”选项卡下“文本”组中的“页眉和页脚”按钮，如图 10-48 所示。

Step 02 进入页眉和页脚编辑状态，选择页眉或页脚中的文本或图片元素，按【Delete】键即可将其删除，如图 10-49 所示。

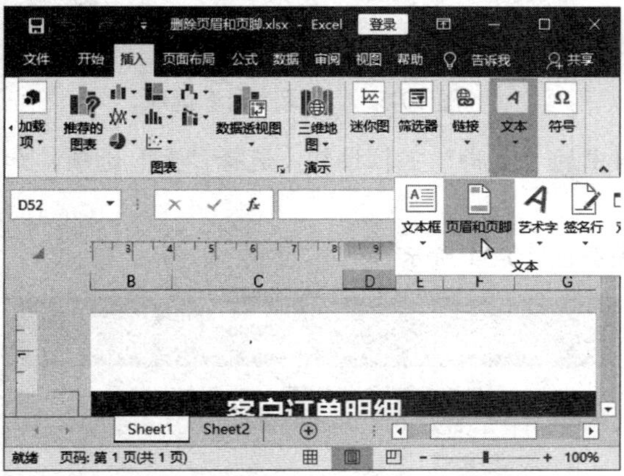

图 10-48　单击“页眉和页脚”按钮

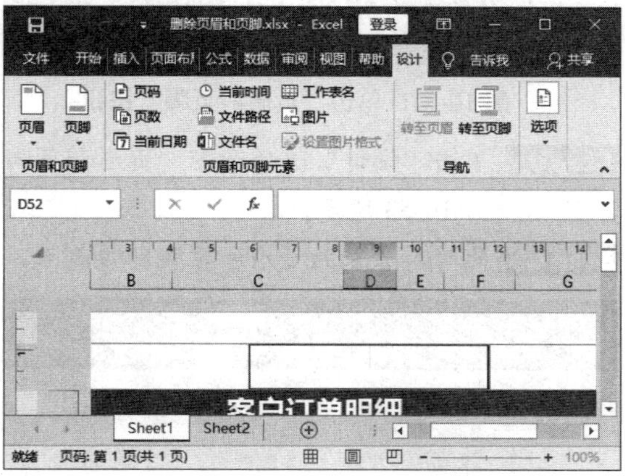

图 10-49　删除页眉

Step 03 双击工作表中的其他单元格，即可结束对页眉和页脚的编辑操作，效果如图 10-50 所示。

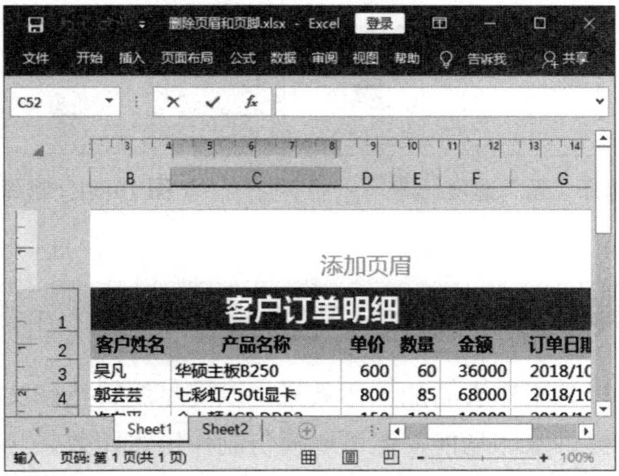

图 10-50　删除页眉效果

方法 2：使用功能区按钮删除

Step 01 打开“素材文件\第 10 章\删除页眉和页脚.xlsx”，单击“插入”选项卡下“文本”组中的“页眉和页脚”按钮，如图 10-51 所示。

Step 02 单击“设计”选项卡下“页眉和页脚”组中的“页眉”下拉按钮，选择“无”选项，如图 10-52 所示。

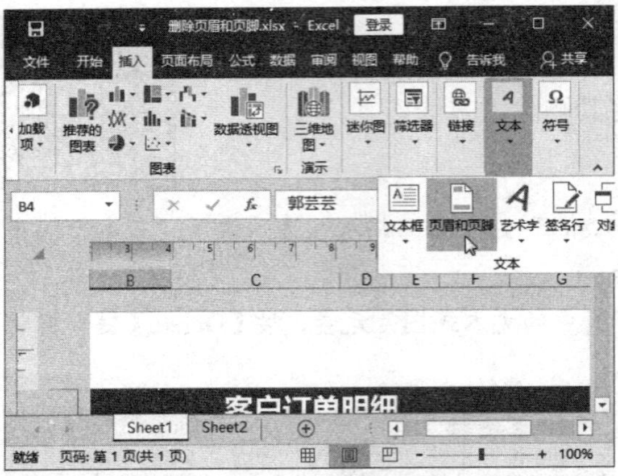

图 10-51　单击“页眉和页脚”按钮

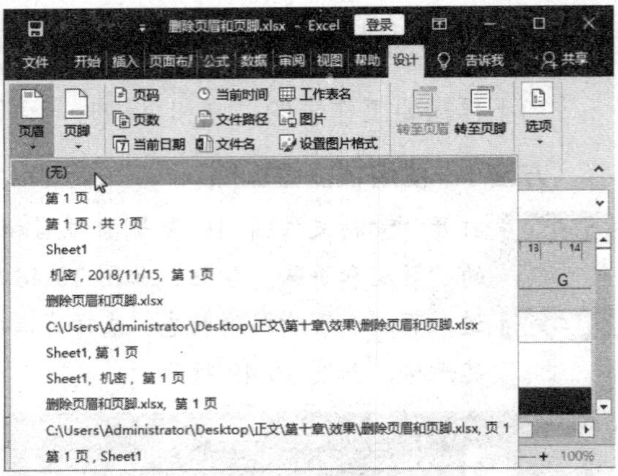

图 10-52　选择“无”选项

Step 03 单击“设计”选项卡下“页眉和页脚”组中的“页脚”下拉按钮，选择“无”选项，如图 10-53 所示。

Step 04 此时，原来的页眉和页脚即被删除，效果如图 10-54 所示。

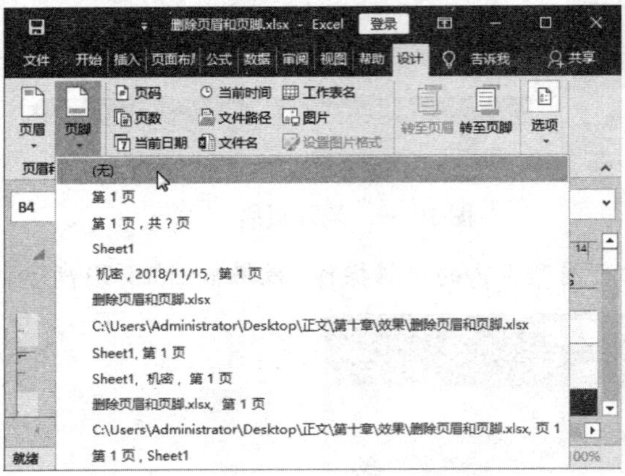

图 10-53　选择“无”选项

图 10-54　删除页眉和页脚效果

10.5 添加水印效果

在 Excel 2016 中可以为工作表添加水印效果，以满足编辑特殊文档的个性化需求。但实际上 Excel 2016 并没有提供水印功能，但可以模仿制作出水印效果。下面将介绍如何为工作表添加水印效果。

10.5.1 使用页眉和页脚添加水印效果

用户可以使用页眉和页脚来为工作表添加水印效果，具体操作方法如下。

Step 01 打开“素材文件\第 10 章\使用页眉和页脚添加水印效果.xlsx”，单击“插入”选项卡下“文本”组中的“页眉和页脚”按钮，如图 10-55 所示。

Step 02 单击“设计”选项卡下“页眉和页脚元素”组中的“图片”按钮，如图 10-56 所示。

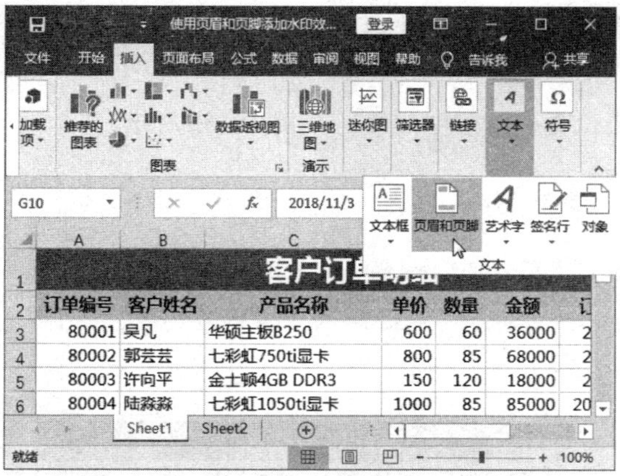

图 10-55 单击“页眉和页脚”按钮

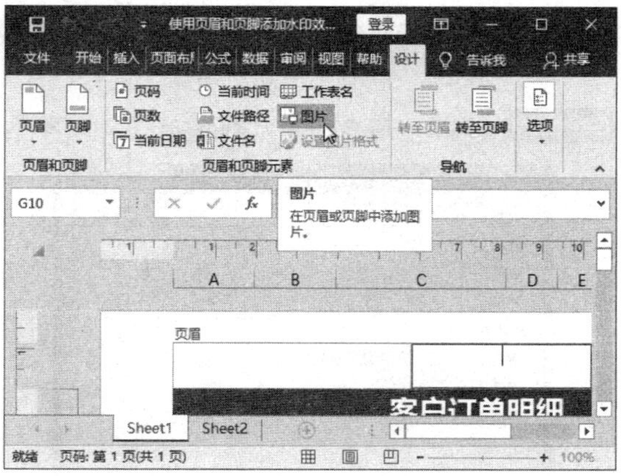

图 10-56 单击“图片”按钮

Step 03 弹出“插入图片”对话框，选择要插入的图片，然后单击“插入”按钮，如图 10-57 所示。

Step 04 单击“设计”选项卡下“页眉和页脚元素”组中的“设置图片格式”按钮，如图 10-58 所示。

图 10-57 插入图片

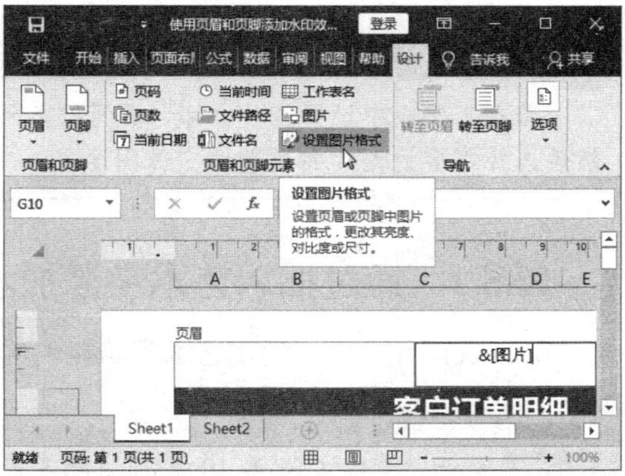

图 10-58 单击“设置图片格式”按钮

Step 05 弹出“设置图片格式”对话框，选择“大小”选项卡，在“比例”选项区中设置“宽度”和“高度”均为 50%，如图 10-59 所示。

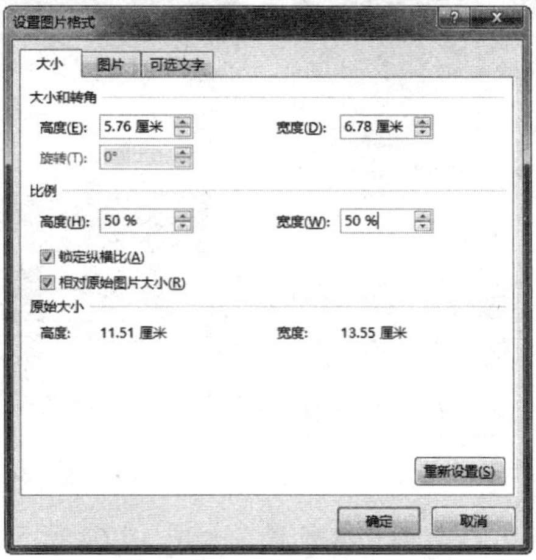

图 10-59 设置图片大小

Step 06 选择“图片”选项卡，在“颜色”下拉列表框中选择“冲蚀”选项，然后单击“确定”按钮，如图 10-60 所示。

Step 07 此时，插入的图片将以“冲蚀”效果显示，类似于水印效果，如图 10-61 所示。

图 10-60　设置图片颜色

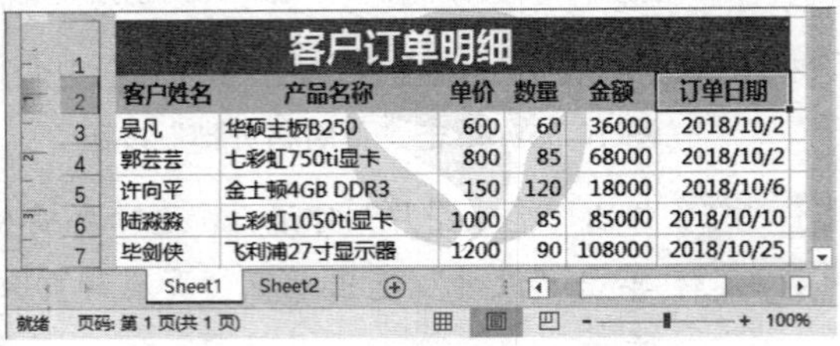

图 10-61　查看图片效果

课堂解疑

若在工作表中设置图片水印，还可插入形状，并设置形状填充类型为“图片或纹理填充”，然后选择需要的图片并调整填充透明度。

10.5.2　通过插入艺术字添加水印效果

在 Excel 2016 中，使用艺术字功能也可制作出水印效果，具体操作方法如下。

Step 01 打开“素材文件\第 10 章\通过插入艺术字添加水印效果.xlsx”，单击“插入”选项卡下“文本”组中的“艺术字”下拉按钮，选择一种艺术字样式，如图 10-62 所示。

Step 02 此时工作表中就会出现艺术字文本框，在其中输入需要的文本内容，如图 10-63 所示。

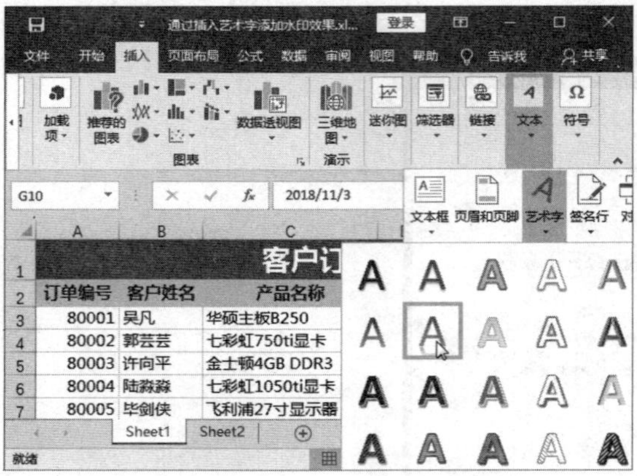

图 10-62　选择艺术字样式

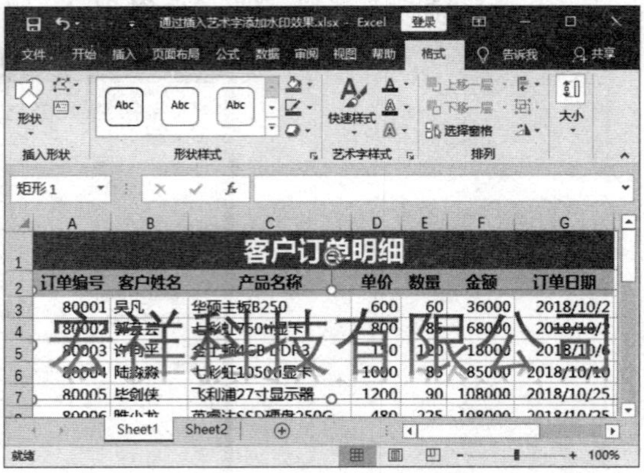

图 10-63　输入文本内容

Step 03 根据需要旋转文本框，然后调整其位置，如图 10-64 所示。

Step 04 单击“格式”选项卡下“艺术字样式”组中的扩展按钮，如图 10-65 所示。

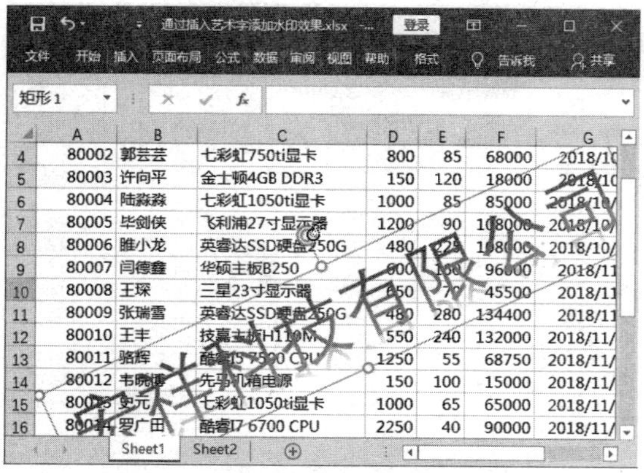

图 10-64　旋转文本框并调整位置

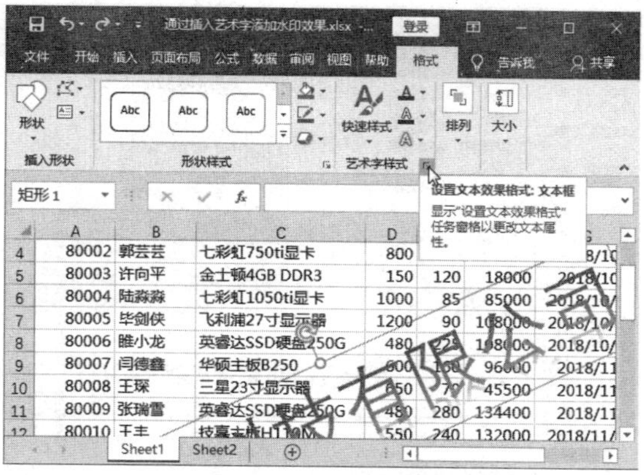

图 10-65　单击扩展按钮

Step 05 打开“设置形状格式”窗格，选择“文本填充与轮廓”选项卡 A，选中“纯色填充”单选按钮，设置透明度为 60%，如图 10-66 所示。

Step 06 此时的艺术字效果如同水印效果，如图 10-67 所示。

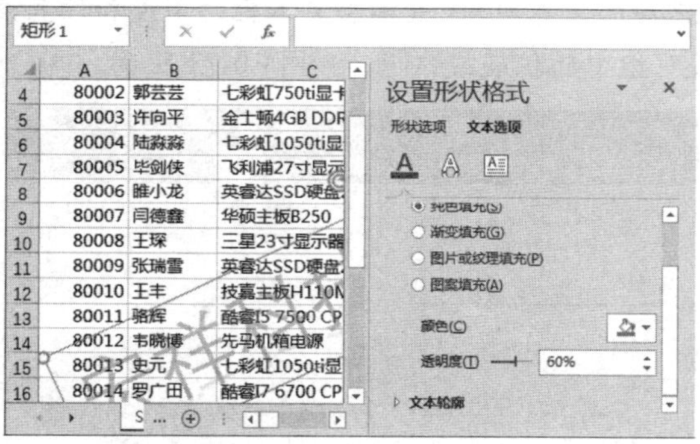

图 10-66　设置纯色填充

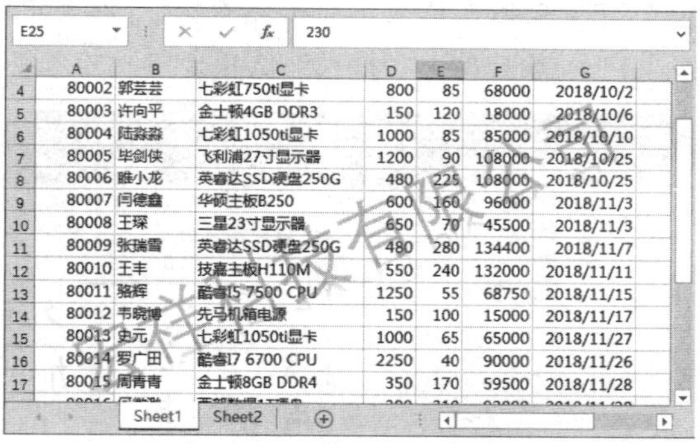

图 10-67　查看艺术字效果

10.6 综合实例——设置与打印工资表

下面将综合运用本章所学知识来设置与打印工资表，具体操作方法如下。

Step 01 打开“素材文件\第 10 章\员工工资表.xlsx”，单击“插入”选项卡下“文本”组中的“页眉和页脚”按钮，如图 10-68 所示。

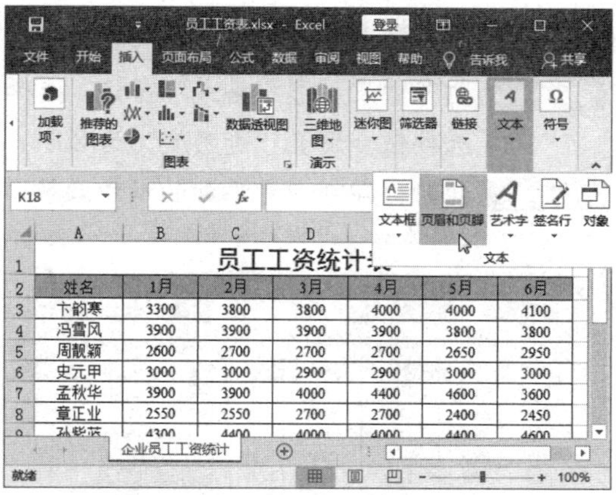

图 10-68　单击“页眉和页脚”按钮

Step 02 在页眉文本框中输入页眉文本“宏祥电子科技有限公司员工工资统计”，然后单击“设计”选项卡下“导航”组中的“转至页脚”按钮，如图 10-69 所示。

Step 03 在页脚文本框中输入页脚文本，然后双击任意单元格结束页眉和页脚编辑操作，如图 10-70 所示。

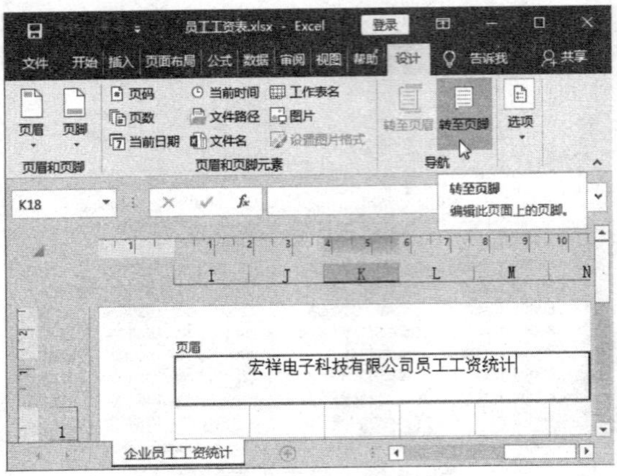

图 10-69　输入页眉文本

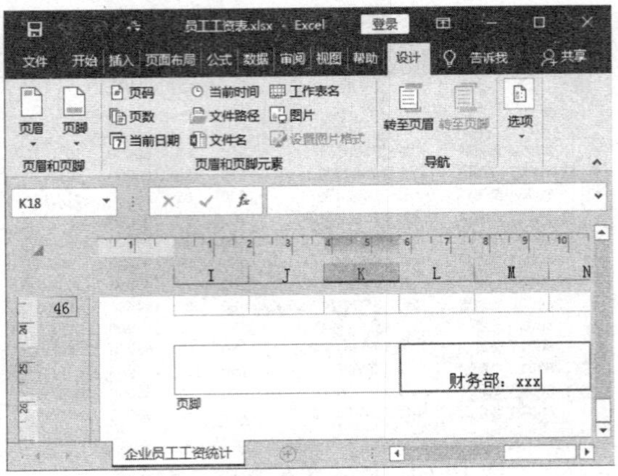

图 10-70　输入页脚文本

Step 04 单击“插入”选项卡下“文本”组中的“艺术字”下拉按钮，选择一种艺术字样式，如图 10-71 所示。

Step 05 此时工作表中会出现文本框，在其中输入需要的文本内容，并调整文本框的角度和位置，然后单击“格式”选项卡下“艺术字样式”组中的扩展按钮，如图 10-72 所示。

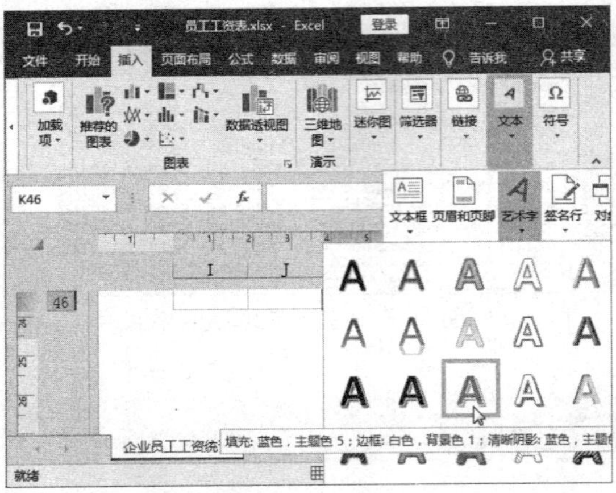

图 10-71　选择艺术字样式

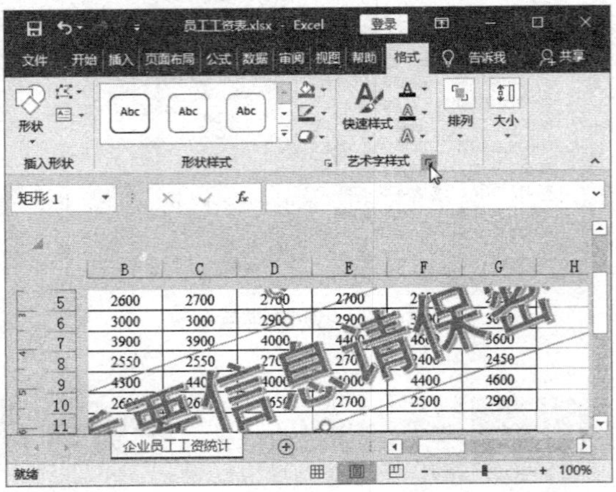

图 10-72　输入文本

Step 06 打开“设置形状格式”窗格，选择“文本填充与轮廓”选项卡，选中“纯色填充”单选按钮，设置“透明度”为 80%，如图 10-73 所示。

Step 07 此时，即可查看添加的水印效果，如图 10-74 所示。

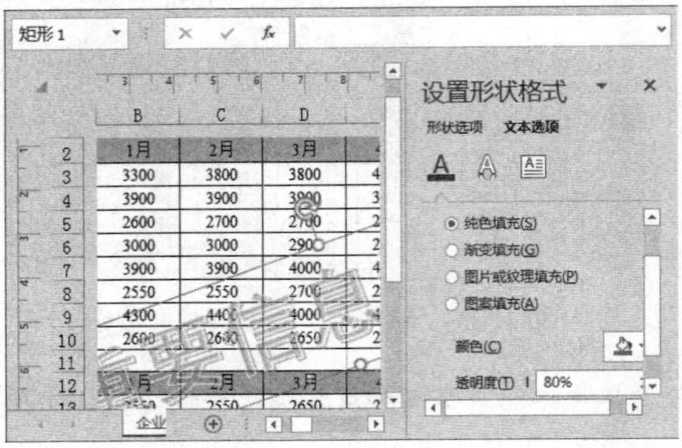

图 10-73　设置文本效果

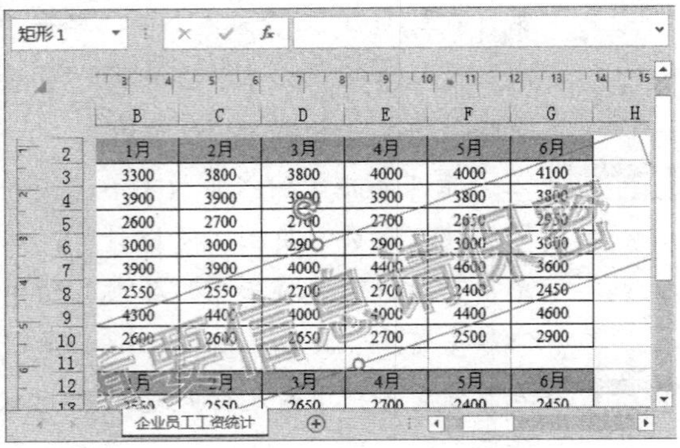

图 10-74　添加水印效果

Step 08 选择“文件”选项卡，在左侧选择“打印”选项，在右侧单击“自定义页边距”下拉按钮，选择“宽”选项，如图 10-75 所示。

Step 09 在“份数”数值框中输入 3，选择打印机后单击“打印”按钮，即可打印文档，如图 10-76 所示。

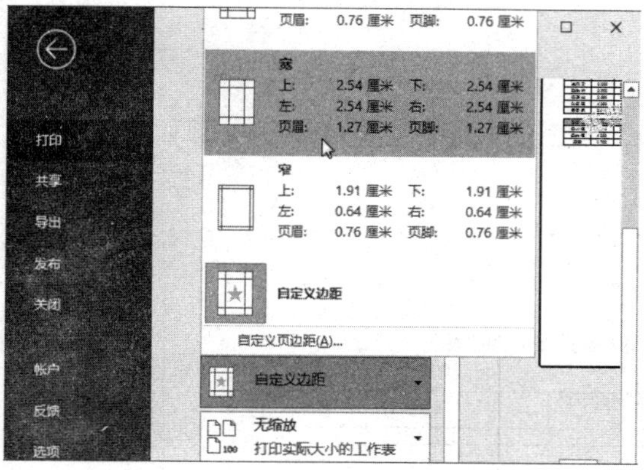

图 10-75　设置页边距

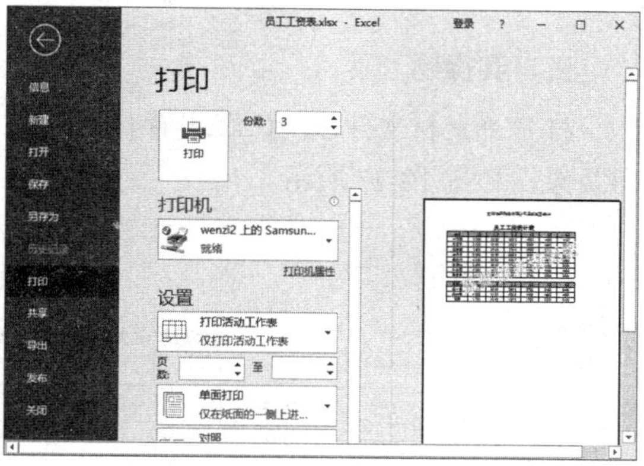

图 10-76　打印文档

本章小结

通过对本章的学习，读者应该掌握以下知识。

（1）设置打印页面，设置页边距。

（2）设置打印区域，设置打印标题，设置打印行号和列标。

（3）设置草稿和单色方式打印，设置网格线打印，打印不连续的行或列，取消图片打印，打印设置。

（4）插入与删除分页符。

（5）使用内置的页眉和页脚，自定义页眉和页脚，删除页眉和页脚。

（6）使用页眉和页脚添加水印，通过插入艺术字添加水印。

课后习题

一、选择题

1．关于工作表打印，下列表述错误的是（　）。

A．要打印工作表的部分内容，可以设置打印区域

B．在默认情况下，工作表会打印网格线

C．要打印不连续的行或列，可以将不需要打印的行或列进行隐藏

D．要取消图片打印，可以通过“选择”窗格将其隐藏

2．在打印设置页面，不能进行以下哪项设置？（　）

A．设置纸张方向　　B．设置打印份数

C．设置缩放打印　　D．设置页眉和页脚

二、填空题

1. 设置打印页面时，可以设置打印方向、________、________、_________等页面格式。
2. 通过设置__________可以使打印的每一页都包含表格标题行。
3. 在打印表格时，若要对表格进行强制分页，可以____________。

三、实操题

打开“素材文件\第 10 章\设置打印区域.xlsx”，在工作表中设置页眉、页脚和艺术字水印效果，如图 10-77 所示。

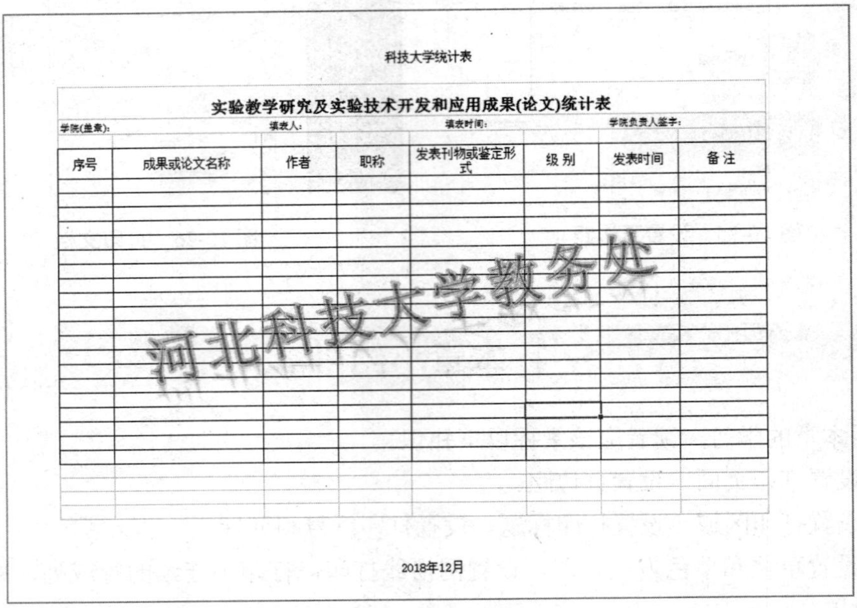

图 10-77　设置打印区域

操作提示：

（1）插入页眉和页脚。

（2）插入艺术字，设置填充颜色和透明度，制作出水印效果。